工业和信息化部“十四五”规划教材

U0212066

深度学习教程

DEEP LEARNING TUTORIAL

主编◎杨小远 刘建伟

编者◎厉铮泽 沈康晴 姜 锦

科 学 出 版 社

北 京

内 容 简 介

本书兼顾深度学习的理论和应用，特别强调大规模训练应用案例，引导学生进入深度学习的前沿领域. 主要内容有深度学习的核心理论问题：网络拓扑结构设计、网络参数初始化方法、大规模网络训练的优化方法、正则化方法、激活函数的研究方法. 书中引入深度学习在计算机视觉中的大型经典和前沿应用案例，包括图像分类任务、目标检测与跟踪任务、多源遥感图像融合任务、超分辨率任务、图像隐写与图像信息安全任务等内容. 本书拥有丰富的数字化资源，扫描每章末二维码即可观看学习.

本书可供从事深度学习领域的科研人员和研究生使用. 也可作为进入深度学习前沿领域的基础教材.

图书在版编目(CIP)数据

深度学习教程/杨小远，刘建伟主编. —北京：科学出版社，2023.9
工业和信息化部“十四五”规划教材
ISBN 978-7-03-076053-1

Ⅰ. ①深… Ⅱ. ①杨… ②刘… Ⅲ. ①机器学习-高等学校-教材
Ⅳ. ①TP181

中国国家版本馆 CIP 数据核字(2023) 第 138916 号

责任编辑：张中兴 梁 清 孙翠勤／责任校对：杨聪敏
责任印制：师艳茹／封面设计：有道设计

科学出版社 出版
北京东黄城根北街 16 号
邮政编码：100717
http://www.sciencep.com
北京科印技术咨询服务有限公司数码印刷分部印刷
科学出版社发行 各地新华书店经销
*
2023 年 9 月第 一 版 开本：720 × 1000 1/16
2024 年11月第三次印刷 印张：22 3/4
字数：459 000

定价：98.00 元

(如有印装质量问题，我社负责调换)

作 者 简 介

杨小远，北京航空航天大学教授，2012 年获宝钢优秀教师奖， 2013 年被评为北京市教学名师，2013 年获北京市教学成果奖一等奖，2021 年获北京航空航天大学立德树人卓越奖. 主编省部级以上教材 5 部，主讲的“工科数学分析（一、二）” 被评为国家精品在线开放课程和国家级一流本科线上课程. 杨小远教授的研究领域包括：基于深度学习的模式识别、应用调和分析与图像处理、随机微分方程的有限元方法. 先后主持国家自然科学基金面上项目 4 项、北京市自然科学基金面上项目 1 项，在国际权威 SCI 源刊上发表学术论文 50 余篇，主编出版工业和信息化部“十二五”规划专著《随机微分方程有限元》和《基于框架理论的图像融合》.

刘建伟，北京航空航天大学网络空间安全学院教授，博士生导师、院长，享受国务院政府特殊津贴专家，是国务院学位委员会第八届学科评议组成员、教育部高等学校网络空间安全专业教学指导委员会委员、中国密码学会常务理事、中国指挥与控制学会常务理事、中国电子学会网络空间安全专委会副主任委员、中国指挥与控制学会网络空间安全专委会副主任委员、中国教育技术协会网络安全专委会副主任委员、中关村智能终端操作系统产业联盟副理事长. 荣获国家技术发明奖一等奖、国防技术发明奖一等奖、中国指挥与控制学会科学技术进步奖一等奖、北京市教学成果奖二等奖 2 项等. 获评国家网络安全优秀教师、北京市教学名师、北京市优秀教师等，为“信息网络安全”国家级一流本科课程负责人. 其作品曾获全国普通高校优秀教材奖一等奖、国家网络安全优秀教材、国家精品教材、全国优秀科普作品奖、第四届中国科普作家协会优秀科普作品金奖.

前 言

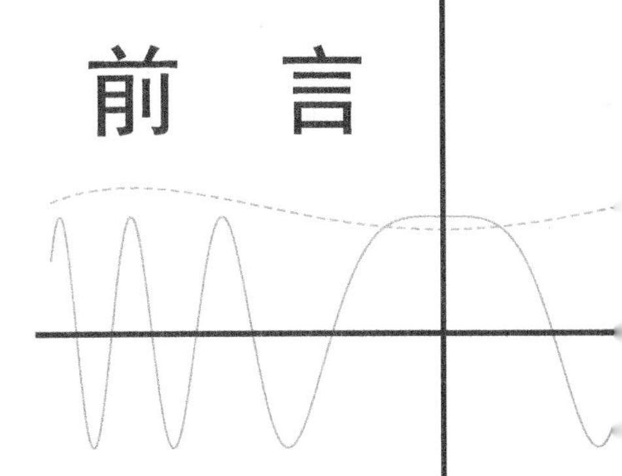

深度学习是人工智能研究领域的重要研究内容, 打破了人为设计特征的局限性, 通过组合浅层特征得到相当数量的包含语义信息的高层特征, 具备极强的表征能力、泛化能力. 目前深度学习在计算机视觉等领域深刻的应用, 极大地改变了现代社会生活的面貌. 构建更大规模的数据集、更复杂的神经网络来精准地实现复杂任务是未来深度学习的重要发展趋势之一. 我们在“强基础、强前沿、强应用、强实践”指导思想下, 撰写了这本《深度学习教程》教材, 本教材兼顾深度学习的理论和应用, 特别强调大规模训练应用案例, 力图通过本教材引导学生进入深度学习的前沿领域. 我们探索并实践具有“高阶性、创新性和挑战度”的教材体系, 为学生营造学习研究环境, 激发学生内在动力, 让学生不仅学习知识的“树木”, 更要见到整个课程的“森林”. 本教材特点如下:

(1) 从基础到前沿的科学严谨进阶式教材体系

教材内容系统化, 从经典神经网络到现代卷积神经网络和对抗神经网络的原理和应用, 使得学生扎实掌握深度学习的核心原理和最新进展.

(2) 把深度学习的核心理论问题、最新研究成果引入教材

写作中将深度学习中网络参数初始化方法、大规模网络训练的优化方法、正则化方法、激活函数的研究等前沿研究成果引入教材.

(3) 将计算机视觉领域中经典训练案例和前沿案例引入教材

教材中引入深度学习在计算机视觉中的大型经典和前沿应用案例, 包括图像分类任务、目标检测与跟踪任务、多源遥感图像融合任务、超分辨率任务、图像隐写与图像信息安全任务等内容, 提高学生从事大规模计算和应用能力.

(4) 提升教材的可阅读性

本教材充分利用多媒体信息技术, 将复杂问题可视化, 图文并茂, 使得分析解决问题的脉络清晰, 大幅度提高学生对问题的理解能力.

(5) 注重教材的研究性

本教材精选了计算机视觉领域任务的最新研究成果的论文, 作为每一章的研究型习题, 通过复现论文和进一步研究, 培养学生创新思维和科研能力.

(6) 致力于教材的信息化

本教材的全部应用案例, 我们提供程序代码和使用说明, 读者可以通过扫描二维码进入学习.

本教材得到了北京航空航天大学出版基金资助与工业和信息化部“十四五”规划教材立项支持, 在此一并表示感谢.

编 者

2023 年 6 月

目 录

第1章 计算机视觉任务的基础知识

本章将系统介绍一系列计算机视觉任务的基础知识和本书在进行深度学习训练任务时所用的大型图像数据集.

1.1 遥感图像基础知识

1.1.1 遥感和遥感系统

遥感是应用探测仪器, 不与探测目标相接触, 从远处把目标的电磁波特性记录下来, 通过分析来揭示出物体的特征性质及其变化的综合性探测技术. 根据遥感的定义, 遥感系统包括五大部分: 被测目标的信息特征、信息的获取、信息的传输与记录、信息的处理和信息的应用. 下面依次介绍这五大部分内容. ① 被测目标的信息特征: 任何目标物都具有发射、反射和吸收电磁波的性质, 这是遥感的信息源. 目标物与电磁波的相互作用, 构成了目标物的电磁波特性, 它是遥感探测的依据. ② 信息的获取: 接收、记录目标物电磁波特征的仪器, 称为传感器或遥感器. 如扫描仪、雷达、摄影机、摄像机、辐射计等. ③ 信息的传输与记录: 传感器接收到目标地物的电磁波信息, 记录在数字磁介质或胶片上. 胶片是由人或回收舱送至地面回收, 而数字磁介质上记录的信息则可通过卫星上的微波天线传输给地面的卫星接收站. ④ 信息的处理: 地面站接收到遥感卫星发送来的数字信息, 记录在高密度的磁介质上, 并进行一系列的处理, 如信息恢复、辐射校正、卫星姿态校正、投影变换等, 再转换为用户可使用的通用数据格式, 或转换成模拟信号 (记录在胶片上), 才能被用户使用. 地面站或用户还可根据需要进行精校正处理和专题信息处理、分类等. ⑤ 信息的应用: 遥感获取信息的目的是应用. 这项工作由各专业人员按不同的应用目的进行. 在应用过程中, 也需要大量的信息处理和分析, 如不同遥感信息的融合及遥感与非遥感信息的复合等. 凭借其大面积同步观测、时效性强、数据的综合性和可比性强、经济性好等几个重要特点, 遥感技术在国民经济的各个领域得到广泛应用. 遥感图像作为信息载体, 能为后续的解译和下游任务提供重要依据.

图 1.1.1 遥感

1.1.2 遥感图像成像机制

遥感图像是通过各种传感器远距离探测而记录的地球表面、大气层以及其他星球表面等物体在不同的电磁波段所反射或发射的能量的分布和时空变化的产物, 是遥感探测目标的信息载体. 在图像上表现为亮度、灰度、密度, 或者为定量的辐射值, 其所代表的反射或发射的能量大小是地物本身属性和状态的反映, 是识别和研究不同物体及其相互关系和变化规律的依据. 也就是说, 由图像上的物理量所代表的物体的波谱反射或发射特征, 具有定量意义.

1.1.3 遥感图像特征

图 1.1.2 展示了快鸟 (QuickBird) 卫星和世界观测 3 号 (WorldView-3) 卫星的全色图像和多光谱图像. 可以看出, 全色图像是一幅灰度图像, 空间细节信息丰富. 而多光谱图像色彩信息丰富, 但清晰度远不如全色图像.

遥感解译人员需要通过遥感图像获取三方面的信息: 目标地物的大小、形状及空间分布特点; 目标地物的属性特点; 目标地物的动态变化特点. 因此相应地将遥感图像归纳为三方面特征, 即空间分辨率、光谱分辨率和时间分辨率.

1. 空间分辨率

遥感图像的空间分辨率反映的是图像分辨具有不同反差并相距一定距离的相邻目标的能力, 具体而言, 是指像素所代表的地面范围的大小, 即地面物体能分辨的最小单元. 图像的空间分辨率越高, 图像的纹理细节越清晰, 空间结构信息越丰富; 反之, 图像的影纹细节越模糊, 且空间结构信息越少. 如图 1.1.3 展示了不同空间分辨率的遥感图像.

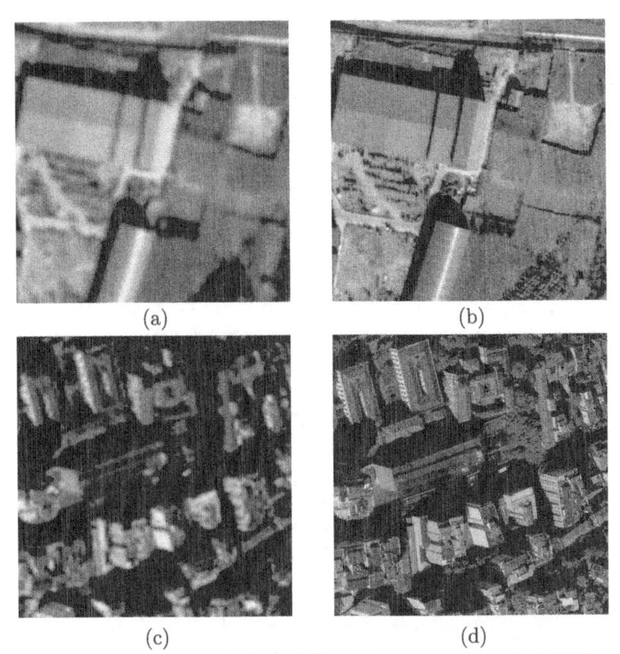

图 1.1.2 遥感图像. (a) QuickBird 多光谱图像; (b) QuickBird 全色图像; (c) WorldView-3 多光谱图像; (d) WorldView-3 全色图像

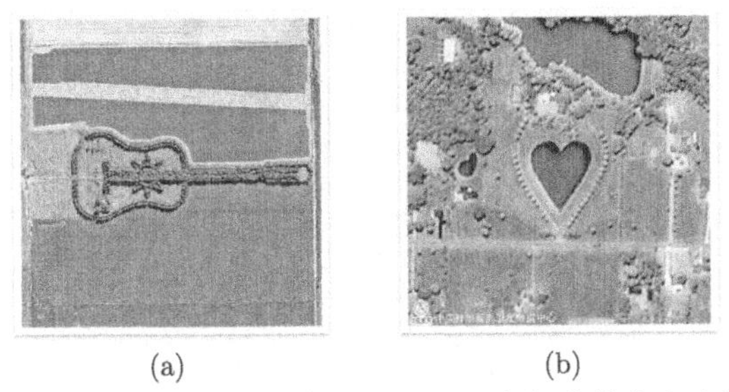

图 1.1.3 不同空间分辨率遥感图像. (a) 高分二号 4m 空间分辨率多光谱图像; (b) 高分一号 8m 空间分辨率多光谱图像

2. 光谱分辨率

遥感图像中的每个像元的亮度值代表的是该像元中地物的平均辐射值, 它是随地物的成分、纹理、状态、表面特征及所使用的电磁波段的不同而变化的, 这种随上述因素变化的特征称为地物的波谱特征. 不同地物之间的亮度值差异以及同一地物在不同波段上的亮度值差异构成了地物的波谱信息. 光谱分辨率是指传感器在接收目标辐射的波谱时能分辨的最小波长间隔. 间隔越小, 分辨率越高. 不同波谱分辨率的传感器对同一地物探测效果有很大区别.

3. 时间分辨率

时间分辨率指对同一地点进行遥感采样的时间间隔, 即采样的频率, 也称重访周期. 遥感的时间分辨率范围较大. 以卫星遥感来说, 静止气象卫星 (地球同步气象卫星) 的时间分辨率为 1 次/0.5 小时; 太阳同步气象卫星的时间分辨率 2 次/天; 陆地卫星 (Landsat) 为 1 次/16 天; 中巴地球资源卫星 (CBERS) 为 1 次/26 天等. 还有更长周期甚至不定周期的. 时间分辨率对动态监测尤为重要, 天气预报、灾害监测等需要短周期的时间分辨率, 故常以“小时”为单位. 植物、作物的长势监测、估产等需要用“旬”或“日”为单位. 而城市扩展、河道变迁、土地利用变化等多以“年”为单位. 总之, 可根据不同的遥感目的, 采用不同的时间分辨率. 如图 1.1.4 展示了不同时间分辨率的遥感图像.

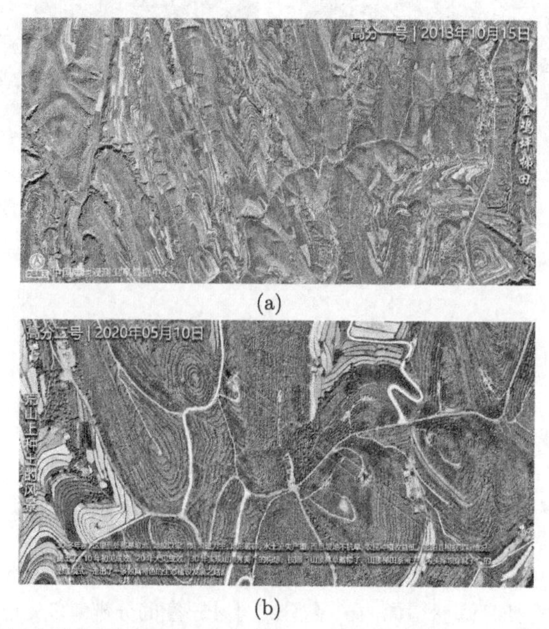

(b)

图 1.1.4　不同时间分辨率遥感图像. (a) 高分一号金鸡坪梯田 2013 年 10 月 15 日影像; (b) 高分二号金鸡坪梯田 2020 年 5 月 10 日影像

■ 1.2　遥感图像融合基础知识

1.2.1　遥感图像融合背景

图像融合是将 2 个或者 2 个以上的传感器在同一时间 (或不同时间) 获取的关于某个具体场景的图像或者图像序列信息加以综合, 使其能够提供更多的信息, 更适于视觉感知或计算机处理的过程. 近年来, 尽管图像传感器技术有了突飞猛进的发展, 但单一传感器往往不能同时兼顾空间分辨率、光谱分辨率、动态范围等多个特点. 针对这一问题, 采用多传感器获取信息不失为一种合理的解决途径. 为了充分利用大量且复杂的多源数据, 近些年来多源融合技术得到了迅速发展. 全色图像与多光谱图像融合, 亦称为全色锐化. 现代光学卫星普遍搭载全色和多光谱两种传感器. 全色传感器拍摄的全色图像能够准确地分辨观测地物的空间细节, 但是图像颜色单一, 不能提供丰富的光谱信息. 而多光谱传感器所拍摄的多光谱图像空间分辨率较低, 但保持了高光谱分辨率. 通常, 由于传感器的入射辐射能量限制和存储空间限制, 卫星搭载的单个传感器拍摄的图像无法同时保证高空间分辨率和高光谱分辨率. 然而在现实情况中, 往往需要具备高空间分辨率的多光谱图像. 为了整合多光谱图像和全色图像各自的优势, 从而获得集高空间分辨率与高光谱分辨率于一身的融合图像, 全色锐化技术逐渐发展和成熟起来. 全色锐化不仅可以作为一种图像增强方式, 将全色图像和多光谱图像各自的优势集中到一幅图像, 提供了视觉效果更佳的单幅遥感图像, 还可以作为一种有效的预处理方法, 提升下游图像处理任务的效果.

1.2.2 遥感图像融合类型

图像融合可以在图像传递的多个阶段进行. 依照融合发生的阶段, 可以将融合划分为三类: (i) 像素级; (ii) 特征级; (iii) 决策级.

像素级融合是最底层的融合过程, 即直接在原始数据上进行融合, 这一过程通常还包括图像的配准. 配准的精确度将直接影响到融合的效果. 特征级融合是中间层次的融合过程, 首先需要对配准数据进行特征提取和分析, 将融合目标组合在一起, 再利用统计方法进行评估及下一步处理. 决策级融合是最高层次的融合过程, 该过程采用独立算法处理各个图像, 以获得对应的特征和分类信息, 然后依据决策建立融合准则, 得到融合结果. 同时, 图像融合是一个内容非常宽泛的研究话题, 这是因为数据集在获取途径、成像机理、物理特性、应用需求等方面存在差异. 概括地讲, 遥感图像融合问题主要有以下几类:

(i) 单传感器多时相融合, 例如, 合成孔径雷达多时相图像融合;

(ii) 多传感器多时相融合, 例如, 可视光 + 近红外图像与合成孔径雷达图像融合;

(iii) 单传感器多分辨率融合, 例如, 陆地卫星的全色图像 (高分辨率) 与多光谱图像 (低分辨率) 融合;

(iv) 多传感器多分辨率融合, 例如, 高分二号卫星全色图像与陆地卫星多光谱图像融合.

融合算法往往缺乏普适性, 难以找到一个适用于所有类型的融合算法. 因此在设计融合算法时需要综合图像类型、成像特点以及实际应用需要等多方面考虑.

1.2.3　遥感图像融合实现原理

传统全色锐化方法主要包括成分替代法、多分辨率分析方法 (亦称多尺度分析方法) 和基于模型的方法.

1. 成分替代法

成分替代法的核心思想是利用特定的变换将多光谱图像分解成多个分量的数据组, 再利用全色图像替代其中表征空间信息的分量, 最后通过逆变换获得高空间分辨率的图像. 其优点是算法相对简单, 计算开销小; 缺点是没有充分考虑遥感图像的空间几何信息, 如边缘、纹理等. 此外, 由于多光谱图像的波段覆盖范围与全色图像的波段覆盖范围并不一致, 将全色波段整体替换会产生较大的光谱误差. 典型的成分替代法包括亮度-色调-饱和度方法 (Intensity-Hue-Saturation, IHS)、主成分分析方法 (Principal Component Analysis, PCA).

IHS 变换的理念来源于人眼识别物体的三个重要特征, 即亮度、色调以及饱和度. 亮度即物体对光谱信息的反射能力, 与反射率成正比. 反射率越高, 物体对光的反射能力越强, 人眼接收到的光谱信息就越强; 色调是比对颜色的指标; 饱和度代表颜色浓度.

基于 IHS 变换的图像融合方法, 就是将原有的多光谱图像通过 IHS 变换, 将原属于红-绿-蓝空间 (Red-Green-Blue, RGB) 的图像, 变换成为拥有三个独立分量且相关性较小的 IHS 空间图像. 在 IHS 空间中, I, H, S 三个独立分量的相关性较小, 将遥感图像从 RGB 空间转换到 IHS 空间中利用了其两两正交、几乎无相关性的特点. 在融合替换时, 主要操作对象是代表亮度的 I 分量信息, 用全色图像 P 代替 I 分量. 利用新获得的 P, H, S 进行逆变换, 得到具有高空间分辨率的多光谱图像. 基于 IHS 变换的融合方法流程图可以用图 1.2.1 表示.

具体而言, IHS 变换可用数学公式表达如下:

$$\begin{pmatrix} I \\ V_1 \\ V_2 \end{pmatrix} = \begin{pmatrix} \frac{1}{3} & \frac{1}{3} & \frac{1}{3} \\ -\frac{\sqrt{2}}{6} & -\frac{\sqrt{2}}{6} & \frac{2\sqrt{2}}{6} \\ \frac{1}{\sqrt{2}} & -\frac{1}{\sqrt{2}} & 0 \end{pmatrix} \cdot \begin{pmatrix} R \\ G \\ B \end{pmatrix},$$

$$S = \sqrt{V_1^2 + V_2^2},$$

$$H = \arctan\left(\frac{V_1}{V_2}\right),$$

其中, V_1 和 V_2 表示中间变量, I, H, S 分别代表灰度、色度和饱和度分量, R, G, B 分别表示多光谱图像的一个波段. IHS 逆变换可表示如下:

$$\begin{pmatrix} R' \\ G' \\ B' \end{pmatrix} = \begin{pmatrix} \frac{1}{\sqrt{3}} & \frac{1}{\sqrt{6}} & \frac{1}{\sqrt{2}} \\ \frac{1}{\sqrt{3}} & \frac{1}{6} & -\frac{1}{\sqrt{2}} \\ \frac{1}{\sqrt{3}} & -\frac{1}{\sqrt{6}} & 0 \end{pmatrix} \cdot \begin{pmatrix} P \\ V_1 \\ V_2 \end{pmatrix},$$

其中, P 表示全色图像.

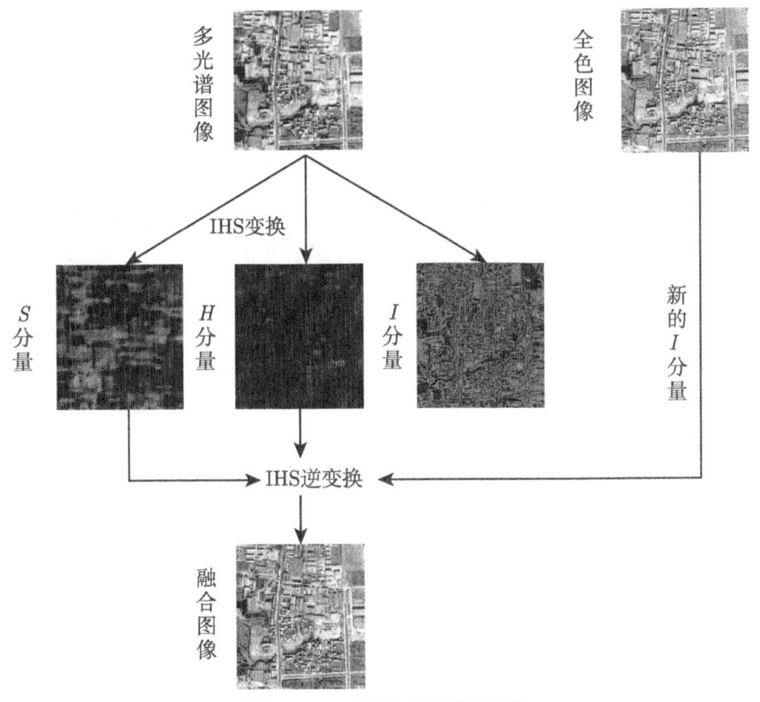

图 1.2.1 IHS 方法流程图

IHS 方法的优点是计算复杂度低, 算法的执行速度快, 但由于灰度通道完全被全色波段替代, 因此会产生较大光谱误差. 图 1.2.2 展示了 IHS 方法的快鸟卫星全色-多光谱图像融合效果.

PCA 变换是一种有效去除多维数据相关性的线性变换. PCA 变换通过对数据的坐标基进行旋转变换, 实现数据的线性变换, 在图像处理应用中多用于提取数据的主要特征分量, 实现高维数据的降维. PCA 首先构建对应图像的协方差矩阵, 通过求解协方差矩阵得到特征向量与特征值, 越大的特征值对应的特征向量在原图像中占的比重越大. PCA 模型选择特征值由大到小的前 n 个特征向量作为数据的组成部分, 忽略重要性较小的成分, 在保留图像信息的同时降低图像的冗余度. 主成分分析融合策略是假设多光谱图像经过 PCA 变换后去除了各个波段间的相关性, 第一个主成分涵盖了各个波段普遍具有的信息, 因此可代表图像的空间信息, 将其用全色图像替代, 最后通过 PCA 逆变换就能够得到具有高空间分辨率的多光谱图像. PCA 算法简洁高效, 然而由于 PCA 是基于信源的统计信息 (因其涉及计算各个波段间的相关系数), 因此分析结果对信源的选择比较敏感. 遥感图像通常具有很强的局部相关性, 因此区域选择的不同也会对融合结果产生较大的影响.

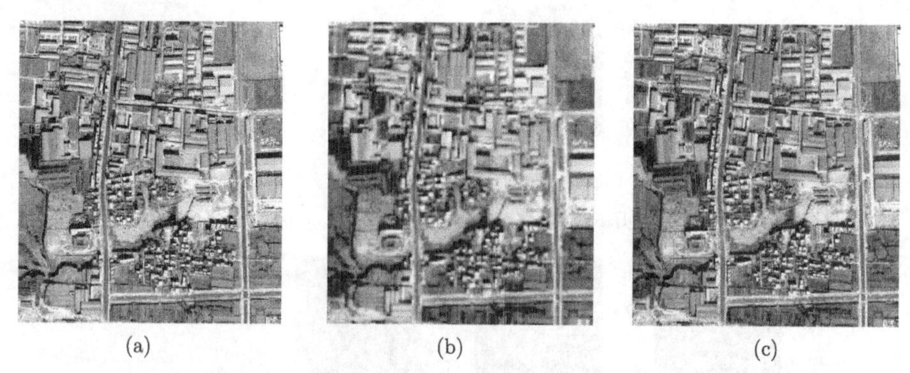

(a)　(b)　(c)

图 1.2.2　IHS 方法融合效果图, (a) 全色图像; (b) 多光谱图像; (c) IHS 融合图像

基于 PCA 变换的融合方法流程图可以用图 1.2.3 表示.

具体而言, PCA 变换可用数学公式表达如下:

$$\begin{pmatrix} PC1 \\ PC2 \\ \vdots \\ PCn \end{pmatrix} = \begin{pmatrix} v_{11} & v_{21} & \cdots & v_{n1} \\ v_{12} & v_{22} & \cdots & v_{n2} \\ \vdots & \vdots & & \vdots \\ v_{1n} & v_{2n} & \cdots & v_{nn} \end{pmatrix} \begin{pmatrix} P_{ms1}^{l} \\ P_{ms2}^{l} \\ \vdots \\ P_{msn}^{l} \end{pmatrix},$$

其中, P_{ms}^{l} 表示多光谱图像, v 是变换矩阵, 即

$$v = \begin{pmatrix} v_{11} & v_{21} & \cdots & v_{n1} \\ v_{12} & v_{22} & \cdots & v_{n2} \\ \vdots & \vdots & & \vdots \\ v_{1n} & v_{2n} & \cdots & v_{nn} \end{pmatrix}.$$

PCA 逆变换可表达如下:

$$\begin{pmatrix} P_{ms1}^{h} \\ P_{ms2}^{h} \\ \vdots \\ P_{msn}^{h} \end{pmatrix} = \begin{pmatrix} v_{11} & v_{21} & \cdots & v_{n1} \\ v_{12} & v_{22} & \cdots & v_{n2} \\ \vdots & \vdots & & \vdots \\ v_{1n} & v_{2n} & \cdots & v_{nn} \end{pmatrix}^{\mathrm{T}} \begin{pmatrix} P_{Pan}^{h_{new}} \\ PC2 \\ \vdots \\ PCn \end{pmatrix},$$

其中, $P_{Pan}^{h_{new}}$ 表示全色图像.

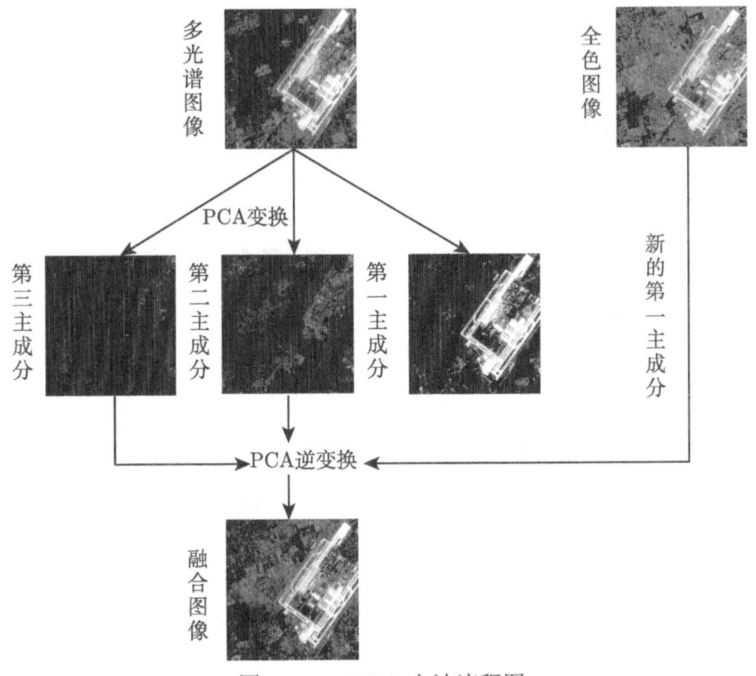

图 1.2.3 PCA 方法流程图

图 1.2.4 展示了 PCA 方法的高分一号卫星全色-多光谱图像融合效果:

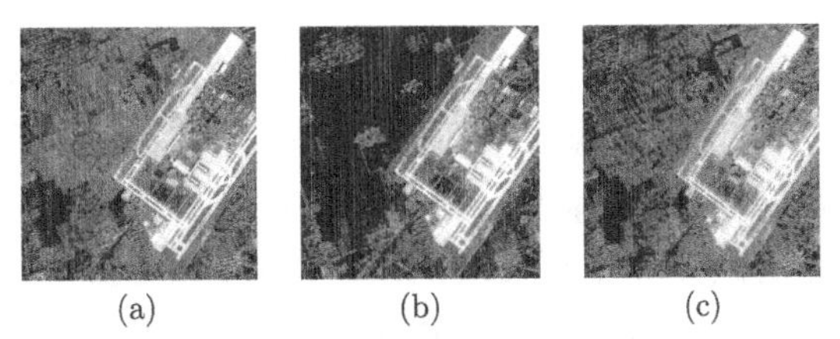

图 1.2.4 PCA 方法融合效果图, (a) 全色图像; (b) 多光谱图像; (c) PCA 方法融合图像

2. 多分辨率分析方法

遥感多光谱图像的光谱信息丰富, 但空间分辨率较低, 图像融合的目的在于将全色图像中的空间结构信息融合到多光谱图像中. 由于全色图像的空间信息主要集中在高频部分, 因此可以通过提取全色图像的高频部分来获得其空间结构信息. 小波变换、傅里叶变换和金字塔变换等基于变换的方法是获取图像高频信息的常用途径. 其中小波以其时域局部性和多分辨率性的优势, 在图像融合领域占据了重要的位置. 这类方法的核心思想是利用多尺度变换提取全色图像的细节信息, 再根据相应的融合规则将细节信息添加到多光谱图像中, 在有效提高空间分辨率的同时避免了较大的光谱失真. 多分辨率分析方法首先分别对全色图像和多光谱图像进行多尺度分解, 然后根据一定的融合规则, 对分解系数进行融合, 最后通过多尺度重构得到融合图像.

下面将依次介绍两种典型的多分辨率分析方法: 基于拉普拉斯金字塔变换融合方法和基于小波变换的融合方法.

图 1.2.5 为拉普拉斯金字塔变换的一般过程的简明图示, 其中 G_n 表示高斯金字塔的第 n 层分解图像, LP_n 表示拉普拉斯金字塔第 n 层图像.

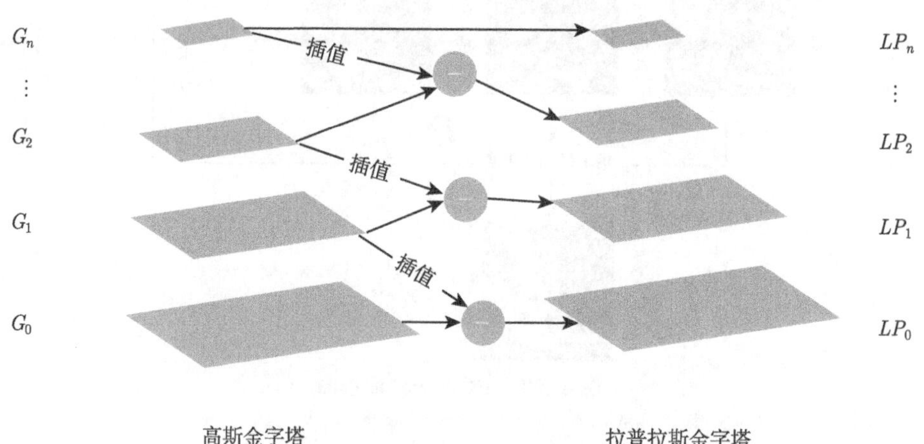

图 1.2.5 拉普拉斯金字塔变换简明图示

图像的拉普拉斯金字塔变换以高斯金字塔变换为基础, 高斯金字塔变换通过低通滤波和下采样操作使得图像的空间分辨率在变换之后降低到原来的 1/2, 在此基础上对变换后的图像进行插值, 则能使变换前后图像的尺寸保持不变. 用 MS_0 表示原始多光谱图像, MS_n 表示经过 n 次高斯金字塔分解得到的多光谱图像, 则 MS_n 是 MS_0 的近似图像, 分辨率降低为 MS_0 的 $1/2n$. 定义 $LP_{MS}^i = MS_{i-1} - MS_i$, 则 LP_{MS}^i 表示多光谱图像的高斯金字塔从第 $i-1$ 层到第 i 层分辨率降低的过程中损失掉的空间细节信息. 各分辨率层级间空间细节图像构成金字塔的形态, 称为拉普拉斯金字塔, 多光谱图像的拉普拉斯金字塔分解可以表示为

$$MS^0 = MS^n + \sum_{i=1}^{n} LP_{MS}^i. \tag{1.2.1}$$

类似地可以得到全色图像的拉普拉斯金字塔分解:

$$Pan^0 = Pan^n + \sum_{i=1}^{n} LP_{Pan}^i, \tag{1.2.2}$$

其中 Pan^0 表示原始全色图像, Pan^n 表示经过 n 次高斯金字塔分解得到的全色图像, $LP_{Pan}^i = Pan^{i-1} - Pan^i$ 表示全色图像的高斯金字塔从第 $i-1$ 层到第 i 层, 分辨率降低过程中损失的空间细节信息.

如果将式 (1.2.1) 中多光谱图像的分解系数用式 (1.2.2) 中全色图像的分解系数替换, 则能将全色图像包含空间细节信息融入到多光谱图像中. 将融合结果图像表示为 MS', 则基于拉普拉斯金字塔分解的全色锐化可以表示为

$$MS' = MS^n + \sum_{i=1}^{n} LP_{Pan}^i.$$

图 1.2.6 展示了拉普拉斯金字塔方法的高分一号全色-多光谱图像融合效果.

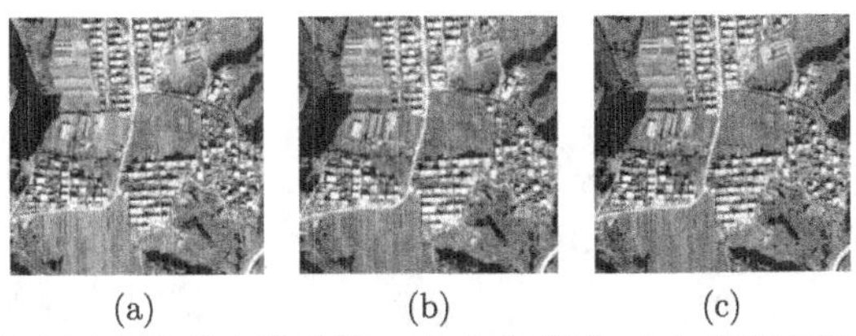

(a) (b) (c)

图 1.2.6 拉普拉斯金字塔方法融合效果图, (a) 全色图像; (b) 多光谱图像; (c) 拉普拉斯金字塔方法融合图像

基于小波变换的方法是多分辨率图像融合方法之一. 该融合方法的主要思想是先从高分辨率全色图像中提取空间细节信息, 然后将空间细节信息注入多光谱图像以提高空间分辨率并减少颜色失真. 经过小波变换得到的高低频分量, 分别代表了图像边缘细节信息数据以及图像轮廓信息数据. 小波变换后得到的各分量可以很好地保持原图像的方向信息, 能取得较好的视觉效果.

图 1.2.7 展示了基于小波变换图像融合方法的流程图, 其中, Pan-LL 表示全色图像经小波分解后的低频分量, 而 Pan-LH, Pan-HL, Pan-HH 则表示三个高频分量, 多光谱图像分解后也得到 1 个低频分量、3 个高频分量.

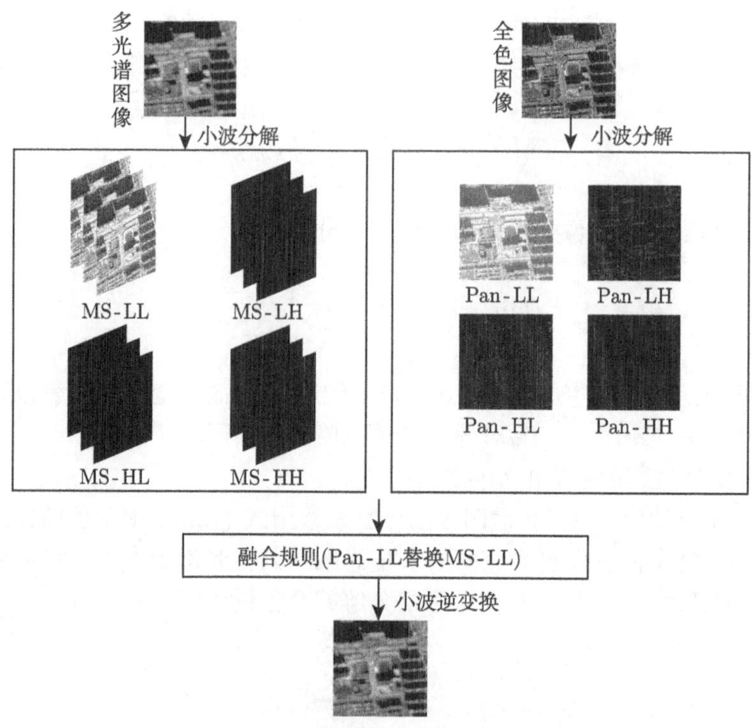

图 1.2.7 小波变换图像融合方法的示意图

图 1.2.8 展示了基于小波变换方法的高分一号全色-多光谱图像融合效果.

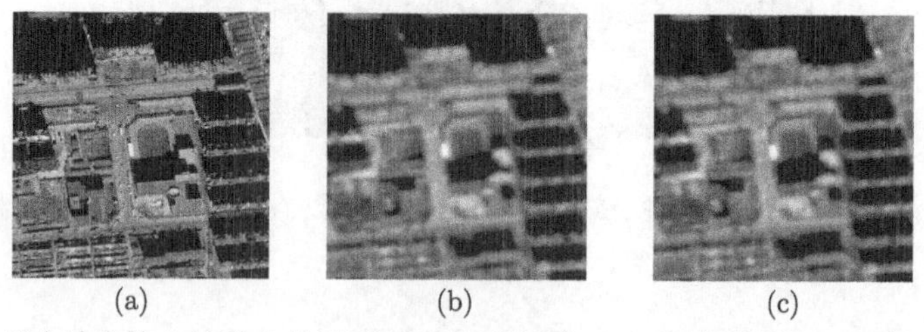

图 1.2.8 基于小波变换方法融合效果图, (a) 全色图像; (b) 多光谱图像; (c) 基于小波变换方法融合图像

1.3 遥感图像超分辨率任务基础知识

1.3.1 遥感图像超分辨率背景

高分辨率遥感影像作为客观、准确表达目标及背景信息的载体, 影像质量的好坏直接影响着获取信息的准确性和充分性. 在获取成像影像的过程当中, 遥感

系统不可避免会受到众多因素影响, 从而引起图像像质下降, 如成像衍射、气流扰动、相对运动姿态变化、环境因素变化、传输干扰、下采样、系统附加噪声等. 遥感影像的空间分辨率一直受到传感器体积、制造成本和工艺等因素的约束, 通过传统硬件途径去提高图像空间分辨率的方法存在着众多因素的限制. 图像超分辨率技术是指在不改变观测系统的前提下, 通过对低分辨率图像 (Low Resolution, LR) 进行算法处理得到具有更多高频细节信息的高分辨率图像 (High Resolution, HR), 它在深空探测、地质勘探、对地观测、医学成像诊断、气象监测预报、交通管制等军用和民用领域均获得了广泛的应用.

图 1.3.1 展示了遥感图像超分辨率效果.

(a)

(b)

图 1.3.1 遥感图像超分辨率示例, (a) 原图; (b) 超分辨率图像

1.3.2 遥感图像超分辨率实现原理

目前的图像超分辨率算法主要分为基于插值的方法、基于重建的方法和基于学习的方法.

基于插值的方法主要通过基函数或者插值核, 利用邻近像素的值来逼近损失的图像信息, 实现图像分辨率的放大. 常见方法如最近邻插值法、双线性插值法、双三次插值法、样条插值法、高斯插值法等. 其中, 双线性插值法通过 4 个邻近像素点的值来确定待插值像素点的值, 插值效果比最近邻插值法更好, 但是也带来了计算量的增大. 双三次插值法使用 16 个邻近像素点的值来确定待插值像素点的值, 在保持细节方面通常比双线性插值法更好. 对于普通的数字图像处理而言, 双线性插值法和双三次插值法是常见选择. 插值法确定插值函数后, 就可以通过已知数据值来确定待插值像素的值, 能够快速地实现图像分辨率变换. 然而, 插值过程并没有引入任何新的外部信息, 因此无法恢复图像退化过程中损失的高频细节, 重建图像通常存在明显的模糊区和成块聚集区. 同时, 插值过程也会带来误差, 影响重构效果. 因此, 在图像超分辨率的研究中, 插值法由于自身的局限性, 通常被用作其他方法的预处理步骤. 以双三次插值法为例, 令 (x, y) 为要赋以灰度

值的位置的坐标, 并令 $v(x,y)$ 表示灰度值, 赋予点 (x,y) 的灰度值使用下式得到:

$$v(x,y)=\sum_{i=0}^{3}\sum_{j=0}^{3}a_{ij}x^iy^j,$$

其中, 16 个系数可由 16 个用 (x,y) 点最近邻点写出的方程确定. 该方程表达式如下:

$$W(d)=\begin{cases}(a+2)|d|^3-(a+3)|d|^2+1, & \text{当}|d|\leqslant 1,\\ a|d|^3-5a|d|^2+8a|d|-4a, & \text{当}1<|d|<2,\\ 0, & \text{其他},\end{cases}$$

其中, a 取 -0.5, d 表示最近邻点离赋予点位置的距离. 双三次插值法的简明图示如图 1.3.2. 其中, P 点为待确定灰度值的点, $a00$ 等表示 P 点的近邻点.

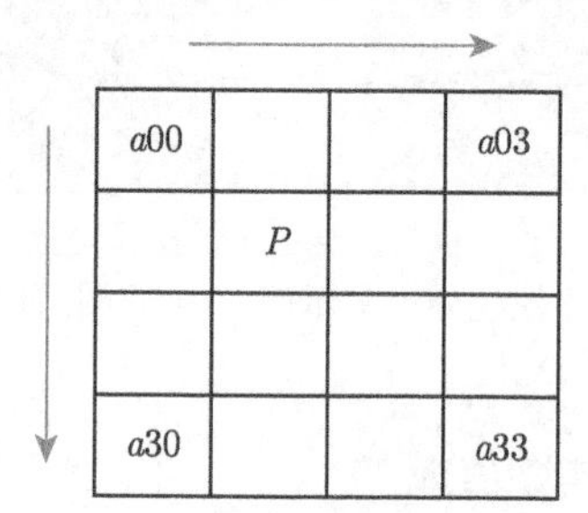

图 1.3.2 双三次插值法的简明图示

基于重建的方法主要是利用图像的退化模型, 研究原始图像视觉场景如何退化得到观测图像. 图像超分辨率技术的理想目标是利用退化的图像重构出退化前的图像, 这在数学上属于高度欠定问题. 重构法的主要思路是通过逆推图像的成像过程, 建立低分辨率图像和高分辨率图像之间的观测模型, 并引入图像的局部或全局先验模型, 最终建立数据保真项和图像先验正则化的优化模型进行求解. 其中最关键的问题在于图像先验建模, 通过图像先验信息对重构结果进行约束, 求解出尽可能接近原始图像的重构结果. 退化过程中的退化因素很多, 也很复杂, 通常认为最重要的图像退化因素有噪声、大气扰动、模糊、采样过程的降质等. 退化过程如图 1.3.3 所示, 该模型可以用如下公式表述:

$$g_k=DB_kH_{atm}M_kf+n_k,$$

其中, g_k 为观察到的低分辨率图像; f 为原始高分辨率图像; n_k 为空间域加性噪声; H_{atm} 代表大气扰动矩阵; M_k, B_k, D 分别为形变、光学模糊和下采样的矩阵表达式.

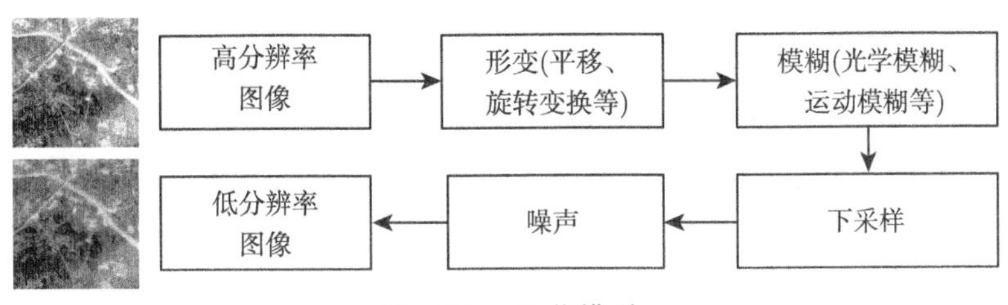

图 1.3.3 退化模型

重构法比插值法更加关注图像的退化过程本身, 通过人为建立的数据观测模型能够缩小候选解的范围, 并提高图像几何结构和纹理的保持能力, 获得比插值法更好的重构效果. 然而由于图像在成像过程中面临的退化因素十分复杂, 人工建模无法完备地建立这一过程, 因此这种方法只适用于少部分场景. 基于重构的图像超分辨率方法的关键在于图像退化数学模型, 面临很大的计算量, 计算过程耗时长, 求解困难, 且放大倍数较大时, 由于无法获得足够多的先验知识, 重构效果往往不太理想.

基于学习的方法的基本思想是通过研究低分辨率图像与对应高分辨率图像之间的映射关系, 然后利用这种关系对输入图像进行重建. 通常, 基于学习的方法首先将图像进行分块, 并分别构建低分辨率图像和高分辨率图像的样本库. 对于给定的待重建低分辨率图像块, 首先在低分辨率图像块样本集中找到近邻的图像样本, 建立近邻关系, 并与对应的高分辨率图像块样本完成替换, 从而实现图像重构. 在求解的过程中最常用的方法就是最大后验概率法, 根据贝叶斯原理, 在已知低分辨率图像 g_k 的情况下对高分辨率图像 f 进行估计, 可以用下式表述:

$$f = \arg\max_{f} P\left(g_k \mid f\right) P(f).$$

预测通常分为 3 个步骤: (1) 建立先验模型, 求取 $P(f)$; (2) 建立观测模型, 求取 $P\left(g_k \mid f\right)$; (3) 将先验模型和观测模型集成到最大后验概率框架中, 求得最优的高分辨率图像 f. 学习模型对于图像重建的效果至关重要, 尤其是模型决定了知识获取的有效性和完备性. 目前的模型还无法有效地获得图像重建所需要的全部先验知识, 而且获取的知识能否提升重建的效果和对重建是否有效, 还有待进一步验证. 此外, 基于学习的方法通常运行时间长, 实时性较差.

图 1.3.4 展示了不同超分辨率方法效果对比.

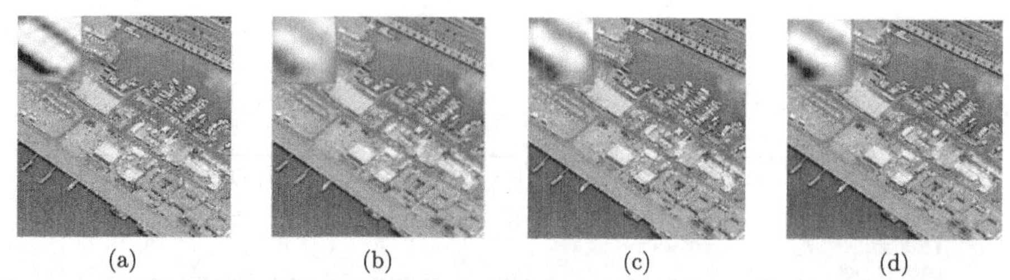

图 1.3.4 不同超分辨率方法效果对比. (a) 原图; (b) 基于插值的方法; (c) 基于重建的方法; (d) 基于学习的方法

1.4 目标检测基础知识

1.4.1 目标检测任务基本原理

目标检测是重要的计算机视觉任务之一, 在自动驾驶、智能安防、医学影像辅助诊断、智慧物流、人机交互等诸多领域都扮演着重要角色. 目标检测由图像分类任务发展而来, 区别在于目标检测的主要目的是对给定的视频或图片进行分析处理, 指出其中每一个目标的所属类别并在目标附近绘制出边界框来标注目标的位置, 因此, 目标检测任务更具有挑战性, 有着更广阔的应用前景.

目标检测的核心可以分为定位与识别两大模块, 其中定位指在目标图像中锁定物体所在的区域, 识别即识别出物体所属的类别. 如图 1.4.1 所示, 目标检测在完成识别任务的同时还会输出对目标的定位信息. 为了定位目标在图片中的位置, 需要先选择一些子区域, 也称为候选区域, 在每个候选区域内运行算法, 输出类别概率值最大的候选区域就是该目标的位置. 因此候选区域就是目标的初步估计位置, 在算法的后续工作中, 会对候选区域进行选择和修正, 来得到相对精确的目标位置信息.

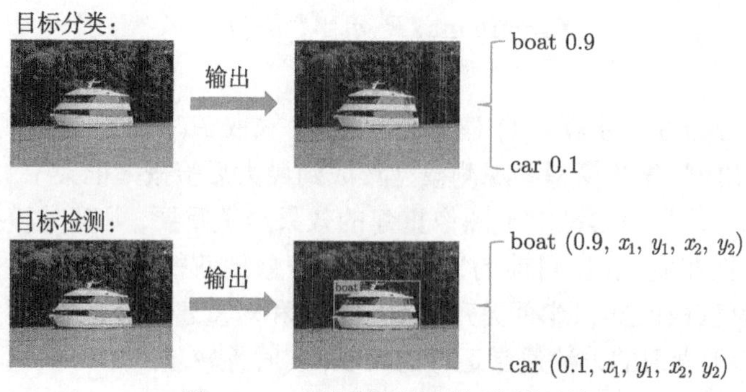

图 1.4.1 目标检测与目标分类对比

目标检测任务对于图像中每个候选区域都能得到 (p, x_1, y_1, x_2, y_2) 五个属性, 分别表示物体的类别得分和坐标信息. 用来表达预测框位置信息的格式通常有两种, 一种是顶点坐标表示 (x_1, y_1, x_2, y_2), 其中 (x_1, y_1) 表示矩形框左上角坐标, (x_2, y_2) 表示右下角坐标; 另一种是中心坐标表示 (c_x, c_y, w, h), 其中 (c_x, c_y) 表示矩形框中心点坐标, w, h 分别表示矩形框的宽和高. 由于使用了大量预定义的候选框, 同一个目标上可能产生多个预测框, 因此很多预测框与其他预测框存在包含或者大部分重叠的情况, 而最终的检测结果要求一个目标只保留一个最优的预测框. 于是, 需要使用非极大值抑制 (Non-Maximum Suppression, NMS) 算法以去除冗余的预测框而保留质量最好的结果, 并且该算法不会影响多目标检测.

在介绍非极大值抑制算法之前, 需要先引入一个概念 IoU(Intersection over Union), 可理解为区域的交并比. IoU 计算的是预测框和真实标注框的交集和并集的比值, 该值的范围在 0 到 1 之间, 用于衡量真实和预测之间的相关度, 该值越大则表示相关度越高. IoU 计算公式如下:

$$\mathrm{IoU} = \frac{area(C) \cap area(G)}{area(C) \cup area(G)},$$

其中, C 表示候选框, G 表示真实标注框, $area$ 表示边框区域.

有了 IoU 这一概念, 下面介绍 NMS 算法, 其算法流程如图 1.4.2 所示.

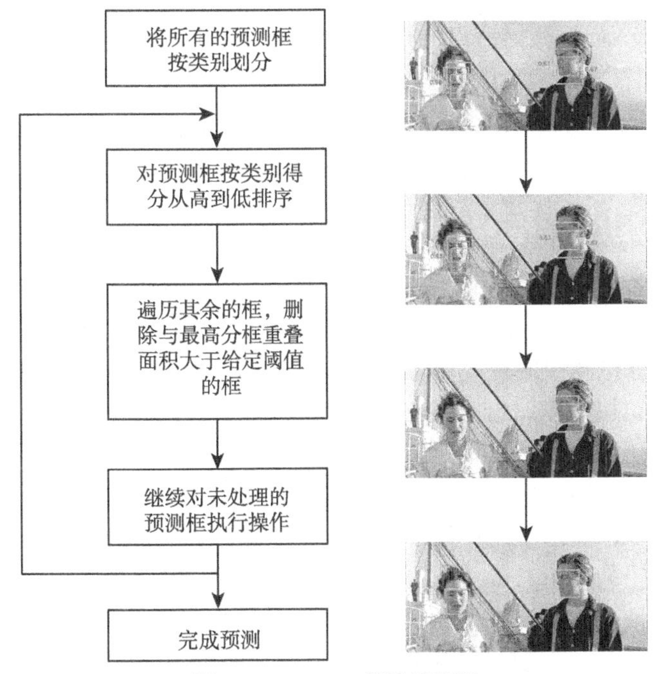

图 1.4.2 NMS 算法流程图

假设算法共产生了 N 个预测框且每个框都有对应的类别得分, 则 NMS 算法的步骤如下:

(1) 将所有的预测框按类别划分为 $C+1$ 个集合, 其中 C 为类别数, 1 为背景类, 背景类无需 NMS 处理;

(2) 对于每一个类别的集合, 按类别得分从高到低排序, 得到 C 个降序预测框列表;

(3) 建立 C 个存放待处理候选框的集合 $H_i, i=1,\cdots,C$, 初始化为属于该类别 i 的全部预测框集合, 相应地建立 C 个存放最优框的集合 $M_i, i=1,\cdots,C$, 初始化为空集;

(4) 将每个集合 $H_i, i=1,\cdots,C$ 中的预测框按类别得分从高到低排序, 以 H_i 集合为例, 选出分数最高的预测框 m, 将其从集合 H_i 移到集合 M_i;

(5) 对于每个集合 $H_i, i=1,\cdots,C$, 以 H_i 集合为例, 逐个计算其最高得分的预测框 m 与列表中剩余框的 IoU, 若 IoU 大于给定阈值则将该框从集合 H_i 中删除;

(6) 回到第 (4) 步进行迭代, 直到所有的集合 $H_i, i=1,\cdots,C$ 为空集, 此时集合 $M_i, i=1,\cdots,C$ 中的预测框为最终预测结果.

综上所述, NMS 算法可以有效地去除冗余的预测框, 最终得到最优的检测结果.

近年来, 尽管目标检测算法取得了巨大的进展, 但仍然面临一定的困难和挑战, 如观察视角的多样性, 形态各异的外貌特征, 系统实时性与稳定性的严格要求, 遮挡、光照条件的影响, 复杂多样的背景噪声等. 无论是理论研究或是工业化应用, 目标检测算法仍然有很大的发展空间.

1.4.2 目标检测任务常用评价指标及计算方法

前面已初步了解了目标检测任务的原理, 那么如何衡量目标检测器的检测性能呢? 接下来介绍目标检测任务中常用的评价指标及其计算方法.

IoU 是目标检测中的重要概念之一, 预测框和真实标注框之间的 IoU 可以被看作二者之间的相似度, 因此可以使用 IoU 来衡量目标检测的精度, 且 IoU 值越接近于 1, 则表示目标检测的精度越高.

在 IoU 的基础上, 能得到衡量目标检测性能的重要指标: 准确率 (Accuracy, A), 精确度 (Precision, P) 和召回率 (Recall, R). 在介绍这些指标之前需要先引入几个关键统计量 TP(True Positives), FP(False Positives), TN(True Negatives) 和 FN(False Negatives). 在测试集上评估预测框时, 通常会设置 IoU 的阈值 (一般情况下为 0.5) 来判定测试结果是否正确, 只有当预测框与真实框的 IoU 值大于这个阈值时, 该预测框才被认定为预测正确, 即正例, 反之就是预测失败, 即负例.

因此四个统计量的具体含义为: TP 表示目标实际标注是正例, 预测结果为正例; FP 表示实际标注为负例, 预测结果为正例; TN 表示实际标注为负例, 预测结果为负例; FN 表示实际标注为正例, 预测结果为负例. 有了这些定义就可以计算出准确率 A, 精确度 P 和召回率 R, 计算公式如下:

$$
\mathrm{A}=\frac{\mathrm{TP}+\mathrm{TN}}{\mathrm{TP}+\mathrm{FP}+\mathrm{TN}+\mathrm{FN}},
$$

$$
\mathrm{P}=\frac{\mathrm{TP}}{\mathrm{TP}+\mathrm{FP}},
$$

$$
\mathrm{R}=\frac{\mathrm{TP}}{\mathrm{TP}+\mathrm{FN}}.
$$

AP(Average Precision) 和 mAP(mean Average Precision) 都是目标检测重要的评价指标. AP 定义为不同召回率下的平均检测精度, 通常以特定类别的方式进行评估. 为了衡量模型对所有目标类别的性能, 通常使用 mAP 作为最终的性能度量. 二者的计算公式如下:

$$
\mathrm{AP}_{C_i}=\frac{1}{m}\sum_{j=1}^{m}\mathrm{P}_{C_{ij}},
$$

$$
\mathrm{mAP}=\frac{1}{n}\sum_{i=1}^{n}\mathrm{AP}_{C_i},
$$

其中 $\mathrm{P}_{C_{ij}}$ 表示第 i 个类别 C_i 的第 j 个图片的精确度 P, AP_{C_i} 表示第 i 个类别 C_i 的平均精度 AP.

为了更准确地衡量检测器性能, 精确度 P 和召回率 R 被用来绘制成 P-R 曲线 (Precision-Recall Curve), 其以 R 值为横轴, P 值为纵轴. 如果一个检测器的性能较好, 那么在 R 值增长的同时, P 值也会保持在较高水平. 而性能较差的检测器可能会损失很多 P 值才能换来 R 值的提高. P-R 曲线中 P 值和 R 值的使用表示该曲线更关注数据集中的正例, 目标检测研究中广泛使用 P-R 曲线来显示检测器在 P 值与 R 值之间的权衡. 在用 P-R 曲线比较两个检测器性能时, 如果一条曲线始终在另一条曲线上方, 则上方曲线所代表的检测器性能更优; 如果 P-R 曲线发生交叉, 则一般难以断言二者孰优孰劣, 此时 P-R 曲线下的面积大小可作为一个较为合理的比较依据.

与 P-R 曲线相似, ROC(Receiver Operating Characteristic) 曲线是另一种重要的检测性能衡量标准. 与 P-R 曲线需要计算 P 值和 R 值不同的是, ROC 曲线需要计算真正例率 (True Positive Rate, TPR) 和假正例率 (False Positive Rate,

FPR) 两个指标, 二者的计算公式如下所示:

$$\mathrm{TPR} = \frac{\mathrm{TP}}{\mathrm{TP}+\mathrm{FN}},$$

$$\mathrm{FPR} = \frac{\mathrm{FP}}{\mathrm{TN}+\mathrm{FP}}.$$

分别以 FPR 为横轴, TPR 为纵轴则可以绘制出 ROC 曲线. 类似于 P-R 曲线, 在比较两个检测器性能的时候, 如果一条曲线始终在另一条曲线上方, 则上方曲线所代表的检测器性能更优; 如果 ROC 曲线发生交叉, 则此时较为合理的比较依据是 ROC 曲线下的面积, 即 AUC(Area Under Curve).

除了检测准确度, 速度是目标检测算法的另外一个重要性能指标, 实时检测的实现要求快速的目标检测算法, 这对一些应用场景极其重要. 评估速度的常用指标是每秒帧率 (Frame Per Second, FPS), 即每秒内可以处理的图片数量, FPS 越大, 则算法速度越快. 在对比 FPS 指标时, 通常要求在同一硬件上进行, 以保证对比的公平性.

■ 1.5 目标跟踪基础知识

随着信息技术的发展, 视频数据在军事和民用领域有着越来越广泛的应用, 因此视频分析对于处理海量视频具有重要意义. 目标跟踪是计算机视觉领域的一个重要问题, 目前广泛应用在体育赛事转播、军事制导、安防监控、无人机、无人驾驶、机器人等领域. 根据跟踪目标数量的不同, 目标跟踪可分为单目标跟踪 (Single Object Tracking, SOT) 和多目标跟踪 (Multiple Object Tracking, MOT). 单目标跟踪是在初始帧给定一个待跟踪的目标, 在后续帧中持续追踪这个目标的位置. 与之对应的为多目标跟踪, 即在一段视频中同时跟踪多个目标, 相比单目标跟踪而言, 多目标跟踪问题更加复杂和困难. 需要说明的是, 这里所介绍的目标跟踪特指单目标跟踪.

视觉目标跟踪任务是根据视频序列初始帧所给定的目标状态信息 (通常是矩形边界框), 预测后续帧中该目标的状态. 其基本流程如图 1.5.1 所示. 首先, 输入待跟踪视频的初始帧, 即第一帧, 并初始化目标框, 称其为模板. 接着, 模型基于第一帧的信息, 在后续的每一帧中产生众多候选框, 此处生成候选框与目标检测中原理相同. 对于生成的候选框采取的重要操作是特征提取, 然后将提取的特征输入至观测模型以计算出每个候选区域包含目标物体的概率, 得分最高的候选区域框即为当前帧的跟踪结果. 另外, 基于观测模型的预测结果, 由模型更新器决定是否需要更新模板以及模板的更新方式. 最后, 如果一个追踪系统中使用了多个跟踪算法, 则跟踪系统会使用一个集成模块将各个跟踪算法产生的预测结果融合成一个更加精确的结果并输出.

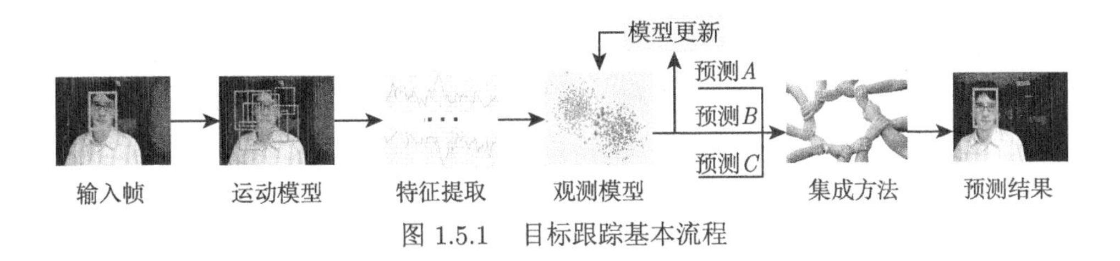

图 1.5.1 目标跟踪基本流程

综上所述, 目标跟踪可被划分为五项主要的步骤, 其任务流程图如图 1.5.2 所示.

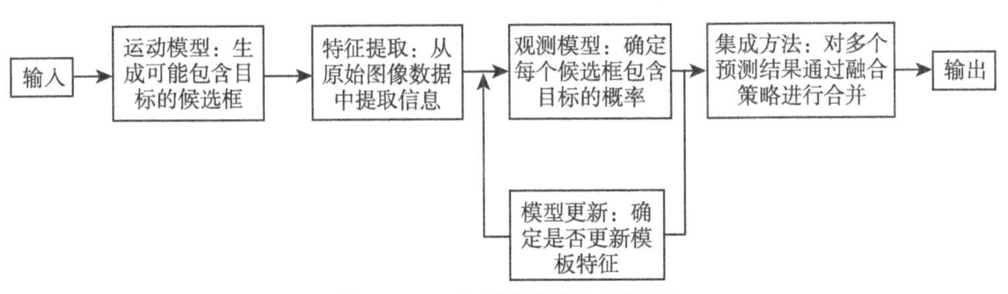

图 1.5.2 目标跟踪任务流程图

(1) 运动模型 (Motion Model): 运动模型捕捉目标的动态行为, 估计目标在未来帧中的潜在位置. 其功能是生成众多可能包含目标的候选框, 生成候选框的速度与质量直接决定了跟踪算法的性能. 目标跟踪对每一帧的处理可以视为目标检测任务, 因此此处的候选框生成原理与目标检测相同.

(2) 特征提取 (Feature Extractor): 提取有代表性的特征表示是目标跟踪的关键之一. 特征提取器从原始图像数据中提取出一些包含丰富信息的特征表示以用于后续的跟踪任务. 随着深度学习的发展, 越来越多的目标跟踪算法使用深度网络提取的特征来执行跟踪任务, 通过大量的训练样本学习出来的深度特征往往更具有代表性, 其浅层特征包含纹理等外观信息, 深层特征包含高度抽象的语义信息. 因此, 利用深度特征的跟踪方法发展迅速且通常能获得更好的跟踪效果.

(3) 观测模型 (Observation Model): 确定每个候选框包含目标的概率, 是目标跟踪算法的设计重点之一, 其中深度学习方法是本书讨论的重点.

(4) 模型更新 (Model Update): 确定跟踪系统是否使用模板更新, 在跟踪过程中目标表观会连续不断地变化, 更新模板可使模型更适应目标的变化, 防止跟踪过程发生漂移. 在使用模板更新的情况下, 根据不同的任务需求可以设置不同的更新原则, 一种策略是根据目标的连续变化每一帧都更新一次模板. 另一种策略考虑之前帧也包含了大量信息, 连续更新可能会造成过去表观信息的丢失, 于是采取长短期更新相结合的更新方式.

(5) 集成方法 (Ensemble Method): 一个跟踪系统可以使用多种跟踪算法的集成, 以产生多个跟踪结果, 各个跟踪算法产生的预测结果可以通过融合策略进行合并, 比如在多个预测结果中选一个最好的, 或是对所有的预测加权平均, 融合后的预测结果往往更加精确, 因此, 集成方法有利于提高模型的跟踪准确度.

最近几年目标跟踪技术取得了重大进展, 大量先进的跟踪算法被提出. 但是由于自然场景的复杂性, 如遮挡、形变、背景杂乱、旋转、尺度变化、快速运动、运动模糊、光照变化、超出视野、低分辨率等因素的影响, 以及实际应用中对跟踪速度的要求, 目标跟踪仍然是一项具有挑战性的课题.

■ 1.6　数据集

出色的数据集对计算机视觉的发展十分重要, 建立具有更少样本偏差的大型数据集是发展计算机视觉算法的关键之一, 本节介绍本书所使用的数据集.

1.6.1　图像分类常用数据集

目前在图像分类领域有许多知名的开源数据集用来进行分类模型的训练评估以及合理性检验.

1. MNIST 手写数字数据集

MNIST 数据集来自美国国家标准与技术研究院. 训练集由来自 250 个不同人手写的数字构成, 其中 50% 是高中学生, 50% 是来自人口普查局的工作人员. 测试集也是同样比例的手写数字数据. MNIST 数据集包括 6 万个训练样本、1 万个测试样本. 每一张图都是 28×28 的灰度图像, 包含 0 至 9 共计 10 个手写数字类别. 手写数字识别这一任务有着广泛的现实需求, 深度学习技术也逐渐开始用于解决手写数字识别问题. 图 1.6.1 展示了部分手写数字的示例.

2. CIFAR 数据集

CIFAR 数据集是最常用的小型自然图像数据集, 每张图像都是 $32 \times 32 \times 3$ 的 RGB 彩色图像. CIFAR-10 包含 10 个不同类别的图像, 而 CIFAR-100 包含 100 个类别的图像. 两个数据集均有 5 万张训练图像和 1 万张测试图像. 图 1.6.2 展示了 CIFAR-10 中的部分图像.

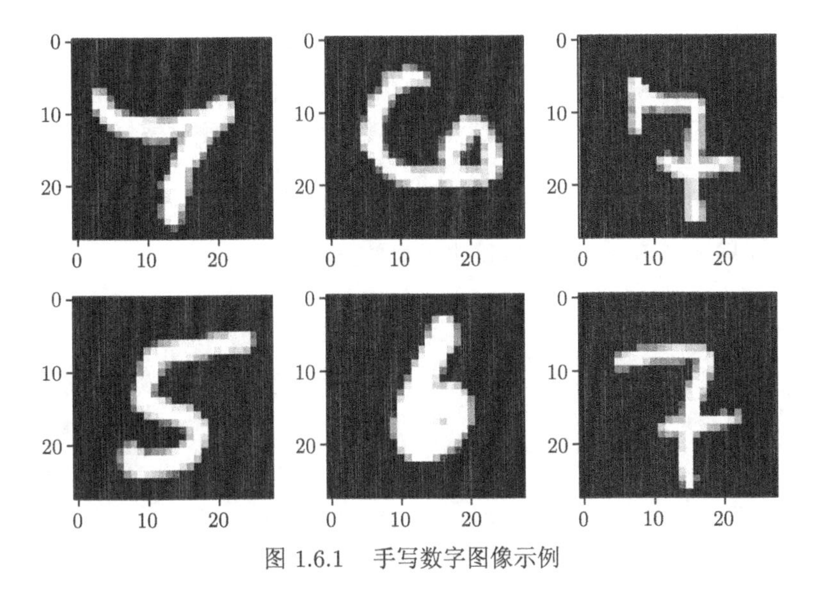

图 1.6.1 手写数字图像示例

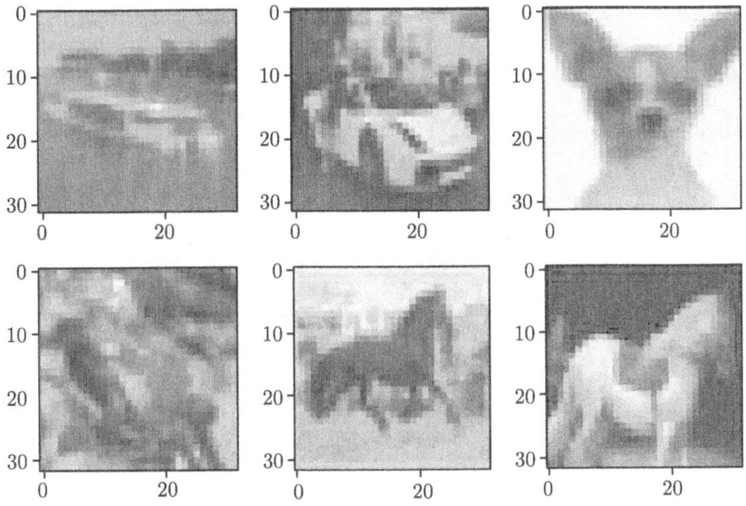

图 1.6.2 CIFAR-10 数据集示例

3. ImageNet 和 ILSVRC 数据集

ImageNet 数据集有超过 1500 万的高分辨率标注图像, 这些图像属于大约 22000 个类别, 其中有超过百万的图片有明确的类别标注和图像中物体位置的标注. ImageNet 数据集在计算机视觉领域应用广泛, 大量图像分类、定位、检测等研究工作基于此数据集展开.

2010 年至 2017 年举办的 ImageNet 大规模视觉识别挑战赛 (ImageNet Large Scale Visual Recognition Challenge, ILSVRC) 使用的数据集是 ImageNet 数据集的子集. ILSVRC-2010 是 ILSVRC 竞赛中唯一可以获得测试集标签的版本, 共有 1000 个类别, 每个类别大约 1000 张图像, 总计约 120 万张训练图像、5 万张验证图像和 15 万张测试图像. 大多数视觉任务实验都是在这个版本的数据集上运行的. 图 1.6.3 展示了 ImageNet 测试集中的部分图像.

图 1.6.3 ImageNet 数据集示例

1.6.2 目标检测任务常用数据集

目前在目标检测领域发布了许多知名的数据集和相应的评价基准, 其中包括 PASCAL VOC 挑战赛使用的数据集, 例如 PASCAL VOC2007 数据集和 PASCAL VOC2012 数据集, ILSVRC 挑战赛使用的数据集, 如 ILSVRC2014 数据集, 此外比较有代表性的还有 MS COCO 数据集.

1. PASCAL VOC 数据集

PASCAL VOC 挑战赛 (PASCAL Visual Object Classes Challenges) 是早期计算机视觉领域重要的世界级挑战赛, 该活动从 2005 年开始一直持续到 2012 年.

PASCAL VOC 挑战赛包括多种挑战任务, 比如图像分类、目标检测、语义分割、动作识别等, 基于 PASCAL VOC 挑战赛及其数据集产生了很多优秀的计算机视觉模型. 从 2005 年至 2012 年, PASCAL VOC 挑战赛每年都会提供一系列不同类别的带标签的数据集, 数据集的容量以及种类也在不断增加和改善, 其中比较重要的数据集是 PASCAL VOC2007 数据集与 PASCAL VOC2012 数据集. 挑战赛所提供的数据集包括 20 个类: 人类; 动物 (鸟、猫、牛、狗、马、羊); 交通工具 (飞机、自行车、船、公共汽车、小轿车、摩托车、火车); 室内 (瓶子、椅子、餐桌、盆栽植物、沙发、电视). 为了能更好地体现算法的实用性, 以上 20 个类都是一些日常中最常见的物体. 其中, PASCAL VOC2007 数据集共包含 9963 张图片, 被标注目标共计 24640 个, 其训练集、验证集和测试集分别包含图片数量为 2501, 2510 和 4952. PASCAL VOC2012 数据集共包含训练集图片 5717 张, 验证集图片 5823 张.

2. ILSVRC 数据集

ILSVRC 数据集为目标检测问题提供了 DET 数据集, 为视频目标检测问题提供了 VID 数据集, 以 2015 年为例, DET 数据集共提供了 200 个目标类别, VID 数据集共提供了 30 个目标类别.

3. MS COCO 数据集

MS COCO 数据集是目前最具挑战性的目标检测数据集之一. 它包括在自然环境和日常生活中常见的 91 个目标类别, 其中 82 个目标类别有超过 5000 个带标注的实例. 以 MS COCO2017 数据集为例, 其共 80 类目标, 包含训练集共 118287 张图片, 验证集共 5000 张图片, 测试集共 40670 张图片. 与 ImageNet 数据集相比, 它的目标类别较少, 但每个类别的目标实例更多. 与 PASCAL VOC 数据集和 ImageNet 数据集相比, MS COCO 数据集最大的进步是, 除了边界框标注外, 每个目标都通过逐实例分割进行了进一步标记, 以帮助精确定位. 此外, MS COCO 数据集包含更多的小目标, 且具有更密集的定位目标. 这些特性使得 MS COCO 数据集中的目标分布更接近于现实世界中的目标分布, 也使得检测任务更具挑战性.

1.6.3 目标跟踪任务常用数据集和评价标准

为了更公平地比较目标跟踪算法的性能, 近年来公布了很多视觉跟踪基准和数据集, 这些数据集包含了多种类别、序列、帧数和挑战属性. 通过不同的评估工具, 现有的视觉跟踪基准可评估跟踪器在现实场景中的准确性和鲁棒性, 且可以直观地比较和可视化跟踪结果. 下面介绍目前常用的几个视觉跟踪基准数据集和其对应的评价指标.

1. OTB 数据集

OTB 数据集分为 OTB50 数据集和 OTB100 数据集, 其中 OTB100 数据集在 OTB50 数据集上进行了扩充. OTB50 数据集包含 50 个完全标注好的视频序列, OTB100 数据集将 OTB50 数据集扩充到 100 个视频序列. 为了更好地评估和分析跟踪算法在不同自然场景下的优缺点, 数据集用遮挡、形变、尺度变化、快速运动等 11 种挑战属性标注所有序列, 一个序列通常被标记多种属性. 同时该基准数据集提供了一系列全面的跟踪算法评估准则, 包括精确度图和成功率图等评价指标, 能更加公平地测试和对比算法的跟踪性能, 进一步促进了目标跟踪算法的发展.

OTB 数据集使用精确度和成功率对跟踪算法做定量分析. 在精确度分析方面, OTB 基准可绘制出算法的精确度图 (Precision Plot). 在评估跟踪精确度时, 使用标准中心位置误差, 其被定义为跟踪目标中心位置与标注真实位置之间的平均欧氏距离, 然后可使用一个视频序列中所有帧的平均中心位置误差来衡量跟踪算法对该序列的总体性能. 但是, 当跟踪器丢失目标时, 输出的跟踪位置变得随机, 因此平均误差值可能无法准确地评估跟踪性能. 近年来, 精确度图被用来衡量跟踪算法的整体性能, 精确度图所描绘的是预测目标位置与标注真实位置之间的距离在给定的阈值距离之内的视频帧数占总帧数的百分比. 不同的阈值距离, 得到的百分比不同, 因此以阈值距离为横轴, 以百分比为纵轴可以获得一条曲线, 即精确度曲线. 对于每个跟踪器的精确度评分, 通常使用的具有代表性的阈值距离为 20 个像素点.

从成功率的角度分析, OTB 基准可绘制出算法的成功率图 (Success Plot). 边界框的重叠率也是一种跟踪性能评估标准. 假设跟踪预测的边界框为 r_t, 标注的真实边界框是 r_a, 则二者的重叠率可表示为 $S=\dfrac{|r_t \cap r_a|}{|r_t \cup r_a|}$, 其中 $\cap$ 和 $\cup$ 分别表示两个区域的交集和并集, $|area|$ 指区域 $area$ 内的像素点个数. 为了衡量跟踪算法在一个序列所有帧中的性能, 定义重叠率 S 大于给定阈值 t_o 的视频帧为成功帧, 而成功率即成功帧数占总帧数的百分比, 该值在 0 到 1 之间. 不同的重叠阈值下, 得到的百分比不同, 因此以重叠阈值为横轴, 以百分比为纵轴可以获得一条曲线, 即成功率曲线. 使用某一特定的重叠阈值 (比如 0.5) 下的一个成功率来评估跟踪器可能并不公平或并不具有代表性, 因此使用跟踪器所对应的成功率曲线下的面积 AUC 作为跟踪性能评价标准, 可用于给多个跟踪算法进行性能排序.

2. VOT 数据集

VOT 数据集随 2013 年首次举办的视觉目标跟踪比赛开始发布, 同时 VOT 数据集每年更新, 发展至今已包含 60 个序列, 其评价体系也更加成熟. VOT 数据集提供了一种多样化的数据集, 并使用可旋转的边界框和可视化属性对每帧进行标注. 为了更加快速和直接地评估不同的视觉跟踪算法, VOT 提供了一个实验平台, 不仅可以提供所需的数据、运行实验并执行分析, 还能检测到跟踪失败的情况然后重新初始化跟踪器, 最终根据失败的次数以及准确度综合成一个统一的指标来评价跟踪器的性能.

VOT 主要基于准确度 (Accuracy, A) 和鲁棒性 (Robustness, R) 两个弱相关且易于解释的评价指标来衡量跟踪器性能. 其中, 第 t 帧的准确度定义为跟踪器在第 t 帧的预测框 A_t^T 与真实标注框 A_t^G 之间的重叠率, 即二者的 IoU 值, 其计算方式为

$$\Phi_t = \frac{A_t^G \cap A_t^T}{A_t^G \cup A_t^T}.$$

跟踪鲁棒性指跟踪器失败的次数, 即发生目标漂移而必须重启跟踪器的次数, 当 Φ_t 降为 0 的时候就会触发重启.

跟踪器的重新初始化可能会在性能度量中引入偏差, 如果跟踪器在某一帧跟踪失败, 它很可能在重新初始化后立即再次跟踪失败. 为了减少这种偏差, VOT 使跟踪器在失败帧发生的 5 帧之后被重新初始化. 特别地, 在发生完全遮挡的情况下, 跟踪器在后续帧中目标没有被完全遮挡的第一帧初始化. 同样, 重启使准确度度量出现了偏差, 初始化后的几帧其 IoU 值会偏高, 因此需要几帧的老化时间来减少偏差. VOT 将老化周期定为 10 帧, 这意味着老化周期内的帧会被标记为无效帧, 不参与准确度的计算.

为了减少跟踪性能的潜在偏差, VOT 使跟踪器在每个序列上重复运行 N_{rep} 次. 具体来说, 让 $\Phi_t(i,k)$ 表示第 i 个跟踪器在第 t 帧的第 k 次跟踪准确度, 则每帧的准确度为所有重复运行结果的平均值, 即 $\Phi_t(i) = \frac{1}{N_{rep}}\sum_{k=1}^{N_{rep}} \Phi_t(i,k)$. 我们用 $\rho_A(i)$ 表示第 i 个跟踪器在 N_{valid} 个有效帧上的平均准确度, 则其计算公式可表示为

$$\rho_A(i) = \frac{1}{N_{valid}} \sum_{j=1}^{N_{valid}} \Phi_j(i).$$

同样每次重复实验也会得到一个相应的鲁棒性度量, 让 $F(i,k)$ 表示第 i 个跟踪器在第 k 次重复实验时跟丢的次数, 则第 i 个跟踪器的平均鲁棒性 $\rho_R(i)$ 可定义为

$$\rho_R(i) = \frac{1}{N_{rep}} \sum_{k=1}^{N_{rep}} F(i,k).$$

根据二者的定义我们可知，$\rho_A(i)$ 越大则跟踪器的跟踪准确性越好，$\rho_R(i)$ 越小则跟踪器的鲁棒性越好.

除了准确度和鲁棒性，VOT 中另一个重要的评价指标是 EAO(Expected Average Overlap)，如果直接用 A 和 R 两个值的加权和来给跟踪性能排序有失公允，为了充分利用 A 和 R 的原始数据 (Raw Data)，将二者重新组合定义，创造了一个新的评价指标 EAO. 考虑一个 N_s 帧长的视频，那么跟踪器在这段视频上的准确度为每一帧准确度的平均值. 并且，跟踪器在该序列的开始处初始化，一直跟踪到序列结束，如果跟踪器在此过程中偏离了目标，它会一直偏离直到序列结束. 于是，跟踪器的性能可以定义为每帧准确度的平均值，其中包括跟踪失败后准确度为 0 的视频帧，总的计算公式如下所示:

$$\Phi_{N_s} = \frac{1}{N_s}\sum_{i=1}^{N_s}\Phi_i.$$

通过对一系列 N_s 帧长的序列上的平均重叠率求平均，可得到 N_s 长度序列的期望平均重叠率 $\hat{\Phi}_{N_s}$. 可在一定范围内的序列长度 (即 $N_s = 1, 2, \cdots, N_{max}$) 里计算期望平均重叠率，从而得到 EAO 评价指标的计算公式如下:

$$\hat{\Phi} = \frac{1}{N_{hi} - N_{lo}}\sum_{N_s=N_{lo}}^{N_{hi}}\hat{\Phi}_{N_s}.$$

注意此处并不是在 $N_s = 1, 2, \cdots, N_{max}$ 内计算的，而是在一个区间 $N_s = N_{lo}, N_{lo} + 1, \cdots, N_{hi}$ 内计算，称之为标准 EAO，且 EAO 值越大，跟踪器性能越好.

3. UAV123 数据集

UAV123 数据集共包含 123 个由无人机拍摄的视频序列，数据集中的所有序列都用垂直矩形边界框标注，其中一个子集可用于长期空中跟踪，被称为 UAV20L. 不同于以往通用的单目标视频跟踪数据集，UAV123 数据集中的视频序列往往是高空俯视角度，且拍摄视角变化大，目标变化频繁，因此对跟踪器的适应能力提出了挑战. 此外，在对跟踪器的性能评估方面，UAV123 数据集沿用 OTB 数据集的评估策略.

4. LaSOT 数据集

LaSOT 数据集属于大规模目标跟踪数据集，该数据集包含 1400 个视频序列，每个序列平均约 2512 帧. LaSOT 数据集涵盖了 70 个目标类别，每个类别下包含 20 个视频序列. 此外，数据集中最短的视频序列有 1000 帧，最长的视频序列有 11397 帧，由于该数据集的所有视频序列都超过 1000 帧，因此偏重于长时跟踪且难度相较于其他数据集也更大. 在对跟踪器的性能评估方面, LaSOT 数据集同样沿用 OTB 数据集的评估策略.

5. GOT-10k 数据集

GOT-10k 数据集是通用的大规模目标跟踪数据集, 它包含超过 1 万个视频序列, 共超过 150 万个人工标注的边界框. 该数据集包含丰富的跟踪目标, 共分成 560 多个类别, 且都是在现实世界里常见的移动目标. 为了让训练出的模型具有更强的泛化能力, 其训练集和测试集之间不存在交集, 其中训练集、验证集和测试集分别包含 9335, 180 和 420 个视频序列.

6. YouTub-BB 数据集

YouTub-BB 数据集是基于 YouTube 视频的图像数据集. 这个数据集包含大约 38 万个视频片段, 共涵盖 23 个目标类别上的 56 万多个人工标注的边界框, 并且这些人工标注包含了目标在真实世界中被遮挡、产生运动模糊和自然光照变化等情形. 此外, 该数据集可实现对时间连续帧内的物体进行跟踪, 跟踪时间相对较长, 大约为 100 帧. 该数据集的体量足以满足大规模模型的训练, 并且可为真实场景的视觉跟踪任务提供训练数据.

1.6.4 遥感图像数据集

不同于图像分类等领域的大型公开数据集, 在遥感图像融合和遥感图像超分辨率领域, 还缺乏领域内统一的数据集. 在相关任务实现过程中, 一般的做法为基于已有的大幅遥感图像, 根据现实情况需要进行裁剪, 以获得训练集和测试集. 基于高分一号、高分二号、高分六号、QuickBird、WorldView-3 卫星的大幅遥感图像, 建立了全色-多光谱遥感图像融合数据集以及多光谱遥感图像超分辨率数据集. 高分一号卫星全色传感器分辨率为 2m, 高分二号卫星全色传感器分辨率为 0.8m, 高分六号卫星全色传感器分辨率为 2m, QuickBird 卫星全色传感器分辨率为 0.6m, WorldView-3 卫星全色传感器分辨率为 0.3m, 其中, WorldView-3 的多光谱图像包括 8 个波段, 其他卫星多光谱图像都为 4 波段. 遥感图像数据集中的遥感图像空间分辨率种类较多, 既包含 4 波段图像也包含 8 波段图像.

高分一号卫星遥感图像融合数据集的训练集包含 4 万个样本, 每个样本由一幅降分辨率全色图像、一幅降分辨率多光谱图像、一幅全分辨率多光谱图像 (作为标签) 组成, 其中标签图像尺寸为 $256\times256\times4$, 测试集包含 308 个样本, 其中标签图像尺寸为 $400\times400\times4$; 高分一号卫星遥感图像超分辨率数据集的训练集包含 4 万个样本, 每个样本由一幅降分辨率多光谱图像、一幅全分辨率多光谱图像 (作为标签) 组成, 其中标签图像尺寸为 $256\times256\times4$, 测试集包含 308 个样本, 其中标签图像尺寸为 $400\times400\times4$.

高分二号卫星遥感图像融合数据集的训练集包含 64000 个样本, 每个样本由一幅降分辨率全色图像、一幅降分辨率多光谱图像、一幅全分辨率多光谱图像 (作为标签) 组成, 其中标签图像尺寸为 256×256×4, 测试集包含 286 个样本, 其中标签图像尺寸为 400×400×4; 高分二号卫星遥感图像超分辨率数据集的训练集包含 64000 个样本, 每个样本由一幅降分辨率多光谱图像、一幅全分辨率多光谱图像 (作为标签) 组成, 其中标签图像尺寸为 256×256×4, 测试集包含 286 个样本, 其中标签图像尺寸为 400×400×4.

高分六号卫星遥感图像融合数据集的训练集包含 36000 个样本, 每个样本由一幅降分辨率全色图像、一幅降分辨率多光谱图像、一幅全分辨率多光谱图像 (作为标签) 组成, 其中标签图像尺寸为 256×256×4, 测试集包含 420 个样本, 其中标签图像尺寸为 400×400×4; 高分六号卫星遥感图像超分辨率数据集的训练集包含 36000 个样本, 每个样本由一幅降分辨率多光谱图像、一幅全分辨率多光谱图像 (作为标签) 组成, 其中标签图像尺寸为 256×256×4, 测试集包含 420 个样本, 其中标签图像尺寸为 400×400×4.

QuickBird 卫星遥感图像融合数据集的训练集包含 16000 个样本, 每个样本由一幅降分辨率全色图像、一幅降分辨率多光谱图像、一幅全分辨率多光谱图像 (作为标签) 组成, 其中标签图像尺寸为 256×256×4, 测试集包含 32 个样本, 其中标签图像尺寸为 400×400×4; QuickBird 卫星遥感图像超分辨率数据集的训练集包含 16000 个样本, 每个样本由一幅降分辨率多光谱图像、一幅全分辨率多光谱图像 (作为标签) 组成, 其中标签图像尺寸为 256×256×4, 测试集包含 32 个样本, 其中标签图像尺寸为 400×400×4.

WolrdView-3 卫星遥感图像融合数据集的训练集包含 2 万个样本, 每个样本由一幅降分辨率全色图像、一幅降分辨率多光谱图像、一幅全分辨率多光谱图像 (作为标签) 组成, 其中标签图像尺寸为 256×256×8, 测试集包含 308 个样本, 其中标签图像尺寸为 400×400×8; WolrdView-3 卫星遥感图像超分辨率数据集的训练集包含 2 万个样本, 每个样本由一幅降分辨率多光谱图像、一幅全分辨率多光谱图像 (作为标签) 组成, 其中标签图像尺寸为 256×256×8, 测试集包含 308 个样本, 其中标签图像尺寸为 400×400×8.

1.6.5 图像隐写数据集

BOSSBaes 数据集来源于 Break Our Steganographic System(BOSS) 竞赛, 是专门为处理隐写问题而创建的数据集. 该数据集包含了 1 万张灰度图像, 图像尺寸为 512×512, 包含了大量的风景、动物、建筑、人物等灰度自然图像. BOSSBaes 数据集可用于图像隐写任务和隐写分析任务.

1.6.6 人脸图像数据集

LFW(Labeled Faces in the Wild) 人脸数据集是用于研究人脸识别问题的通用数据集, 共包含 5749 个人脸标签、13233 张 RGB 彩色人脸图像, 图像尺寸为 250×250. LFW 人脸数据集的图片均来源于自然场景, 识别难度较大, 尤其由于受姿态、光照、表情、年龄、遮挡等因素影响, 同一人的图像可能存在较大差别.

CelebA(CelebFaces Attribute) 人脸数据集是通用的大规模人脸检测基准数据集, 共包含 10177 个人脸标签、202599 张人脸图像. CelebA 人脸数据集的图像包含人脸标注框、5 个人脸特征点坐标以及 40 个属性标记: 例如是否佩戴眼镜、长短发、鼻子、嘴唇、发色、性别等特征. 该数据集可用于面部属性识别、面部检测、面部定位与编辑、图像生成等任务.

■ 1.7 数字化资源

研究型习题

遥感图像数据集

第1章彩图

第 2 章

神经网络和卷积神经网络基础

本章将介绍神经网络和卷积神经网络的基本知识, 包括网络结构、激活函数、随机梯度下降法、正则化初步、残差网络和卷积神经网络的注意力机制.

■ 2.1 神经元工作的数学表示

神经网络是从大脑神经元工作原理抽象出来的数学模型, 下面详细地介绍神经元的工作, 并将其在数学上抽象化.

2.1.1 神经元工作的数学表示

人的大脑是由多个神经元互相连接形成网络而构成的. 也就是说, 一个神经元从其他神经元接收信号, 并向其他神经元发出信号. 大脑可以根据这个网络中信号的流动来处理各种各样的信息. 神经元是由细胞体、树突、轴突三个主要部分构成的. 其他神经元的信号 (输入信号) 通过树突传递到细胞体 (即神经元本体) 中, 细胞体把从其他多个神经元传递进来的输入信号进行合并加工, 然后再通过轴突前端的突触传递给别的神经元. 当一个神经元从其他神经元接收输入信号, 如果接收的输入信号之和比较小, 没有超过这个神经元固有的阈值, 该神经元的细胞体就会忽略接收到的信号, 不做任何反应; 如果输入信号之和超过阈值, 细胞体就会做出反应, 向与轴突连接的其他神经元传递信号, 这称为点火. 下面给出神经元点火的结构:

(i) 来自其他多个神经元的信号之和成为神经元的输入;

(ii) 如果这个信号之和超过神经元固有的阈值, 则点火;

(iii) 神经元的输出信号可以用数字信号 0 和 1 来表示, 即使有多个输出端, 其值也是同一个.

下面用数学方式表示神经元点火的结构. 由于输入信号是来自相邻神经元的输出信号, 根据 (iii) 可知输入信号可以用 “有” 和 “无” 两种信息表示, 可用变量 x 表示输入信号. 输出信号可以用表示点火与否的 “有” 和 “无” 两种信息来表示, 可用变量 y 表示输出信号. 最后, 用数学方式来表示点火的判定条件. 从 (i) 和 (ii) 可知, 神经元点火与否是根据来自其他神经元的输入信号的和来判定的, 但这个求和的方式不是简单的求和, 而是考虑了权重的信号之和. 用数学语言来表示, 设来自相邻三个神经元的输入信号分别为 x_1, x_2, x_3, 则神经元的输入信号之和为

$$w_1x_1 + w_2x_2 + w_3x_3, \tag{2.1.1}$$

式中的 w_1, w_2, w_3 是输入信号 x_1, x_2, x_3 对应的权重. 根据 (ii), 神经元在信号之和超过阈值时点火, 在不超过阈值时不点火. 于是, 利用式 (2.1.1), 点火条件可以表示如下:

$$\left.\begin{array}{l}\text{无输出信号}(y=0): w_1x_1 + w_2x_2 + w_3x_3 < \theta \\ \text{有输出信号}(y=1): w_1x_1 + w_2x_2 + w_3x_3 \geqslant \theta\end{array}\right\}, \tag{2.1.2}$$

其中 θ 是该神经元固有的阈值. 将表示点火条件的式 (2.1.2) 图形化. 以神经元的输入信号之和为横轴, 神经元的输出信号 y 为纵轴, 如图 2.1.1 所示, 当信号之和小于 θ 时, y 取值 0, 反之 y 取值 1.

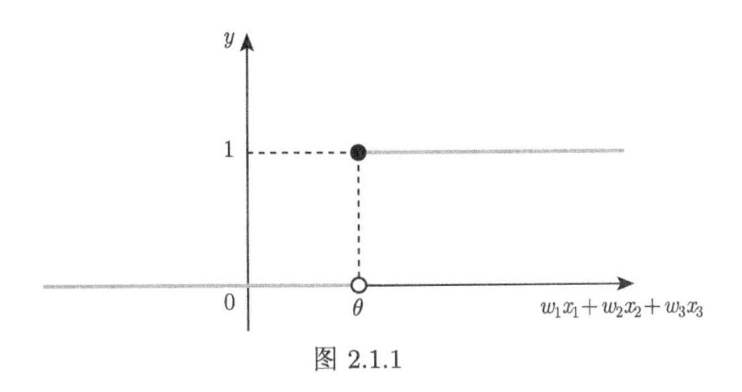

图 2.1.1

利用单位阶跃函数 $u(z)$, 则可以将式 (2.1.2) 改写成如下表示:

$$y = u(w_1x_1 + w_2x_2 + w_3x_3 - \theta). \tag{2.1.3}$$

2.1.2 神经元的一般化

前面的学习内容给出了神经元工作的数学表示, 本节给出神经元在数学上的一般化. 在庞大的网络中有很多的神经元, 因此使用简化图 2.1.2(b) 来模拟神经元图 2.1.2(a).

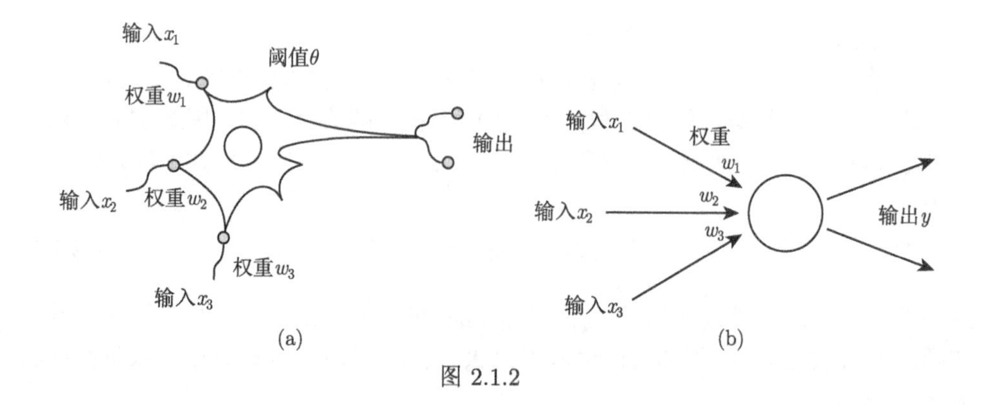

图 2.1.2

将神经元的示意图抽象化之后, 可对输出信号的生物学的限制进行一般化. 根据点火与否, 生物学上的神经元的输出 y 分别取值 1 和 0. 如果除去“生物学”这个条件, 这个“输出 y 分别取值 0 和 1”的限制也可以解除, 此时表示是否点火的式 (2.1.3) 可以一般化为

$$y = a(w_1x_1 + w_2x_2 + w_3x_3 - \theta), \tag{2.1.4}$$

其中 x_1, x_2, x_3 是模型接收的任意数值, y 是函数 a 能输出的任意数值, 函数 a 称为激活函数, 代表例子是 Sigmoid 函数 $\sigma(z)$, 其定义如下所示:

$$\sigma(z) = \frac{1}{1+\mathrm{e}^{-z}}. \tag{2.1.5}$$

单位阶跃函数的输出值为 1 或 0, 可理解为点火与否, 而 Sigmoid 函数的输出范围在 $(0,1)$ 之间, 可理解为神经单元的兴奋度: 当输出值接近 1 时表示兴奋度高, 接近 0 时则表示兴奋度低. 式 (2.1.4) 的输出 y 的取值并不限于 0 和 1. 在神经单元中, 将 $-\theta$ 替换为 b 表示, 并称 b 为偏置 (Bias), 有

$$y = a(w_1x_1 + w_2x_2 + w_3x_3 + b). \tag{2.1.6}$$

生物学上的权重 w_1, w_2, w_3 和阈值 $\theta(\theta = -b)$ 都不为负数, 而在神经网络中, 权重和偏置允许为负.

■ 2.2 什么是神经网络

人类大脑是由神经元构成的网络, 根据人类大脑模仿创建神经单元的网络, 将神经单元连接为网络状, 形成神经网络. 网络的连接方法多种多样, 本节将介绍作为基础的阶层型神经网络, 之后介绍由其发展而来的卷积神经网络.

阶层型神经网络如图 2.2.1 所示, 按照层划分神经单元, 通过这些神经单元处理信号, 并从输出层得到结果. 构成这个网络的各层分别称为输入层、隐藏层、输出层, 其中隐藏层也被称为中间层. 各层分别执行特定的信号处理操作. 输入层负责读取输入神经网络的信息; 隐藏层的神经单元负责处理信息, 即负责神经网络中的特征提取任务; 输出层给出整个神经网络计算出的结果.

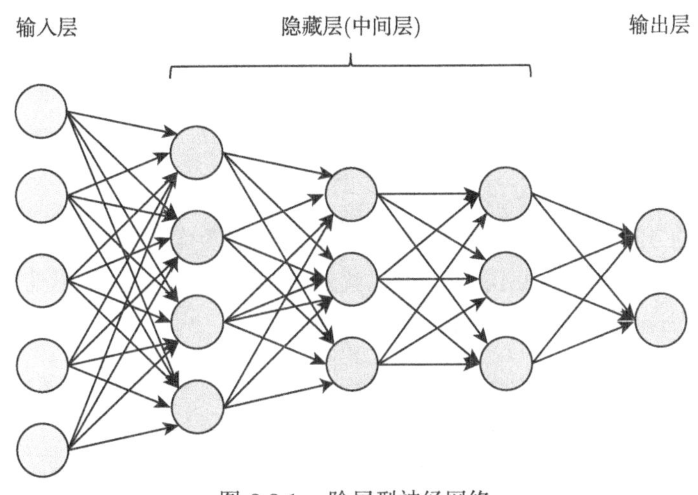

图 2.2.1　阶层型神经网络

2.2.1　神经网络的结构

接下来通过识别手写数字 0 和 1 的视觉任务来具体介绍神经网络的各个组成部分和实现过程. 构造如图 2.2.2 所示的神经网络, 输入层中有 12 个神经单元, 隐藏层中有 3 个神经单元 A, B 和 C, 输出层中有 2 个神经单元. 利用该神经网络识别出一系列 4×3 像素的手写数字 0 和 1, 如图 2.2.3 所示.

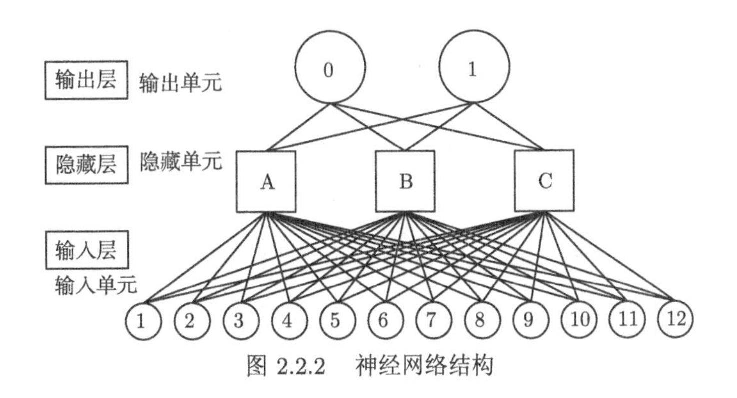

图 2.2.2　神经网络结构

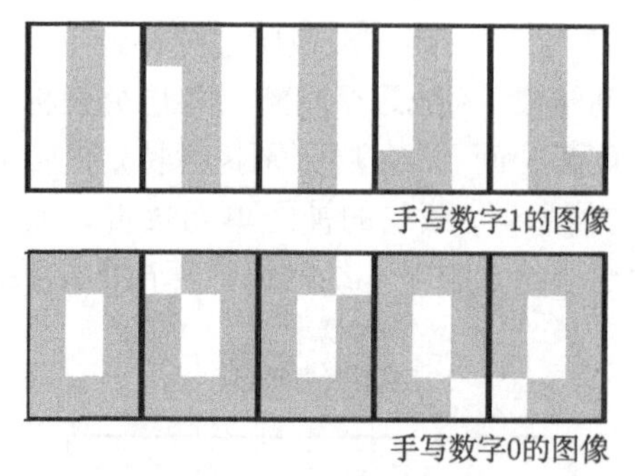

图 2.2.3　手写数字图像

1) 输入层

输入层的 12 个神经单元可对接 4×3 手写数字图像的 12 个像素, 如图 2.2.4 左侧所示. 如果像素信号为 0, 神经单元就处于休眠状态; 如果像素信号为 1, 则神经单元处于兴奋状态, 并将兴奋信息传递至隐藏层.

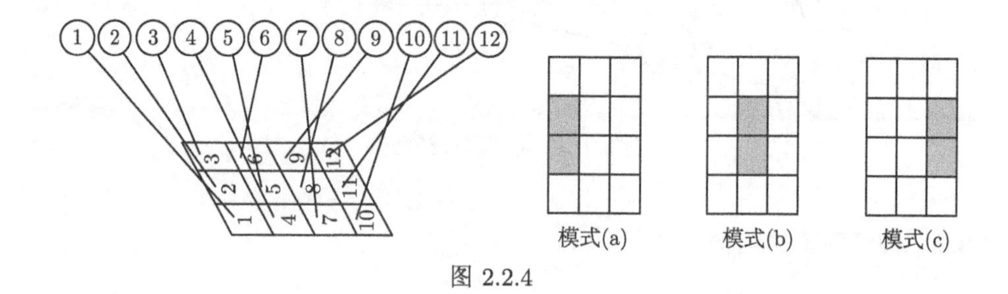

图 2.2.4

2) 隐藏层

隐藏层的神经单元 A, B, C 会对输入层的信息有不同的偏好状态, 设神经单元 A, B, C 分别偏好如图 2.2.4 右侧所示的模式 (a)、模式 (b)、模式 (c), 而这种偏好状态本质上是神经单元之间的权重, 影响整个神经网络的性质. 隐藏层的神经单元 A, B, C 从输入层的获得兴奋信息后, 将信息进行整合, 再传递给输出层的神经单元.

隐藏层的神经单元 A, B, C 分别偏好不同模式的兴奋信息, 例如神经单元 A 偏好模式 (a), 因此当 4 号像素与 7 号像素信息处于兴奋状态, 则神经单元 A 也会处于兴奋状态, 即 4 号像素与 7 号像素的输入单元与神经单元 A 之间的权重较大, 如图 2.2.5 所示. 同理可以得到 5 号像素、8 号像素与神经单元 B 的关系, 以及 6 号像素、9 号像素与神经单元 C 的关系. 由此, 根据神经单元的偏好模式, 得到输入层、隐藏层和输出层的神经单元之间的联系.

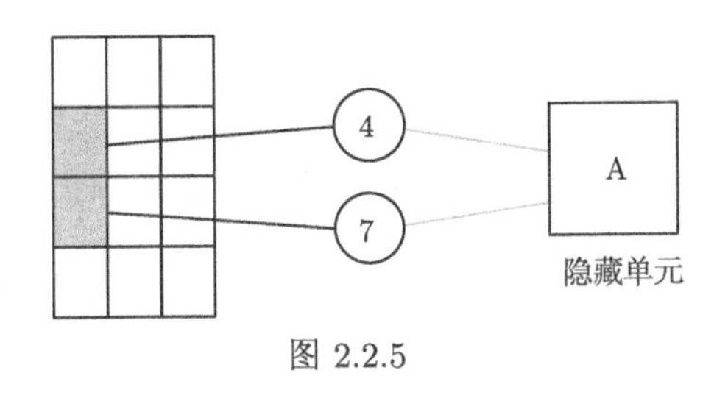

图 2.2.5

3) 输出层

输出层的 2 个输出单元从隐藏层获得到兴奋信息, 并将得到的兴奋度信息进行整合, 根据两个输出单元的兴奋强度决定神经网络的判断结果. 如果输出单元 0 的兴奋强度比输出单元 1 大, 神经网络就判定图像的数字为 0, 反之则判定为 1.

向神经网络输入手写数字 0 时, 4 号像素、7 号像素、6 号像素、9 号像素处于兴奋状态, 如图 2.2.6 所示, 那么神经单元 A 和 C 会收到较高的兴奋信息, 并向输出层的神经单元 0 传递较高的兴奋信息. 而 5 号像素、8 号像素处于休眠状态, 所以神经单元 B 仅能收到较低的兴奋信息, 因此向输出层的神经单元 1 传递较低的信息. 最终, 根据神经单元之间的权重关系, 神经网络输出了判断为 0 的结果.

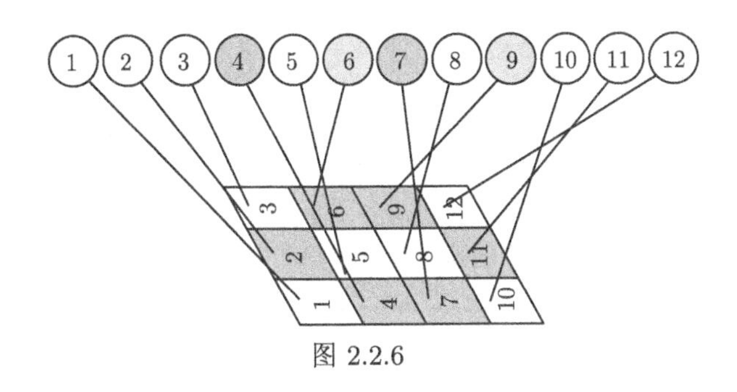

图 2.2.6

在神经网络中, 神经单元之间不仅会传递兴奋信息, 也会传递一些噪声信息, 从而影响神经单元正确地传递兴奋信息, 因此需要额外加入偏置来减少噪声信息的影响.

2.2.2 神经网络的训练

前面的学习内容介绍了神经网络如何识别输入图像, 并且假定了各层神经单元之间的权重大小. 但是这个权重是如何确定的呢?

神经网络的权重确定方法分为有监督学习和无监督学习. 这里介绍有监督学习. 有监督学习是指为了确定神经网络的权重和偏置, 事先给予一组训练数据 (包括输入数据和标签数据), 并根据给定的训练数据确定神经单元之间的权重和偏置, 该过程称为神经网络的学习.

神经网络的学习思路可以简化为: 计算神经网络得出的预测值与正解的误差, 从而确定使得误差总和达到最小的权重和偏置. 关于预测值与正解的误差总和, 有多种定义方式. 本节采用的定义是: 针对全部学习数据, 计算预测值与正解的误差的平方 (称为平方误差), 然后再相加. 这个误差的总和称为损失函数. 利用平方误差确定参数的方法在数学上称为最小二乘法.

2.2.3　神经网络的参数和变量

上一节分析了神经网络的思想和工作原理. 不过, 要从数学角度确定神经网络的权重和偏置, 必须将神经网络用具体的数学式表示出来.

在进行神经网络的计算时, 往往会被数量庞大的参数和变量所困扰. 由于构成神经网络的神经单元数量非常庞大, 相应地表示偏置、权重、输入、输出变量的数量也非常庞大. 因此, 参数和变量的表示需要统一标准. 以阶层型神经网络为例, 首先对网络层进行编号, 输入层为层 1, 隐藏层 (中间层) 为层 2, 层 3, $\cdots$, 输出层为层 l. 表 2.2.1 给出了各变量及其含义.

表 2.2.1

变量	含义
x_i	表示输入层 (层 1) 的第 i 个神经单元的输入的变量, 由于输入层的神经单元的输入和输出为同一值, 所以也是表示输出的变量
w_{ji}^l	从层 $l-1$ 的第 i 个神经单元指向层 l 的第 j 个神经单元的箭头的权重. 这是神经网络的参数
z_j^l	层 l 的第 j 个神经单元的加权输入的变量
b_j^l	层 l 的第 j 个神经单元的偏置. 这是神经网络的参数
a_j^l	层 l 的第 j 个神经单元的输出变量

要确定某个神经网络, 就必须在数学上确定其权重和偏置, 为此需要用具体的式子来表示神经单元的变量的关系. 通过图 2.2.7 所示的实际模型来展开讨论.

输入层的关系式　输入层 (层 1) 是神经网络的入口. 该层的第 i 个神经单元的输入与输出均为 $x_i, i=1,2,\cdots,12$. 接着, 将 a_j^l 定义为层 l 的第 j 个神经单元的输出值, 由于输入层为层 1, 所以 a_i^1 可以表示如下:

$$a_i^1 = x_i.$$

隐藏层的关系式　以 $f(\cdot)$ 作为激活函数, 隐藏层 (层 2) 相关变量和参数的关系式举例如下:

$$\begin{aligned} &z_1^2 = w_{11}^2 x_1 + w_{12}^2 x_2 + w_{13}^2 x_3 + \cdots + w_{1,12}^2 x_{12} + b_1^2, \\ &a_1^2 = f\left(z_1^2\right). \end{aligned} \tag{2.2.1}$$

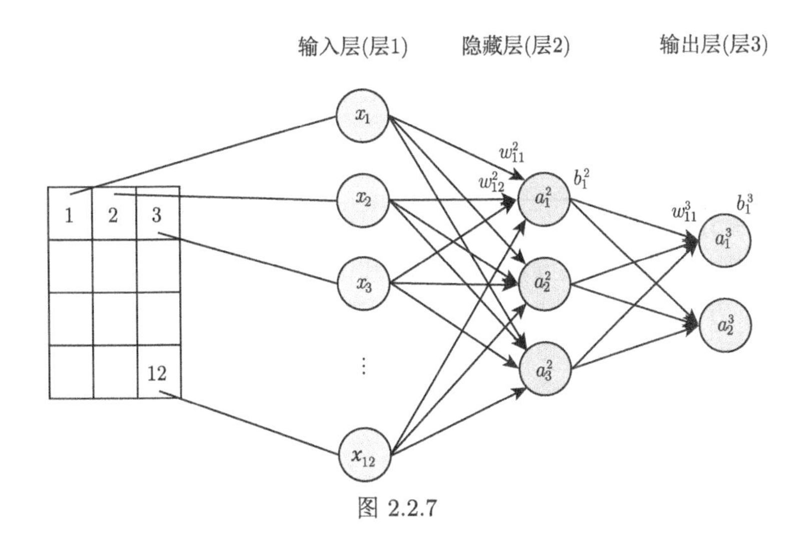

图 2.2.7

输出层的关系式 输出层 (层 3) 相关变量和参数之间的关系式举例如下:

$$
\begin{aligned}
z_1^3 &= w_{11}^3 a_1^2 + w_{12}^3 a_2^2 + w_{13}^3 a_3^2 + b_1^3, \\
a_1^3 &= f\left(z_1^3\right).
\end{aligned}
\tag{2.2.2}
$$

如果用矩阵来表示关系式, 可以得到各变量之间的整体关系. 计算机编程语言中都会有矩阵计算工具, 所以将关系式变形为矩阵形式会有助于编程. 另外, 用矩阵表示关系式, 可以推广到一般情形.

2.2.4 神经网络的代价函数和参数训练

神经网络进行训练时, 为了估计神经网络计算出的预测值是否满足要求, 需要与正解进行比较. 利用事先提供的训练数据来确定权重和偏置, 使神经网络计算出的预测值与训练数据的正解的总体误差达到最小值. 一般可用平方误差表示神经网络得到的预测值和正解的总体误差. 给出二分类任务的平方误差 C:

$$
C = \frac{1}{2}\left\{\left(t_1 - a_1\right)^2 + \left(t_2 - a_2\right)^2\right\}, \tag{2.2.3}
$$

其中, a_1, a_2 表示神经网络的预测值, t_1, t_2 表示正解.

平方误差是实际数据和理论值的误差指标, 特点是简便且易于理解, 但计算收敛时间长. 因此学者们进一步提出交叉熵误差指标用于二分类任务:

$$
C = -t_1 \cdot \ln(a_1) - t_2 \cdot \ln(a_2).
$$

将第 k 个训练图像的交叉熵误差的值记为 C_k, 如下所示:

$$
C_k = -t_1[k] \cdot \ln(a_1[k]) - t_2[k] \cdot \ln(a_2[k]).
$$

全体训练图像的交叉熵误差的总和就是代价函数 C_T, 此时神经网络的代价函数 C_T 可表示如下:

$$C_T = C_1 + C_2 + \cdots + C_N, \tag{2.2.4}$$

其中, N 为学习图像的数目. 数学上的目标是求出使代价函数 C_T 达到最小的参数, 即求出使代价函数 C_T 达到最小的权重和偏置. 代价函数 C_T 的误差由神经网络反向传播, 并用该误差通过梯度下降法调整各网络层的权值和偏置, 经过多次迭代后得到一组最优的权值和偏置, 使代价函数 C_T 达到最小, 即完成神经网络的参数训练. 神经网络的训练离不开梯度下降法, 我们将在下一节介绍随机梯度下降法.

2.3 随机梯度下降

本节介绍梯度下降 (Gradient Descent) 的工作原理, 理解梯度下降是如何通过多次迭代得到目标函数的最优解, 从而确定神经网络的权重和偏置的.

一维梯度下降 以一维梯度下降为例, 通过算例来介绍梯度下降算法是如何使目标函数收敛到最小值的. 设函数 $f: R \to R$ 连续可导, 任意绝对值足够小的数 ε, 根据泰勒展开公式, 得到以下近似表达:

$$f(x+\varepsilon) \approx f(x) + \varepsilon f'(x),$$

其中 $f'(x)$ 是函数 f 在 x 处的导数.

然后, 存在常数 $\eta > 0$, 若 $|\eta f'(x)|$ 足够小, 那么用 $-\eta f'(x)$ 可替换 ε, 并得到

$$f(x - \eta f'(x)) \approx f(x) - \eta f'(x)^2. \tag{2.3.1}$$

如果导数 $f'(x) \neq 0$, 那么 $\eta f'(x)^2 > 0$, 所以

$$f(x - \eta f'(x)) < f(x).$$

这意味着, 如果通过

$$x \leftarrow x - \eta f'(x) \tag{2.3.2}$$

来迭代 x, 会降低函数 $f(x)$ 的值. 因此在梯度下降中, 选取一个初始值 x 和常数 $\eta > 0$, 然后不断通过式 (2.3.2) 来迭代 x, 直到达到某种停止条件, 如 $f'(x)^2 = 0$ 或达到规定迭代次数.

算例实验　一维梯度下降法

我们用一维梯度下降来迭代目标函数 $f(x)=\dfrac{1}{2}x^2+2x$, 观察梯度下降的工作流程. 已知 $f(x)$ 的最优解为 $x=-2$, 取初始值 $x=4$, 设 $\eta=0.5$, $f'(x)=x+2$, 使用梯度下降公式 (2.3.2) 迭代 8 次. 根据每次迭代的结果绘制出迭代轨迹图 2.3.1, 可以看到每次迭代的数值解逐步逼近最优解 $x=-2$.

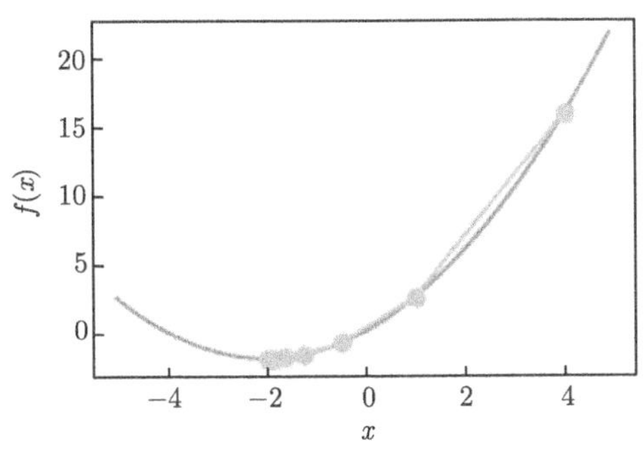

图 2.3.1　$\eta=0.5$, 迭代轨迹图

学习率　梯度下降算法中的正数 η 被称为学习率, 这是一个人为设定的超参数. 如果使用过小的学习率, 会导致 x 更新缓慢, 从而需要更多次迭代才能得到收敛到最优解.

算例实验　学习率对梯度下降的影响

继续以目标函数 $f(x)=\dfrac{1}{2}x^2+2x$ 为例, 取初始值 $x=4$, 设学习率 $\eta=0.1$, $f'(x)=x+2$, 使用梯度下降公式 (2.3.2) 迭代 8 次. 根据迭代的结果绘制出自变量 x 的迭代轨迹图 2.3.2(a). 可见, 降低学习率并且保持其他设定不变的情况下, 迭代结束后的自变量与最优解还有较大差距.

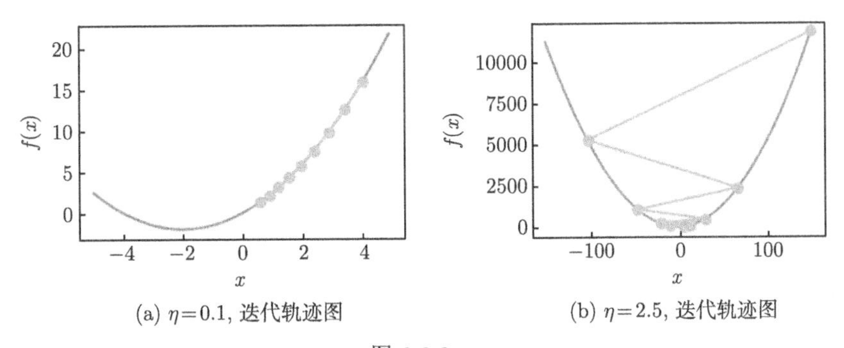

(a) $\eta=0.1$, 迭代轨迹图　　(b) $\eta=2.5$, 迭代轨迹图

图 2.3.2

使用过大的学习率, 会导致 x 更新剧烈, 此时无法保证 x 会收敛到最优解. 以目标函数 $f(x)=\frac{1}{2}x^2+2x$ 为例, 设定学习率 $\eta=2.5$, 保持其他设定一致, 绘制出自变量的迭代轨迹图 2.3.2(b), 发现每一次迭代得到的 x 不断越过最优解, 并逐渐发散.

多维梯度下降 前面介绍了一维梯度下降的例子, 下面介绍多维梯度下降方法. 设目标函数 $f:\mathbf{R}^d\rightarrow\mathbf{R}$, 其输入是一个 d 维向量 $\boldsymbol{x}=[x_1,x_2,\cdots,x_d]^{\mathrm{T}}$. 给出目标函数 $f(\boldsymbol{x})$ 在 $\boldsymbol{x}$ 处的梯度

$$\nabla f(\boldsymbol{x})=\left[\frac{\partial f(\boldsymbol{x})}{\partial x_1},\frac{\partial f(\boldsymbol{x})}{\partial x_2},\cdots,\frac{\partial f(\boldsymbol{x})}{\partial x_d}\right].$$

为了测量 f 沿着单位向量 $\boldsymbol{u}$ 方向上的变化率, 定义 f 在 $\boldsymbol{x}$ 处沿着 $\boldsymbol{u}$ 方向的方向导数为

$$f_{\boldsymbol{u}}(\boldsymbol{x})=\lim_{h\rightarrow 0}\frac{f(\boldsymbol{x}+h\boldsymbol{u})-f(\boldsymbol{x})}{h},$$

可以改写为 $f_{\boldsymbol{u}}(\boldsymbol{x})=\nabla f(\boldsymbol{x})\cdot\boldsymbol{u}$.

方向导数 $f_{\boldsymbol{u}}(\boldsymbol{x})$ 给出了 f 在 $\boldsymbol{x}$ 上沿着所有方向的变化率. 为了最小化 f, 我们希望找到 f 递减最快的方向, 由于

$$f_{\boldsymbol{u}}(\boldsymbol{x})=||\nabla f(\boldsymbol{x})||\cdot||\boldsymbol{u}||\cdot\cos\theta=||\nabla f(\boldsymbol{x})||\cdot\cos\theta,$$

其中 θ 为梯度 $\nabla f(\boldsymbol{x})$ 和单位向量 $\boldsymbol{u}$ 之间的夹角, 当 $\theta=\pi$ 时, $\cos\theta$ 取得最小值. 因此, 当 $\boldsymbol{u}$ 与 $\nabla f(\boldsymbol{x})$ 方向相反时, 方向导数 $f_{\boldsymbol{u}}(\boldsymbol{x})$ 取最小值, f 递减最快. 因此, 我们可通过多维梯度下降公式来降低目标函数 f:

$$\boldsymbol{x}\leftarrow\boldsymbol{x}-\eta\nabla f(\boldsymbol{x}). \tag{2.3.3}$$

同样, η 为学习率, 取正数.

算例实验 多维梯度下降法

下面构造一个二元函数 $f(\boldsymbol{x})=2x_1^2+\frac{1}{2}(x_2-2)^2$, 自变量为二维向量 $\boldsymbol{x}=[x_1,x_2]^{\mathrm{T}}$, 取初始位置 $(10,5)$, 设学习率 $\eta=0.1$, 梯度为 $\nabla f(\boldsymbol{x})=[4x_1,x_2-2]^{\mathrm{T}}$, 使用多维梯度下降公式 (2.3.3) 迭代 30 次, 并绘制出自变量的迭代轨迹图 2.3.3. 可以观察到自变量 $\boldsymbol{x}$ 逐步逼近最优解 $(0,2)$.

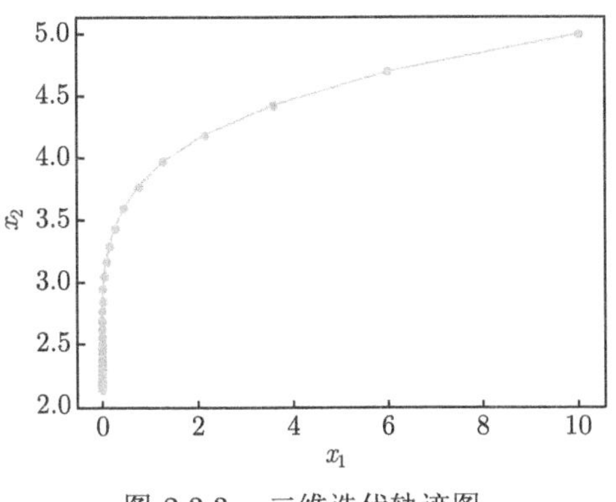

图 2.3.3 二维迭代轨迹图

随机梯度下降 在深度学习中, 目标函数需要计算数据集中各个样本损失值的平均值. 设 $f_i(\boldsymbol{x})$ 是索引为 i 的训练样本的损失函数, n 是训练样本数, $\boldsymbol{x}$ 是模型的参数向量, 那么目标函数 f 定义为

$$f(\boldsymbol{x}) = \frac{1}{n}\sum_{i=1}^{n} f_i(\boldsymbol{x}).$$

目标函数 f 在 $\boldsymbol{x}$ 处的梯度为

$$\nabla f(\boldsymbol{x}) = \frac{1}{n}\sum_{i=1}^{n} \nabla f_i(\boldsymbol{x}).$$

利用梯度下降方法, $\boldsymbol{x}$ 的更新式为

$$\boldsymbol{x} \leftarrow \boldsymbol{x} - \eta\left[\frac{1}{n}\sum_{i=1}^{n} \nabla f_i(\boldsymbol{x})\right], \tag{2.3.4}$$

其中 η 为学习率.

$\boldsymbol{x}$ 每迭代一次就需要所有训练样本参与计算梯度 $\nabla f(\boldsymbol{x})$, 因此计算开销会随着训练样本数 n 变大而增长. 随机梯度下降方法解决了这个问题, 降低了迭代的计算量. 在随机梯度下降中, 每次迭代会随机采样一个训练样本索引 $i \in \{1, \cdots, n\}$, 计算得到索引为 i 的训练样本的损失函数梯度 $\nabla f_i(\boldsymbol{x})$, 进而迭代 $\boldsymbol{x}$:

$$\boldsymbol{x} \leftarrow \boldsymbol{x} - \eta \nabla f_i(\boldsymbol{x}). \tag{2.3.5}$$

因此随机梯度下降每迭代一次仅需要计算一个 $\nabla f_i(\boldsymbol{x})$, 那么相比式 (2.3.4), 计算开销大大降低.

随机梯度下降方法还存在一个小问题: 每次仅根据一个样本计算损失函数梯度, 无法利用整个数据集的信息. 小批量随机梯度下降是基于随机梯度下降的改进方法, 每次迭代会随机采样部分样本组成一个小批量样本, 然后使用小批量样本计算梯度.

记初始时间节点 $t=0$, 以及初始自变量 $\boldsymbol{x}_0 \in \mathbf{R}^d$, 由随机初始化得到. 在每一个时间节点 $t>0$, 小批量随机梯度下降会随机采样一个小批量训练样本 B. 例如, 训练样本总量为 10, 训练样本索引为 $\{0,1,2,3,4,5,6,7,8,9\}$, 设定批量大小 $|B|=4$, 那么通过随机均匀采样的小批量 B 可以为 $\{2,5,7,9\}$. 可以通过重复采样或不重复采样得到一个小批量样本.

此时我们定义在小批量训练样本 B 上的目标函数为 f_B:

$$f_B(\boldsymbol{x}) = \frac{1}{|B|}\sum_{i\in B} f_i(\boldsymbol{x}). \tag{2.3.6}$$

计算时间节点 t 时的小批量随机梯度 $\boldsymbol{g}_t$:

$$\boldsymbol{g}_t \leftarrow \nabla f_B(\boldsymbol{x}_{t-1}) = \frac{1}{|B|}\sum_{i\in B} \nabla f_i(\boldsymbol{x}_{t-1}), \tag{2.3.7}$$

小批量随机梯度下降的自变量迭代过程如下:

$$\boldsymbol{x}_t \leftarrow \boldsymbol{x}_{t-1} - \eta \boldsymbol{g}_t. \tag{2.3.8}$$

算例实验 随机梯度下降法

下面我们用线性回归任务来比较梯度下降法和随机梯度下降法的差异. 对识别手写数字 0 和 1 的神经网络, 以平方误差作为损失函数, 以 Sigmoid 函数作为激活函数. 实验数据为 64 张数字为 0 和 1 的手写图像实例, 根据训练损失值来观察模型的拟合情况.

(1) 梯度下降法: 1 个训练周期里对模型参数只能迭代 1 次. 设学习率 $\eta=0.1$, 训练 10 个周期, 共迭代 10 次, 绘制出训练损失图 2.3.4(a).

(2) 随机梯度下降法: 批量大小 $|B|=16$, 每处理 16 个样本会更新一次模型参数, 所以一个训练周期里会对网络参数进行 4 次迭代. 设学习率 $\eta=0.1$, 训练 10 个周期, 共迭代 40 次, 绘制出训练损失图 2.3.4(b).

可以看到, 梯度下降法的损失值 (训练损失) 快速下降并趋于平稳. 但考虑到大型实验的数据集是海量的, 梯度下降法需要占据大量内存, 所以可以考虑随机梯度下降法.

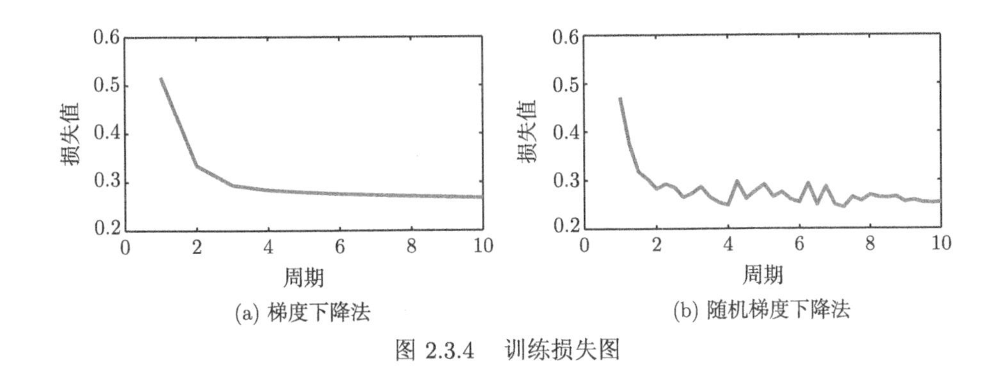

(a) 梯度下降法　　(b) 随机梯度下降法

图 2.3.4 训练损失图

■ 2.4 神经网络正则化初步

2.4.1 模型选择, 欠拟合和过拟合

在评价机器学习模型在训练数据集和测试数据集上的表现时, 如果改变实验中的模型结构或者超参数, 也许发现: 当模型在训练数据集上表现得更准确时, 它在测试数据集上的表现却不一定更准确.

1. 训练误差和泛化误差

在解释上述现象之前, 需要区分训练误差 (Training Error) 和泛化误差 (Generalization Error) 的概念. 前者指模型在训练数据集上表现出的误差, 后者指模型在任意一个测试数据样本上表现出的误差的期望, 并常常通过测试数据集上的误差来近似. 计算训练误差和泛化误差可以使用损失函数, 例如线性回归用到的平方损失函数和 Softmax 回归用到的交叉熵损失函数.

在机器学习里, 通常假设训练数据集和测试数据集里的每一个样本都是从同一个概率分布中相互独立地生成. 基于该独立同分布假设, 给定任意一个机器学习模型, 其训练误差的期望和泛化误差是一样的. 例如, 如果将模型参数设成随机值, 那么训练误差和泛化误差会非常相近. 但我们已经了解到, 模型的参数是通过在训练数据集上训练模型而学习出的, 并依据最小化训练误差选择参数, 所以, 训练误差的期望小于或等于泛化误差. 即一般情况下, 由训练数据集学到的模型参数会使模型在训练数据集上的表现优于或等于在测试数据集上的表现. 由于无法从训练误差估计泛化误差, 而降低训练误差并不意味着泛化误差一定会降低, 因此一个好的模型应关注降低泛化误差.

模型选择 评估若干候选模型的表现并从中选择模型, 这一过程称为模型选择. 可供选择的候选模型可以是有着不同超参数的同类模型. 以多层感知机为例, 可以选择隐藏层的个数, 以及每个隐藏层中隐藏单元个数和激活函数. 为了得到有效的模型, 经常使用验证数据集进行模型选择.

验证数据集 从严格意义上讲, 测试集只能在所有超参数和模型参数选定后使用一次, 不可以使用测试数据选择模型. 由于无法从训练误差估计泛化误差, 所以也不应只依赖训练数据选择模型. 因此, 可以预留一部分在训练数据集和测试数据集以外的数据来进行模型选择, 这部分数据被称为验证数据集, 简称验证集. 例如, 可以从给定的训练集中随机选取一小部分作为验证集, 而将剩余部分作为真正的训练集. 然而在实际应用中, 由于数据不易获取, 测试数据极少只使用一次就丢弃. 因此, 实践中验证数据集和测试数据集的界限可能比较模糊.

K 折交叉验证 由于验证数据集不参与模型训练, 当训练数据不够用时, 通常不会预留大量的验证数据. 一种改善的方法是 K 折交叉验证 (K-fold Cross-validation). K 折交叉验证把原始训练数据集分割成 K 个不重合的子数据集, 然后做 K 次模型训练和验证, 每次使用一个子数据集验证模型, 并使用其他 $K-1$ 个子数据集来训练模型. 在这 K 次训练和验证中, 每次用来验证模型的子数据集都不同. 最后, 对这 K 次训练误差和验证误差分别求平均即可.

2. 欠拟合和过拟合

接下来探究模型训练中经常出现的两类典型问题: 一类是模型无法得到较低的训练误差, 这一现象称作欠拟合 (Underfitting); 另一类是模型的训练误差远小于测试误差, 该现象称为过拟合 (Overfitting). 在实践中, 我们要尽可能同时应对欠拟合和过拟合. 有很多因素可能导致这两种拟合问题, 这里重点讨论两个因素: 模型复杂度和训练数据集大小.

模型复杂度 以多项式函数拟合为例解释模型复杂度. 给定一个由标量数据特征 x 和对应的标量标签 y 组成的训练数据集, 多项式函数拟合的目标是找一个 K 阶多项式函数

$$\hat{y} = b + \sum_{k=1}^{K} x^k w_k \tag{2.4.1}$$

来近似 y. 在式 (2.4.1) 中, w_k 是模型的权重参数, b 是偏差参数. 特别地, 一阶多项式函数拟合又叫线性函数拟合.

因为高阶多项式函数模型参数更多, 模型函数的选择空间更大, 所以高阶多项式函数比低阶多项式函数的复杂度更高. 因此, 高阶多项式函数比低阶多项式函数更容易在相同的训练数据集上得到更低的训练误差. 给定训练数据集, 模型复杂度和误差之间的关系通常如图 2.4.1 所示. 给定训练数据集, 如果模型的复杂度过低, 很容易出现欠拟合; 如果模型复杂度过高, 很容易出现过拟合. 应对欠拟合和过拟合的一个办法是针对数据集选择合适复杂度的模型.

训练数据集大小 影响欠拟合和过拟合的另一个重要因素是训练数据集的大小. 一般来说, 如果训练数据集中样本数过少, 特别是比模型参数数量更少时, 过

拟合更容易发生. 此外, 泛化误差不会随训练数据集里样本数量增加而增大, 因此, 在计算资源允许的范围之内, 通常希望训练数据集大一些, 特别是在模型复杂度较高时, 例如层数较多的深度学习模型.

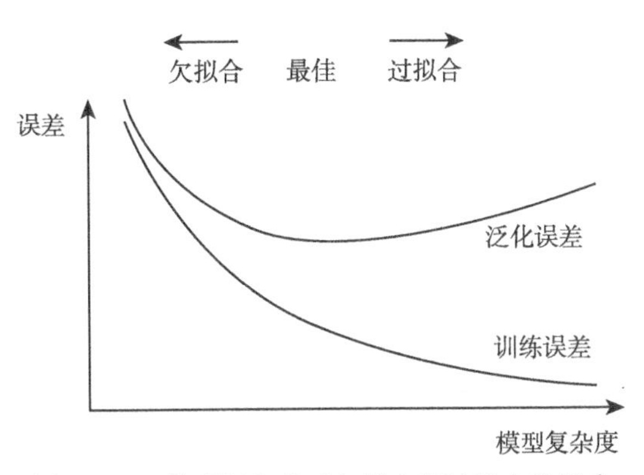

图 2.4.1 模型复杂度对欠拟合和过拟合的影响

3. 多项式函数拟合实验

为了理解模型复杂度和训练数据集大小对欠拟合和过拟合的影响, 下面以多项式函数拟合为例来实验.

生成数据集 生成一个人工数据集, 在训练数据集和测试数据集中, 给定样本特征 x, 使用如下的三阶多项式函数来生成该样本的标签:

$$y = 1.2x - 3.4x^2 + 5.6x^3 + 5 + \varepsilon, \tag{2.4.2}$$

其中噪声项 ε 服从均值为 0、标准差为 0.01 的正态分布. 训练数据集和测试数据集的样本数都设为 100. 如图 2.4.2 所示, 是生成的 200 个数据的可视化, 包括 100 个训练数据和 100 个测试数据, 图中横轴表示 x 值, 纵轴表示 y 值.

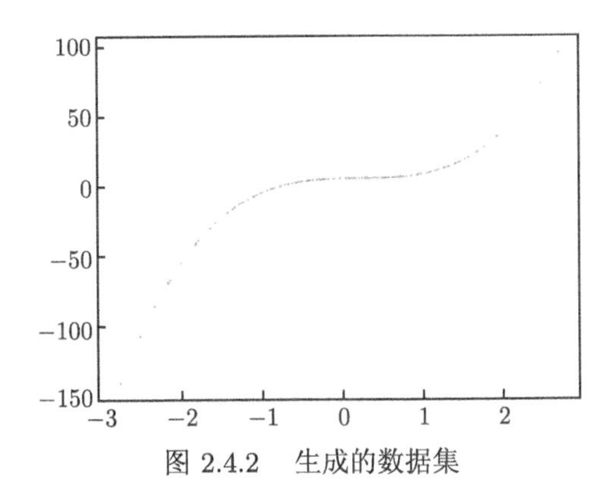

图 2.4.2 生成的数据集

定义、训练和测试模型 多项式函数拟合使用平方损失函数. 尝试使用不同复杂度的模型来拟合生成的数据集, 多项式函数拟合的训练和测试步骤包括获取和读取数据集, 定义和初始化模型, 定义损失函数, 定义优化算法, 训练和测试模型. 在作图时对损失轴使用对数尺度. 对数尺度是一个非线性的测量尺度, 在数量有较大范围的差异时使用, 对数尺度每个刻度之间的商为一定值.

三阶多项式函数拟合 (正常) 先使用与数据生成函数同阶的三阶多项式函数拟合. 如图 2.4.3 所示, 图 (a) 中横轴表示 x 值, 纵轴表示 y 值, 实线表示训练得到的函数, 实验表明这个模型的训练误差和测试误差都较低. 训练出的模型参数: $w_1 = 1.1977, w_2 = -3.4003, w_3 = 5.6005, b = 5.0007$, 训练出的模型参数也接近真实值: $w_1 = 1.2, w_2 = -3.4, w_3 = 5.6, b = 5$.

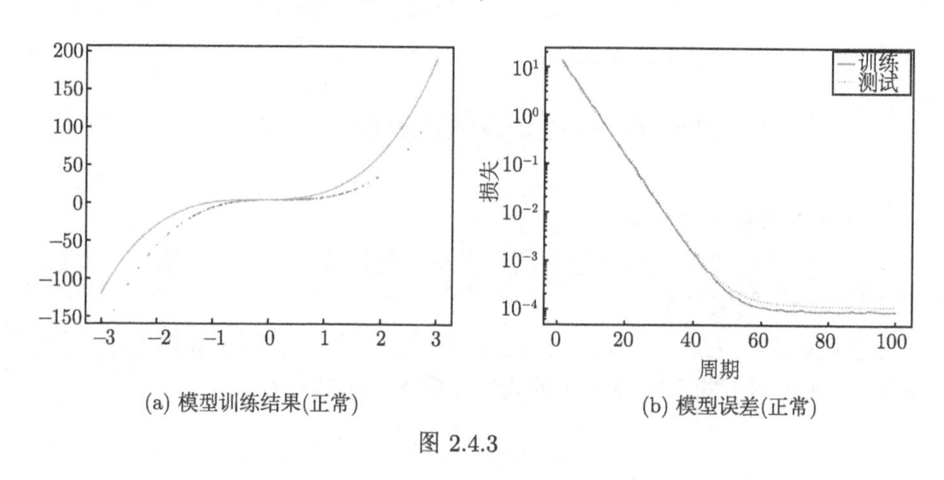

(a) 模型训练结果(正常)　(b) 模型误差(正常)

图 2.4.3

线性函数拟合 (欠拟合) 使用线性函数拟合, 即将训练模型定义为线性函数 $y = kx + b$ 的形式. 如图 2.4.4 所示, 图 (a) 中横轴表示 x 值, 纵轴表示 y 值, 实线表示训练得到的函数, 显然, 该模型的训练误差在迭代早期下降后便很难继续降低. 同样使用之前所生成的 200 个数据进行训练和测试, 在完成最后一次迭代周期后, 训练误差依旧很高. 说明线性模型在非线性模型 (如三阶多项式函数) 生成的数据集上容易欠拟合.

训练样本不足 (过拟合) 事实上, 即使使用与数据生成模型同阶的三阶多项式函数模型, 如果训练样本不足, 该模型依然容易过拟合. 同样针对之前所生成的 200 个数据进行实验, 训练模型定义为三阶多项式函数, 只使用所生成的 100 个训练数据中的前两个样本来训练模型, 测试数据不变. 如图 2.4.5 所示, 图 (a) 中横轴表示 x 值, 纵轴表示 y 值, 实线表示训练得到的函数, 显然, 只使用两个训练数据来训练模型, 训练样本过少, 甚至少于模型参数的数量, 这使模型显得过于复杂, 从而容易被训练数据中的噪声影响. 在迭代过程中, 尽管训练误差较低, 但是测试数据集上的误差却很高, 这是典型的过拟合现象. 接下来讨论过拟合问题以及应对过拟合的方法.

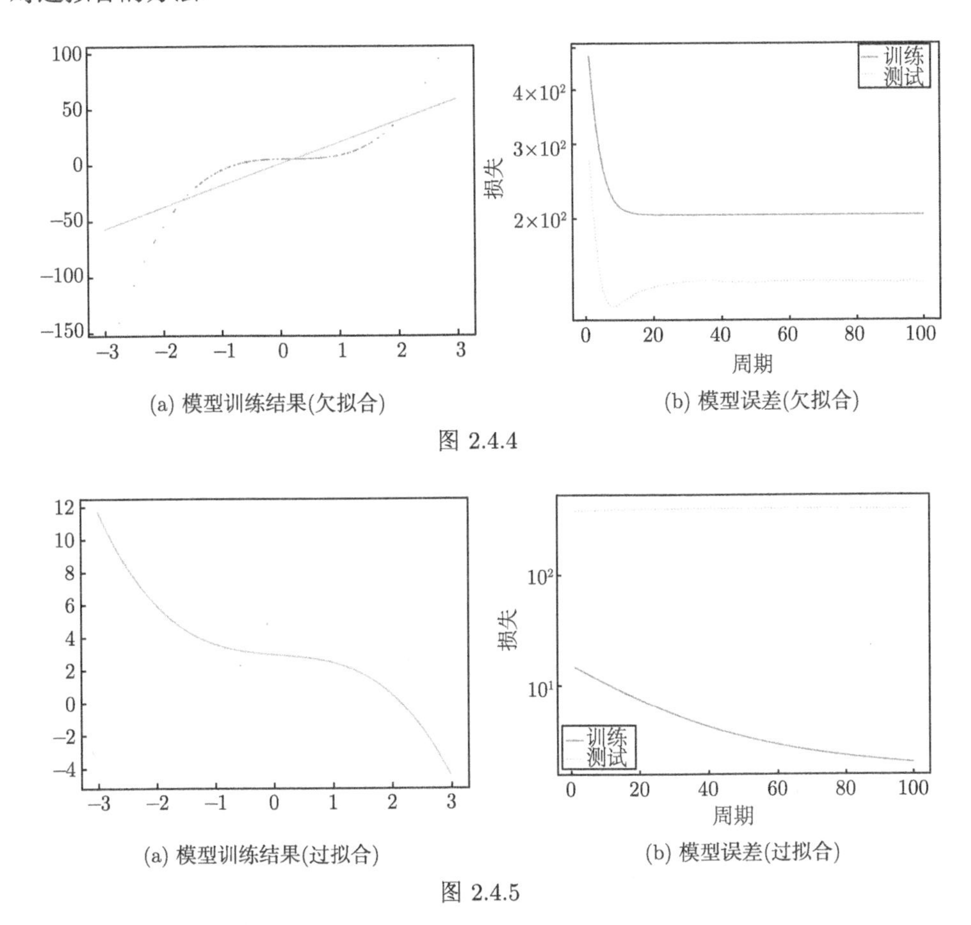

(a) 模型训练结果(欠拟合) (b) 模型误差(欠拟合)

图 2.4.4

(a) 模型训练结果(过拟合) (b) 模型误差(过拟合)

图 2.4.5

2.4.2 权重衰减

过拟合现象, 即模型的训练误差远小于测试误差. 虽然增大训练数据集可能会减轻过拟合, 但是获取额外的训练数据往往代价很高. 下面介绍应对过拟合问题的常用方法: 权重衰减 (Weight Decay).

权重衰减等价于 L_2 范数正则化 (Regularization). 该方法通过为模型损失函数添加惩罚项使训练出的模型参数范数值较小, 是应对过拟合的常用手段. 首先描述 L_2 范数正则化, 再解释它为何又称为权重衰减.

L_2 范数正则化在模型原损失函数基础上添加 L_2 范数惩罚项, 从而得到训练所需要最小化的函数. L_2 范数惩罚项指的是模型权重参数每个元素的平方和与一个正的常数的乘积. 以线性回归损失函数式 (2.4.3) 为例,

$$l\left(w_1, w_2, b\right)=\frac{1}{n} \sum_{i=1}^n \frac{1}{2}\left(x_1^{(i)} w_1+x_2^{(i)} w_2+b-y^{(i)}\right)^2, \tag{2.4.3}$$

其中 w_1, w_2 是权重参数, b 是偏差参数, 样本 i 的输入为 $x_1^{(i)}, x_2^{(i)}$, 标签为 $y^{(i)}$, 样本数为 n. 将权重参数用向量 $\boldsymbol{w}=\left[w_1, w_2\right]$ 表示, 带有 L_2 范数惩罚项的新损失函数为

$$l\left(w_1, w_2, b\right)+\frac{\lambda}{2}\|\boldsymbol{w}\|^2, \tag{2.4.4}$$

其中超参数 $\lambda>0$. 当权重参数均为 0 时, 惩罚项最小. 当 λ 较大时, 惩罚项在损失函数中的比重较大, 这通常会使学到的权重参数的元素较接近 0. 当 λ 设为 0 时, 惩罚项完全不起作用. 上式中 L_2 范数平方 $\|\boldsymbol{w}\|^2$ 展开后得到 $w_1^2+w_2^2$, 有了 L_2 范数惩罚项后, 在小批量随机梯度下降中, 权重 w_1 和 w_2 的迭代方式为公式 (2.4.5):

$$\begin{aligned}
& w_1 \leftarrow(1-\eta \lambda) w_1-\frac{\eta}{|\mathcal{B}|} \sum_{i \in \mathcal{B}} x_1^{(i)}\left(x_1^{(i)} w_1+x_2^{(i)} w_2+b-y^{(i)}\right), \\
& w_2 \leftarrow(1-\eta \lambda) w_2-\frac{\eta}{|\mathcal{B}|} \sum_{i \in \mathcal{B}} x_2^{(i)}\left(x_1^{(i)} w_1+x_2^{(i)} w_2+b-y^{(i)}\right),
\end{aligned} \tag{2.4.5}$$

其中, $|\mathcal{B}|$ 表示每个小批量中的样本数, 也称为批量大小, η 表示学习率. 可见, L_2 范数正则化令权重 w_1 和 w_2 先自乘小于 1 的数, 再减去不含惩罚项的梯度, 因此, L_2 范数正则化又叫权重衰减. 权重衰减可以惩罚绝对值较大的模型参数, 为需要学习的模型增加了限制, 可应对过拟合问题.

高维线性回归实验

下面, 以高维线性回归为例来引入过拟合问题, 并使用权重衰减来应对过拟合. 设数据样本特征的维度为 p, 对于训练数据集和测试数据集中特征为 x_1, $x_2, \cdots, x_p$ 的任一样本, 使用如公式 (2.4.6) 所示的线性函数来生成该样本的标签:

$$y=0.05+\sum_{i=1}^p 0.01 x_i+\varepsilon, \tag{2.4.6}$$

其中噪声项 ε 服从均值为 0、标准差为 0.01 的正态分布. 为了较容易地观察过拟合, 考虑高维线性回归问题, 如设维度为 200; 同时, 特意把训练数据集的样本数设低, 如设置为 20. 用公式 (2.4.6) 生成 120 个数据, 其中训练数据集样本数设为 20, 测试数据集样本数设为 100, 下面只给出训练数据的示例, 如表 2.4.1 所示. 下面通过在目标函数后添加 L_2 范数惩罚项来实现权重衰减. 首先随机初始化模型参数, 其次添加 L_2 范数惩罚项, 这里只惩罚模型的权重参数.

表 2.4.1 训练数据

	维度 1	维度 2	维度 3	⋯	维度 198	维度 199	维度 200	标签
数据 1	−0.7290	−1.3852	1.2262	⋯	−1.1882	0.2576	0.7364	0.2756
数据 2	−1.6999	0.2969	−0.2443	⋯	0.0811	0.2363	0.8186	0.0642
数据 3	0.1481	0.5576	−0.0216	⋯	−0.0186	1.0025	1.0626	0.1199
⋯	⋯	⋯	⋯	⋯	⋯	⋯	⋯	⋯
数据 18	0.7934	0.9936	1.0993	⋯	−0.2825	−1.1252	0.1983	0.0510
数据 19	−0.4168	−0.2853	−1.4565	⋯	−1.1065	1.2332	0.5584	−0.0405
数据 20	0.3857	−0.7319	−0.1886	⋯	0.6441	0.5671	0.0359	0.1815

观察过拟合 训练并测试高维线性回归模型. 根据带有 L_2 范数惩罚项的损失函数的定义, 当 λ 为 0 时, 没有使用权重衰减. 如图 2.4.6(a) 所示, 结果训练误差远小于测试集上的误差, $\|\boldsymbol{w}\|^2 = 12.897525787353516$, 这是典型的过拟合现象.

使用权重衰减 下面使用权重衰减. 如图 2.4.6(b) 所示, 训练误差虽然有所提高, 但测试集上的误差有所下降. 过拟合现象得到一定程度的缓解. 另外, 权重参数的 L_2 范数比不使用权重衰减时的更小且更接近 0, $\|\boldsymbol{w}\|^2 = 0.02911686711013317$.

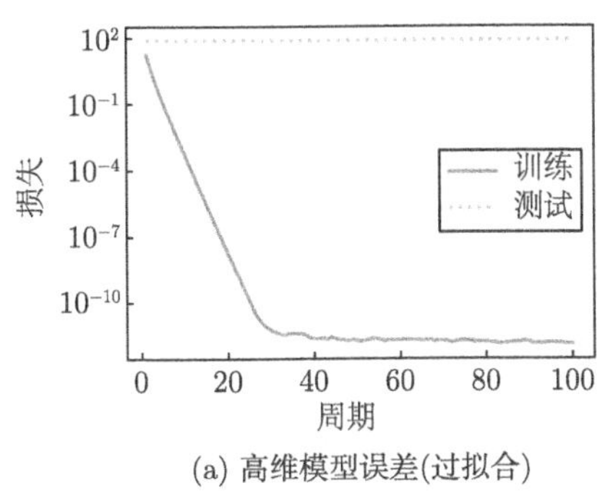

(a) 高维模型误差(过拟合)

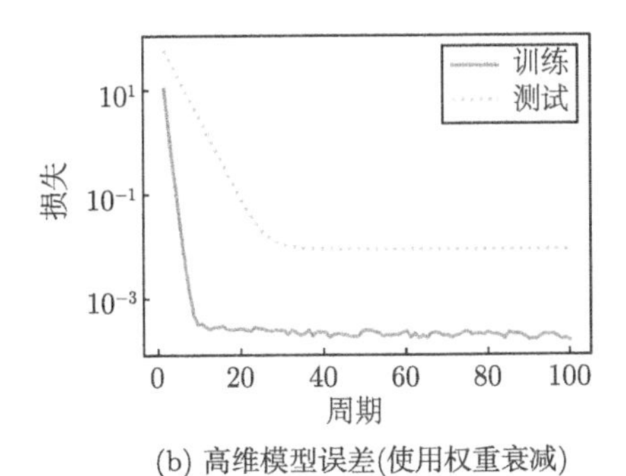

(b) 高维模型误差(使用权重衰减)

图 2.4.6

2.4.3 丢弃法

除了前一节介绍的权重衰减以外, 深度学习模型常常使用丢弃法 (Dropout) 来应对过拟合问题. 丢弃法有一些不同的变体, 这里所介绍的丢弃法特指倒置丢弃法 (Inverted Dropout).

图 2.4.7 描述了一个单隐藏层的多层感知机, 其中输入个数为 4, 隐藏单元个数为 5, 且隐藏单元 $h_i(i = 1, \cdots, 5)$ 的计算表达式为

$$h_i = \phi\left(x_1 w_{1i} + x_2 w_{2i} + x_3 w_{3i} + x_4 w_{4i} + b_i\right), \tag{2.4.7}$$

这里 ϕ 是激活函数, $x_1, \cdots, x_4$ 是输入, 隐藏单元 i 的权重参数为 $w_{1i}, \cdots, w_{4i}$, 偏差参数为 b_i. 当对该隐藏层使用丢弃法时, 该层的隐藏单元将有一定概率被丢弃

掉. 丢弃率是丢弃法的超参数, 设丢弃率为 p, 那么有 p 的概率 h_i 会被清零, 有 $1-p$ 的概率 h_i 会除以 $1-p$ 做放缩. 具体来说, 设随机变量 ξ_i 为 0 和 1 的概率分别为 p 和 $1-p$. 使用丢弃法时用公式 (2.4.8) 计算新的隐藏单元 h_i' 为

$$h_i{}' = \frac{\xi_i}{1-p} h_i. \tag{2.4.8}$$

上面所讲的 Dropout 指的是 Inverted Dropout, 顾名思义就是逆向 Dropout, 可以理解成, 正常的 Dropout 操作中, Dropout 是带有随机性的, 在预测阶段为了输出的稳定性不使用 Dropout, 但是由于训练阶段神经元数量的变化, 会在预测阶段通过对神经网络输出结果乘以 $1-p$ 来矫正预测结果, Inverted Dropout 是为了使乘以 $1-p$ 矫正的功能不放在预测阶段, 而是在训练阶段就完成矫正操作, 也就是在训练阶段, 对执行了 Dropout 的层, 其输出值要乘以 $1/(1-p)$, 即除以 $1-p$ 做放缩. 从数学层面来讲, 后面除以 $1-p$ 做放缩其实是为了保证神经元的期望值与不使用 Dropout 时一致. 由于 $E(\xi_i) = 1-p$, 因此

$$E\left(h_i'\right) = \frac{E\left(\xi_i\right)}{1-p} h_i = h_i, \tag{2.4.9}$$

即 Dropout 并不改变神经元的期望值. 对图 2.4.7 中的隐藏层使用丢弃法, 一种可能的结果如图 2.4.8 所示, 其中 h_2 和 h_5 被清零. 这时输出值的计算不再依赖 h_2 和 h_5, 在反向传播时, 与这两个隐藏单元相关的权重的梯度均为 0. 由于在训练中隐藏层神经元的丢弃是随机的, 即 $h_1, \cdots, h_5$ 都有可能被清零, 输出层的计算无法过度依赖 $h_1, \cdots, h_5$ 中的任一个, 从而在训练模型时起到正则化的作用, 并可以用来应对过拟合. 在测试模型时, 为了更加确定性的结果, 一般不使用丢弃法.

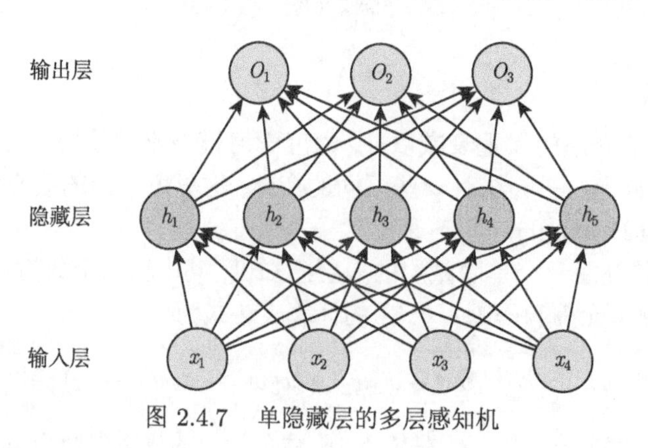

图 2.4.7　单隐藏层的多层感知机

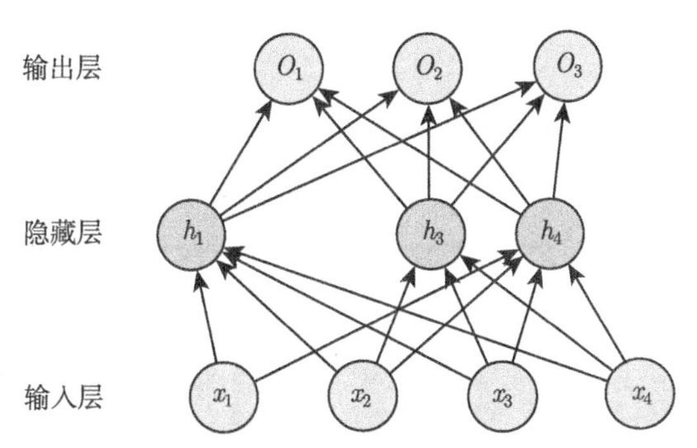

图 2.4.8 隐藏层使用了丢弃法的多层感知机

根据丢弃法的定义, 其实现流程如算法 2.4.1 所示, 其中 Dropout 函数将以 p_d 的概率丢弃隐藏层神经元. 以几个例子来理解 Dropout 函数, 丢弃率分别设置为 0, 0.5 和 1. 对于一组输入数据, 分别用各个丢弃率丢弃数据中的元素, 输入数据如下:

$$\begin{bmatrix} 0 & 1 & 2 & 3 & 4 & 5 & 6 & 7 \\ 8 & 9 & 10 & 11 & 12 & 13 & 14 & 15 \end{bmatrix},$$

丢弃率为 0 时, 输出结果为

$$\begin{bmatrix} 0 & 1 & 2 & 3 & 4 & 5 & 6 & 7 \\ 8 & 9 & 10 & 11 & 12 & 13 & 14 & 15 \end{bmatrix},$$

丢弃率为 0.5 时, 输出结果为

$$\begin{bmatrix} 0 & 0 & 4 & 6 & 0 & 0 & 12 & 14 \\ 0 & 18 & 20 & 22 & 0 & 0 & 28 & 0 \end{bmatrix},$$

丢弃率为 1 时, 输出结果为

$$\begin{bmatrix} 0 & 0 & 0 & 0 & 0 & 0 & 0 & 0 \\ 0 & 0 & 0 & 0 & 0 & 0 & 0 & 0 \end{bmatrix}.$$

算法 2.4.1 Dropout 函数算法流程

初始化: $drop\_prob = p_d$, $keep\_prob = 1 - p_d$

输入: 隐藏层单元 X_i

设置随机变量 ξ_i, 使满足 $p(\xi_i = 0) = drop\_prob$, $p(\xi_i = 1) = keep\_prob$

$X_i' = \xi_i * X_i / keep\_prob$

输出: X_i'

Dropout 实验

下面使用 Fashion-MNIST 数据集进行实验, 该数据集如图 2.4.9 所示. 定义一个包含两个隐藏层的多层感知机, 其中两个隐藏层的神经单元个数都是 256, 如图 2.4.10 所示.

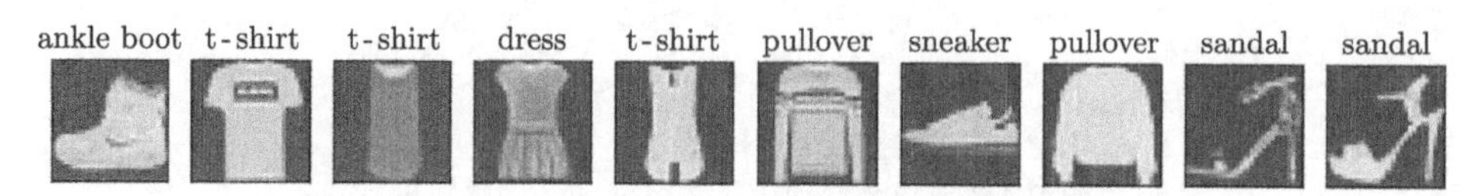

图 2.4.9　Fashion-MNIST 数据集 (10 类服饰分类数据集)

图 2.4.10 展示的模型在每个全连接层后先使用 ReLU 函数 $f(x) = \max(x, 0)$ 进行激活再使用丢弃法. 可以分别设置各个层的丢弃率. 通常的建议是把靠近输入层的丢弃率设得小一点. 实验中, 把第一个隐藏层的丢弃率设为 0.2, 把第二个隐藏层的丢弃率设为 0.5. 由于 Fashion-MNIST 数据集中每个图片的大小为 28×28, 因此输入层的输入大小为 784=28×28, 即每个图片的展开. 实验时只需在训练阶段使用丢弃法, 对模型评估时不进行丢弃.

训练和测试模型　实验中 1 个周期表示遍历 1 遍训练集中的所有样本, 周期设置为 5, 学习率设置为 100.0, 1 次迭代所使用的样本量设置为 256. 在实验中, 只需要在全连接层后添加 Dropout 层并指定丢弃率. 在训练模型时, Dropout 层将以指定的丢弃率随机丢弃上一层的输出元素; 在测试模型时, Dropout 层并不发挥作用. 模型训练和测试结果如表 2.4.2 所示.

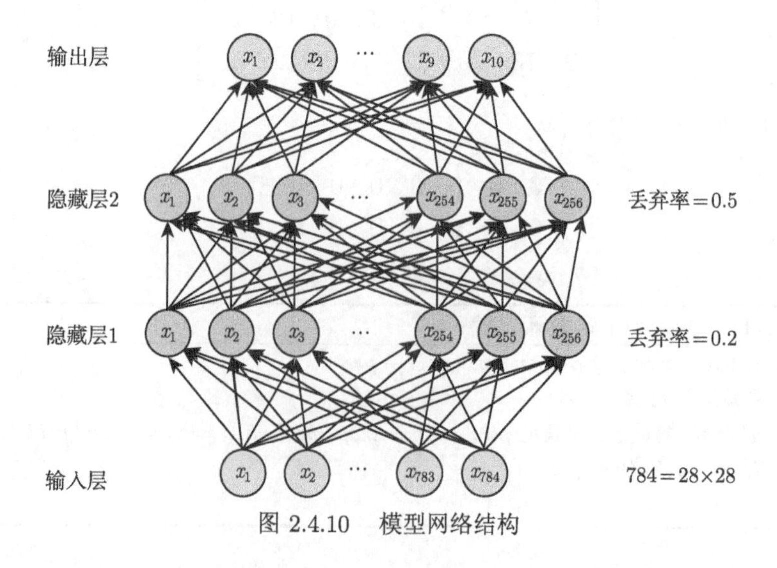

图 2.4.10　模型网络结构

表 2.4.2 训练和测试结果

	损失值	训练精度	测试精度
周期 1	0.0044	0.574	0.648
周期 2	0.0023	0.786	0.786
周期 3	0.0019	0.826	0.825
周期 4	0.0017	0.839	0.831
周期 5	0.0016	0.849	0.850

■ 2.5 卷积神经网络基础

2.5.1 卷积神经网络的基本思想

通过识别手写数字 1, 2, 3 的视觉任务来介绍卷积神经网络的各个组成部分和实现过程. 建立一个卷积神经网络用来识别 6×6 图像的手写数字, 卷积神经网络结构如图 2.5.1 所示, 图像的像素为单色二值. 图中将变量名圈起来的圆圈就是神经单元, 从这个图中可以了解到卷积神经网络的特点. 隐藏层由多个具有结构的层组成. 具体来说, 隐藏层是由多个由卷积层和池化层构成的层组成. 它不仅“深”, 而且含有内置的结构.

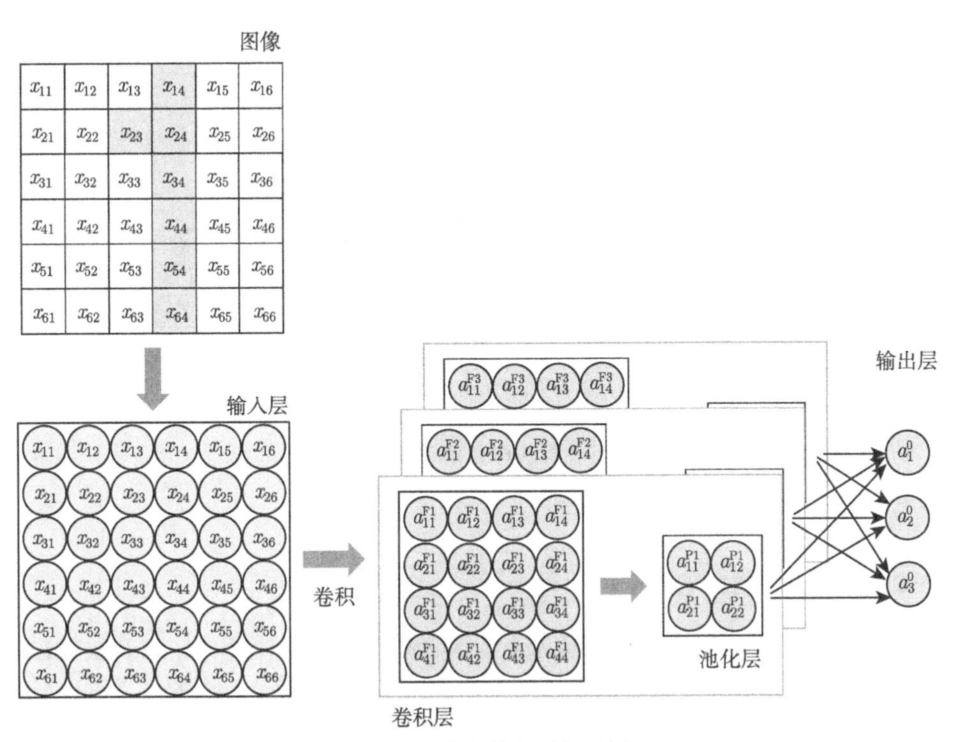

图 2.5.1 卷积神经网络示例

基本思路

神经网络对自己偏好的模式做出反应, 输出层接收这些信息, 从而使神经网络进行模式识别成为可能. 一个卷积层与一个池化层便构成一个隐藏子层, 如图 2.5.2(a) 所示. 隐藏子层扫描图像, 检查图像中是否含有自己偏好的模式. 如果图像中含有较多偏好的模式, 隐藏子层就处于兴奋状态, 反之为不兴奋状态. 此外, 由于偏好模式的大小比整个图像小, 所以兴奋度被记录在多个神经单元中, 如图 2.5.2(b) 所示. 卷积层进一步整理自己的兴奋度, 将兴奋度集中起来, 整理后的兴奋度形成了池化层. 因此, 作为考察对象的图像中包含了多少偏好的模式这一信息就浓缩于池化层的神经单元中. 本节的每个神经单元只有一个偏好模式, 因此, 要识别数字 1, 2, 3, 就需要使用多个神经单元, 这里假定有 3 个神经单元. 输出层将这 3 个神经单元的结果组合起来, 得出整个神经网络的判定结果.

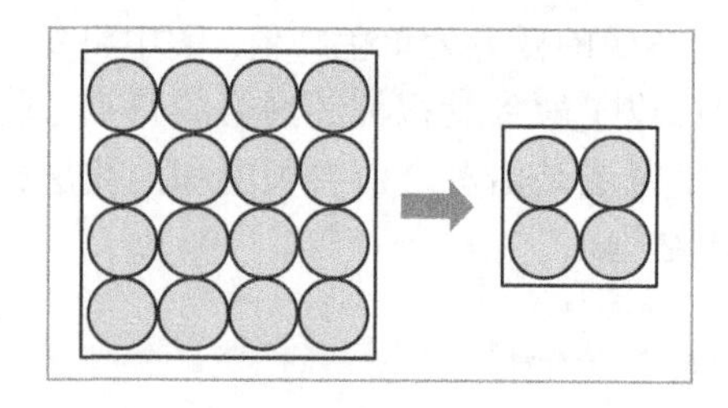

(a) 隐藏子层

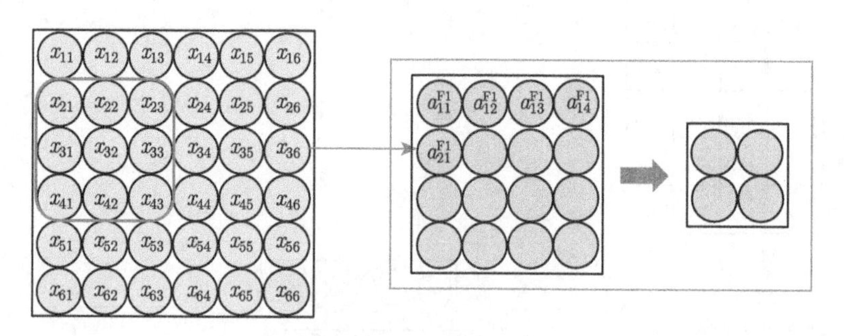

(b) 隐藏子层扫描图像数据

图 2.5.2

2.5.2　卷积神经网络的数学表示

要确定一个卷积神经网络, 就必须具体地确定过滤器 (卷积核) 以及权重、偏置. 为此, 需要用数学公式来表示这些参数之间的关系, 确认各层的含义以及变量名、参数名. 与神经网络不同的是, 卷积神经网络的参数增加了过滤器这个新的成分. 接下来, 以图 2.5.1 为例, 逐层考察下面的计算中所需的参数和变量的关系式.

输入层 输入数据是 6×6 像素的图像. 这些像素值可直接代入到输入层的神经单元. 这里用 x_{ij} 表示所读入图像的 i 行 j 列位置的像素数据, 并把这个符号用在输入层的变量名和神经单元名中, 如图 2.5.3 所示.

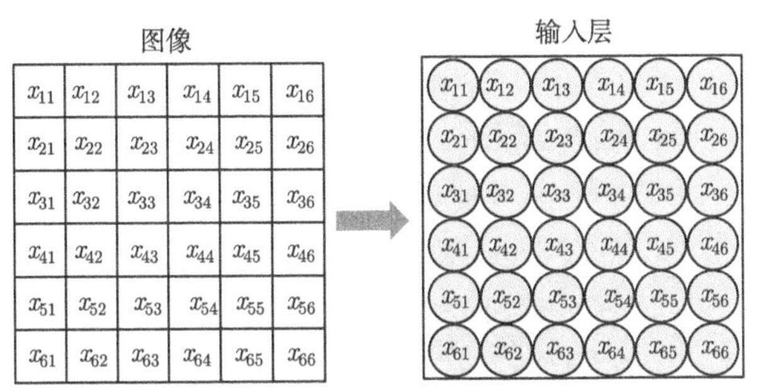

图 2.5.3 输入层示例. 输入层神经单元的位置与对应图像的像素位置一致

在输入层的神经单元中, 输入值和输出值相同. 如果将输入层 i 行 j 列神经单元的输出表示为 a^{I}_{ij}, 那么以下关系式成立 (a 的上标 I 为 Input 的首字母): $a^{\mathrm{I}}_{ij} = x_{ij}$.

过滤器和卷积层 神经单元通过 3×3 大小的过滤器来扫描图像. 现在, 准备 3 种过滤器. 此外, 由于过滤器的数值是通过对学习数据进行学习而确定的, 所以它们是模型的参数. 如图 2.5.4 所示, 这些值表示为 $w^{\mathrm{F}k}_{11}, w^{\mathrm{F}k}_{12}, \cdots (k = 1, 2, 3)$.

过滤器1

w^{F1}_{11}	w^{F1}_{12}	w^{F1}_{13}
w^{F1}_{21}	w^{F1}_{22}	w^{F1}_{23}
w^{F1}_{31}	w^{F1}_{32}	w^{F1}_{33}

过滤器2

w^{F2}_{11}	w^{F2}_{12}	w^{F2}_{13}
w^{F2}_{21}	w^{F2}_{22}	w^{F2}_{23}
w^{F2}_{31}	w^{F2}_{32}	w^{F2}_{33}

过滤器3

w^{F3}_{11}	w^{F3}_{12}	w^{F3}_{13}
w^{F3}_{21}	w^{F3}_{22}	w^{F3}_{23}
w^{F3}_{31}	w^{F3}_{32}	w^{F3}_{33}

图 2.5.4 3 种过滤器. 构成过滤器的数值是模型的参数

过滤器的大小使用 3×3 尺寸. 利用这些过滤器进行卷积处理. 如图 2.5.5, 将输入层从左上角开始的 3×3 区域与过滤器 1 的对应分量相乘, 得到下面的卷积值 c^{F1}_{11}.

$$c^{\mathrm{F1}}_{11} = w^{\mathrm{F1}}_{11}x_{11} + w^{\mathrm{F1}}_{12}x_{12} + w^{\mathrm{F1}}_{13}x_{13} + \cdots + w^{\mathrm{F1}}_{33}x_{33}.$$

依次滑动过滤器, 用同样的方式计算求得卷积值 $c^{\mathrm{F1}}_{12}, c^{\mathrm{F1}}_{13}, \cdots, c^{\mathrm{F1}}_{44}$. 这样一来, 就得到了使用过滤器 1 卷积的结果. 一般地, 使用过滤器 k 卷积的结果可表示如下. 这里的 i, j 为输入层中与过滤器对应的区域的起始行列编号 (i, j 为 4 以下的自然数).

$$c_{ij}^{\mathrm{F}k} = w_{11}^{\mathrm{F}k} x_{ij} + w_{12}^{\mathrm{F}k} x_{i,j+1} + w_{13}^{\mathrm{F}k} x_{i,j+2} + \cdots + w_{33}^{\mathrm{F}k} x_{i+2,j+2}.$$

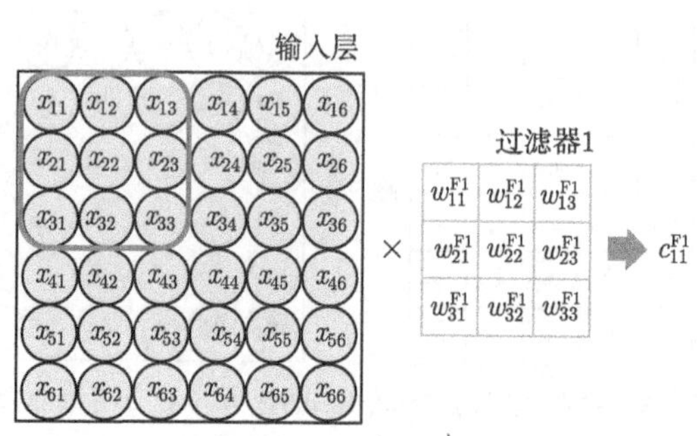

图 2.5.5 卷积值计算

再给这些卷积值加上一个不依赖于 i, j 的数 $b^{\mathrm{F}k}$, 得到的数值集合就形成特征映射.

$$z_{ij}^{\mathrm{F}k} = w_{11}^{\mathrm{F}k} x_{ij} + w_{12}^{\mathrm{F}k} x_{i,j+1} + w_{13}^{\mathrm{F}k} x_{i,j+2} + \cdots + w_{33}^{\mathrm{F}k} x_{i+2,j+2} + b^{\mathrm{F}k}. \tag{2.5.1}$$

考虑以 $z_{ij}^{\mathrm{F}k}$ 作为加权输入的神经单元, 这种神经单元的集合形成卷积层的一个子层. $b^{\mathrm{F}k}$ 为卷积层共同的偏置. 激活函数为 $a(z)$, 对于加权输入 $z_{ij}^{\mathrm{F}k}$, 神经单元的输出 $a_{ij}^{\mathrm{F}k}$ 可表示如下:

$$a_{ij}^{\mathrm{F}k} = a\left(z_{ij}^{\mathrm{F}k}\right). \tag{2.5.2}$$

池化层 卷积神经网络中设置有用于压缩卷积层信息的池化层. 把 2×2 个神经单元压缩为 1 个神经单元, 这些压缩后的神经单元的集合就形成了池化层. 压缩的方法有很多种, 比如常用的最大池化法就是从 4 个神经单元的输出 a_{11}, a_{12}, a_{21}, a_{22} 中选出最大值作为代表. 从神经网络的观点来看, 池化层也是神经单元的集合. 不过, 从计算方法可知, 这些神经单元在数学上是非常简单的. 通常的神经单元是从前一层的神经单元接收加权输入, 而池化层的神经单元不存在权重和偏置的概念, 也就是不具有模型参数.

以上讨论的池化层的性质可以用式 (2.5.3) 表示. 这里, k 为池化层的子层编号, i, j 为整数, 取值必须使得它们指定的参数有意义.

$$\begin{aligned} z_{ij}^{\mathrm{P}k} &= \mathrm{Max}\left(a_{2i-1,2j-1}^{\mathrm{P}k}, a_{2i-1,2j}^{\mathrm{P}k}, a_{2i,2j-1}^{\mathrm{P}k}, a_{2i,2j}^{\mathrm{P}k}\right), \\ a_{ij}^{\mathrm{P}k} &= z_{ij}^{\mathrm{P}k}. \end{aligned} \tag{2.5.3}$$

输出层 为了识别手写数字 1, 2, 3, 我们在输出层中准备了 3 个神经单元, 它们接收来自池化层的所有神经单元的箭头 (即全连接). 这样就可以综合地考察池化层神经单元的信息.

将图 2.5.6 公式化. 输出层第 n 个神经单元 $(n=1,2,3)$ 的加权输入可以如下表示:

$$\begin{aligned} z_n^{\mathrm{O}} =& w_{1-11}^{\mathrm{O}n} a_{11}^{\mathrm{P1}} + w_{1-12}^{\mathrm{O}n} a_{12}^{\mathrm{P1}} + \cdots + w_{2-11}^{\mathrm{O}n} a_{11}^{\mathrm{P2}} + w_{2-12}^{\mathrm{O}n} a_{12}^{\mathrm{P2}} + \cdots \\ &+ w_{3-11}^{\mathrm{O}n} a_{11}^{\mathrm{P3}} + w_{3-12}^{\mathrm{O}n} a_{12}^{\mathrm{P3}} + \cdots + b_n^{\mathrm{O}}, \end{aligned} \tag{2.5.4}$$

其中系数 $w_{k-ij}^{\mathrm{O}n}$ 为 $a_{ij}^{\mathrm{P}k}(k=1,2,3;i=1,2;j=1,2)$ 分配的权重, b_n^{O} 为输出层第 n 个神经单元的偏置.

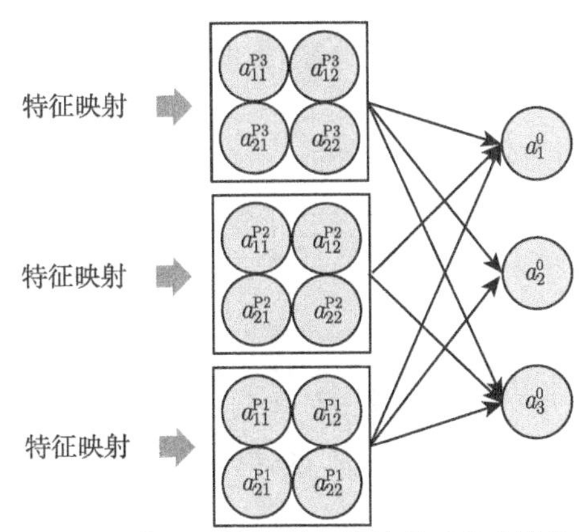

图 2.5.6 输出层. 池化层的神经单元和输出层的神经单元是全连接, 共有 12 × 3 个箭头, 此处省略

代价函数 C_T 现在考虑的神经网络中, 输出层神经单元的 3 个输出为 a_1^{O}, $a_2^{\mathrm{O}}, a_3^{\mathrm{O}}$, 对应的学习数据的正解分别记为 t_1, t_2, t_3. 于是, 平方误差 C 可以表示如下:

$$C = \frac{1}{2}\left\{\left(t_1 - a_1^{\mathrm{O}}\right)^2 + \left(t_2 - a_2^{\mathrm{O}}\right)^2 + \left(t_3 - a_3^{\mathrm{O}}\right)^2\right\}. \tag{2.5.5}$$

将输入第 k 个学习图像时的平方误差的值记为 C_k, 如下所示:

$$C_k = \frac{1}{2}\left\{\left(t_1[k] - a_1^{\mathrm{O}}[k]\right)^2 + \left(t_2[k] - a_2^{\mathrm{O}}[k]\right)^2 + \left(t_3[k] - a_3^{\mathrm{O}}[k]\right)^2\right\}.$$

全体学习数据的平方误差的总和就是代价函数 C_T. 因此, 现在考虑的神经网络的代价函数 C_T 可表示如下:

$$C_T = C_1 + C_2 + \cdots + C_N, \tag{2.5.6}$$

其中, N 为学习图像的数目.

这样就得到了计算过程中重要的代价函数 C_T. 数学上的目标是求出使代价函数 C_T 达到最小的参数, 即求出使代价函数 C_T 达到最小的权重和偏置, 以及卷积神经网络特有的过滤器的分量.

2.5.3 卷积神经网络的误差反向传播

本节介绍卷积神经网络的误差反向传播法.

确认关系式 以图 2.5.1 所示的神经网络为例, 用来识别通过 6×6 像素的图像读取的手写数字 1, 2, 3. 过滤器共有 3 种, 其大小为 3×3. 接下来, 将关于该神经网络的关系式进行汇总.

卷积层 k 为卷积层的子层编号, $i, j(i, j = 1, 2, 3, 4)$ 为扫描的起始行, 列的编号, 有以下关系式成立. 其中, $a(z)$ 表示激活函数.

$$\left.\begin{aligned} z_{ij}^{\mathrm{F}k} =& w_{11}^{\mathrm{F}k} x_{ij} + w_{12}^{\mathrm{F}k} x_{i,j+1} + w_{13}^{\mathrm{F}k} x_{i,j+2} \\ &+ w_{21}^{\mathrm{F}k} x_{i+1,j} + w_{22}^{\mathrm{F}k} x_{i+1,j+1} + w_{23}^{\mathrm{F}k} x_{i+1,j+2} \\ &+ w_{31}^{\mathrm{F}k} x_{i+2,j} + w_{32}^{\mathrm{F}k} x_{i+2,j+1} + + w_{33}^{\mathrm{F}k} x_{i+2,j+2} + b^{\mathrm{F}k} \\ a_{ij}^{\mathrm{F}k} =& a\left(z_{ij}^{\mathrm{F}k}\right) \end{aligned}\right\}. \tag{2.5.7}$$

池化层 k 为池化层的子层编号 $(k = 1, 2, 3)$, i, j 为该子层中神经单元的行, 列编号 $(i, j = 1, 2)$, 有以下关系式成立 (这里是最大池化的情况).

$$\left.\begin{aligned} z_{ij}^{\mathrm{P}k} &= \mathrm{Max}\left(a_{2i-1,2j-1}^{\mathrm{P}k}, a_{2i-1,2j}^{\mathrm{P}k}, a_{2i,2j-1}^{\mathrm{P}k}, a_{2i,2j}^{\mathrm{P}k}\right) \\ a_{ij}^{\mathrm{P}k} &= z_{ij}^{\mathrm{P}k} \end{aligned}\right\}. \tag{2.5.8}$$

输出层 n 为输出层神经单元的编号 $(n = 1, 2, 3)$, 有以下关系式成立. 其中, $a(z)$ 表示激活函数.

$$\left.\begin{aligned} z_n^{\mathrm{O}} =& \quad w_{1\text{-}11}^{\mathrm{O}n} a_{11}^{\mathrm{P}1} + w_{1\text{-}12}^{\mathrm{O}n} a_{12}^{\mathrm{P}1} + w_{1\text{-}21}^{\mathrm{O}n} a_{21}^{\mathrm{P}1} + w_{1\text{-}22}^{\mathrm{O}n} a_{22}^{\mathrm{P}1} \\ &+ w_{2\text{-}11}^{\mathrm{O}n} a_{11}^{\mathrm{P}2} + w_{2\text{-}12}^{\mathrm{O}n} a_{12}^{\mathrm{P}2} + w_{2\text{-}21}^{\mathrm{O}n} a_{21}^{\mathrm{P}2} + w_{2\text{-}22}^{\mathrm{O}n} a_{22}^{\mathrm{P}2} \\ &+ w_{3\text{-}11}^{\mathrm{O}n} a_{11}^{\mathrm{P}3} + w_{3\text{-}12}^{\mathrm{O}n} a_{12}^{\mathrm{P}3} + w_{3\text{-}21}^{\mathrm{O}n} a_{21}^{\mathrm{P}3} + w_{3\text{-}22}^{\mathrm{O}n} a_{22}^{\mathrm{P}3} + b_n^{\mathrm{O}} \\ a_n^{\mathrm{O}} =& \quad a\left(z_n^{\mathrm{O}}\right) \end{aligned}\right\}. \tag{2.5.9}$$

平方误差 变量 t_1, t_2, t_3 表示学习数据正解, 变量 C 表示平方误差, 有以下关系式成立.

$$C = \frac{1}{2}\left\{\left(t_1 - a_1^{\mathrm{O}}\right)^2 + \left(t_2 - a_2^{\mathrm{O}}\right)^2 + \left(t_3 - a_3^{\mathrm{O}}\right)^2\right\}. \tag{2.5.10}$$

梯度下降法 以 C_T 为代价函数, 梯度下降法的基本式可表示如下:

$$\begin{aligned}&\left(\Delta w_{11}^{\mathrm{F1}},\cdots,\Delta w_{1-1}^{\mathrm{O1}},\cdots,\Delta b_1^2,\cdots,\Delta b_1^{\mathrm{O}},\cdots\right)\\&=-\eta\left(\frac{\partial C_T}{\partial w_{11}^{\mathrm{F1}}},\cdots,\frac{\partial C_T}{\partial w_{1-11}^{\mathrm{O1}}},\cdots,\frac{\partial C_T}{\partial b^{\mathrm{F1}}},\cdots,\frac{\partial C_T}{\partial b_1^{\mathrm{O}}},\cdots\right).\end{aligned} \tag{2.5.11}$$

式子右边的括号中为代价函数 C_T 的梯度. 如式 (2.5.11) 所示, 这里以关于过滤器的偏导数、关于权重的偏导数以及关于偏置的偏导数作为分量. 计算梯度的偏导数非常麻烦, 因此用误差反向传播法替代, 具体来说就是将梯度分量的偏导数计算控制到最小限度, 并通过递推关系式进行计算.

求式 (2.5.11) 右边的梯度分量 $\dfrac{\partial C_T}{\partial w_{11}^{\mathrm{F1}}}$ 时, 如果直接计算式 (2.5.6) 中 C_T 的偏导数, 就会变得复杂繁琐. 因此, 先计算式 (2.5.10) 的平方误差 C 的偏导数, 再将输入图像代入, 算出 $\dfrac{\partial C_k}{\partial w_{11}^{\mathrm{F1}}}[k=1,2,\cdots,N(N$ 为全部图像的数目$)]$, 最后对全部数据进行求和即可, 这样极大地减少了偏导数的计算次数.

符号 δ_j^l 的导入及偏导数的关系

在误差反向传播法中设置神经单元误差 δ. 神经单元误差 δ 有两种: 一种是 $\delta_{ij}^{\mathrm{F}k}$ 的形式, 表示卷积层第 k 个子层的 i 行 j 列的神经单元误差; 另一种是 δ_n^{O} 的形式, 表示输出层第 n 个神经单元的误差. 这些 δ 符号是通过关于加权输入 $z_{ij}^{\mathrm{F}k}$, z_j^{O} (式 (2.5.7), 式 (2.5.9)) 的偏导数来定义的:

$$\delta_{ij}^{\mathrm{F}k}=\frac{\partial C}{\partial z_{ij}^{\mathrm{F}k}},\quad \delta_n^{\mathrm{O}}=\frac{\partial C}{\partial z_n^{\mathrm{O}}}, \tag{2.5.12}$$

$$\delta_{11}^{\mathrm{F1}}=\frac{\partial C}{\partial z_{11}^{\mathrm{F1}}}(\text{卷积层第 1 个子层的 1 行 1 列的神经单元的误差}),$$

$$\delta_1^{\mathrm{O}}=\frac{\partial C}{\partial z_1^{\mathrm{O}}}(\text{输出层第 1 个神经单元的误差}).$$

用 δ_j^l 表示关于输出层神经单元的梯度分量

利用式 (2.5.9)、式 (2.5.12) 和偏导数链式法则, 可以计算:

$$\frac{\partial C}{\partial w_{2\text{-}21}^{\mathrm{O1}}}=\frac{\partial C}{\partial z_1^{\mathrm{O}}}\frac{\partial z_1^{\mathrm{O}}}{\partial w_{2\text{-}21}^{\mathrm{O1}}}=\delta_1^{\mathrm{O}}a_{21}^{\mathrm{P2}},$$

$$\frac{\partial C}{\partial b_1^{\mathrm{O}}}=\frac{\partial C}{\partial z_1^{\mathrm{O}}}\frac{\partial z_1^{\mathrm{O}}}{\partial b_1^{\mathrm{O}}}=\delta_1^{\mathrm{O}}.$$

可以将上式一般化为式 (2.5.13). 这里, n 为输出层的神经单元编号, k 为池化层的子层编号, i,j 为过滤器的行、列编号 $(i,j=1,2)$.

$$\frac{\partial C}{\partial w_{k\text{-}ij}^{\mathrm{O}n}}=\delta_n^{\mathrm{O}}a_{ij}^{\mathrm{P}k},\quad \frac{\partial C}{\partial b_n^{\mathrm{O}}}=\delta_n^{\mathrm{O}}. \tag{2.5.13}$$

类似的做法，我们也可以用 δ_j^l 来表示卷积层神经单元的梯度分量，这里直接给出结果

$$\begin{aligned}
\frac{\partial C}{\partial w_{ij}^{\mathrm{Fk}}}&=\delta_{11}^{\mathrm{F}k}x_{ij}+\delta_{12}^{\mathrm{F}k}x_{ij+1}+\cdots+\delta_{44}^{\mathrm{F}k}x_{i+3j+3},\\
\frac{\partial C}{\partial b^{\mathrm{F1}}}&=\frac{\partial C}{\partial z_{11}^{\mathrm{F1}}}\frac{\partial z_{11}^{\mathrm{F1}}}{\partial b^{\mathrm{F1}}}+\frac{\partial C}{\partial z_{12}^{\mathrm{F1}}}\frac{\partial z_{12}^{\mathrm{F1}}}{\partial b^{\mathrm{F1}}}+\cdots+\frac{\partial C}{\partial z_{44}^{\mathrm{F1}}}\frac{\partial z_{44}^{\mathrm{F1}}}{\partial b_{44}^{\mathrm{F1}}}\\
&=\delta_{11}^{\mathrm{F1}}+\delta_{12}^{\mathrm{F1}}+\cdots+\delta_{44}^{\mathrm{F1}}.
\end{aligned}$$

计算输出层的 δ

计算各层神经单元误差 δ. 首先求出输出层的神经单元误差, 接着通过递推关系式反向求出各卷积层的神经单元误差.

先来求解输出层的神经单元误差 δ. 激活函数为 $a(z)$, n 为该层的神经单元编号, 根据定义式 (2.5.12), 有

$$\delta_n^{\mathrm{O}}=\frac{\partial C}{\partial z_n^{\mathrm{O}}}=\frac{\partial C}{\partial a_n^{\mathrm{O}}}\frac{\partial a_n^{\mathrm{O}}}{\partial z_n^{\mathrm{O}}}=\frac{\partial C}{\partial a_n^{\mathrm{O}}}a'\left(z_n^{\mathrm{O}}\right). \tag{2.5.14}$$

根据式 (2.5.10), 有

$$\frac{\partial C}{\partial a_n^{\mathrm{O}}}=a_n^{\mathrm{O}}-t_n\quad (n=1,2,3). \tag{2.5.15}$$

将式 (2.5.15) 代入到式 (2.5.14) 中, 即得输出层的神经单元误差 δ.

$$\delta_n^{\mathrm{O}}=\left(a_n^{\mathrm{O}}-t_n\right)a'\left(z_n^{\mathrm{O}}\right). \tag{2.5.16}$$

建立关于卷积层神经单元误差 δ 的“反向”递推关系式

与神经网络的情况一样, 接下来要建立“反向”递推关系式. 以 $\delta_{11}^{\mathrm{F1}}$ 为例, 根据偏导数的链式法则, 有

$$\begin{aligned}
\delta_{11}^{\mathrm{F1}}=\frac{\partial C}{\partial z_{11}^{\mathrm{F1}}}=&\frac{\partial C}{\partial z_1^{\mathrm{O}}}\frac{\partial z_1^{\mathrm{O}}}{\partial a_{11}^{\mathrm{P1}}}\frac{\partial a_{11}^{\mathrm{P1}}}{\partial z_{11}^{\mathrm{P1}}}\frac{\partial z_{11}^{\mathrm{P1}}}{\partial a_{11}^{\mathrm{F1}}}\frac{\partial a_{11}^{\mathrm{F1}}}{\partial z_{11}^{\mathrm{F1}}}\\
&+\frac{\partial C}{\partial z_2^{\mathrm{O}}}\frac{\partial z_2^{\mathrm{O}}}{\partial a_{11}^{\mathrm{P1}}}\frac{\partial a_{11}^{\mathrm{P1}}}{\partial z_{11}^{\mathrm{P1}}}\frac{\partial z_{11}^{\mathrm{P1}}}{\partial a_{11}^{\mathrm{F1}}}\frac{\partial a_{11}^{\mathrm{F1}}}{\partial z_{11}^{\mathrm{F1}}}
\end{aligned}$$

$$+\frac{\partial C}{\partial z_3^{\mathrm{O}}}\frac{\partial z_3^{\mathrm{O}}}{\partial a_{11}^{\mathrm{P1}}}\frac{\partial a_{11}^{\mathrm{P1}}}{\partial z_{11}^{\mathrm{P1}}}\frac{\partial z_{11}^{\mathrm{P1}}}{\partial a_{11}^{\mathrm{F1}}}\frac{\partial a_{11}^{\mathrm{F1}}}{\partial z_{11}^{\mathrm{F1}}}, \tag{2.5.17}$$

把式 (2.5.17) 中的公因式提取出来, 可简化如下:

$$\delta_{11}^{\mathrm{F1}}=\left\{\frac{\partial C}{\partial z_1^{\mathrm{O}}}\frac{\partial z_1^{\mathrm{O}}}{\partial a_{11}^{\mathrm{P1}}}+\frac{\partial C}{\partial z_2^{\mathrm{O}}}\frac{\partial z_2^{\mathrm{O}}}{\partial a_{11}^{\mathrm{P1}}}+\frac{\partial C}{\partial z_3^{\mathrm{O}}}\frac{\partial z_3^{\mathrm{O}}}{\partial a_{11}^{\mathrm{P1}}}\right\}\frac{\partial a_{11}^{\mathrm{P1}}}{\partial z_{11}^{\mathrm{P1}}}\frac{\partial z_{11}^{\mathrm{P1}}}{\partial a_{11}^{\mathrm{F1}}}\frac{\partial a_{11}^{\mathrm{F1}}}{\partial z_{11}^{\mathrm{F1}}}, \tag{2.5.18}$$

根据式 (2.5.9), 有

$$\frac{\partial z_1^{\mathrm{O}}}{\partial a_{11}^{\mathrm{P1}}}=w_{1-11}^{\mathrm{O1}},\quad \frac{\partial z_2^{\mathrm{O}}}{\partial a_{11}^{\mathrm{P1}}}=w_{1-11}^{\mathrm{O2}},\quad \frac{\partial z_3^{\mathrm{O}}}{\partial a_{11}^{\mathrm{P1}}}=w_{1-11}^{\mathrm{O3}}, \tag{2.5.19}$$

再根据式 (2.5.8), 有

$$a_{11}^{\mathrm{P1}}=z_{11}^{\mathrm{P1}},\quad z_{11}^{\mathrm{P1}}=\mathrm{Max}\left(a_{11}^{\mathrm{F1}},a_{12}^{\mathrm{F1}},a_{21}^{\mathrm{F1}},a_{22}^{\mathrm{F1}}\right). \tag{2.5.20}$$

根据式 (2.5.20) 中的 $a_{11}^{\mathrm{P1}}=z_{11}^{\mathrm{P1}}$, 可得

$$\frac{\partial a_{11}^{\mathrm{P1}}}{\partial z_{11}^{\mathrm{P1}}}=1. \tag{2.5.21}$$

此外, 由于 $a_{11}^{\mathrm{F1}},a_{12}^{\mathrm{F1}},a_{21}^{\mathrm{F1}},a_{22}^{\mathrm{F1}}$ 在进行池化时形成一个区块, 所以 $\mathrm{Max}\left(a_{11}^{\mathrm{F1}},a_{12}^{\mathrm{F1}},a_{21}^{\mathrm{F1}},a_{22}^{\mathrm{F1}}\right)$ 的偏导数可表示如下:

$$\frac{\partial z_{11}^{\mathrm{P1}}}{\partial a_{11}^{\mathrm{F1}}}=\begin{cases}1, & \text{在区块中 } a_{11}^{\mathrm{F1}} \text{ 是最大时},\\ 0, & \text{在区块中 } a_{11}^{\mathrm{F1}} \text{ 不是最大时}.\end{cases} \tag{2.5.22}$$

由于 $\frac{\partial a_{11}^{\mathrm{F1}}}{\partial z_{11}^{\mathrm{F1}}}$ 也可以记为 $a'\left(z_{11}^{\mathrm{F1}}\right)$, 把 δ 的定义式 (2.5.12) 以及式 (2.5.19) ~ (2.5.22) 代入式 (2.5.18), 可得

$$\begin{aligned}\delta_{11}^{\mathrm{F1}}=&\left\{\delta_1^{\mathrm{O}}w_{1\text{-}11}^{\mathrm{O1}}+\delta_2^{\mathrm{O}}w_{1\text{-}11}^{\mathrm{O2}}+\delta_3^{\mathrm{O}}w_{1\text{-}11}^{\mathrm{O3}}\right\}\times 1\\ &\times\left(\text{当 } a_{11}^{\mathrm{F1}} \text{ 在区块中最大时为 1, 否则为 0}\right)\times a'\left(z_{11}^{\mathrm{F1}}\right).\end{aligned} \tag{2.5.23}$$

其他的神经单元误差也可以用同样的方式进行计算, 因此上式可以推广如下:

$$\begin{aligned}\delta_{ij}^{\mathrm{F}k}=&\left\{\delta_1^{\mathrm{O}}w_{k\text{-}ij}^{\mathrm{O1}}+\delta_2^{\mathrm{O}}w_{k\text{-}ij}^{\mathrm{O2}}+\delta_3^{\mathrm{O}}w_{k\text{-}ij}^{\mathrm{O3}}\right\}\times 1\\ &\times\left(\text{当 } a_{ij}^{\mathrm{F}k} \text{ 在区块中最大时为 1, 否则为 0}\right)\times a'\left(z_{ij}^{\mathrm{F}k}\right).\end{aligned} \tag{2.5.24}$$

这里, k, i, j 等的含义与前面相同.

这样就得到了输出层和卷积层中定义的神经单元误差 δ 的关系式 (也就是递推关系式). 输出层的神经单元误差 δ 由式 (2.5.16) 可得, 因此利用关系式 (2.5.24), 即使不进行导数计算, 也可以求得卷积层的神经单元误差 δ. 因此对于更深层的卷积神经网络, 可以通过如图 2.5.7 所示的反向递推关系, 得到更一般化的神经单元误差 δ 的关系式, 这就是卷积神经网络的误差反向传播法的结构.

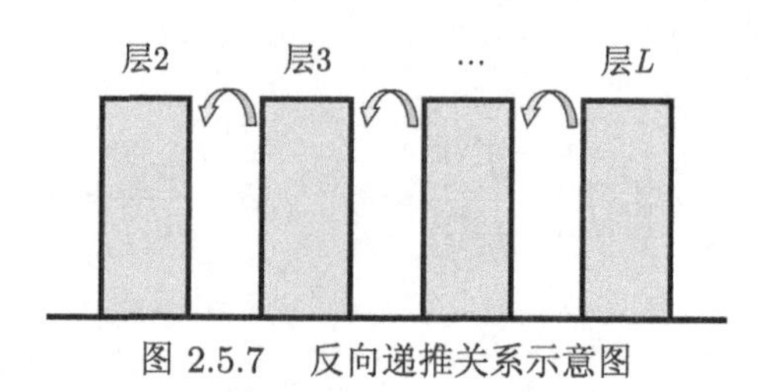

图 2.5.7　反向递推关系示意图

2.6 残差网络

对于卷积神经网络来说, 网络越深, 能获取的信息越多, 并且提取的特征也越丰富. 但是研究人员发现, 随着网络的加深, 优化效果反而越差, 模型在测试数据和训练数据上的性能都会降低, 即模型退化现象. 接下来介绍残差网络 ResNet, 可极大地缓解模型退化问题.

假设要建立更深的网络结构, 极端情况下, 如果不断累积网络层数, 但增加的层并没有学习能力, 那么可以通过复制浅层网络特征来实现, 即新层是浅层的恒等映射, 这样深层网络的性能应该至少和浅层网络一样, 那么性能退化问题就得到了解决. 基于以上思想, ResNet 引入了残差结构, 从而建立了一种更深的卷积神经网络模型.

我们可以把残差结构理解为一个子网络, 这个子网络经过堆叠即可构成一个很深的网络. 如图 2.6.1 所示分别是具有 34 层网络结构的 ResNet 模型和普通模型, 实线表示残差块中的通道数没有变化, 虚线表示通道数发生变化. 可以看出, 普通网络结构只是对模型深度进行机械式累加, 而 ResNet 模型中大量使用了一些相同的模块来搭建更深的网络, 具体来说即模型的累加并非简单的单输入单输出结构, 而是额外设置了一种附加关系, 称之为恒等映射 (Identity Mapping).

如图 2.6.2 所示分别是普通模块和残差模块的工作流程, 在普通模块中, 输入数据 X 在通过两个卷积层后得到输出结果 $F(X)$. 与普通模块不同的是, 残差模块提出了 “快捷连接”(Shortcut Connection), 即残差模块的最终输出结果等于 $F(X)$ 加上输入数据的恒等映射, 该方式不仅能有效地提升模型训练效果, 其引入的这种简单的加法也不会给整个模型增加额外的参数和计算量. 在残差模块中,

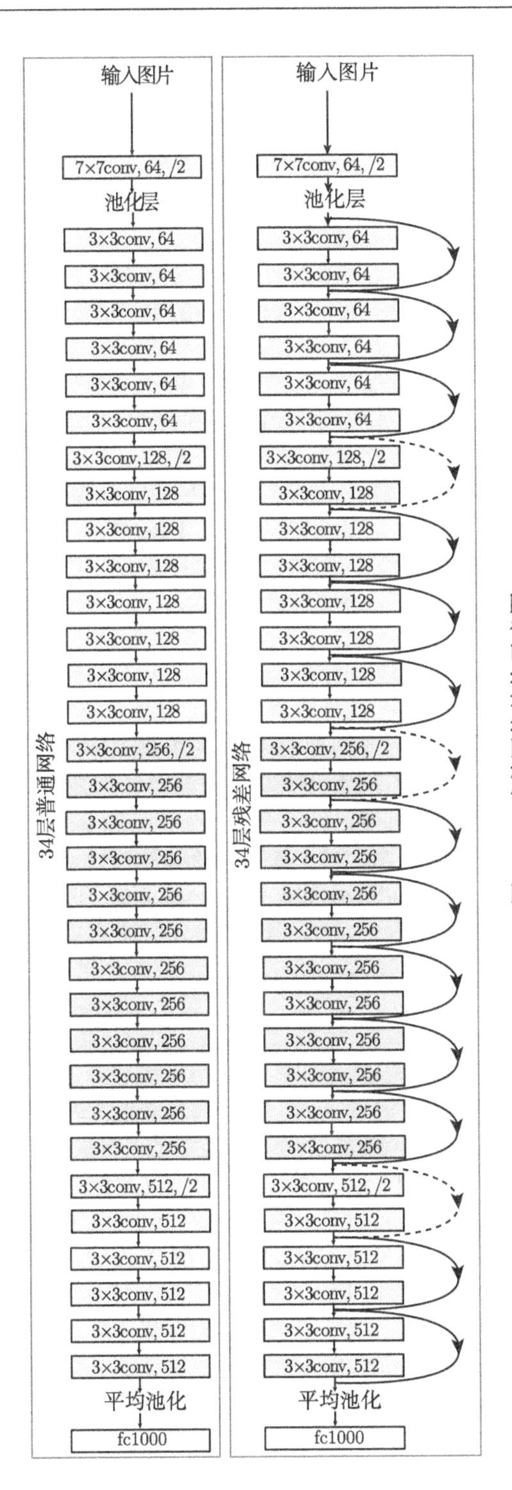

图 2.6.1 残差网络结构示意图

根据输入数据和输出数据维度是否一致, 快捷连接方式可大致分成两种. 一种是当输入输出维度一致时, 将输入 X 原封不动地相加; 另一种是当输入输出维度不一致时, 需要通过全 0 填充或者 1×1 卷积来对输入进行升维, 在得到一致的维度后再进行相加.

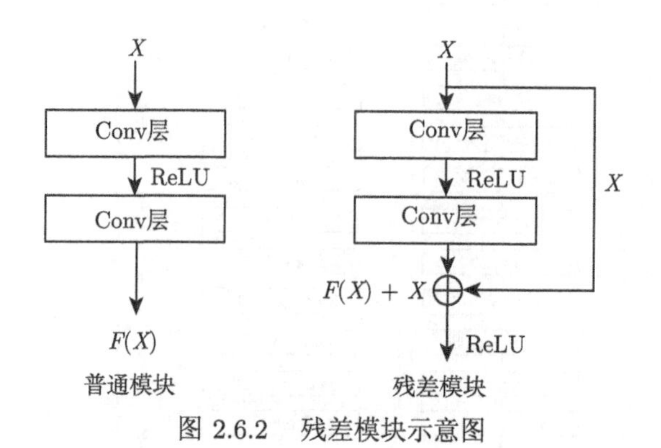

图 2.6.2　残差模块示意图

此外, 如图 2.6.3 所示, 残差模块也可以分为两种, 一种是基础的残差模块结构, 由 2 个 3×3 卷积层构成. 另一种主要考虑降低计算复杂度, 使用 1×1 卷积层对特征先降维再升维, 减少了模型训练的参数量从而减少整个模型的计算量, 使得拓展更深的模型结构成为可能.

ResNet 结构非常容易修改和扩展, 通过调整残差模块中的通道数量以及累积残差模块数量, 就可以很容易地调整网络的宽度和深度, 以得到不同表达能力的网络, 且不用过多地担心网络退化问题, 对于加深后的网络进行充分的训练就可以获得更好的性能表现.

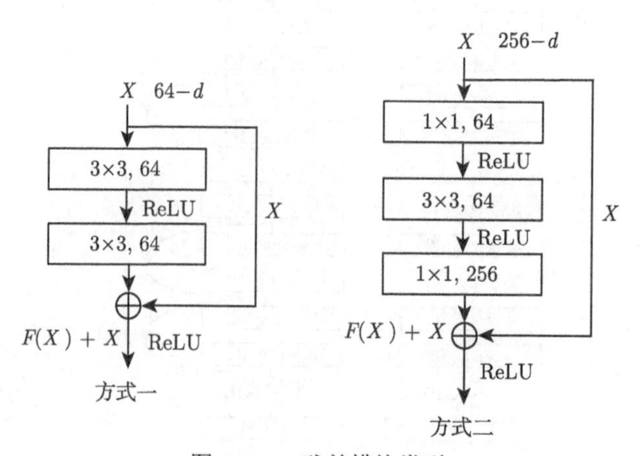

图 2.6.3　残差模块类型

■ 2.7 基于卷积神经网络的视觉注意力机制

视觉信息处理是一个对人类以及许多动物毫不费力, 但对计算机却充满挑战的任务, 因此计算机视觉任务是深度学习应用中几个最活跃的研究方向之一. 在认知科学中, 由于信息处理的瓶颈, 人类倾向于选择性地关注于一部分信息, 同时忽略其他可感知的信息, 该机制被称为注意力机制 (Attention Mechanism). 比如我们在看见一个物体时会把目光定位在某一特定部分, 然后集中关注它, 而不是观察该物体的所有细节. 因此类比人类在感知信息时候的处理方式, 在计算机视觉领域, 注意力机制被引入来进行视觉信息处理. 随着深度学习研究的深入, 基于卷积神经网络的视觉注意力机制逐渐发展起来, 并且在应用中取得良好的效果.

为了更清楚地介绍计算机视觉中的注意力机制, 从注意力域 (Attention Domain) 的角度来分析几种注意力的实现方法. 从注意力域的原理上来说, 视觉注意力主要分为空间域注意力模型, 通道域注意力模型, 空间和通道混合域注意力模型三种. 接下来分别对这三种模型进行详细介绍.

2.7.1 空间域注意力

注意力机制的本质就是定位到感兴趣区域的信息, 同时抑制与任务无关的信息. 显然, 对特定的计算机视觉任务来说, 图像中所有的区域对任务的贡献并不是同样重要的, 只有任务相关的区域才是我们更需要关心的信息, 而空间域注意力模型就是从空间维度寻找图片特征中最重要的部分进行处理.

STN(Spatial Transformer Networks) 模型提供了一种可微分的网络结构, 能够根据任务自适应地将数据进行空间变换和对齐, 并对平移、缩放、旋转以及其他几何变换等具有学习不变性, 可以理解为将原始图片中的空间信息变换到另一个空间中并保留关键信息, 因此该模型是一种基于空间域的注意力模型. 此外, STN 通过操纵数据而不是从特征提取器角度来实现不变性学习, 其方便有效, 且只需要经过较小的改动就可以嵌入到现有深度学习网络结构的任意位置.

下面具体介绍 STN 的网络结构, 如图 2.7.1 所示, STN 由定位网络 (Localisation Net)、网格生成器 (Grid Generator) 和采样器 (Sampler) 三部分构成. 首先由定位网络获取输入的特征图, 并通过一些隐藏层输出要应用到特征图上的空间变换参数. 然后, 网格生成器使用预测的变换参数来创建一个采样网格, 该网格是输入特征图上可以被用来产生变换的点集. 最后, 将输入特征图和采样网格作为采样器的输入, 从输入特征图的被采样网格点产生最后的输出特征图.

定位网络的目标是学习空间变换参数 θ, 其输入是特征图 $U \in R^{H\times W\times C}$, 即输入的宽度为 W, 高度为 H, 通道数为 C; 网络的输出是空间变换参数 θ, 该参数

根据变换类型而有不同的大小, 比如对于仿射变换 θ 的维度为 6 维. 最后, 定位网络可公式化为

$$\theta = f_{loc}(U),$$

其中, 函数 f_{loc} 可以是任意形式, 比如全连接网络或卷积网络, 但不管采用哪一种形式, 网络最后一层必须由回归层来产生空间变换参数 θ.

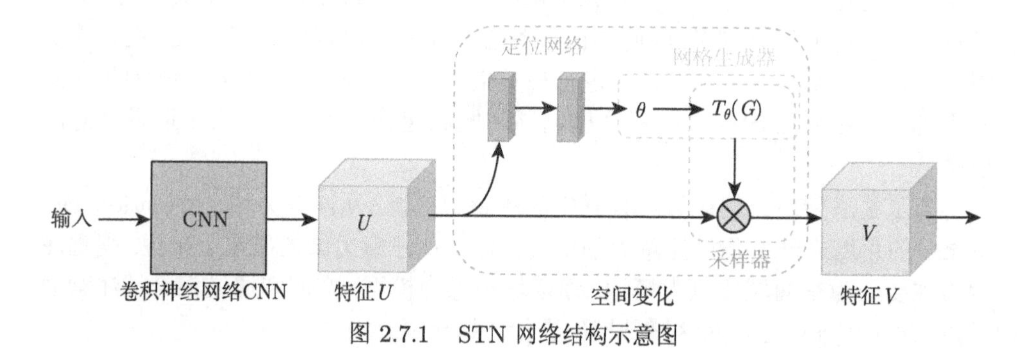

图 2.7.1　STN 网络结构示意图

网格生成器利用定位网络输出的空间变换参数 θ, 将输入的特征图进行变换, 可实现裁剪、平移、旋转、缩放和倾斜. 而这些变换的本质, 其实就是确定输出图片的每个像素位置要对应输入图片的哪个位置, 即在原样本上采样. 我们将输出特征图上的像素定义在一个规则的网格 $G = G_i$ 上, 其中 $G_i = (x_i^t, y_i^t)$ 为输出特征图上的某一位置. 定义变换后的输出特征图为 $V \in R^{H' \times W' \times C}$, 其中 H' 和 W' 为网格的高度和宽度, 并且输入和输出的通道数保持一致, 均为 C. 以仿射变换为例, 将输出特征图上某一位置 (x_i^t, y_i^t) 通过参数变换映射到输入特征图上某一位置 (x_i^s, y_i^s), 其中 t 表示目标 (Target), 即指代输出特征图, s 表示源头 (Source), 即指代原始的输入特征图, 则该点处的计算公式如下:

$$\begin{pmatrix} x_i^s \\ y_i^s \end{pmatrix} = T_\theta(G_i) = A_\theta \begin{pmatrix} x_i^t \\ y_i^t \\ 1 \end{pmatrix} = \begin{bmatrix} \theta_{11} & \theta_{12} & \theta_{13} \\ \theta_{21} & \theta_{22} & \theta_{23} \end{bmatrix} \begin{pmatrix} x_i^t \\ y_i^t \\ 1 \end{pmatrix},$$

其中, A_θ 是仿射变换矩阵. 综上所述, 网格生成器的作用是输入目标坐标, 计算输出相应的原始坐标. 如图 2.7.2 所示, 分别为网格参数恒等映射 T_I 和仿射变换 T_θ 的结果示意图.

接下来介绍采样器的工作原理, 其作用是根据网格生成器产生的坐标映射关系, 把输入图片 U 变换成输出图片 V.

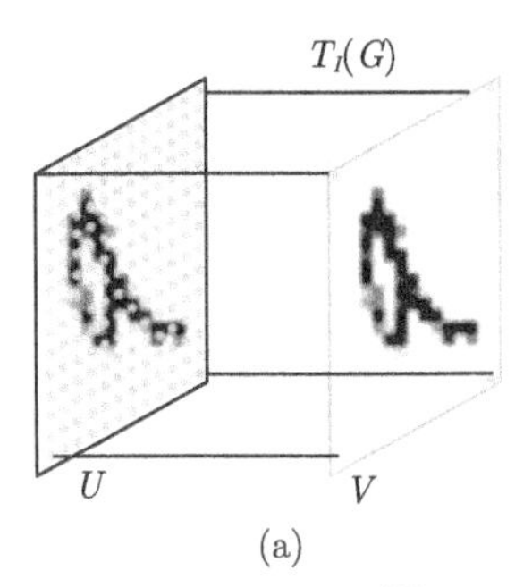

(a)

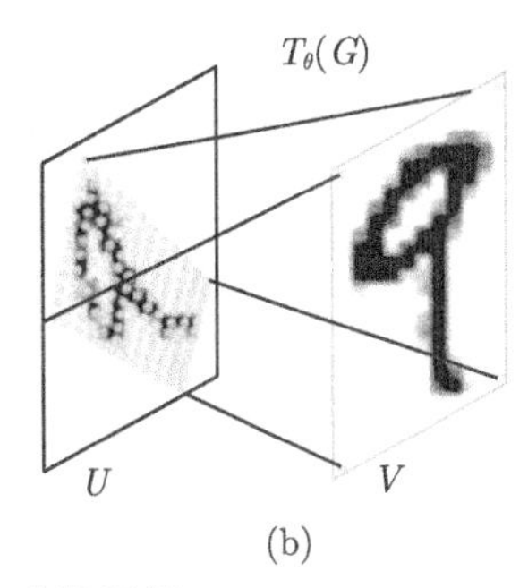

(b)

图 2.7.2 网格生成器示例

想象一下, 如果变换参数都是整数, 那得到的坐标也必定是整数, 如果变换参数是小数, 大概率会得到很多小数坐标. 如果对小数直接四舍五入取整显然是不能进行梯度下降来回传梯度的. 为了解决该问题, 采样器对特征图变换的计算公式采取如下形式:

$$V_i^c=\sum_n^H\sum_m^W U_{nm}^c k(x_i^s-m;\Phi_x)k(y_i^s-n;\Phi_y),\quad \forall i\in[1,\cdots,H'W'],\forall c\in[1,\cdots,C],$$

其中, Φ_x 和 Φ_y 是采样核函数 k 的参数, 采样核函数定义了图像插值的计算方法. U_{nm}^c 表示输入图像的通道 c 上 (n,m) 坐标处的值, V_i^c 表示输出图像的通道 c 上 (x_i^t,y_i^t) 坐标处的值. 理论上, 只要能对 x_i^s 和 y_i^s 求得次梯度的任何采样核函数都可以使用.

综上所述, 定位网络、网格生成器和采样器三部分组合在一起构成了一个 STN 模块, 并且这三者都是可微的, 因此 STN 模块可以方便地插入到 CNN 网络的任意位置. 此外, 该模块的计算速度非常快, 在使用时只会带来很小的时间开销.

CNN 网络架构中也可以使用多个 STN 模块, 将多个 STN 模块放置在网络更深的位置可以使得模型实现更抽象的变换, 同时也为定位网络预测转换参数提供了更充分的信息基础. 此外, 多个 STN 模块也可以在网络中并行使用, 有利于网络分别关注多个目标或者多个感兴趣区域. 总之, STN 通过空间注意力机制, 使网络学习对图像的变换, 将原始图片中的空间信息变换到另一个空间中并保留了关键信息, 有助于提升网络的性能.

2.7.2 通道域注意力

类似于空间域注意力模型从空间维度寻找图片特征中最重要的部分进行处理, 通道域注意力机制的核心则是从特征通道之间的关系入手, 获取每个特征通道的重要程度, 然后根据其重要程度去增强有用的特征通道并抑制对当前任务贡献不大的特征通道, 从而实现特征通道的自适应校准.

在卷积神经网络中, 卷积操作实际上是对特征的一个局部区域进行特征融合, 这包括空间维度以及通道维度的特征融合. 而对于通道维度的特征融合, 卷积操作基本上默认对输入特征图的所有通道进行融合. 类比空间维度上特征空间信息的重要程度有所不同, 则特征各个通道对于关键信息的贡献也有多有少, 如果给每个通道上的特征都增加一个权重, 用来表示该通道与关键信息的相关度, 那么通道的权重越大, 则信息相关度越高, 该通道也就是我们越需要去注意的通道.

为了使模型可以自动学习到不同通道特征的重要程度, SENet(Squeeze-and-Excitation Networks) 从关注通道间的关系这一视角来设计网络, 建模各个特征通道的重要程度, 最终实现针对特定的任务增强或抑制不同的通道.

如图 2.7.3 所示是一个 SE 模块, 可视为一个计算单元, 首先, 对于输入特征图从空间维度进行压缩 (Squeeze) 操作, 即通过对全局感受野的池化操作将每个通道上的二维特征图压缩成一个实数, 特征通道数不变. 然后对压缩后的特征进行激励 (Excitation) 操作, 即学习各个通道间的关系从而为每个特征通道生成不同的权重, 用该权重作用于初始的输入特征图就可得到校准后的特征. 本质上, SE 模块是在通道维度上做注意力操作, 让模型可以更加关注信息量最大的通道特征, 而抑制那些不重要的通道特征. 此外 SE 模块可以即插即用, 能方便地嵌入到现有的网络架构中.

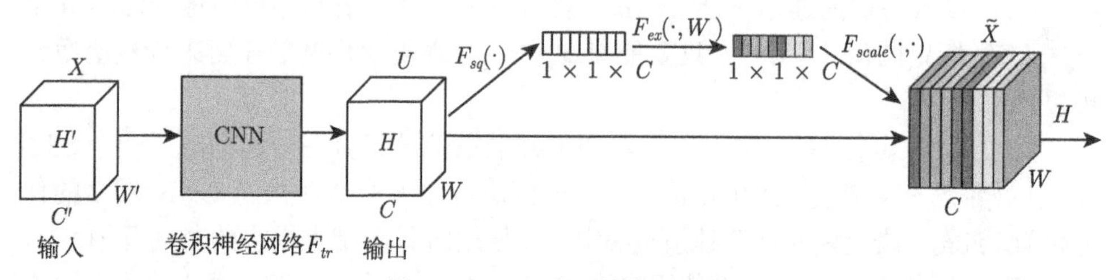

图 2.7.3 SENet 结构示意图

对于输入 $X \in R^{H'\times W'\times C'}$, 通过 F_{tr} 作为特征提取器得到相应的特征图 $U \in R^{H\times W\times C}$, 此处定义 F_{tr} 为卷积操作, 用 $V=[v_1,v_2,\cdots,v_C]$ 表示要学习的卷积核集合, 其中 v_c 表示第 c 个卷积核的相关参数, 则对于输出特征 $U=[u_1,u_2,\cdots,u_C]$, 可表示为

$$u_c = v_c * X = \sum_{s=1}^{C'} v_c^s * x^s,$$

其中, $*$ 表示卷积操作, $v_c=[v_c^1,v_c^2,\cdots,v_c^{C'}]$, $X=[x^1,x^2,\cdots,x^{C'}]$, $u_c \in R^{H\times W}$. 由于最后的输出特征是对各个通道的卷积结果做求和, 所以通道间的关系与卷积

核学习到的空间关系混合在一起. 而 SENet 期望显式建模通道间的关系, 因此提出 SE 模块, 目的是抽离特征中隐式的相关关系, 使得模型可直接学习到特征通道间的关系.

由于卷积核只是在一个局部空间内进行操作, 很难利用该区域之外的上下文信息, 为了解决该问题, 首先对特征 U 进行压缩操作, 即将全局的空间特征编码为一个通道描述特征, 采用全局平均池化 (Global Average Pooling) 来逐通道的实现:

$$z_c = F_{sq}(u_c) = \frac{1}{H \times W} \sum_{i=1}^{H} \sum_{j=1}^{W} u_c(i,j),$$

其中 F_{sq} 表示压缩操作, $z \in R^C$ 代表压缩后的特征, z_c 表示 z 的第 c 个元素.

为了充分利用上面得到的压缩特征, 接下来需要另外一种运算来获取通道特征之间的关系. 该运算需要满足两个准则: 一个是要灵活, 可以学习各个通道之间的非线性关系; 另一个是学习的关系不是互斥的, 即保证允许多个通道被注意. 为解决以上问题提出了激励操作, 其运算过程如下:

$$s = F_{ex}(z, W) = \sigma(g(z, W)) = \sigma(W_2 \delta(W_1 z)),$$

其中 F_{ex} 表示激励操作, δ 是 ReLU 函数, σ 是 Sigmoid 函数, $W_1 \in R^{\frac{C}{r} \times C}$, $W_2 \in R^{C \times \frac{C}{r}}$ 均为全连接层. 为了降低模型复杂度以及提升泛化能力, 这里采用两个全连接层结构, 其中第一个全连接层 W_1 起到降维的作用, 降维系数为 r, 是个超参数, 然后对结果采用 ReLU 函数激活, 再用第二个全连接层 W_2 将其恢复成特征原始的维度. 最后用学习到的注意力图 s 乘以原始特征 U 即可得到 SE 模块的最终输出:

$$\tilde{x}_c = F_{scale}(u_c, s_c) = s_c u_c,$$

其中 $\tilde{X} = [\tilde{x}_1, \tilde{x}_2, \cdots, \tilde{x}_C]$, $F_{scale}(u_c, s_c)$ 表示注意力 s_c 和特征图 u_c 的逐通道相乘. 整个激励操作可以理解成学习各个通道重要性的过程, 在原始输入为已知条件的前提下, SE 模块本质上可视为通道上的自注意力函数.

SE 模块主要提升了模型对通道特征的敏感性, 可以直接应用在现有的网络结构中, 如图 2.7.4 所示, 可以直接插入到 ResNet 中. 此外, 该模块是轻量级的, 只需要增加较少的计算量就可以带来性能的提升.

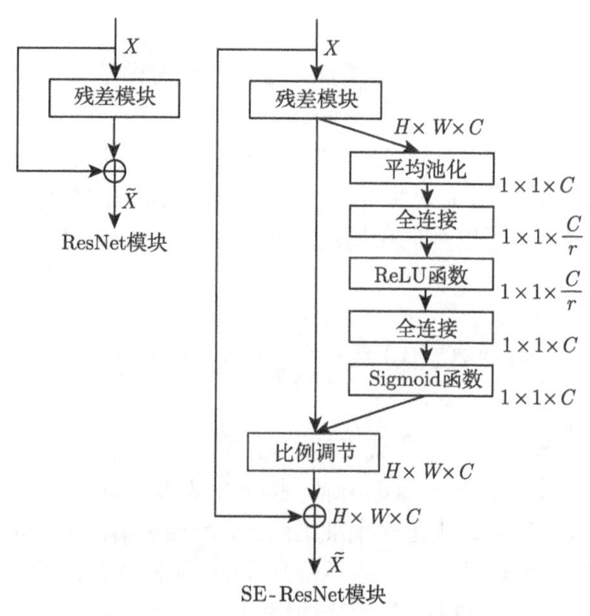

图 2.7.4 SE 模块与 ResNet 结合示意图

2.7.3 混合域注意力

对比前两种注意力域的设计原理我们发现, 空间域注意力忽略了通道域中的信息, 将每个通道中的特征一视同仁地进行处理. 而通道域注意力直接对一个通道内的信息进行全局平均池化, 忽略了每一个通道内特征的局部信息. 显然, 前两种注意力模型均存在信息的损失和浪费, 因此可以将空间域和通道域注意力机制相结合, 设计一种混合域注意力机制模型, 以充分挖掘和利用空间和通道信息.

CBAM(Convolutional Block Attention Module) 是一种轻量级的混合域注意力模块, 实现了同时在空间域和通道域进行特征注意力, 使得模型能更关注目标物体本身, 注意力的使用, 不仅让模型学会去重点关注何处, 而且提升了特征的信息表示能力. CBAM 的结构如图 2.7.5 所示, 其包括两个子模块, 一个是通道注意力模块, 另一个是空间注意力模块, 并且二者在 CBAM 模块里串联使用.

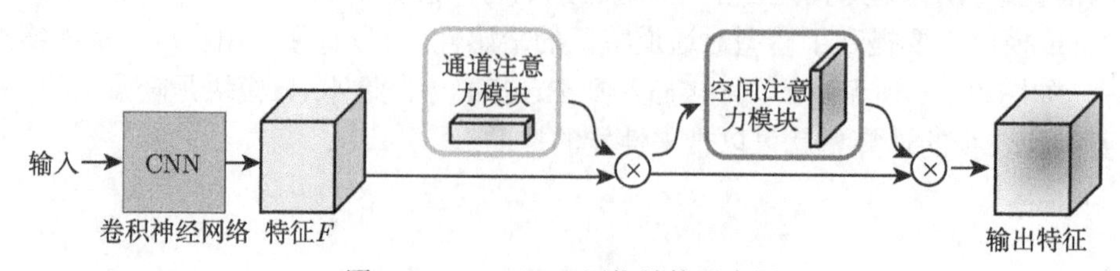

图 2.7.5 CBAM 网络结构示意图

下面具体介绍 CBAM 的运算细节. 对于特征图 $F \in R^{C\times H\times W}$, CBAM 模块会依次生成一个 1 维的通道注意力映射 $M_c \in R^{C\times 1\times 1}$ 和一个 2 维的空间注意力映射 $M_s \in R^{1\times H\times W}$, 整个注意力处理过程可以写成以下形式:

$$F' = M_c(F) \otimes F,$$

$$F'' = M_s(F') \otimes F',$$

其中, $\otimes$ 表示逐元素相乘, F'' 是最终处理后的特征.

在 CBAM 结构里, 特征首先经过通道注意力模块, 为了高效地计算通道注意力, 需要对输入特征图的空间特征进行压缩处理. 为了聚集空间信息, SENet 已经使用过平均池化方法, 此处, 同时对输入特征图使用一种最大池化操作, 从不同的维度收集重要特征, 可实现更精细的通道注意力.

通道注意力模块告诉模型关注什么特征, 其具体操作如图 2.7.6 所示, 首先对输入特征图同时使用平均池化和最大池化操作来收集空间信息, 生成两个不同的空间信息描述 F^c_{avg} 和 F^c_{max}, 分别表示通道平均池化特征和通道最大池化特征. 然后这两个生成特征均通过一个共享的神经网络以产生通道注意力特征图 $M_c \in R^{C\times 1\times 1}$, 该共享网络由含有一个隐藏层的多层感知机 (Multi-Layer Perceptron, MLP) 组成, 为了减少参数开销, 隐藏层的维度被设置为 $R^{C/r\times 1\times 1}$, 其中 r 为降维系数. 最后, 对共享网络生成的两个特征通过逐元素求和进行融合, 整个通道注意力模块的处理过程可以写成以下公式的形式:

$$\begin{aligned} M_c(F) &= \sigma(\text{MLP}(AvgPool(F)) + \text{MLP}(MaxPool(F))) \\ &= \sigma(W_1(W_0(F^c_{avg})) + W_1(W_0(F^c_{max}))), \end{aligned}$$

其中, σ 表示 Sigmoid 函数, MLP 的权重 $W_0 \in R^{C/r\times C}$ 和 $W_1 \in R^{C\times C/r}$ 对两个输入均共享, 并且 W_0 后接着使用了 ReLU 激活函数.

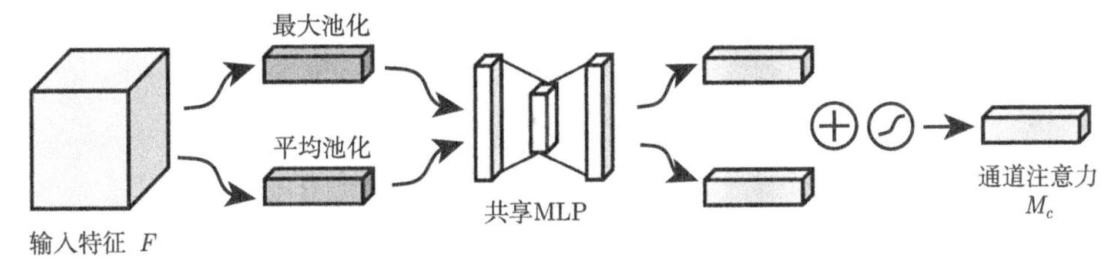

图 2.7.6 通道注意力模块

进一步, 根据特征空间信息之间的关系可以生成空间注意力图, 不同于通道注意力, 空间注意力模块告诉模型关注何处的特征, 从另一个维度为特征注意力提供了补充. 空间注意力模块的具体操作如图 2.7.7 所示, 类似于通道注意力的信息压缩操作, 空间注意力模块首先按通道对特征分别使用平均池化和最大池化操作, 得到两个 2 维的特征图 $F_{avg}^{s} \in R^{1\times H\times W}$ 和 $F_{max}^{s} \in R^{1\times H\times W}$, 分别表示空间平均池化特征和空间最大池化特征. 然后将二者拼接成一个特征描述, 并对拼接特征使用标准卷积层来生成一个 2 维的空间注意力图 $M_s(F) \in R^{1\times H\times W}$, 整个空间注意力模块的处理过程可以写成以下公式的形式:

$$\begin{aligned} M_s(F) &= \sigma(f^{7\times 7}([AvgPool(F); MaxPool(F)])) \\ &= \sigma(f^{7\times 7}([F_{avg}^{s}; F_{max}^{s}])), \end{aligned}$$

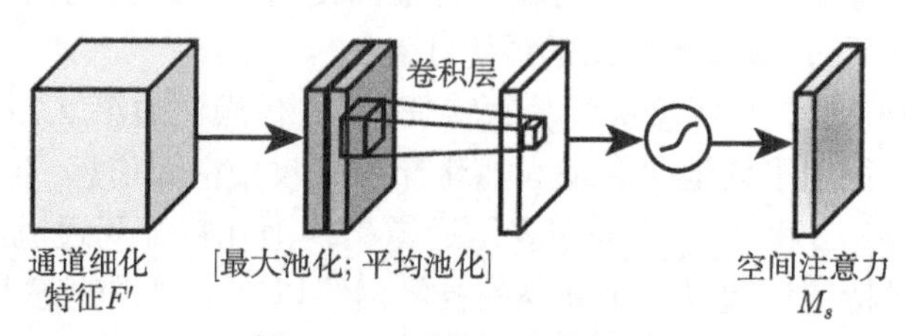

图 2.7.7　空间注意力模块

其中, σ 表示 Sigmoid 函数, $f^{7\times 7}$ 表示使用卷积核大小为 7×7 的卷积操作, $AvgPool$ 和 $MaxPool$ 分别表示平均池化和最大池化操作.

综上所述, 通道注意力和空间注意力模块串联而构成了一个 CBAM 模块, 给定一个输入图像, 两个注意模块分别从通道和空间维度计算注意力, 互为补充. 此外, 该模块同样是轻量级的, 只需要增加较少的计算量就可以带来性能的提升, 且可以放置于 CNN 网络结构的任意位置.

■ 2.8　数字化资源

第2章彩图

第3章 经典卷积神经网络结构

本章介绍经典卷积神经网络结构, 包括 LeNet-5、AlexNet、ResNet 和 GoogLeNet 网络模型.

3.1 手写数字识别任务

数字的身影遍布在生活的各个地方, 如政府的各项数据统计、工商局的发票税务清单、公司财务的业绩报表、科研人员的数据结论统计以及物流数据编码的归类等, 诸如此类工作均需人工提取数字信息并完成系统录入工作, 若使用计算机等电子设备对手写数据实现自动识别分类, 将极大提升工作效率. 手写数字识别技术指计算机联合其他图像输入设备通过模型算法自动识别 10 个阿拉伯数字的技术.

LeNet-5 是用于手写数字识别的代表性卷积神经网络, 早期美国大多数银行使用它来识别支票上面的手写数字. 我们将从网络结构、损失函数、网络训练、模型测试 (实验结果) 四个方面具体介绍 LeNet-5 模型.

1. 网络结构

如图 3.1.1所示, LeNet-5 共有 7 层 (不包括输入层), 包含卷积层、下采样层 (池化层)、全连接层和输出层. 其中, C1 层是卷积层, 采用 5×5 大小的卷积核, 卷积核个数为 6, 步长为 1(步长即卷积步幅, 卷积核每移动一次行数或列数), C1 层输出的特征图尺寸大小为 28×28; S2 层是池化层, 尺寸大小为 2×2, 输出特征图尺寸大小为 14×14; C3 层为卷积层, 仍然采用 5×5 大小卷积核, 卷积核个数为 16, 步长为 1 , 输出特征图尺寸为 10×10; S4 为池化层, 尺寸大小为 2×2, 输出特征图尺寸为 5×5; C5 为卷积层, 采用 5×5 大小卷积核, 卷积核个数为 120, 步长为 1, 输出特征图大小为 1×1; F6 为全连接层, 输出节点数为 84, 输出层也是全连接层, 输出节点数为分类类别数 10, 分别代表数字 0 到 9. 激活函数采用 Sigmoid 非线性激活函数. LeNet-5 具有卷积神经网络的完整结构, 是用于手写体字符识别的典型模型.

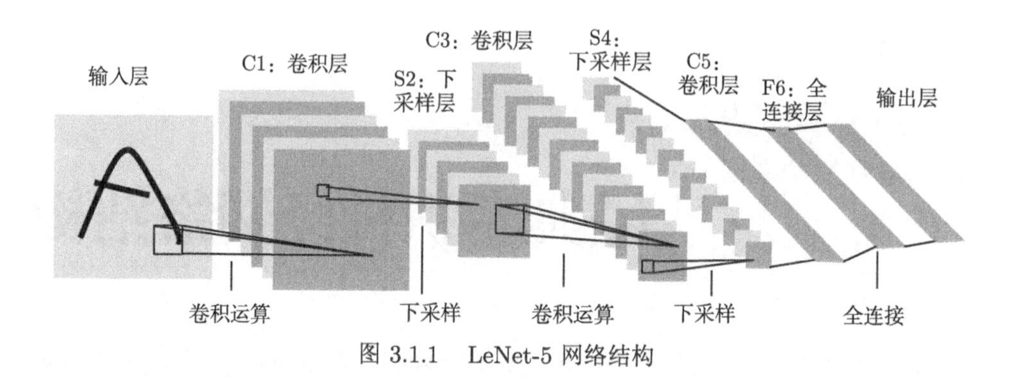

图 3.1.1 LeNet-5 网络结构

2. 损失函数

为方便起见，我们从样本集中取一个样本 $(X, label)$，其中，X 表示输入图像，$label$ 表示输入图像对应标签，F 表示网络，Y 表示网络实际输出. 分类网络通常使用交叉熵损失函数 (CrossEntropyLoss) 实现分类. 交叉熵损失函数数学公式表达如下：

$$L = -[label \log Y + (1 - label) \log(1 - Y)]$$

3. 网络训练

网络训练在 MNIST 数据集上进行，包括 6 万个 28×28 的灰度图像训练样本、1 万个测试样本. 数据集在加载时进行了归一化处理以使网络训练更加稳定. 网络采用 Adam 优化器 (在第 5 章介绍该优化算法的原理) 实现参数优化，学习率固定为 0.001，由于 MNIST 是一个相对简单的数据集，一个十分轻便的网络即可满足任务需求，网络收敛速度也较快，我们设置训练周期为 18.

4. 实验结果

LeNet-5 网络结构并不复杂，借助于深度学习框架 Pytorch 可以十分容易地进行网络搭建和训练环境的配置. 图 3.1.2 和图 3.1.3 分别展示了 LeNet-5 在 MNIST 数据集上训练过程的损失变化图以及识别正确率变化图.

根据训练损失和测试损失的趋势图 3.1.2 和测试正确率变化趋势图 3.1.3，不难看出，网络收敛速度非常快，未经训练的初始化网络测试损失约为 2.3，测试正确率只有 10%，但仅仅 3 个周期之后，便基本达到收敛效果，测试损失下降到 0.0412，正确率已经达到 98%. 经过 18 个周期之后，测试损失降到 0.0389，正确率达到 99%.

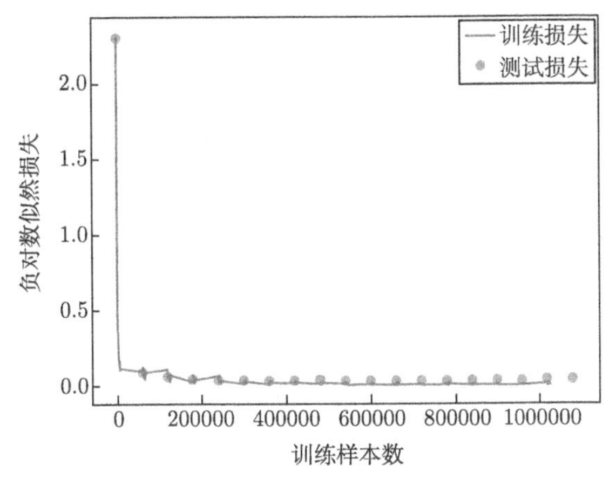

图 3.1.2　LeNet-5 训练损失和测试损失变化趋势图

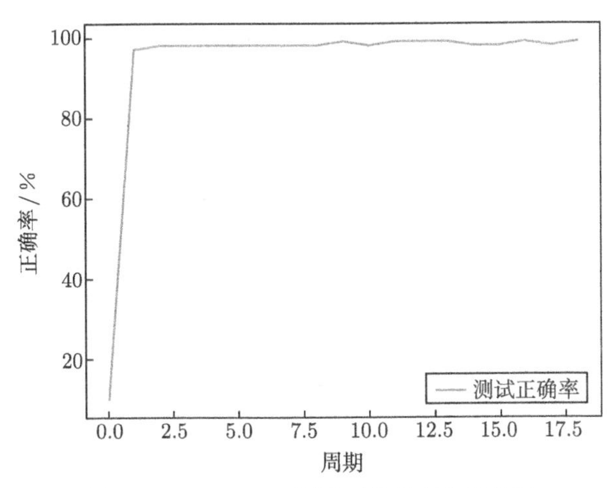

图 3.1.3　LeNet-5 测试正确率变化趋势图

■ 3.2　图像分类任务

3.2.1　图像分类研究背景

图像分类是计算机视觉领域的热门研究方向之一，也是实现物体检测、人脸识别、姿态估计等应用的重要基础，因此图像分类技术有很高的研究价值．图像分类，即给定一幅输入图像，通过获取图像的显著特征以实现不同类别划分的图像处理方法．图像分类的传统方法一般通过两个阶段来实现．首先对图像进行特征提取，使用若干特征描述符对图像进行标记，即将原始图像的非结构化数据转化为用以表示特征的结构化数据，然后将这些结构化特征数据输入至可训练的分类器, 得到分类结果. 这种方法最大的问题是分类准确度取决于提取特征的有效性, 一般情况下, 越多的特征提取越有利于更好的分类, 然而一些没有区分度的无效特征往往会对分类准确度产生负面影响. 传统的特征提取方法均通过人工提取实现, 是一种启发式和费力的方法, 提取的特征质量往往需要专业知识的支持, 并且它的调节需要大量的时间. 而基于卷积神经网络的方法避免了繁杂的特征提取工作, 将图像的特征分析并入神经网络之中, 通过调节神经网络的权值和偏置, 实现图像特征有效区分. 因此, 针对图像分类问题, 深度学习以其强大的特征提取能力已获得了广泛的关注和应用.

深度学习作为机器学习中一种基于对数据进行表征的学习方法, 能够通过模仿生物神经系统对视觉信息进行分级处理, 并使用一些非线性模型把原始数据映射成为语义概念的抽象表达. 卷积神经网络是一种多层结构的神经网络模型, 基于卷积神经网络的分类方法的基本原理是搭建多层的深度神经网络模型, 使用已知标签的图像对网络模型进行有监督的训练, 通过反向传播算法对网络模型的参数进行持续调节以达到准确识别未知图像的功能.

3.2.2 经典卷积神经网络结构: AlexNet

AlexNet 是一个具有历史意义的网络结构. 自 AlexNet 诞生起, 历届 ImageNet 冠军都采用卷积神经网络来实现, 并且网络层次越来越深, 使得卷积神经网络成为图像识别分类的核心算法模型, 计算机视觉也开始逐渐进入深度学习主导的时代. 相比于传统的卷积神经网络, AlexNet 首次使用了非线性激活函数作为卷积神经网络的激活函数, 有效抑制了深度卷积网络因层数加深而导致的梯度消失现象 (在反向传播过程中, 网络后端的梯度无法传递到网络前端, 使得网络前端的参数无法得到有效更新), 在本书激活函数章节将展开对激活函数的系统深入的论述.

1. 网络结构

AlexNet 包含 5 个卷积层和 3 个全连接层以及 1000 个输出神经元, 拥有 6000 万个参数和 65 万个神经元. 图 3.2.1 展示了 AlexNet 的网络结构.

具体地, 第 1 个卷积层使用 $224\times224\times3$ 的图像作为输入, 使用 96 个 $11\times11\times3$ 的卷积核, 其中步长为 4; 第 2 个卷积层使用第 1 个卷积层的输出 (经过响应归一化和最大池化层) 作为输入, 使用 256 个 $5\times5\times48$ 的卷积核, 步长为 1; 第 3 个卷积层使用第 2 个卷积层的输出 (经过响应归一化和池化层) 作为输入, 使用 384 个 $3\times3\times256$ 的卷积核, 步长为 1; 第 4、5 个卷积层分别使用 384 个 $3\times3\times192$、256 个 $3\times3\times192$ 的卷积核, 步长为 1; 第 6、7 个全连接层神经元个数为 4096; 第 8 个全连接层神经元个数为 1000, 对应于 ImageNet 的 1000 个类别.

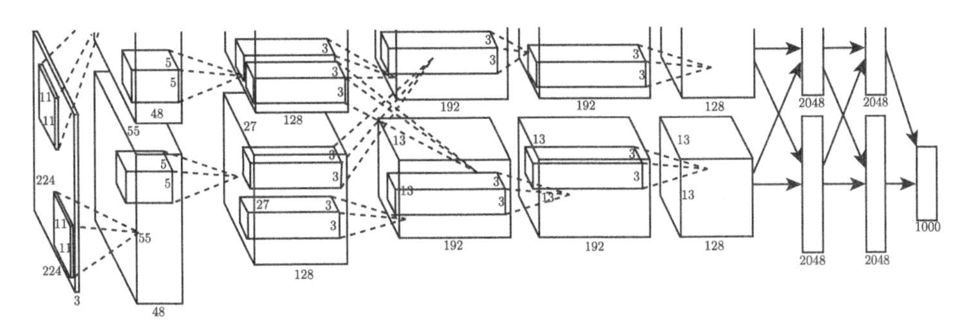

图 3.2.1 AlexNet 网络结构

2. 网络训练

由于卷积神经网络存在模型复杂性, 当训练样本数量不足时, 网络会出现过拟合问题 (即网络在训练集上表现优异, 但是在测试集上效果较差). 因此, AlexNet 在网络训练过程中通过引入 Dropout 策略, 有效避免了模型过拟合现象. 具体地, 在每一次迭代中, 每一个神经元“失活”的概率为 0.5, 那些“失活”的神经元不再进行前向传播并且不参与反向传播. 因此每次迭代时, 神经网络会采用一个不同的架构, 但所有架构共享权重. 这个技术使得一个神经元不能依赖特定的其他神经元, 从而减少了复杂的神经元互相适应, 神经元被强迫学习更鲁棒的特征. 在测试时, 所有的神经元都会被使用, 最后对失活网络的预测分布进行几何平均. AlexNet 的前两个全连接层使用 Dropout 方法, 如果不使用 Dropout 方法, AlexNet 网络表现出严重的过拟合.

网络训练使用随机梯度下降优化方法, 样本批量大小设置为 128, 动量为 0.9, 权重衰减为 0.0005. 网络使用均值为 0, 标准差为 0.01 的高斯分布对每一层的权重进行初始化. 在第 2, 4, 5 卷积层和全连接隐藏层将神经元偏置初始化为常量 1. 学习率初始化为 0.01, 并对所有的层使用相同的学习率, 并采用学习率衰减策略.

3. 损失函数

图像分类任务所使用的损失函数基本相同, 为交叉熵损失函数, 与前述手写数字识别任务中的损失函数完全相同.

4. 模型测试

为了对 AlexNet 的实际分类效果有一个更加直观的认识, 在本小节中, 我们将分别在小规模图像分类数据集 CIFAR-10 和大规模图像分类数据集 ImageNet 上进行 AlexNet 网络的图像分类任务实验.

1) CIFAR-10 实验

此部分实验中, AlexNet 在 CIFAR-10 数据集上进行实验. 网络采用 Kaiming 方法进行初始化 (关于网络初始化在后续章节中将会有系统深入和详细的介绍, 此处不再展开细述), 优化算法为随机梯度下降法, 激活函数采用 ReLU 非线性激活函数, 表达式为 $f(x) = \max(x, 0)$. 学习率设置为 0.01, 随训练周期逐渐递减, 批量大小设置为 128, 训练周期为 300 次.

在图 3.2.2 中, 展示了 AlexNet 网络在 CIFAR-10 数据集上训练和测试过程中, 正确率随着训练周期变化的趋势图, 可以看出, 100 个训练周期之后, 尽管训练正确率还在缓慢提升, 但是测试正确率基本上稳定在 83% 左右, 表明此时网络已经收敛.

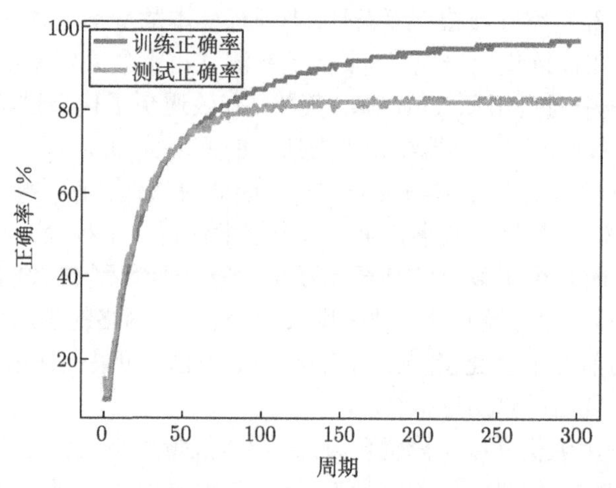

图 3.2.2 CIFAR-10 数据集上, AlexNet 训练和测试正确率变化趋势图

2) ImageNet 实验

此部分实验中, AlexNet 在 ImageNet 数据集上进行训练和测试. 网络采用 Kaiming 初始化方法, 优化算法为随机梯度下降法, 激活函数采用 ReLU 非线性激活函数, 学习率设置为 0.1, 随训练周期逐渐递减, 批量大小设置为 256, 训练周期为 100.

图 3.2.3 展示了训练和测试正确率变化趋势图, Top1 和 Top5 正确率分别为 56%, 79%.

3.2.3 经典卷积神经网络结构: ResNet

ResNet 在 ILSVRC2015 竞赛中亮相, 当其他网络结构的深度还在 20 层以内徘徊时, ResNet 却一举突破 100 层, 将 Top5 错误率降到了 3.57%. 毫无悬念地夺得了 ILSVRC2015 竞赛的第一名. ResNet 的泛化能力十分出色, 在图像分类、目标检测、图像分割、目标定位等各类图像处理任务中均取得了优异效果. ResNet 首创的残差结构也成为网络结构设计中的基础性结构, 几乎被运用于所有卷积神经网络的结构设计中. CVPR2015-2019 年引用量最高的 10 篇论文中, ResNet 位居榜首.

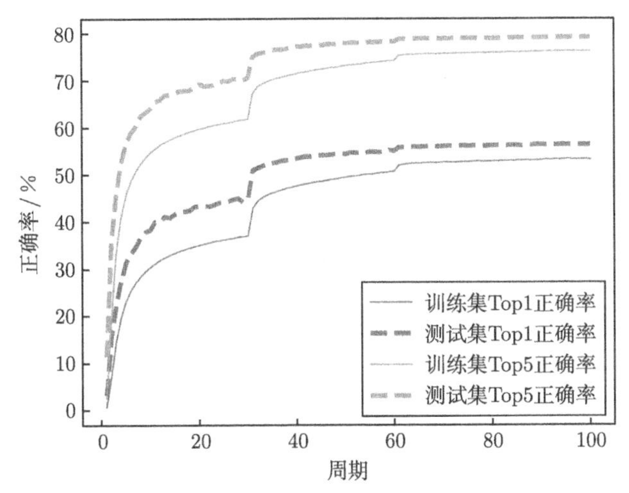

图 3.2.3 ImageNet 数据集上, AlexNet 训练和测试正确率变化趋势图

1. 网络设计

自 AlexNet 取得巨大成果之后, 后续研究者相继开始了设计更深网络的尝试. 众所周知, 深度网络意味着更加强大的表示能力和学习能力, 无疑更加有利于计算机视觉任务效果的提升. 随着网络深度的加深, 伴随产生的梯度消失和梯度爆炸问题却从一开始便阻碍了模型的收敛, 使得网络训练难以进行. 归一初始化和中间归一化在很大程度上解决了这一问题, 它使得数十层的网络在反向传播的随机梯度下降方法下能够收敛.

但当更加深层的网络能够收敛时, 退化问题随即出现: 随着网络深度的增加, 正确率达到稳定水平后又迅速下降. 这一正确率下降并不是由过拟合造成的, 因为正确率的下降不仅发生在测试阶段, 同时还发生在训练阶段. 相反, 如果是发生了过拟合现象, 那就意味着训练误差会继续下降, 而仅有测试误差增大. ResNet 提出了一种残差学习框架来解决退化问题, 让网络层拟合残差映射 (Residual Mapping), 而不是让每一个堆叠的层直接来拟合所需的底层映射 (Desired Underlying Mapping). 如图 3.2.4 展示了这个残差块的结构图. 假设所需的底层映射为 $H(x)$, 让堆叠的非线性层来拟合另一个映射 $F(x) := H(x) - x$. 因此原来的映射

转化为 $F(x)+x$. 在极端的情况下, 如果某个恒等映射是最优的, 那么将残差变为 0 比用非线性层的堆叠来拟合恒等映射更简单. 在实际情况下, 恒等映射不太可能达到最优, 但是我们的重新表达对于这个问题的预处理是有帮助的. 如果最优函数更趋近于恒等映射而不是 0 映射, 那么对于求解器来说寻找关于恒等映射的扰动比学习一个新的函数要容易得多.

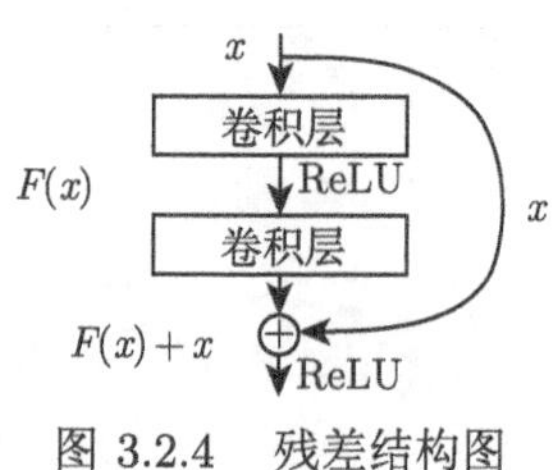

图 3.2.4 残差结构图

公式 $F(x)+x$ 可以通过前馈神经网络的 Shortcut 连接来实现. Shortcut 连接就是跳过一个或者多个层. Shortcut 连接只是简单地执行恒等映射, 再将它们的输出和堆叠层的输出叠加在一起. 恒等的 Shortcut 连接并不增加额外的参数和计算复杂度. 完整的网络仍然能通过端到端的随机梯度下降反向传播进行训练. 如图 3.2.4 所示, 在堆叠层上采取了残差学习算法, 一个残差块可以定义如下:

$$y = F(x, W_i) + x, \tag{3.2.1}$$

其中, x 和 y 分别表示堆叠层的输入和输出, 表示要被学习的残差映射. 在图 3.2.4 中所示的残差块例子中, $F = W_2\sigma(W_1x)$, 其中 σ 表示 ReLU 激活函数. $F+x$ 操作由一个 Shortcut 连接和元素级加法来表示, 在加法之后再进行一次非线性操作 (ReLU).

式中, x 和 F 的维度必须相同, 如果不同, 可以通过 Shortcut 连接执行一个线性映射 W_s 来匹配两者的维度:

$$y = F(x, W_i) + W_sx, \tag{3.2.2}$$

残差函数 F 的形式是灵活多变的, 可以是 2 到 3 层, 更多的层也是可行的.

2. 实验与分析

为了对 ResNet 的实际分类效果有一个更加直观的认识, 在本节中, 我们将分别在小规模图像分类数据集 CIFAR-10 和大规模图像分类数据集 ImageNet 上进行 ResNet 网络的图像分类任务实验.

1) CIFAR-10 实验

在 CIFAR-10 数据集上对 plain-20、plain-56、ResNet-20、ResNet-56 网络进行实例演示. plain 表示简单堆叠的卷积网络, ResNet 表示采用残差模块的对应网络, 数字表示卷积层数. 网络由 Kaiming 方法进行初始化, 优化算法为随机梯度下降法, 激活函数采用 ReLU 非线性激活函数, 学习率设置为 0.1, 随训练周期逐渐递减, 批量大小设置为 128, 训练周期为 100 次.

在相同的训练条件下, 将上述 4 种不同模型的训练、测试正确率随训练周期变化趋势图展示在图 3.2.5 中.

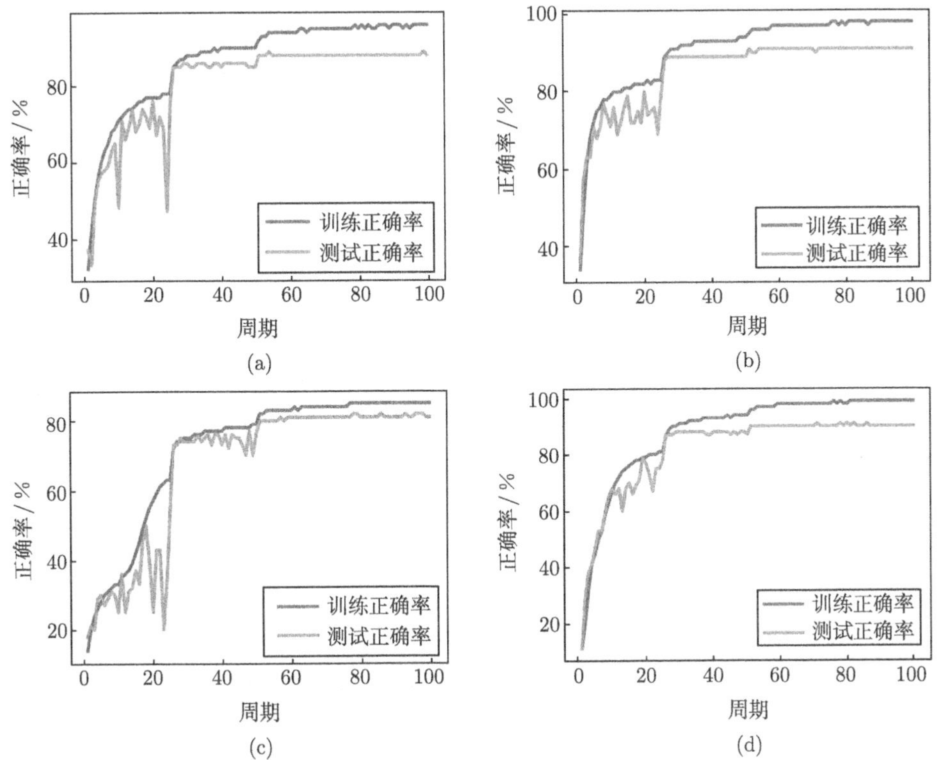

图 3.2.5 普通堆叠网络与残差网络性能对比图, (a) plain-20; (b) ResNet-20; (c) plain-56; (d) ResNet-56

在图 3.2.5 中, 通过 (a)、(c) 的对比, 可以看出 plain 网络层数从 20 层增加到 56 层之后, 训练、测试正确率都下降了, 表明了模型出现了退化现象. 而与之对应的是 ResNet 网络却并没有出现退化问题. 在 20 层网络时, 训练到 100 个周期之后, plain 网络和 ResNet 网络的效果相当, 表明在浅层网络时, plain 模型基本能胜任 CIFAR-10 数据集的分类任务. 然而当网络增加到 56 层时, plain 网络的正确率达到了 81%, 而 ResNet 网络的正确率达到 90%, 显示出明显的优势.

2) ImageNet 实验

此部分实验中, ResNet-18 在 ImageNet 数据集上进行训练和测试. 网络由 Kaiming 方法进行初始化, 优化算法为随机梯度下降法, 激活函数采用 ReLU 非线性激活函数, 学习率设置为 0.1, 随训练周期逐渐递减, 批量大小设置为 256, 训练周期为 100 次.

图 3.2.6 展示训练周期–训练 / 测试正确率变化图, Top1 和 Top5 准确率分别为 67%, 87%.

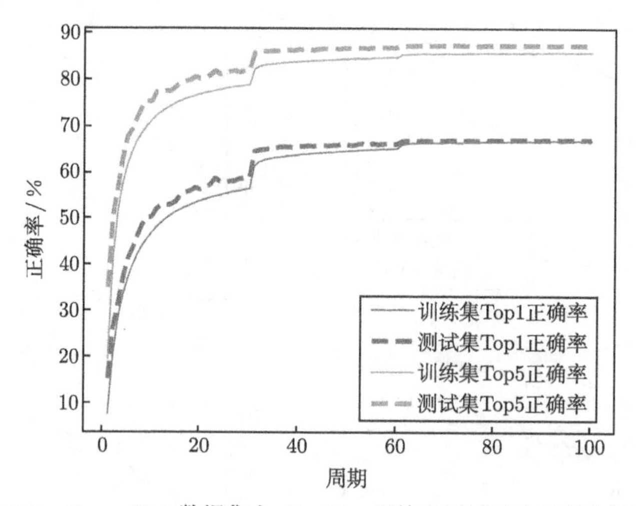

图 3.2.6 ImageNet 数据集上, ResNet 训练和测试正确率变化趋势图

3.2.4 经典卷积神经网络结构: GoogLeNet

在 2014 年的 ImageNet 挑战赛 (ILSVRC14) 中, GoogLeNet 被提出. GoogLeNet 虽然深度有 22 层, 但参数量却远小于 AlexNet. GoogLeNet 的参数量是 AlexNet 的 1/12. 在实现优越性能的同时, 还极大减少了计算资源负担.

1. 网络设计

一般来说, 提升网络性能最直接的办法就是增加网络深度和宽度, 深度指网络层次数量, 宽度指神经元数量. 但这种方式存在以下问题:

a) 参数太多, 如果训练数据集有限, 很容易产生如前所述的过拟合现象;

b) 网络越大、参数越多, 计算复杂度越大, 难以应用;

c) 网络越深, 容易出现梯度消失问题, 难以优化模型.

如何才能在增加网络深度和宽度的同时减少参数呢？一个自然的想法是将全连接变成稀疏连接. 但是在实现上, 全连接变成稀疏连接后实际计算效率并不会有质的提升, 因为大部分硬件是针对密集矩阵计算优化的, 稀疏矩阵虽然数据量少, 但是计算所消耗的时间却很难减少. 那么, 有没有一种方法既能保持网络结构的稀疏性, 又能利用密集矩阵的高计算性能. 大量的文献表明可以将稀疏矩阵聚类为较为密集的子矩阵来提高计算性能, 就如人类的大脑可以看作是神经元的重复堆积. Inception 结构就是通过构造“基础神经元”结构, 搭建了一个稀疏性、高计算性能的网络结构.

最初的 Inception 基本结构如图 3.2.7 所示, 卷积核的多数量并行, 它们得到的结果是一个稀疏结构, 这也就是结构稀疏性的体现. 一个个的卷积核就是密集组件. 该结构将 CNN 中常用的卷积 (1×1, 3×3, 5×5)、池化操作 (3×3) 堆叠在一起 (卷积、池化后的尺寸相同, 将通道相加), 一方面增加了网络的宽度, 另一方面也增加了网络对尺度的适应性. 网络卷积层中的网络能够提取输入的每一个细节信息, 同时 5×5 的滤波器也能够覆盖大部分接收层的输入. 还可以进行一个池化操作, 以减少空间大小, 降低过度拟合. 在这些层之上, 在每一个卷积层后都要做一个 ReLU 操作, 以增加网络的非线性特征.

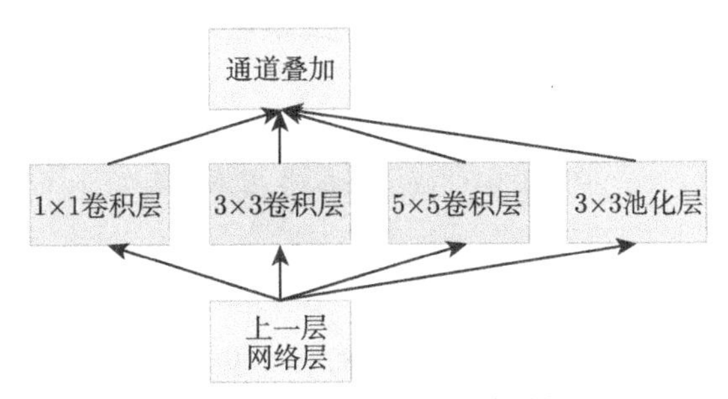

图 3.2.7 Inception 基本结构

然而在这个 Inception 结构中, 所有的卷积核都在上一层的所有输出上进行运算, 而 5×5 的卷积核所需的计算量巨大, 造成了特征图的通道数过大, 为了避免这种情况, 在 3×3 前、5×5 前、池化层后分别加上了 1×1 的卷积核, 以起到降低特征图通道数的作用, 这也就形成了更新的 Inception 结构, 如图 3.2.8所示: 在 Inception v1 基本结构中, 1×1 卷积的主要目的是为了减少维度. 比如, 上一层的输出为 100×100×128, 经过具有 256 个通道的 5×5 卷积层之后, 输出数据为 100×100×256, 其中, 卷积层的参数为 128×5×5×256=819200. 而假如上一层输出先经过具有 32 个通道的 1×1 卷积层, 再经过具有 256 个输出的 5×5 卷积层, 那么输出数据仍为 100×100×256, 但卷积参数量已经减少为 128×1×1×32+32×5×5×256=208896, 大约仅为原来的 25%. 通过 Inception v1 基本模块的堆叠以及池化层、辅助分类器等结构组合, 就形成 GoogLeNet 网络.

GoogLeNet 采用了模块化的结构 (Inception 结构), 方便增添和修改; 为了避免梯度消失, 网络额外增加了 2 个辅助的 Softmax(辅助分类器). 辅助分类器是将中间某一层的输出用作分类, 并按一个较小的权重加到最终分类结果中, 这样相当于做了模型融合, 同时给网络增加了反向传播的梯度信号, 也提供了额外的正则化, 对于整个网络的训练大有裨益. 而在实际测试的时候, 这两个额外的 Softmax 会被舍弃. GoogLeNet 网络的所有的卷积都使用了 ReLU 非线性激活函数.

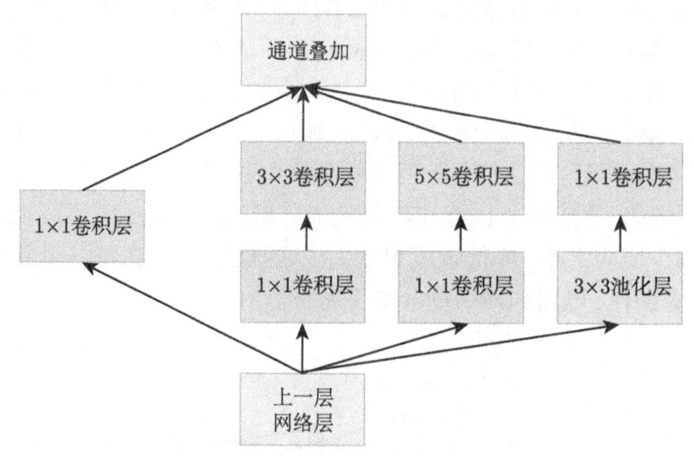

图 3.2.8 Inception v1 基本结构

2. 实验与分析

为了对 GoogLeNet 的实际分类效果有一个更加直观的认识, 在这一小节中, 我们将分别在 CIFAR-10 数据集和 ImageNet 数据集上进行 GoogLeNet 网络的图像分类任务实验.

1) CIFAR-10 实验

此部分实验中, GoogLeNet 在 CIFAR-10 数据集上进行实验. 网络采用 Kaiming 方法进行初始化, 优化算法为随机梯度下降法, 激活函数采用 ReLU 非线性激活函数, 学习率设置为 0.01, 随训练周期逐渐递减, 批量大小设置为 128, 训练周期为 300.

图 3.2.9 展示了 GoogLeNet 网络在 CIFAR-10 数据集上训练和测试过程中, 正确率随着训练周期变化的趋势图, 可以看出, 在训练周期达到 50 之后, 尽管训练正确率还在缓慢提升, 但是测试准确率基本上稳定在 92% 左右, 表明此时网络已经收敛.

2) ImageNet 实验

此部分实验中, GoogLeNet 在 ImageNet 数据集上进行训练和测试. 网络由

Kaiming 方法进行初始化, 优化算法为随机梯度下降法, 激活函数采用 ReLU, 学习率设置为 0.1, 随训练周期逐渐递减, 批量大小设置为 256, 训练周期为 100.

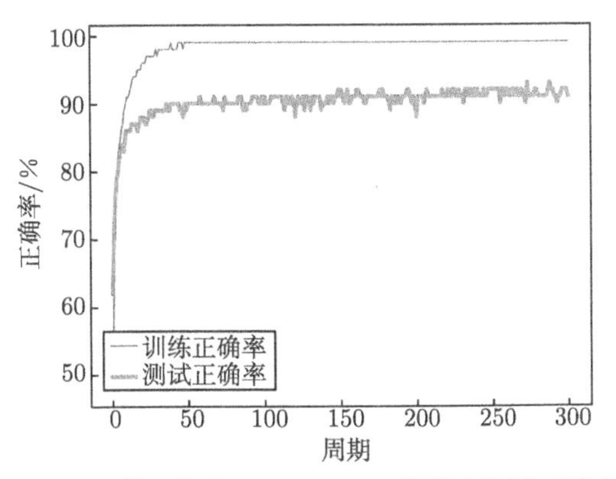

图 3.2.9 CIFAR-10 数据集上, GoogLeNet 训练和测试正确率变化趋势图

图 3.2.10展示了 GoogLeNet 训练周期–训练 / 测试正确率变化图, Top1 和 Top5 准确率分别为 69%, 89%.

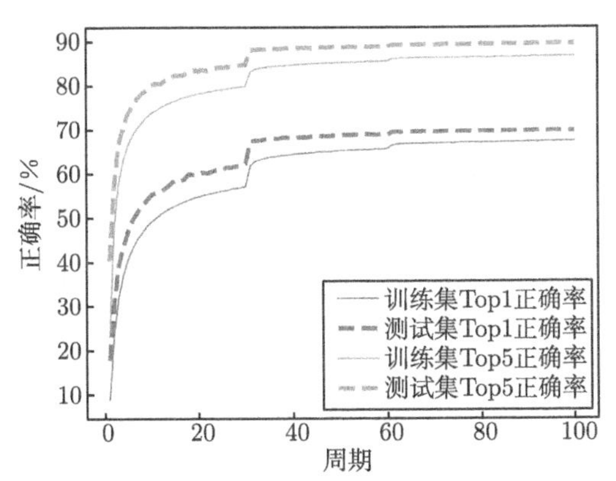

图 3.2.10 ImageNet 数据集上, GoogLeNet 训练和测试正确率变化趋势图

■ 3.3 数字化资源

研究型习题

案例代码

第3章彩图

第4章

激活函数的研究

本章系统地介绍了深度学习中的激活函数及其理论分析, 包括不可训练激活函数和可训练激活函数, 并进行了一系列实验分析.

■ 4.1 激活函数的基本性质

神经元是神经网络的基本构成单位, 它接收其他神经元的输入, 通过激活函数的运算后进一步向其他神经元输出结果. 对于多层的神经网络结构, 会多次使用激活函数的非线性激活运算, 因此激活函数直接影响神经网络的性质. 本章详细介绍激活函数的性质.

4.1.1 无激活函数的神经网络

最简单的神经网络结构是单层感知机, 它是二分类的线性分类模型, 用来分割超平面. 图 4.1.1 左侧是一个具有 2 个输入单元和 1 个输出单元的单层感知机, 其中 x_1, x_2 代表神经元接收的信息, w_1, w_2, b 代表神经元的系数, y 代表神经元的输出. 已知输出结果为 $y = w_1x_1 + w_2x_2 + b$, 此时若令 $w_1 = 1, w_2 = 1, b = -2$, 则该单层感知机可在平面空间中划出一条分割线, 将平面分成两个区域, 如图 4.1.1 右侧所示.

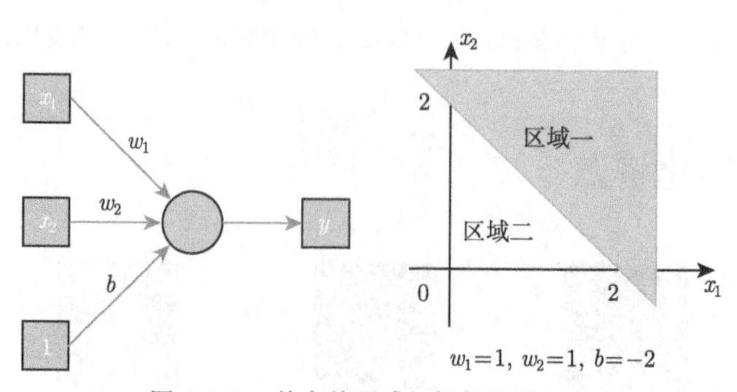

图 4.1.1 单个单层感知机与区域划分

进一步, 可以将多个单层感知机进行组合来获得更强的平面分类能力, 如图 4.1.2 所示, 此时, 输出结果变为

$$
\begin{aligned}
y = &(w_{1\text{-}11}x_1 + w_{1\text{-}21}x_2 + b_{1\text{-}1}) + (w_{1\text{-}12}x_1 + w_{1\text{-}22}x_2 + b_{1\text{-}2}) \\
&+ (w_{1\text{-}13}x_1 + w_{1\text{-}23}x_2 + b_{1\text{-}3}).
\end{aligned} \tag{4.1.1}
$$

相比单个单层感知机, 这种多个单层感知机组合的形式具有更好的表达能力, 可以通过三条直线分割出平面空间的特定区域.

接下来介绍双层感知机的工作原理. 双层感知机的模型结构如图 4.1.3 所示, 第一层有三个感知机, 第二层有一个感知机, 第二层感知机的输入来自第一层三个感知机的输出. 于是, 双层感知机的最终输出为

$$
\begin{aligned}
y = &w_{2\text{-}1}(w_{1\text{-}11}x_1 + w_{1\text{-}21}x_2 + b_{1\text{-}1}) + w_{2\text{-}2}(w_{1\text{-}12}x_1 + w_{1\text{-}22}x_2 + b_{1\text{-}2}) \\
&+ w_{2\text{-}3}(w_{1\text{-}13}x_1 + w_{1\text{-}23}x_2 + b_{1\text{-}3}).
\end{aligned} \tag{4.1.2}
$$

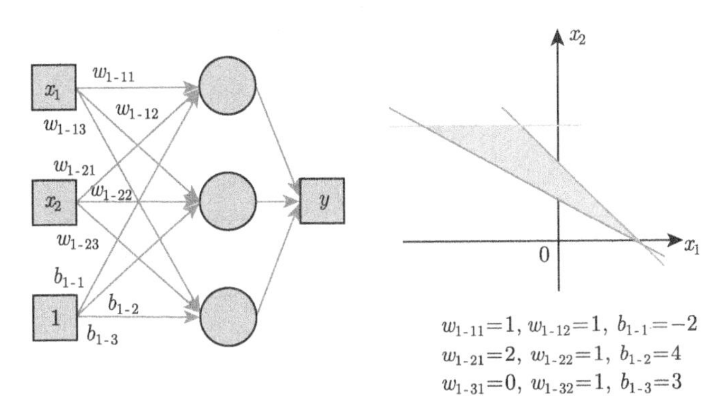

图 4.1.2 多个单层感知机与区域划分

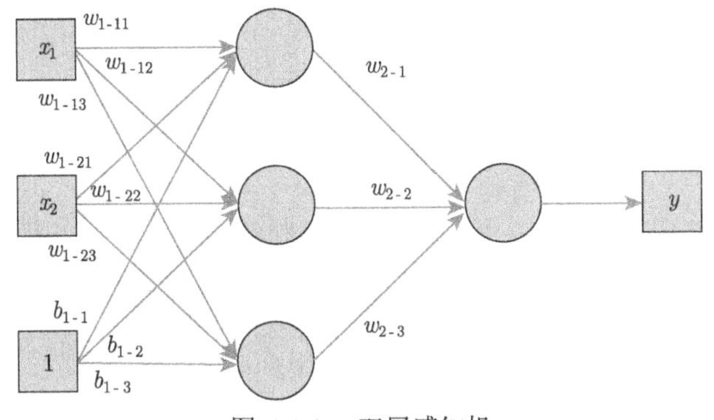

图 4.1.3 双层感知机

双层感知机输出的函数表达式 (4.1.2) 相比单层感知机输出 (4.1.1), 增加了系数 $w_{2\text{-}1}, w_{2\text{-}2}, w_{2\text{-}3}$, 但输出结果上依旧是 x_1 和 x_2 的线性组合.

上述介绍了三种无激活函数的神经网络结构, 其输出结果均为 x_1, x_2 的线性组合, 可获得一个多边形的分割区域, 但这种分割能力的实用性并不强.

4.1.2 配备激活函数的神经网络

配备激活函数的神经网络与无激活函数的神经网络的区别在于每一层的神经元做完线性运算后, 会通过一个非线性激活函数对结果进行变换, 最终产生非线性输出.

单层神经网络的模型结构如图 4.1.4 左侧所示, 图右侧是 Sigmoid 函数, 公式为 $\sigma(a) = 1/(1+\mathrm{e}^{-a})$. 当神经元对输入进行线性运算后得到结果 $a = w_1x_1 + w_2x_2 + b$, 再通过 Sigmoid 函数得到输出结果 $y = \sigma(a) = 1/\left(1+\mathrm{e}^{-(w_1x_1+w_2x_2+b)}\right)$.

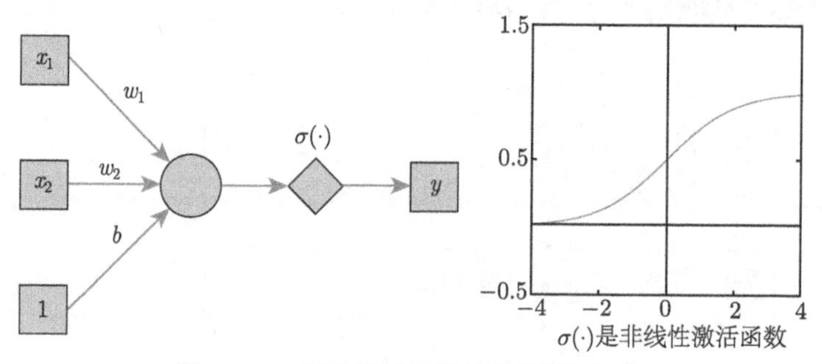

图 4.1.4 配备激活函数的单层神经网络

将单层神经网络拓展到多层神经网络, 如图 4.1.5 所示. 第一层的三个神经元分别对输入进行线性变换后得到结果:

$$a_1 = w_{1\text{-}11}x_1 + w_{1\text{-}21}x_2 + b_{1\text{-}1},$$

$$a_2 = w_{1\text{-}12}x_1 + w_{1\text{-}22}x_2 + b_{1\text{-}2},$$

$$a_3 = w_{1\text{-}13}x_1 + w_{1\text{-}23}x_2 + b_{1\text{-}3},$$

然后 a_1, a_2, a_3 分别通过 Sigmoid 函数再进入到第二层的神经元进行线性运算, 得到 $w_{2\text{-}1}\sigma(a_1) + w_{2\text{-}2}\sigma(a_2) + w_{2\text{-}3}\sigma(a_3)$, 最后通过 Sigmoid 函数得到

$$y = \sigma\left(w_{2\text{-}1}\sigma(a_1) + w_{2\text{-}2}\sigma(a_2) + w_{2\text{-}3}\sigma(a_3)\right), \tag{4.1.3}$$

显然, 式 (4.1.3) 比式 (4.1.2) 更加复杂.

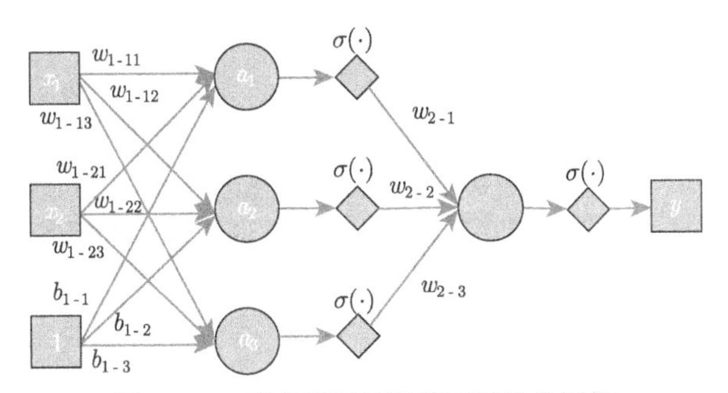

图 4.1.5 配备激活函数的双层神经网络

无激活函数的神经网络尝试用复杂的线性组合来逼近预期的分割曲线, 但得到的分割效果并不理想. 而激活函数使得神经网络具有非线性性质, 因此配备激活函数的神经网络的表达能力会更强, 更容易得到预期的分割效果. 图 4.1.6(a) 为无激活函数的神经网络用直线来分割平面, 图 4.1.6(b) 为配备激活函数的神经网络用复杂的曲线来分割平面.

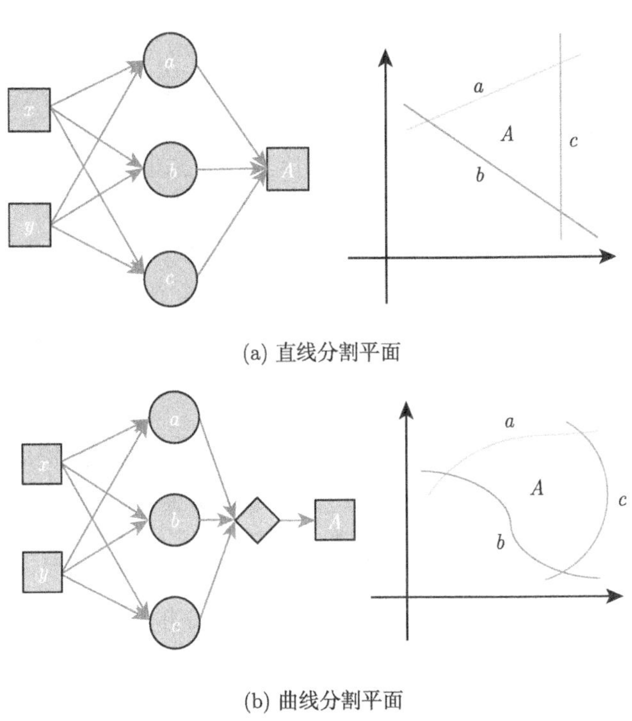

(a) 直线分割平面

(b) 曲线分割平面

图 4.1.6

4.2 激活函数的理论分析

早期研究的神经网络主要以 Sigmoid 函数或者 Tanh 函数作为激活函数, 近些年来, ReLU 函数及其变体函数, 如 Leaky ReLU、PReLU、RReLU 函数等应用更加广泛. 本节介绍激活函数的性质和对网络训练产生的影响.

4.2.1 饱和激活函数

定义 4.2.1 设 $f(x)$ 是一个激活函数,

(1) 若 x 趋于正无穷时, 激活函数的导数 $f'(x)$ 趋近于 0, 则称 $f(x)$ 是右饱和的.

(2) 若 x 趋于负无穷时, 激活函数的导数 $f'(x)$ 趋近于 0, 则称 $f(x)$ 是左饱和的.

当一个激活函数既满足左饱和又满足右饱和时, 就称它为饱和激活函数, 反之, 则称为非饱和激活函数.

4.2.2 梯度消失和梯度爆炸问题

深度神经网络的参数在训练过程中经常会出现梯度消失 (Gradient Vanishing) 问题和梯度爆炸 (Gradient Exploding) 问题. 梯度消失问题是指梯度从深层网络层到浅层网络层的反向传播中逐层递减, 最后到达浅层网络层时, 梯度的模衰减至零或者是非常小的值; 而梯度爆炸问题则是梯度在反向传播中逐层递增, 最后梯度的模变得非常大.

下面我们举例说明梯度消失问题和梯度爆炸问题是如何影响神经网络的训练的. 如图 4.2.1 所示, 这是一个含有 3 个隐藏层、1 个输入层、1 个输出层的神经网络, 若出现梯度消失问题时, 隐藏层-3 的网络权值会正常更新, 隐藏层-1 的网络权值会更新得十分缓慢甚至不更新. 此时, 隐藏层-1 在该神经网络中等价于一个固定不变的映射函数. 同理, 当出现梯度爆炸问题时, 隐藏层-3 的网络权值会正常更新, 而隐藏层-1 的网络权值因为梯度爆炸问题导致权值的模在训练过程中变得非常大, 最终使得整个神经网络无法收敛.

下面分析梯度消失问题是如何产生的. 以图 4.2.2 中神经网络的反向传播为例, 假设每一层只有一个神经元且每一层的映射关系为 $y_i = \sigma(z_i) = \sigma(w_i x_i + b_i)$, 其中 σ 为 Sigmoid 函数, y_i 为第 i 层神经元的输出, x_i 为神经元的输入. w_i, b_i 为神经元的权值.

设神经网络的输入 x_1, 得到输出结果 C. 每一层的计算过程如下:

x_1 输入到第一层, 得到 $y_1 = \sigma(z_1) = \sigma(w_1 x_1 + b_1)$;

令 y_1 为 x_2, 输入到第二层, 得到 $y_2 = \sigma(z_2) = \sigma(w_2 x_2 + b_2)$;

令 y_2 为 x_3, 输入到第三层, 得到 $y_3 = \sigma(z_3) = \sigma(w_3 x_3 + b_3)$;

令 y_3 为 x_4, 输入到第四层, 得到 $y_4 = \sigma(z_4) = \sigma(w_4 x_4 + b_4)$, 最后令 $C = y_4$, 得到输出结果.

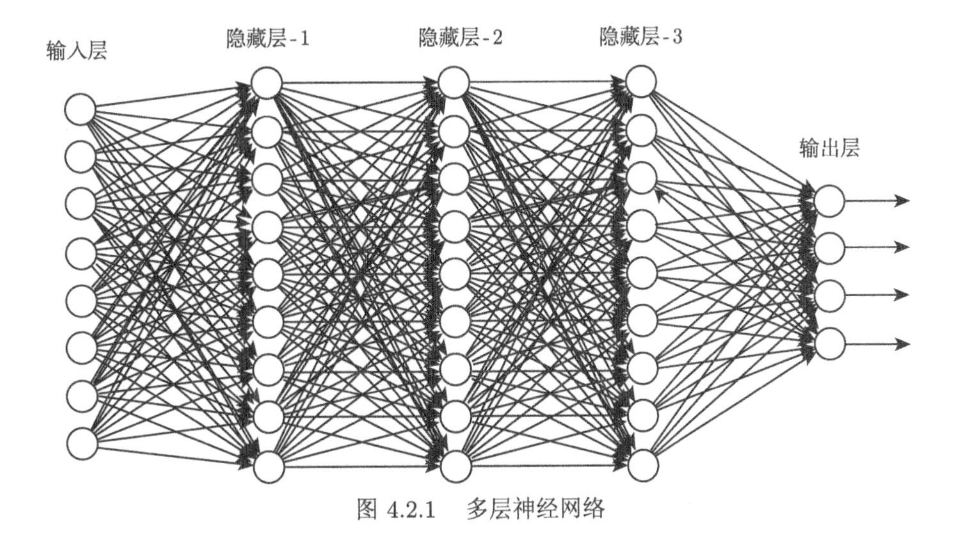

图 4.2.1 多层神经网络

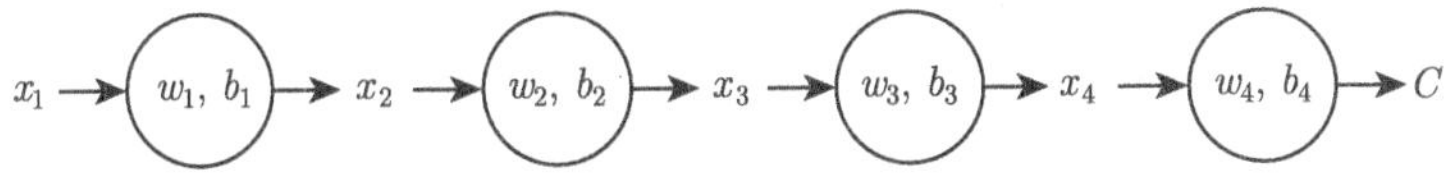

$x_1 \rightarrow (w_1, b_1) \rightarrow x_2 \rightarrow (w_2, b_2) \rightarrow x_3 \rightarrow (w_3, b_3) \rightarrow x_4 \rightarrow (w_4, b_4) \rightarrow C$

图 4.2.2 神经网络的传播

进一步, 根据求导的链式法则可得 C 关于 b_1 的偏导数:

$$\begin{aligned}\frac{\partial C}{\partial b_1} &= \frac{\partial C}{\partial y_4}\frac{\partial y_4}{\partial z_4}\frac{\partial z_4}{\partial x_4}\frac{\partial x_4}{\partial z_3}\frac{\partial z_3}{\partial x_3}\frac{\partial x_3}{\partial z_2}\frac{\partial z_2}{\partial x_2}\frac{\partial x_2}{\partial z_1}\frac{\partial z_1}{\partial b_1} \\ &= \sigma'(z_4)w_4\sigma'(z_3)w_3\sigma'(z_2)w_2\sigma'(z_1). \end{aligned} \tag{4.2.1}$$

可见 $\dfrac{\partial C}{\partial b_1}$ 主要由 $\sigma'(z_i)$ 和 $w_i(i=1,2,3,4)$ 决定. 我们分析 $\sigma'(\cdot)$ 的性质, 首先给出函数图像, 如图 4.2.3 所示, 可见 $\sigma'(\cdot)$ 的最大值为 $\sigma'(0)=\dfrac{1}{4}$. 此外, w_i 的模在初始化时通常设置为小于 1 的值, 因此可以得到 $|\sigma'(z_i)|\cdot|\ w_i|\leqslant\dfrac{1}{4}$. 将结果代入到式 (4.2.1) 中, 得到

$$\left|\frac{\partial C}{\partial b_1}\right|\leqslant\frac{1}{4^4}.$$

因此, 当通过链式法则求 C 关于 b_1 的偏导数时, 网络层数越多, 偏导数的模越小. 下面给出 C 关于 b_2, b_3, b_4 的偏导数, 分别是

$$\frac{\partial C}{\partial b_2}=\sigma'(z_4)w_4\sigma'(z_3)w_3\sigma'(z_2),\quad \left|\frac{\partial C}{\partial b_2}\right|\leqslant\frac{1}{4^3},$$

$$\frac{\partial C}{\partial b_3} = \sigma'(z_4)w_4\sigma'(z_3), \qquad \left|\frac{\partial C}{\partial b_3}\right| \leqslant \frac{1}{4^2},$$

$$\frac{\partial C}{\partial b_4} = \sigma'(z_4), \qquad \left|\frac{\partial C}{\partial b_4}\right| \leqslant \frac{1}{4^1}.$$

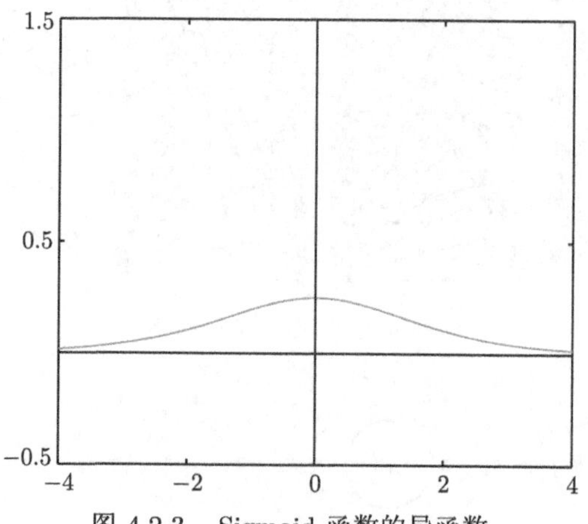

图 4.2.3　Sigmoid 函数的导函数

通过 $\partial C/\partial b_2$, $\partial C/\partial b_3$, $\partial C/\partial b_4$ 的表达式可以看出, 浅层网络层权值的偏导数的模比深层网络层小, 故浅层网络权值更新缓慢, 从而可能发生梯度消失问题. 以图 4.2.2 的神经网络为例, 给出每一层的权值 b_i 在训练过程中的偏导数的模, 如图 4.2.4 所示, 横坐标为训练周期数, 纵坐标为关于 b_i 偏导数的模. 可见, 网络第一

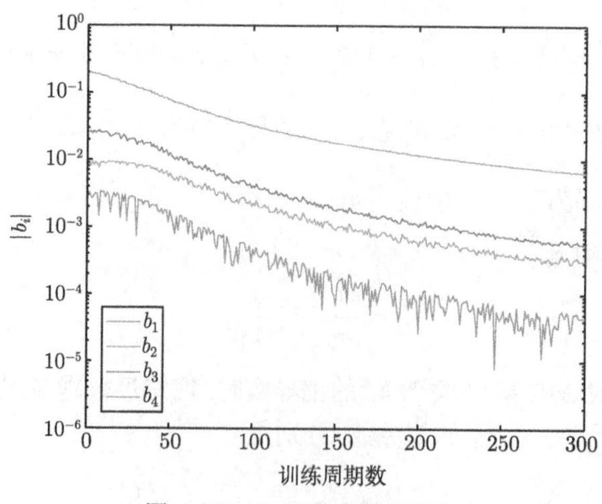

图 4.2.4　b_i 网络参数的变化

层的关于 b_1 偏导数的模最低, 网络第四层的关于 b_4 偏导数的模最高, 这说明了网络第一层权值的更新效率要比网络第四层缓慢, 可能会发生梯度消失问题.

下面我们讨论梯度爆炸问题的原因. 类似梯度消失问题的分析, 如果网络权值 w_i 在初始化时设置得较大, 使得 $|\sigma'(z_i)|\cdot|w_i|>1$, 那么代入式 (4.2.1) 后可能造成

$$\left|\frac{\partial C}{\partial b_1}\right| \gg |\sigma'(z_1)|.$$

从而导致网络权值的模逐渐变大, 进而网络无法收敛.

因此, 梯度消失问题和梯度爆炸问题都是因为网络太深而导致网络权值更新不正常. 我们将这两个问题用一个公式进行总结, 令网络层数为 n, 则 b_1 的更新式可以写成

$$b_1 := b_1 - \eta \times \left(\prod_{k=2}^{n}(\sigma'(z_k)w_k)\right)\sigma'(z_1), \tag{4.2.2}$$

其中 η 为学习率. 当 n 足够大时, 如果 $|w_k|$ 小于 1, 那么有 $|\sigma'(z_k)w_k| \leqslant 1/4$, 则 $\left|\prod_{k=2}^{n}(\sigma'(z_k)w_k)\right|$ 会趋于 0, b_1 无法得到有效更新, 从而引起梯度消失问题; 如果 $|w_k|$ 在初始化时设置得太大, 那么有 $|\sigma'(z_k)w_k| \gg 1$, 则 $\left|\prod_{k=2}^{n}(\sigma'(z_k)w_k)\right|$ 会趋于无穷, 导致 b_1 发散, 从而引起梯度爆炸问题. 所以这些问题本质上就是源于梯度在反向传播中的连乘效应. 但是, 出于现实任务的需求, 神经网络模型通常具有较深的网络层, 因此需要避免连乘效应引起的两类梯度问题. 目前有两种方法可以解决梯度问题, 一是合理的网络权值初始化, 二是合适的激活函数.

■ 4.3 不可训练的激活函数

激活函数主要分为两大类, 一是不可训练的激活函数, 二是可训练的激活函数. 本节介绍第一类激活函数, 在下一节中介绍第二类激活函数.

不可训练的激活函数是指激活函数具有固定的函数表达式, 没有可训练参数. 神经网络中常见的激活函数, 如 Sigmoid、Tanh、ReLU 函数, 都属于不可训练的激活函数, 本节将进行详细的介绍.

4.3.1 经典激活函数

1. Sigmoid 函数

Sigmoid 函数是早期网络研究中常用的非线性激活函数, 其函数表达式为

$$\sigma(x)=\frac{1}{1+\mathrm{e}^{-x}},$$

其函数和导函数图像如图 4.3.1所示.

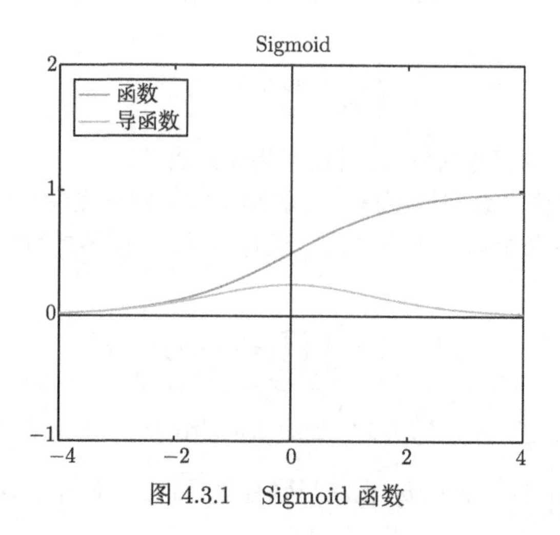

图 4.3.1　Sigmoid 函数

Sigmoid 函数可以为神经网络带来非线性性质, 但是该函数的输出恒大于零这一函数性质会影响网络训练. 具体来说, 设神经网络中某一层的神经元权值为 $\boldsymbol{w}=(w_1,w_2)^{\mathrm{T}}$ 和 b, 则输入 $\boldsymbol{x}=(x_1,x_2)^{\mathrm{T}}$ 与输出 y 的关系为

$$y=\sigma(z)=\sigma(\boldsymbol{wx}+b)=\sigma\left(\sum_{i=1}^{2}(w_ix_i)+b\right),$$

那么 $\boldsymbol{w}$ 的训练可由式 (4.3.1) 给出,

$$\boldsymbol{w}\leftarrow\boldsymbol{w}-\eta\cdot\frac{\partial C}{\partial\boldsymbol{w}},\tag{4.3.1}$$

具体为

$$\begin{pmatrix}w_1\\w_2\end{pmatrix}\leftarrow\begin{pmatrix}w_1\\w_2\end{pmatrix}-\begin{pmatrix}\eta\cdot\dfrac{\partial C}{\partial w_1}\\\eta\cdot\dfrac{\partial C}{\partial w_2}\end{pmatrix},$$

其中 $\partial C/\partial\boldsymbol{w}$ 为全局损失 C 关于权值 $\boldsymbol{w}=(w_1,w_2)^{\mathrm{T}}$ 的梯度, η 为学习率. 考虑到学习率 η 是预先设置的超参数, 那么式 (4.3.1) 的核心部分就是 $\partial C/\partial\boldsymbol{w}$.

对于 $\boldsymbol{w}$ 中的每个权值 w_i 来说, 有

$$\frac{\partial C}{\partial w_i}=\frac{\partial C}{\partial y}\frac{\partial y}{\partial z}\frac{\partial z}{\partial w_i}=\frac{\partial C}{\partial y}\sigma'(z)\cdot x_i,$$

w_i 的更新式可写为

$$w_i \leftarrow w_i-\eta\cdot\frac{\partial C}{\partial y}\sigma'(z)\cdot x_i.$$

下面我们讨论权值 w_1 和 w_2 的更新方向. 首先式中 $\eta\cdot\dfrac{\partial C}{\partial y}\sigma'(z)$ 项对 w_1 和 w_2 的影响是一致的, 即均为正或均为负. 因此 w_1 和 w_2 的更新方向应由 x_1 和 x_2 的正负性决定.

假设当前的权值 w_1, w_2 与最优解 w_1^*, w_2^* 满足

$$\begin{cases} w_1>w_1^*, \\ w_2 \leqslant w_2^*. \end{cases}$$

因此更新目标是适当减小 w_1, 并且适当增大 w_2. 为了达到目标, 要求

$$w_1 \leftarrow w_1-\eta\cdot\frac{\partial C}{\partial y}\sigma'(z)\cdot x_1,$$

式中的 $-\eta\cdot\dfrac{\partial C}{\partial y}\sigma'(z)\cdot x_1$ 为负; 而要求

$$w_2 \leftarrow w_2-\eta\cdot\frac{\partial C}{\partial y}\sigma'(z)\cdot x_2,$$

式中的 $-\eta\cdot\dfrac{\partial C}{\partial y}\sigma'(z)\cdot x_2$ 为正, 因此只有当 x_1 和 x_2 异号才能满足要求.

由于 Sigmoid 函数的输出恒大于零, 所以 x_1 和 x_2 均大于零, 无法满足 x_1 和 x_2 异号的要求. 综上解释 Sigmoid 函数这一性质所带来的影响: 为了得到最优解 w_1^*, 就要减小 w_1, 需要 $-\eta\cdot\dfrac{\partial C}{\partial y}\sigma'(z)\cdot x_1$ 为负, 已知 $\eta, x_1, \sigma'(z)$ 为正, 因此要求 $\partial C/\partial y$ 为正. 同理可知为了得到最优解 w_2^*, 就要增大 w_2, 则要求 $\partial C/\partial y$ 为负, 于是出现矛盾.

所以在同一次迭代中, 若 $\partial C/\partial y$ 为负, 会出现 w_1, w_2 同时增大的情况; 若 $\partial C/\partial y$ 为正, 会出现 w_1, w_2 同时减小的情况, 因此网络权值的更新就会出现如图

4.3.2 中所示的 z 字型曲线, 网络收敛的过程将会非常缓慢. 若激活函数允许输出正负的结果, 则 x_1 和 x_2 可以存在异号的情况, 就不会同时增大或减小 w_1, w_2, 可以避免训练缓慢的问题.

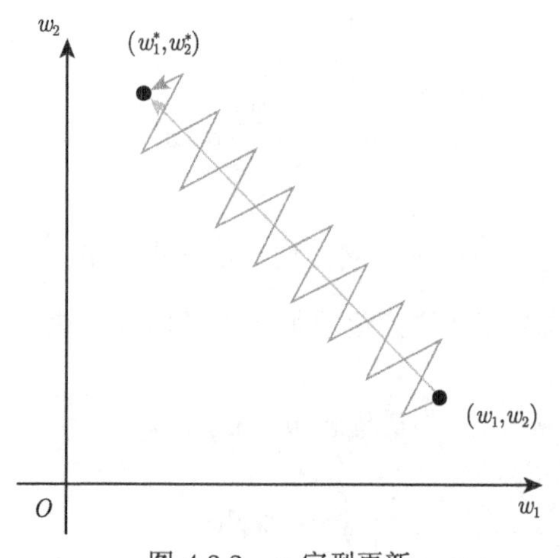

图 4.3.2　z 字型更新

2. Tanh 函数

Tanh 函数, 即双曲正切函数 (Hyperbolic Tangent). 其函数表达式为

$$\text{Tanh}(x) = \frac{e^x - e^{-x}}{e^x + e^{-x}} = 2\sigma(2x) - 1.$$

其函数和导函数图像如图 4.3.3 所示.

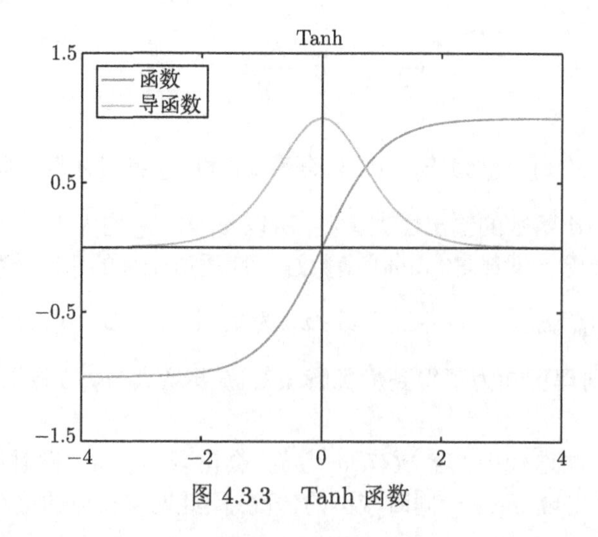

图 4.3.3　Tanh 函数

Tanh 函数与 Sigmoid 函数有相似的函数表达式, 下面分析这两个函数的性质. Tanh 函数与 Sigmoid 函数均为饱和激活函数, 其中 Sigmoid 导函数的值域为 $(0,1/4]$, 而 Tanh 导函数的值域为 $(0,1]$, 因此在反向传播中, Tanh 函数可以传播模更大的梯度, 缓解了梯度消失的问题. 此外, Tanh 函数允许输出正负的结果, 对网络权值的更新效率起到积极作用, 这是 Sigmoid 函数没有的性质. 但是, Tanh 函数有复杂的指数运算, 加大了网络的计算成本.

生物研究表明生物神经元的编码工作方式具有稀疏性, 因为大脑在工作时仅有极少的神经元被激活. 从信号处理角度看, 神经元只会对少部分有用信号进行处理, 而屏蔽大部分无用信号, 可以提高学习的效率. 类比深度学习中的神经元, Sigmoid 函数和 Tanh 函数对任何信号都会进行激活输出, 因此神经元在学习效率上存在缺陷, 可能会影响深度网络的训练.

综上所述, Sigmoid 函数和 Tanh 函数常用于早期实验, 可以将输入信号转化为非线性特征进行处理. 近年来随着深度学习的快速发展, 大规模的卷积神经网络模型越来越多, 而继续使用这些经典激活函数可能会影响神经网络的训练速度和收敛情况, 所以在实际应用中, 整流型激活函数逐渐取代了经典激活函数.

4.3.2 整流型激活函数

ReLU(Rectified Linear Unit) 函数, 又称为线性整流函数或是修正线性单元, 它是目前卷积神经网络中最常用的激活函数. 在图像分类任务中, 配备 ReLU 函数的深度神经网络的图像分类精度要优于配备 Sigmoid 函数的相同网络结构. AlexNet 引入 ReLU 函数并取得了巨大成功, 之后 ReLU 函数在卷积神经网络中广泛使用.

1. ReLU 函数

ReLU 函数表达式为

$$\text{ReLU}: f(x) = \max(x, 0),$$

其导函数表达式为

$$f'(x) = \begin{cases} 1, & x \geqslant 0, \\ 0, & x < 0, \end{cases}$$

其函数和导函数图像如图 4.3.4 所示.

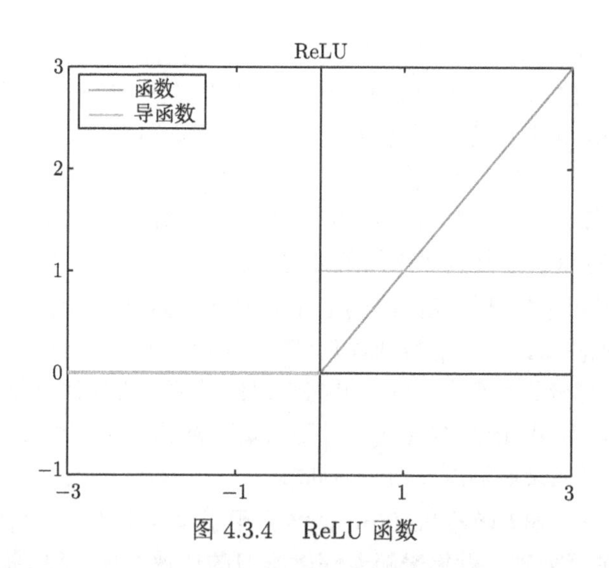

图 4.3.4　ReLU 函数

ReLU 是分段线性函数, 它将所有的负值输入置为 0, 对所有的正值输入保持不变, 这种操作被称为单侧抑制. 也就是说, 当输入为负时, ReLU 函数输出 0, 那么该神经元不被激活. 这意味着同一时间网络中仅有部分神经元会被激活, 这使网络变得稀疏, 从而提高了计算效率. 此外, ReLU 函数没有饱和区域, 当输入为正时, 导数值恒为 1, 缓解了梯度消失问题. 值得注意的是, ReLU 函数以及导函数不存在复杂的数学运算, 因此降低了神经网络计算成本, 因此 ReLU 函数被广泛地应用在深度卷积神经网络中.

但 ReLU 函数也存在一个问题: 它可能将一个神经元变成静默神经元. 静默神经元是权值不会更新的神经元. 首先, ReLU 函数会将负值输入置为零, 然后当神经元利用反向传播进行权值更新时, 该负值输入的导数为零, 导致神经元的权值无法更新, 那么这些神经元在后续训练中可能会变成静默神经元.

2. Leaky ReLU *函数*

Leaky ReLU 函数是 ReLU 函数的一种简单变体, 其函数表达式为

$$\text{Leaky ReLU}: f(x)=\begin{cases} x, & x \geqslant 0, \\ ax, & x<0, \end{cases}$$

其中 a 为某一确定常数 (常取 0.01). Leaky ReLU 函数和导函数如图 4.3.5 所示.

从函数图形来看, Leaky ReLU 和 ReLU 函数几乎一致, 区别在于当 $x<0$ 时, Leaky ReLU 函数是一个斜率很小且过原点的线性函数, 对负值输入有较小的激活响应. 由于 Leaky ReLU 导函数在负半轴不为零, 缓解了 ReLU 函数中部分

神经元无法更新权值的问题, 因此可以避免出现静默神经元. 此外, Leaky ReLU 函数允许输出正负的结果.

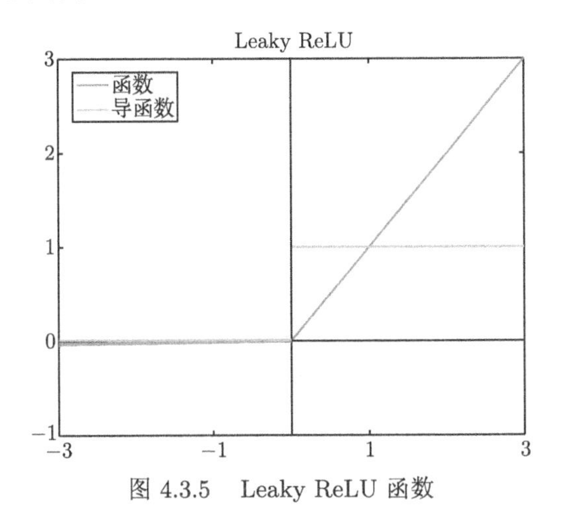

图 4.3.5 Leaky ReLU 函数

3. RReLU 函数

RReLU (Random ReLU) 函数, 是 ReLU 函数系列的一种变体, 也可以看成是 Leaky ReLU 的随机模式, 其函数表达式为

$$\text{RReLU}: f(x)=\begin{cases} x, & x\geqslant 0,\\ \beta x, & x<0,\end{cases}$$

其中 β 服从均匀分布 $U(l,u)$, 其中 $l<u$, 并且 $l,u\in[0,1)$, 其函数和导函数如图 4.3.6 所示.

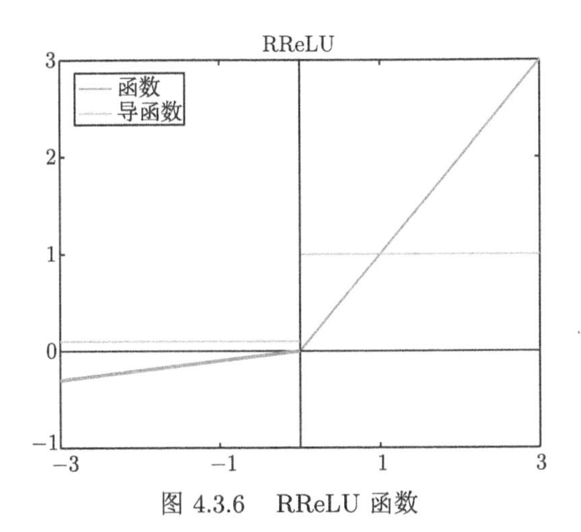

图 4.3.6 RReLU 函数

Leaky ReLU 函数中的斜率 a 是固定的, 而 RReLU 函数中的斜率 β 是从均匀分布中随机采样得到的. 配备 RReLU 函数的神经网络每迭代一次, RReLU 函数便会随机采样一次 β.

4. Softplus 函数

Softplus 函数是一个光滑的激活函数, 函数表达式为

$$\text{Softplus}: f(x) = \ln(\mathrm{e}^x + 1).$$

其函数和导函数图像如图 4.3.7 所示.

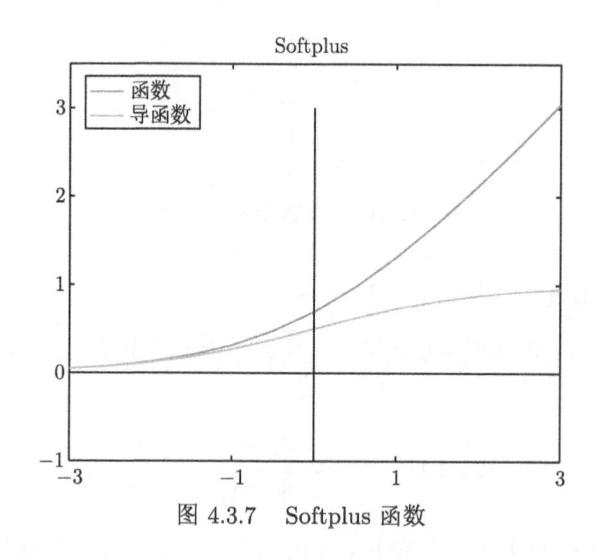

图 4.3.7　Softplus 函数

如图可见, Softplus 函数图形与 ReLU 函数比较接近. 当正输入值较大时, Softplus 的导数值逼近 1, 该性质与 ReLU 函数相似, 因此可以将 Softplus 函数可以看作是 ReLU 函数的平滑逼近. 与 ReLU 函数不同的是, Softplus 导数是处处连续且非零的, 因此可以避免出现静默神经元. 但 Softplus 函数的输出恒大于零, 因此网络权值可能会出现类似 Sigmoid 函数相同的 z 字型更新的情况, 从而影响到网络的训练. 此外, 由于 Softplus 的导数值小于 1, 也可能会出现梯度消失问题.

5. ELU 函数

ELU 函数是整流型激活函数中的一员, 它与 Leaky ReLU, RReLU 等激活函数类似, 针对负输入返回一个非零输出. 其函数表达式为

$$\text{ELU}: f(x) = \begin{cases} x, & x \geqslant 0, \\ \alpha\left(\mathrm{e}^x - 1\right), & x < 0, \end{cases} \quad \alpha > 0.$$

其中 α 为大于 0 的常数, 默认取值为 1. 其函数和导函数如图 4.3.8 所示

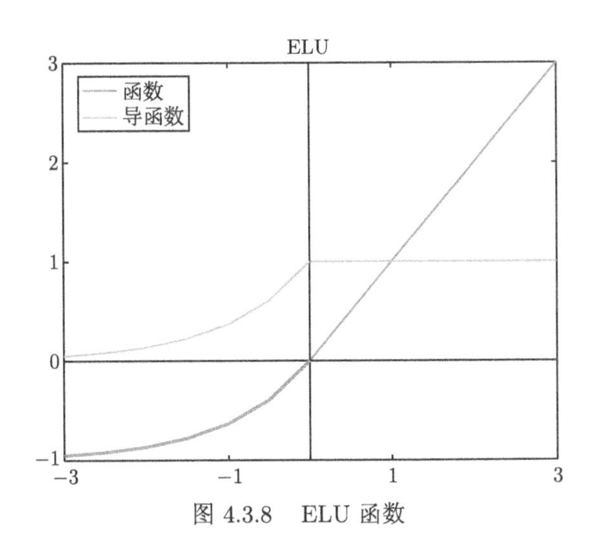

图 4.3.8 ELU 函数

ReLU 函数有一个缺陷: 返回值均为非负结果; 而 ELU 函数的负半轴表达式中包含了一个指数项 $\alpha\left(\mathrm{e}^{x}-1\right)$, 允许 ELU 函数输出有正有负的结果, 从而提高网络训练的效率. ELU 函数在正半轴的导数恒为 1, 缓解了梯度消失问题; 此外, ELU 函数对于正值输入具有快速的计算效率; 而对于负值输入, 函数中存在指数运算, 会增加神经网络的计算成本.

6. SELU 函数

SELU 函数是基于 ELU 函数推导出来的激活函数, 其函数表达式为

$$\mathrm{SELU}: f(x)=\lambda\left\{\begin{array}{ll} x, & x \geqslant 0, \\ \alpha\left(\mathrm{e}^{x}-1\right), & x<0, \end{array}\right.$$

其中 $\lambda=1.05070098\cdots$, $\alpha=1.67326324\cdots$, 其函数和导函数如图 4.3.9 所示.

相比 ELU 函数, SELU 函数确定了参数 λ 和 α 的取值. 并且当神经网络的输入数据满足均值为 0、方差为 1 的要求, 且网络的权值满足一阶矩为 0、二阶矩为 1 的要求时, 配备 SELU 函数的神经网络可以输出均值为 0、方差为 1 的结果.

7. Swish 函数

Swish 函数是一个光滑的连续函数, 其函数表达式为

$$\mathrm{Swish}: f(x)=\frac{x}{1+\mathrm{e}^{-x}}=x \cdot \sigma(x),$$

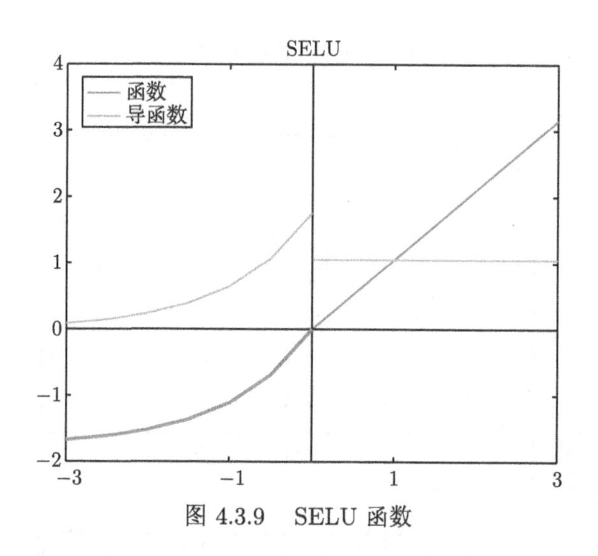

图 4.3.9　SELU 函数

其导函数表达式为

$$f'(x) = x \cdot \sigma(x) + \sigma(x)(1 - x \cdot \sigma(x)),$$

函数和导函数如图 4.3.10 所示

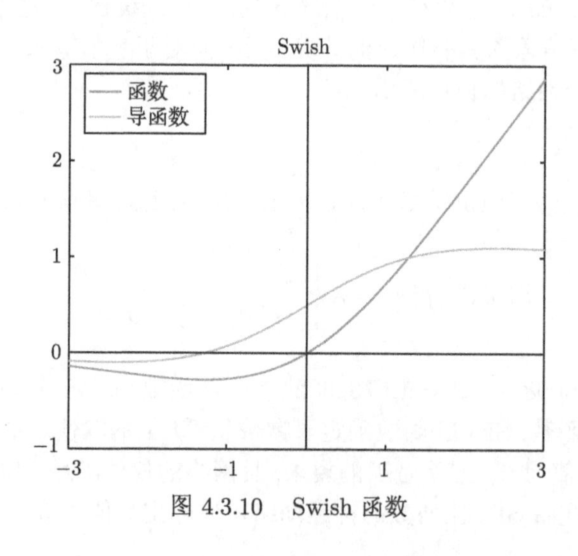

图 4.3.10　Swish 函数

和 Softplus 函数类似, Swish 函数也可看作是 ReLU 函数的平滑逼近. 但 Swish 函数有一个优点, 它允许输出负值结果, 这是 Softplus 函数不具备的. 此外, 和 ReLU 函数一样, Swish 函数具有无上界有下界的特点, 当正输入值较大时, Swish 导函数 $f'(x)$ 逼近 1, 因此可以缓解梯度消失问题. 如果将 Swish 函数按照

下列方式进行参数化, 则可以看到它与 ReLU 函数的关系:

$$f(x,\beta)=2x\cdot\sigma(\beta x)=\frac{2x}{1+\mathrm{e}^{-\beta x}},\quad \beta\geqslant 0.$$

如果 $\beta=0$, Swish 函数则变成线性函数 $f(x)=x$. 如果 β 趋于正无穷, 有

$$\lim_{\beta\to+\infty}\sigma(\beta x)=\begin{cases}\dfrac{1}{1+\mathrm{e}^{-\beta x}}\to 1, & x\geqslant 0,\\ 0, & x<0,\end{cases}$$

此时, Swish 函数变成 $2\cdot\max(x,0)$.

另外, Swish 函数还有改进版本: Flatten-T Swish, 其函数表达式为

$$\text{Flatten-T Swish}: f(x)=\begin{cases}\dfrac{x}{1+\mathrm{e}^{-x}}+T, & x\geqslant 0,\\ T, & x<0,\end{cases}\quad T\leqslant 0,$$

其中 T 是小于等于零的常数, 默认取值为 0, 其函数和导函数如图 4.3.11 所示, 图中 T 设置为 0. 当 $T=0$ 时, Flatten-T Swish 函数变换为 ReLU 函数与 Sigmoid 函数相乘的组合, 即当 $x\geqslant 0$ 时为 $x\cdot\sigma(x)$, 当 $x<0$ 时为 0.

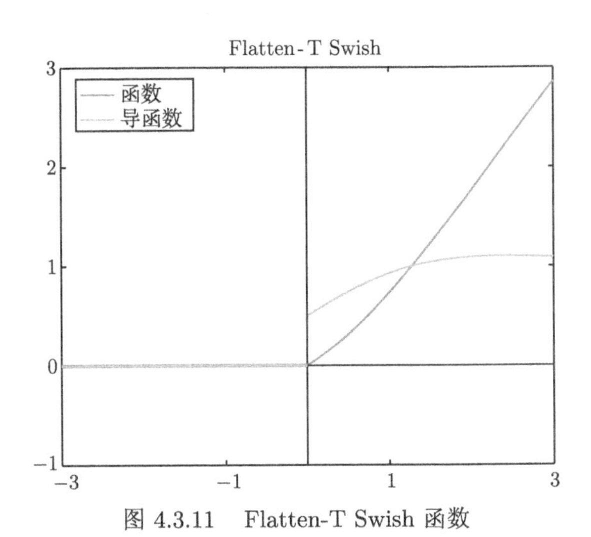

图 4.3.11 Flatten-T Swish 函数

8. Mish 函数

和 Siwsh 函数相似, Mish 函数也是一个光滑的激活函数, 其函数表达式为

$$\text{Mish}: f(x)=x\cdot\tanh(\ln(1+\mathrm{e}^{x})),$$

Mish 的导函数表达式为

$$f'(x) = \operatorname{sech}^2(\ln(1+\mathrm{e}^x)) \cdot x\sigma(x) + \frac{f(x)}{x},$$

其中, $\operatorname{sech}(x) = 2/(\mathrm{e}^x + \mathrm{e}^{-x})$ 为双曲正割函数. 其函数和导函数如图 4.3.12 所示.

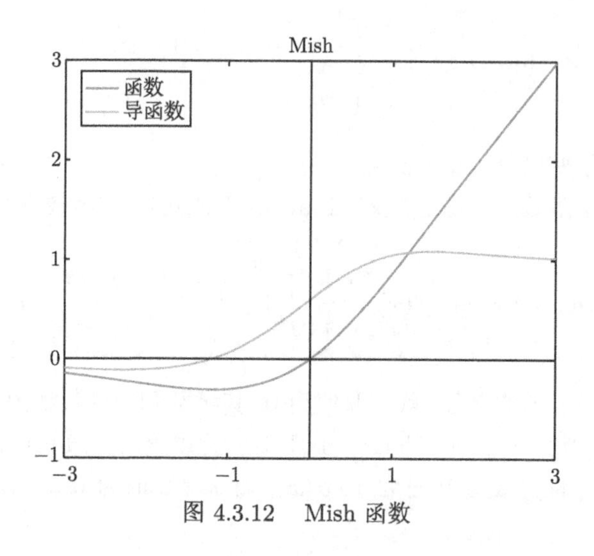

图 4.3.12　Mish 函数

同样地, 可以看出当 $x < 0$ 时, Msih 函数允许输出比较小的负值, 从而避免丢失一些重要的负值信息, 这一点与 Swish 函数是一致的. 此外当正输入值较大时, Mish 的导函数快速收敛到 1, 避免发生梯度消失问题.

9. PATS 函数

PATS 函数是带参数的光滑非单调的激活函数, 其函数表达式为

$$\text{PATS}: f(x) = x \cdot \arctan\left(\frac{k \cdot \pi}{1+\mathrm{e}^{-x}}\right) = x \cdot \arctan\left(k \cdot \pi \cdot \sigma(x)\right),$$

其中 k 服从均匀分布 $U(a,b), 0 < a < b < 1$, 其函数和导函数如图 4.3.13 所示, 图中 k 设置为 0.5.

与 Swish 函数和 Mish 函数一致, PATS 函数在负半轴上允许负值输出, 而且在正半轴的导数值随着输入值变大而快速逼近 1. 另外, 与 RReLU 函数相似的是配备 PATS 函数的神经网络每迭代一次, PATS 函数便从均匀分布 $U(a,b)$ 随机采样一次参数 k.

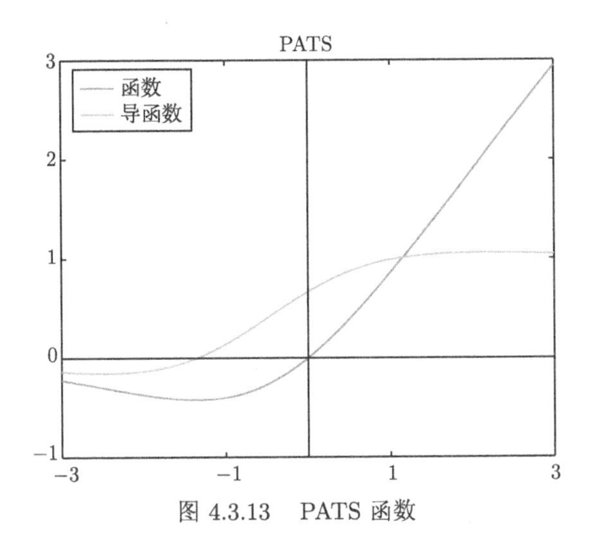

图 4.3.13　PATS 函数

■ 4.4　可训练的激活函数

可训练的激活函数, 即表示激活函数中包含了可训练参数. 引入可训练参数的目的是希望通过数据中的知识来获得更优的激活函数. 本节将介绍一些可训练的激活函数, 它们大部分改自固定格式的不可训练的激活函数. 根据可训练的激活函数的主要特点, 进一步将函数分为两小类.

(1) 参数化标准激活函数: 由标准固定的激活函数衍生的函数, 并添加了可训练参数.

(2) 集成化激活函数: 由多个激活函数集成而成.

4.4.1　参数化标准激活函数

1. PReLU 函数

PReLU(Parametric ReLU) 函数, 参数化的线性整流函数, 由 Leaky ReLU 函数推广而来的一种可训练函数, 其函数表达式为

$$\text{PReLU}: f(x)=\begin{cases} x, & x \geqslant 0, \\ \alpha x, & x<0, \end{cases}$$

其中 α 是可训练参数, 初始值一般设为 0.25, 其函数和导函数如图 4.4.1 所示.

PReLU 函数表达式中的斜率 α 是通过训练过程中确定的, 而非预先取定的. PReLU 函数保留了 Leaky ReLU 函数的特点, 函数在正半轴的斜率为 1, 缓解梯度消失问题; 在负半轴允许负值输出, 允许输出正负的结果. 此外, PReLU 函数还

会充分考虑各个网络层对提取特征的需求, 通过训练确定适合的 α. 如果 $\alpha=0$, 则 PReLU 函数变为 ReLU 函数; 如果 α 为绝对值较小的值, 则 PReLU 函数逼近于 Leaky ReLU 函数. 此外, 神经网络中的每一个 PReLU 函数仅引入了一个可训练参数, 所以只会少量地增加神经网络的计算成本.

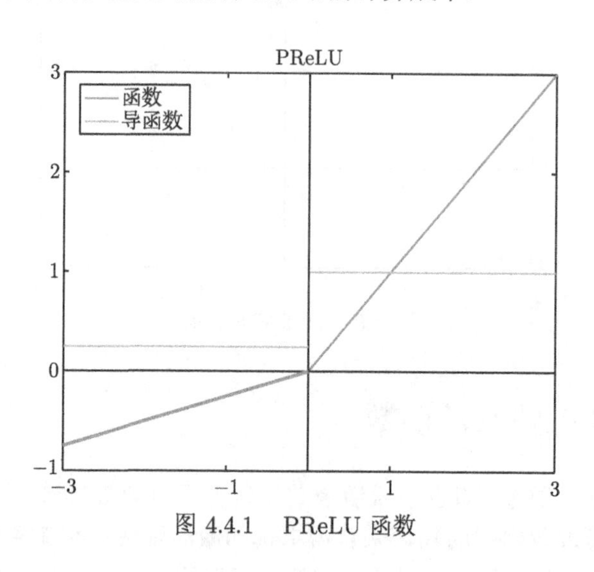

图 4.4.1 PReLU 函数

2. MPELU 函数

MPELU(Multiple Parametric ELU) 函数, 属于 ELU 函数类的一种可训练变体, 旨在将 ReLU 函数与 ELU 函数的性能有效结合. 其函数表达式为

$$\text{MPELU}: f(x)=\begin{cases} x, & x\geqslant 0, \\ \alpha\left(\mathrm{e}^{\beta x}-1\right), & x<0, \end{cases}$$

其中 α 和 β 是可训练参数, 其函数和导函数如图 4.4.2(a) 所示, 图中 α 和 β 均设置为 0.5.

MPELU 函数中的参数 α 和 β 是可学习的, 通过初始化不同的 α 和 β, 使 MPELU 函数可以在训练初期逼近不同的激活函数, 如图 4.4.2(b) 所示. 具体来说, 将 α 设定为 0.8, 将 β 设定为很小的数, 例如 0.05, 则 MPELU 函数在负半轴的函数图像会近似成一条直线, 此时 MPELU 函数可以看成是 PReLU 函数. 如果 α 设定为 0.8, β 设定为 1, 则 MPELU 函数在负半轴的表达式为 $\alpha(\mathrm{e}^x-1)$, 此时 MPELU 函数变成了 ELU 函数. 最后, 当 $\alpha=0$ 时, 则 MPELU 函数变为 ReLU 函数. 从上述分析可以看出, 可以通过参数 α 和 β 的初始设定, 在网络训练初期, MPELU 函数以 ReLU 函数、PReLU 函数和 ELU 函数等多个激活函数中的一种函数形式作为训练的起点. 因此, MPELU 函数具备了这些函数的一些特点, 包括函数在正半轴的斜率为 1, 可以缓解梯度消失问题, 以及函数允许输出正负的结果.

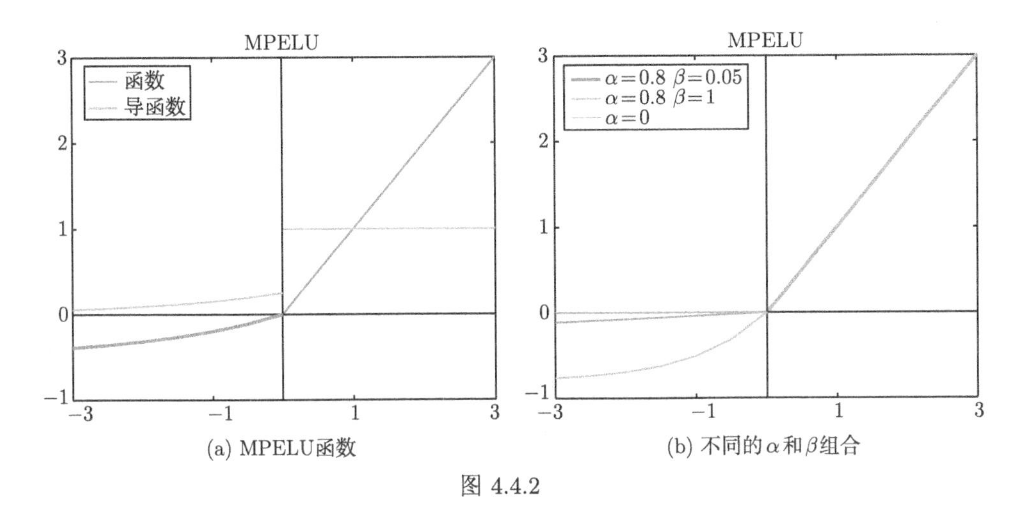

图 4.4.2

3. PELU 函数

PELU(Parametric ELU) 函数, 属于 ELU 函数的一种可训练变体, 其函数表达式为

$$\text{PELU}: f(x) = \begin{cases} \dfrac{\beta}{\gamma}x, & x \geqslant 0, \\ \beta\left(\mathrm{e}^{\frac{x}{\gamma}} - 1\right), & x < 0, \end{cases}$$

其中 $\beta, \gamma > 0$ 均是可训练参数. PELU 函数与 MPELU 函数从函数表达式上来看是一致的, 因此 PELU 函数与 MPELU 函数具有相似的性质. 而这两个激活函数唯一的区别是 MPELU 函数的正半轴表达式的斜率是 1, 而 PELU 函数的斜率是 $\dfrac{\beta}{\gamma}$.

4. SReLU 函数

SReLU 函数由三个分段线性函数组成. 其函数表达式为

$$\text{SReLU}: f(x) = \begin{cases} t^r + a^r(x - t^r), & x > t^r, \\ x, & t^l \leqslant x \leqslant t^r, \\ t^l + a^l(x - t^l), & x < t^l, \end{cases}$$

函数和导函数如图 4.4.3 所示.

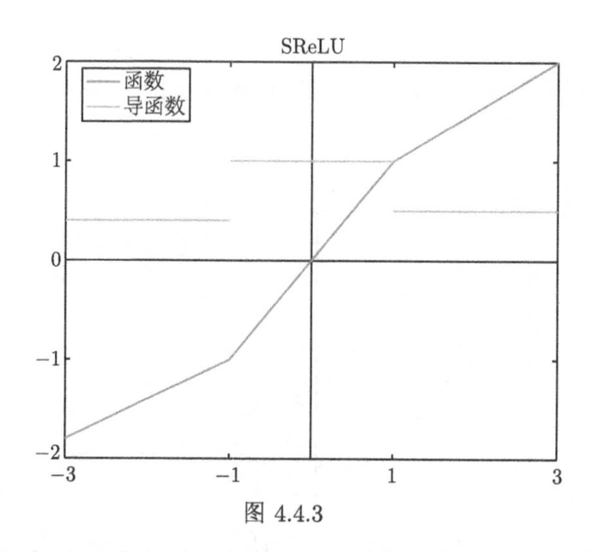

图 4.4.3

SReLU 函数表达式中有 4 个可训练参数, 分别是 t^r, t^l, a^r, a^l. 不同的参数, 决定 SReLU 函数可以有不同的形状. t^r, t^l 影响 SReLU 分段点的位置, a^r, a^l 影响左右两侧线性函数的斜率, 这些可训练参数均在网络训练阶段中学习获得. 此外, SReLU 函数中只包含简单的线性运算, 因此不会给神经网络带来额外的计算成本.

5. PSGU 函数

PSGU(Parametric Self-Circulation Gating Unit) 函数, 称为参数化自流通门控单元, 是一个带可训练参数的光滑激活函数. 其函数表达式为

$$f(x) = x \cdot \tanh(\alpha\sigma(x)),$$

其中 α 为可训练参数, α 的初始值一般设为 3, 此外 PSGU 导函数表达式为

$$f'(x) = \tanh(\alpha\sigma(x)) + \alpha \cdot y[1 - \tanh^2(\alpha\sigma(x))] \cdot \sigma(x)(1 - \sigma(x)).$$

函数和导函数如图 4.4.4 所示.

PSGU 函数具有非单调、有下界无上界的特点, 并且可以适应性地学习参数 α 来决定函数在零点邻域处的性质. 当输入为正时, PSGU 函数可以近似为恒等映射 $x \mapsto x$, 因此它可以像 ReLU 函数一样缓解梯度消失问题. 当输入为负时, PSGU 函数允许输出负值结果, 避免出现静默神经元.

门控机制是用于控制是否通过信号, 接下来利用门控机制给出一个新定义, 来介绍激活函数传递信号的能力.

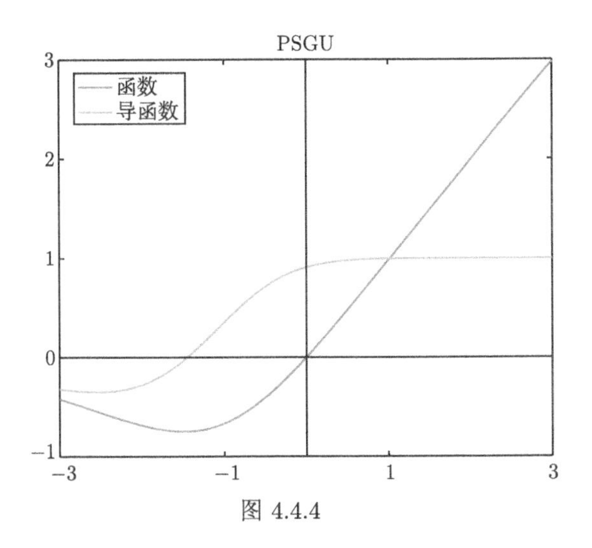

图 4.4.4

定义 4.4.1 对任意一元函数 $f(x)$, $x \in R$, 若 $f(x)$ 的函数表达式可以改写成: $f(x) = x \cdot F(x)$, 其中 $F: R \to U, U \subseteq [0,1]$, 则称 f 具有自流通门控属性, $F(x)$ 称为自流通门控函数.

根据 PSGU 函数的表达式, 可以把它看成是一个待激活值 x 与自流通门控函数 $F(x)$ 的乘积, 所以原表达式可以改写成

$$f(x) = x \cdot F_{\mathrm{PSGU}}(x), \tag{4.4.1}$$

其中

$$F_{\mathrm{PSGU}}(x) = \tanh(\alpha \cdot (x)),$$

并且 F_{PSGU} 满足定义域为 R, 值域包含于 $[0,1]$. 从式 (4.4.1) 的乘积结构了解到, 门控函数 F_{PSGU} 会对输入信号 x 进行门控, 并决定通过完整的信号、部分的信号或是不通过信号. 我们引入 ReLU 函数、Swish 函数、Mish 函数和 PATS 函数来对比自流通门控属性, 其中 ReLU 函数作为参照标准. 首先将几个激活函数的表达式改写成以下式子.

$$\mathrm{ReLU}: f(x) = x \cdot F_{\mathrm{ReLU}}(x), \quad F_{\mathrm{ReLU}}(x) = \max(0, \mathrm{sgn}(x)).$$

$$\mathrm{Swish}: f(x) = x \cdot F_{\mathrm{Swish}}(x), \quad F_{\mathrm{Swish}}(x) = \frac{1}{1+\mathrm{e}^{-x}}.$$

$$\mathrm{Mish}: f(x) = x \cdot F_{\mathrm{Mish}}(x), \quad F_{\mathrm{Mish}}(x) = \tanh(\ln(1+\mathrm{e}^{x})).$$

$$\mathrm{PATS}: f(x) = x \cdot F_{\mathrm{PATS}}(x), \quad F_{\mathrm{PATS}}(x) = \arctan\left(\frac{0.5 \cdot \pi}{1+\mathrm{e}^{-x}}\right).$$

显然 F_{ReLU}, F_{Swish}, F_{Mish} 和 F_{PATS} 的值域包含于 $[0,1]$, 下面从门控角度来分析它们的传递信息的能力.

绘制五个激活函数的自流通门控函数, 如图 4.4.5 所示, 其中 PATS 函数的 k 取 0.5, PSGU 函数的 α 取 3. 当信号 $x>0$ 时, F_{ReLU} 允许通过完整的信号 x, 这与 ReLU 的性质是符合的. 我们可以观察到 F_{PSGU} 与 F_{ReLU} 高度相似, F_{PSGU} 几乎允许所有的信号都能完整地通过, 然而 F_{Swish}, F_{Mish} 和 F_{PATS} 仅完整地通过绝对值较大的信号, 只能部分地通过绝对值较小的信号, 这必然对特征的传播产生了不利的影响. 当信号 $x<0$ 时, $F_{\mathrm{ReLU}}(x)$ 阻隔了所有负信号, 即 ReLU 函数无法输出任何信息, 因此可能导致神经网络中部分神经元无法学习的问题, 从而产生静默神经元. 相比之下, 其他四个自流通门控函数均允许输出部分负信号, 加强了网络对负信号的利用.

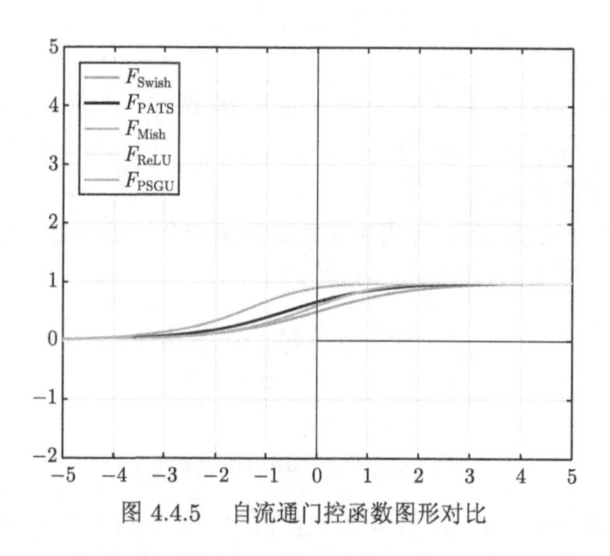

图 4.4.5　自流通门控函数图形对比

进一步, 通过计算 F_{PSGU}, F_{Swish}, F_{Mish} 和 F_{PATS} 四个自流通门控函数在信号 $x>0$ 时的均值, 即表示信号的通过率, 从而对比各激活函数在信号流通方面的能力. 假设神经网络中的信号服从均值为 0, 标准差为 δ 的正态分布, 通过下式得到各门控函数的平均通过率:

$$\overline{F(\delta)}=2\int_{0}^{+\infty}\frac{1}{\sqrt{2\pi}}\mathrm{e}^{-\frac{x^2}{2\delta^2}}F(x)\mathrm{d}x,$$

其中 $\overline{F(\delta)}$ 是以标准差 δ 为自变量的函数. 四个自流通门控函数的 $\overline{F(\delta)}$ 如图 4.4.6 所示, 显然在任意标准差 δ 下, $\overline{F_{\mathrm{PSGU}}}$ 均大于其他的门控函数的平均通过率, 尤其当标准差 δ 较小时, $\overline{F_{\mathrm{PSGU}}}$ 的优势更加明显. 表 4.4.1 中给出了 6 个 δ 值下的平

均通过率, $\overline{F_{\text{PSGU}}}$ 在 δ 较小时就能快速收敛到 1, 而其他自流通门控函数的平均通过率远小于 1. 尤其是当信号服从标准正态分布时, $\overline{F_{\text{PSGU}}}$ 达到了 98.7%, 这意味着 $F_{\text{PSGU}}(x)$ 允许 98.7%的信号通过, 而 $\overline{F_{\text{Swish}}}$, $\overline{F_{\text{Mish}}}$ 和 $\overline{F_{\text{PATS}}}$ 不到 81%, 这表明 F_{PSGU} 对正值信号的传播要优于其他门控函数.

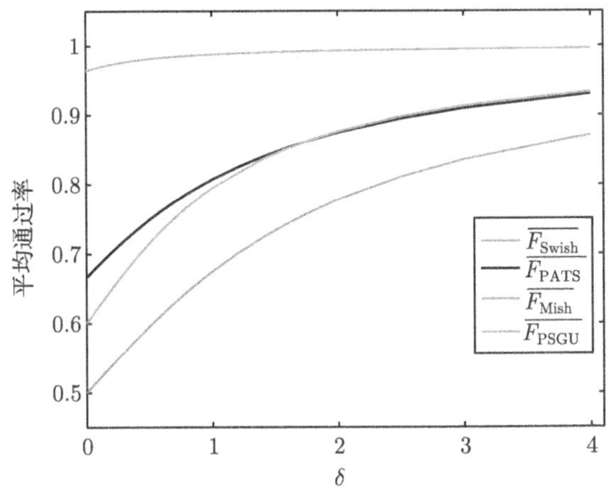

图 4.4.6 自流通门控函数图形对比

表 4.4.1 自流通门控函数的平均通过率

δ	0.001	0.1	1	2	3	4
$\overline{F_{\text{Swish}}}$	0.500	0.520	0.674	0.778	0.836	0.871
$\overline{F_{\text{PATS}}}$	0.666	0.684	0.807	0.874	0.909	0.930
$\overline{F_{\text{Mish}}}$	0.500	0.625	0.795	0.876	0.913	0.933
$\overline{F_{\text{PSGU}}}$	**0.964**	**0.969**	**0.987**	**0.992**	**0.994**	**0.995**

4.4.2 集成化激活函数

集成化激活函数, 指的是将不同函数或是操作集成在一起的激活函数. 基本上, 这类集成化激活函数中会包含固定的函数或可训练的函数, 或者两者都包含. 目前, 集成化激活函数的工作主要利用一元函数进行线性组合, 或者是利用网络层来实现激活函数的功能.

1. Maxout 函数

Maxout 函数是一个可学习的集成化分段线性函数. 一般来说, 神经网络的第 i 网络层到第 $i+1$ 网络层中会存在一个激活函数, 而 Maxout 函数取代了激活函数, 它在第 i 网络层到第 $i+1$ 网络层之中引入了 k 个隐藏层, 将第 i 网络层的输出连接 k 个隐藏层, 通过 k 个隐藏层计算之后, 取最大值作为输出, 最后输入第 $i+1$ 网络层, 如图 4.4.7 所示.

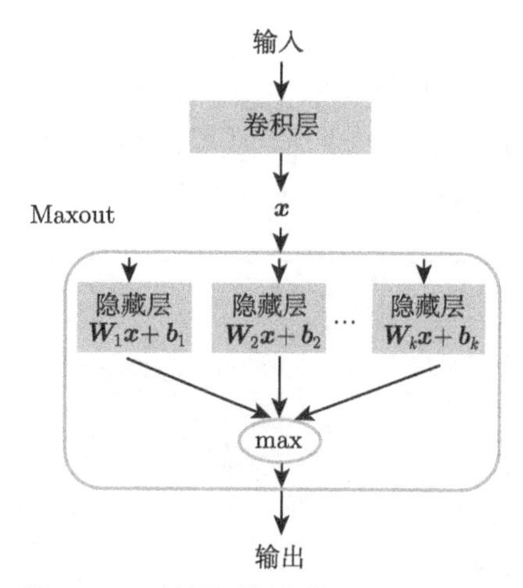

图 4.4.7　神经网络中的 Maxout 函数

Maxout 的函数表达式为

$$\text{Maxout}: f(\boldsymbol{x}) = \max_{j\in[1;\ k]} \boldsymbol{W}_j\boldsymbol{x} + \boldsymbol{b}_j,$$

其中每一个隐藏层的权重参数 $\boldsymbol{W}_j$ 的尺寸为 (m, d), $\boldsymbol{b_j}$ 的尺寸为 $(m, 1)$, d 代表输入节点数, m 代表输出层节点数. 下标 $j \in [1, k]$, k 代表 Maxout 函数设置的隐藏层个数. 一般来说, 利用 Maxout 函数取代神经网络中的激活函数, 则输入节点数应等于输出层节点数.

将每一组 $\boldsymbol{W}_j\boldsymbol{x} + \boldsymbol{b}_j$ 作为空间中的一个超平面, 那么 Maxout 函数将取到最上方的超平面. 如图 4.4.8 所示, 以二维空间为例, 五种颜色的直线表示五个超平面, 黑色加粗的分段直线则为 Maxout 函数的结果.

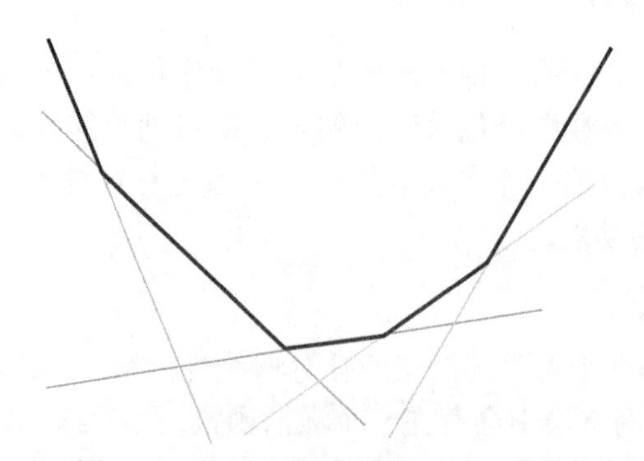

图 4.4.8　Maxout 函数的平面示意图

Maxout 函数的计算流程如图 4.4.9(a) 所示, 其中 d 为 2, m 为 2, k 为 4,

最终 Maxout 函数会输出 4 个隐藏层结果的最大值. 一个神经元搭配普通的激活函数只会得到一个输出, 如图 4.4.9(b) 所示, 而一个神经元搭配 Maxout 函数将会得到 k 个输出, 并在其中取最大值. 隐藏层中的 $\boldsymbol{W}$ 和 $\boldsymbol{b}$ 均是所需要学习的参数, 所以当 d, m, k 较大时, Maxout 函数会给神经网络带来大量的参数, 增加计算成本.

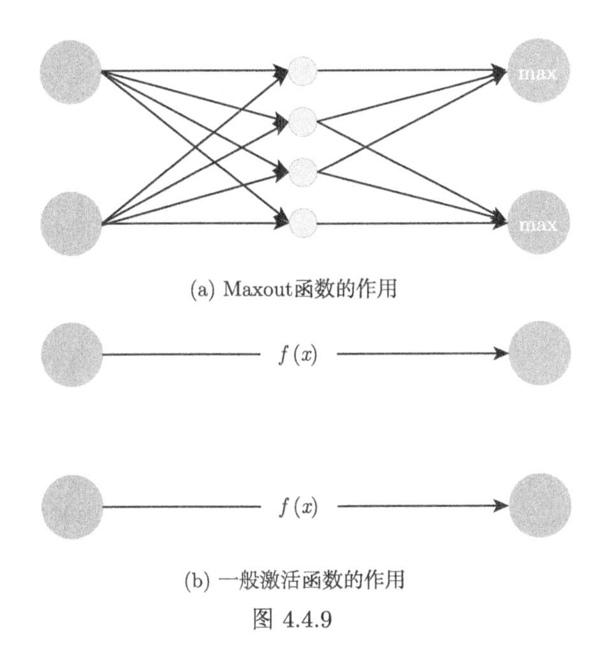

(a) Maxout函数的作用

(b) 一般激活函数的作用

图 4.4.9

综上所述, Maxout 函数是一个集成了多个分段函数的函数, 它不存在复杂的计算又能为网络带来更丰富的非线性性质, 但是它的缺点是会给网络增加大量的参数.

2. FReLU 函数

FReLU 函数是面向二维数据的激活函数, 其函数表达式为

$$\text{FReLU} : f(x) = \max(x, T(x)),$$

其中 $T(x)$ 表示特征提取函数, 一般为卷积操作. 在卷积神经网络框架中, 卷积层和非线性的激活函数是非常重要的两部分: 卷积层的作用是捕捉输入图像的局部特征, 激活函数的作用是给网络引入非线性性质. FReLU 函数将卷积操作和激活函数有效地集成在一起.

FReLU 函数与 ReLU 函数的流程如图 4.4.10 所示, 图中左侧为 ReLU 函数的流程, 信号 x 中每一个位置的元素都会与零进行大小比较. 图中右侧为 FReLU

函数的流程, 以信号 x 每一个位置的元素为中心, 选取其周围 3×3 的区域进行卷积操作, 再与信号 x 进行大小比较, 卷积核尺寸为 3×3.

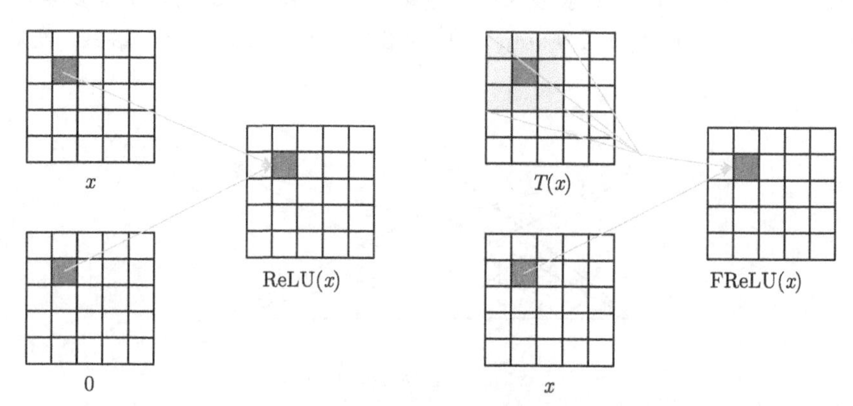

图 4.4.10 FReLU 函数的作用

FReLU 函数是专为计算机视觉任务设计的, 当输入数据是单通道或多通道的图像数据时, 它会对图像数据进行卷积操作, 再将卷积结果与原图像数据进行比较, 取二者的最大值, 如图 4.4.11 所示. FReLU 函数不仅为神经网络引入非线性性质, 也有助于提取图像的空间特征.

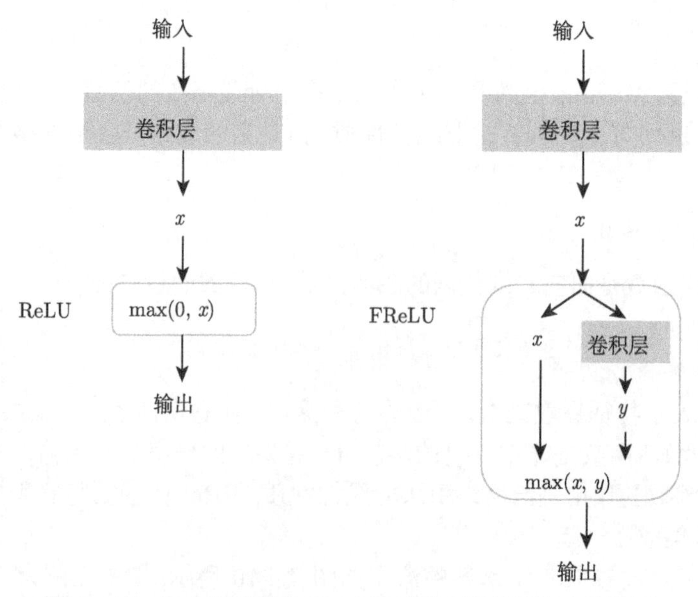

图 4.4.11 ReLU 函数与 FReLU 函数在神经网络中的区别

3. 自适应激活函数

自适应激活函数是一类线性组合的激活函数, 它将几个激活函数按初始的组合系数进行线性组合, 然后通过训练确定组合系数的值. 下面介绍三个自适应激活函数.

混合激活 (Mixed Activation) 函数:

$$\phi_M(x) = p \cdot \text{Leaky ReLU}(x) + (1-p) \cdot \text{ELU}(x), \quad p \in [0,1].$$

混合激活函数对 Leaky ReLU 函数和 ELU 函数进行了线性组合, 其中组合系数 p 由网络训练中得到.

门控激活 (Gated Activation) 函数:

$$\phi_G(x) = \sigma(\beta x) \cdot \text{Leaky ReLU}(x) + (1-\sigma(\beta x)) \cdot \text{ELU}(x).$$

门控激活函数的组合形式与混合激活函数一致, 由 $\sigma(\beta x)$ 替换了组合系数 p, 其中 β 也由网络训练中得到. 这两个激活函数在神经网络中的具体细节如图 4.4.12 所示.

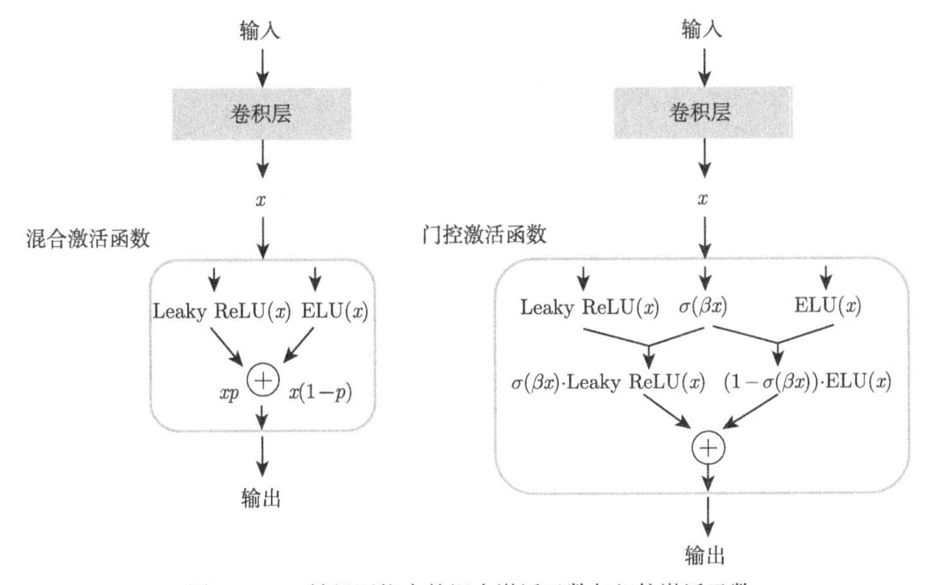

图 4.4.12 神经网络中的混合激活函数与门控激活函数

分层激活 (Hierarchical Activation) 函数:

$$\Phi_H(x)=\begin{cases}\phi_{l,i}^{(1)}(x)=\mathrm{PReLU}(x), \quad \phi_{r,i}^{(1)}(x)=\mathrm{PELU}(x),\\ \phi_i^{(2)}(x)=\sigma(\beta_i x)\cdot\phi_{l,i}^{(1)}(x)+(1-\sigma(\beta_i x))\cdot\phi_{r,i}^{(1)}(x),\\ \phi^{(3)}(x)=\max\limits_i \phi_i^{(2)}(x),\end{cases}$$

其中, $\phi_{l,i}^{(1)}(x)$ 和 $\phi_{r,i}^{(1)}(x)$ 是分层激活函数的第一层级, $i=1,2,\cdots,m$; $\phi_i^{(2)}(x)$ 是第二层级; $\phi^{(3)}(x)$ 是第三层级.

分层激活函数由三个层级组成, 它在神经网络中的具体细节如图 4.4.13 所示. 第一层级是将每个输入分别通过 PReLU 函数和 PELU 函数; 第二层级是门控激活函数, 第三层级取第二层级中的最大值作为输出.

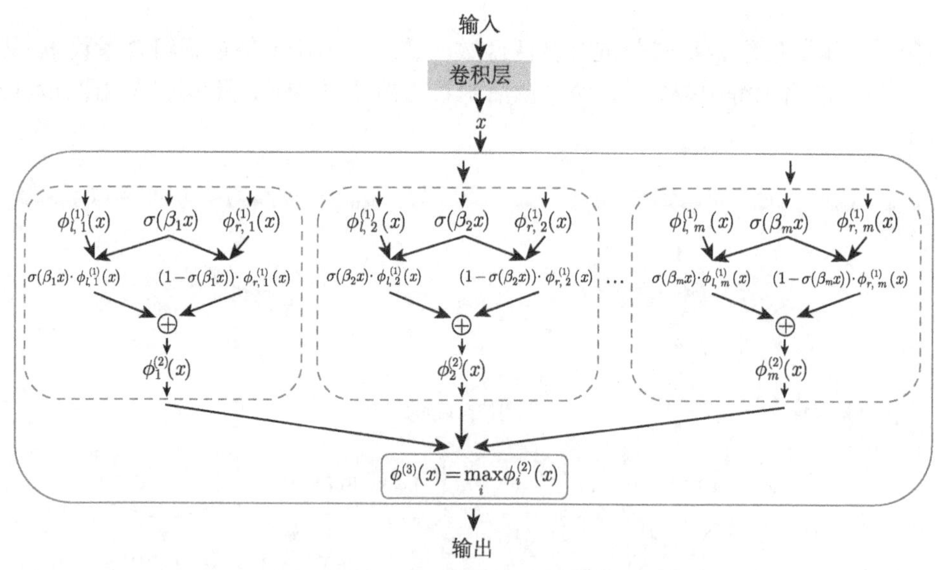

图 4.4.13 神经网络中的分层激活函数

4. APL 函数

APL(Adaptive Piecewise Linear Unit) 函数, 自适应分段线性单元. 其函数表达式为

$$\mathrm{APL}: f(x)=\max(0,x)+\sum_{i=1}^{k} w_k \max(0,-x+b_k),$$

APL 函数可以看作是 ReLU 函数和多个分段线性函数的集成组合, 它在神经网络中的具体细节如图 4.4.14 所示. APL 函数中的 k 是超参数, 表示分段线性函数的

个数, w_k 和 b_k 是可训练参数. APL 函数中没有指数运算, 因此计算速度快, 但是计算量会随着 k 的增大而增加.

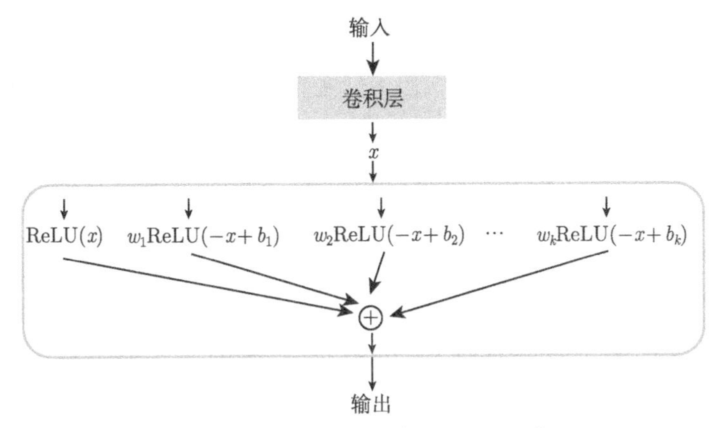

图 4.4.14 神经网络中的 APL 函数

■ 4.5 激活函数实验分析

为了对所介绍的激活函数的性能有一个初步的认识, 我们利用卷积神经网络在图像分类任务上来评估激活函数, 对比激活函数的性能. 在这一节中, 我们将实验分成两部分进行, 第一部分是在小规模图像分类数据集 CIFAR-10/100 上进行图像分类任务, 第二部分是在大规模图像分类数据集 ImageNet 上进行图像分类任务.

4.5.1 CIFAR-10/100 的实验

实验使用的网络是 ResNet-18 模型, 网络权值由 Kaiming 方法进行初始化, 训练周期为 300 次, 优化算法是动量法, 超参数 γ 设为 0.9, 学习率设为 0.01 并随训练周期逐渐递减, 批量大小设置为 128. 参与实验对比的激活函数有 Sigmoid、Tanh、ReLU、Leaky ReLU、RReLU、Softplus、ELU、SELU、Swish、Mish、PATS、PReLU、MPELU、PSGU、FReLU 函数.

CIFAR-10/100 数据集的图像分类实验结果如表 4.5.1 所示. 在 CIFAR-10 数据集上分类错误率最低的前五名分别是 Softplus、ELU、PSGU、RReLU 和 SELU 函数, 在 CIFAR-100 数据集上分类错误率最低的前五名分别是 ELU、Softplus、SELU、RReLU 和 PSGU 函数. 这五个激活函数在小型数据集 CIFAR 上的表现较为出色, 但不代表这五个激活函数就是最优的, 因为实验结果受网络结构和数据集影响. 此外, 相应的实验训练图如图 4.5.1和图 4.5.2 所示, 图中记录了激活函数在每一个训练周期的测试结果. 以 ReLU 函数作为基准线, 比较了所有激活函数与 ReLU 函数在训练阶段的错误率.

表 4.5.1　CIFAR 数据集上的实验结果

激活函数		CIFAR-10 错误率/%	CIFAR-100 错误率/%
经典激活函数	Sigmoid	17.53	49.10
	Tanh	17.36	50.24
整流型激活函数	ReLU	16.08	48.14
	Leaky ReLU	15.91	47.91
	RReLU	14.49	44.45
	Softplus	13.99	43.85
	ELU	14.36	43.82
	SELU	15.03	44.16
	Swish	15.30	48.00
	Mish	15.53	47.14
	PATS	15.10	45.85
参数化标准激活函数	PReLU	16.13	48.88
	MPELU	15.51	46.96
	PSGU	14.44	45.58
集成化激活函数	FReLU	16.26	48.40

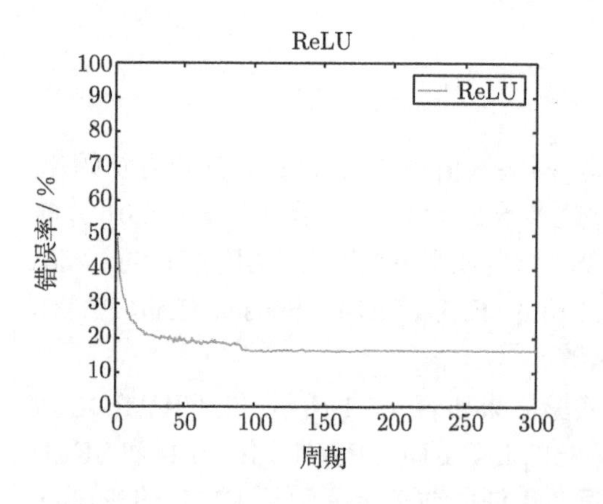

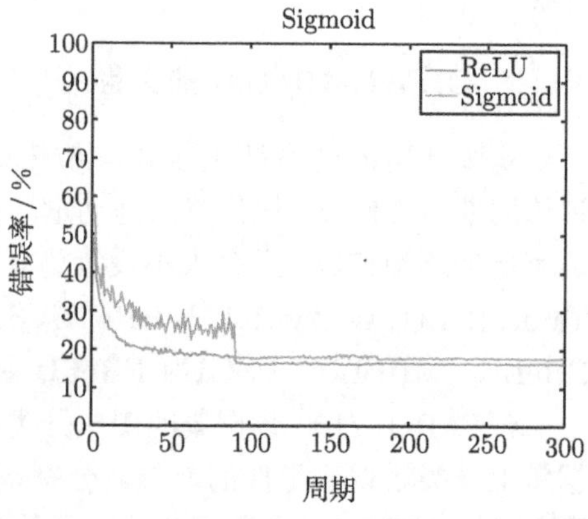

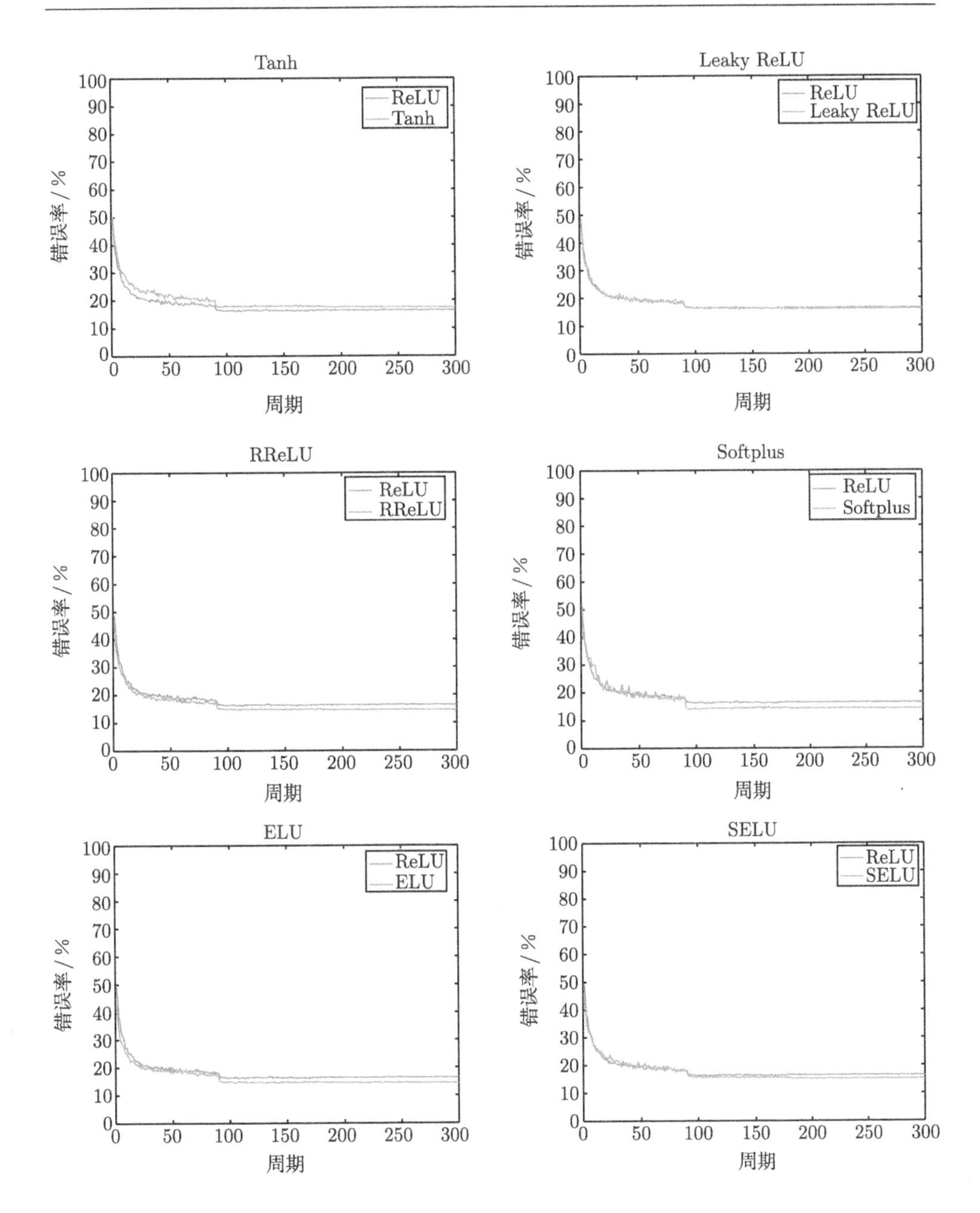

Tanh
ReLU
Tanh
错误率 / %
周期
Leaky ReLU
ReLU
Leaky ReLU
错误率 / %
周期
RReLU
ReLU
RReLU
错误率 / %
周期
Softplus
ReLU
Softplus
错误率 / %
周期
ELU
ReLU
ELU
错误率 / %
周期
SELU
ReLU
SELU
错误率 / %
周期

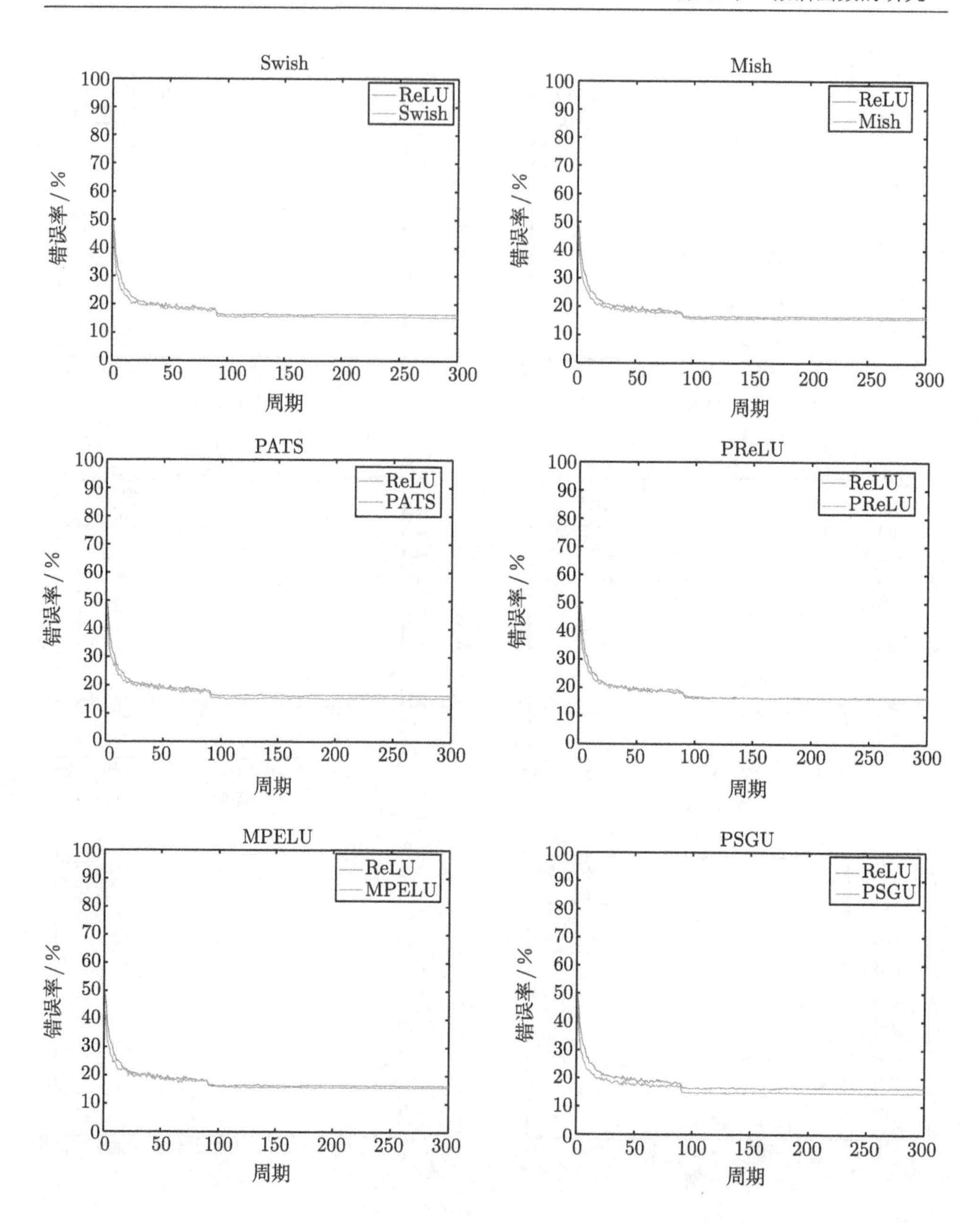
Swish
ReLU
Swish
错误率 / %
周期
Mish
ReLU
Mish
错误率 / %
周期
PATS
ReLU
PATS
错误率 / %
周期
PReLU
ReLU
PReLU
错误率 / %
周期
MPELU
ReLU
MPELU
错误率 / %
周期
PSGU
ReLU
PSGU
错误率 / %
周期

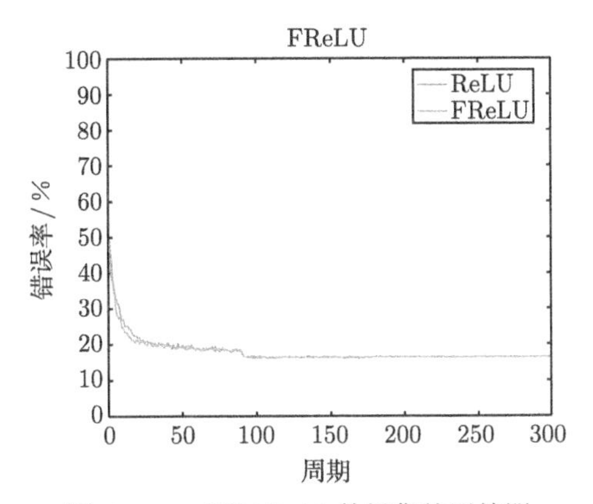

图 4.5.1 CIFAR-10 数据集的训练图

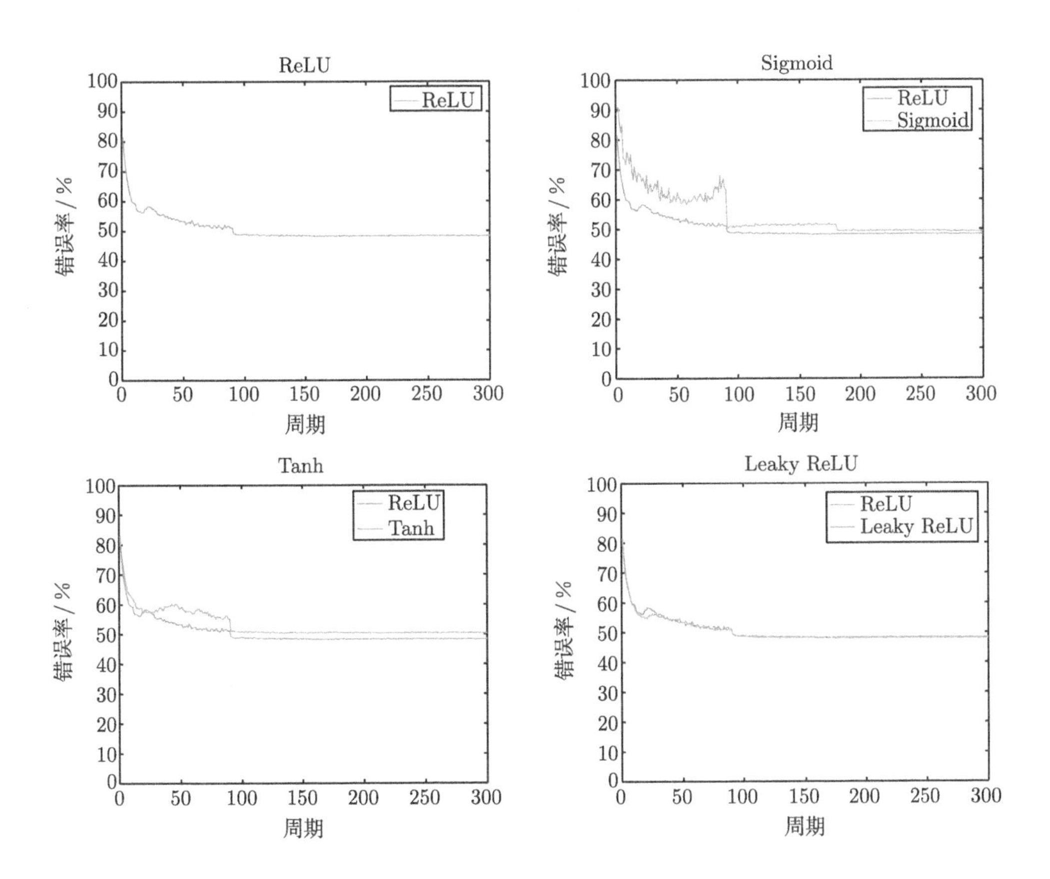

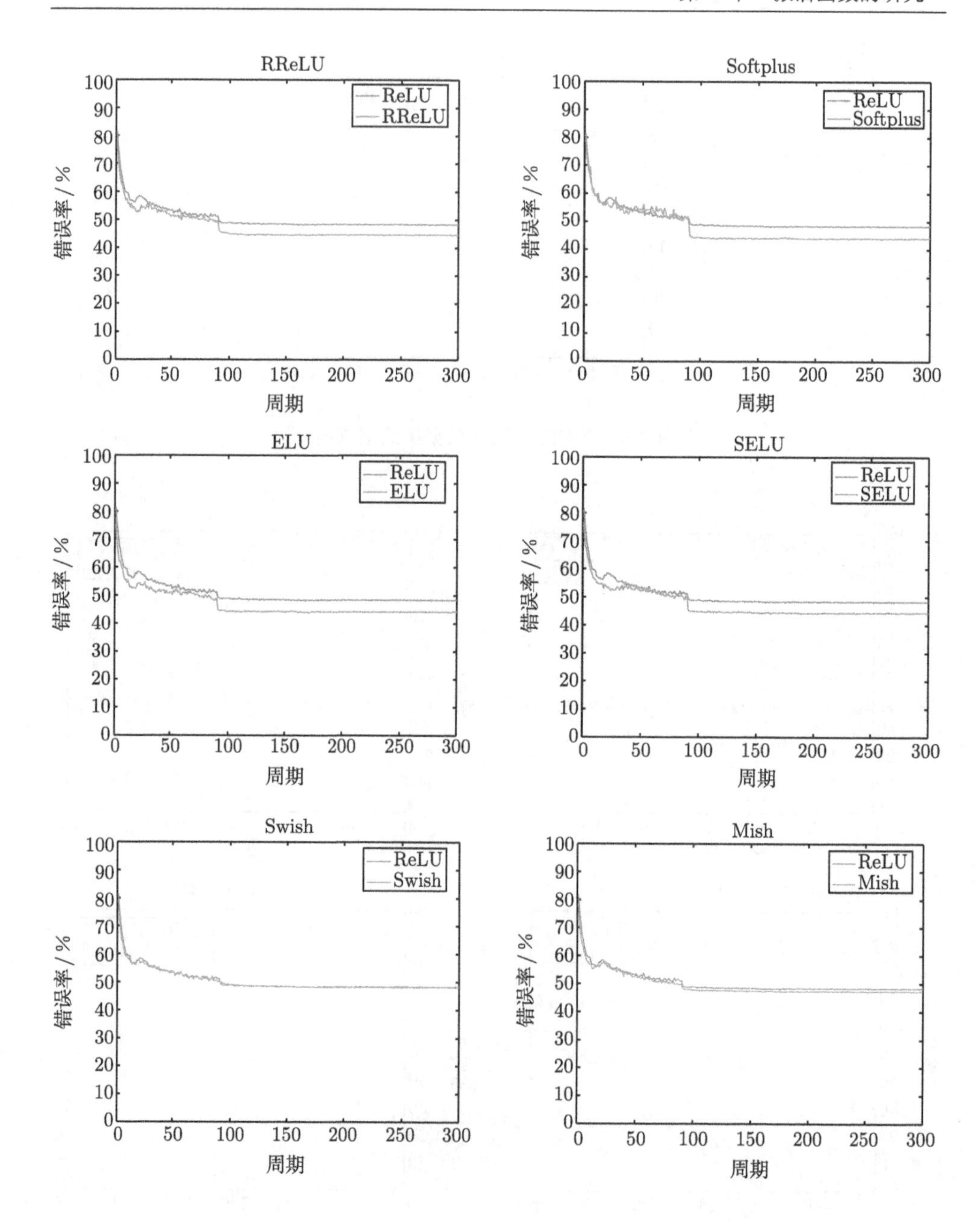

RReLU
Softplus
ELU
SELU
Swish
Mish
ReLU
RReLU
Softplus
ELU
SELU
Swish
Mish
错误率 / %
周期
0
10
20
30
40
50
60
70
80
90
100
50
150
200
250
300

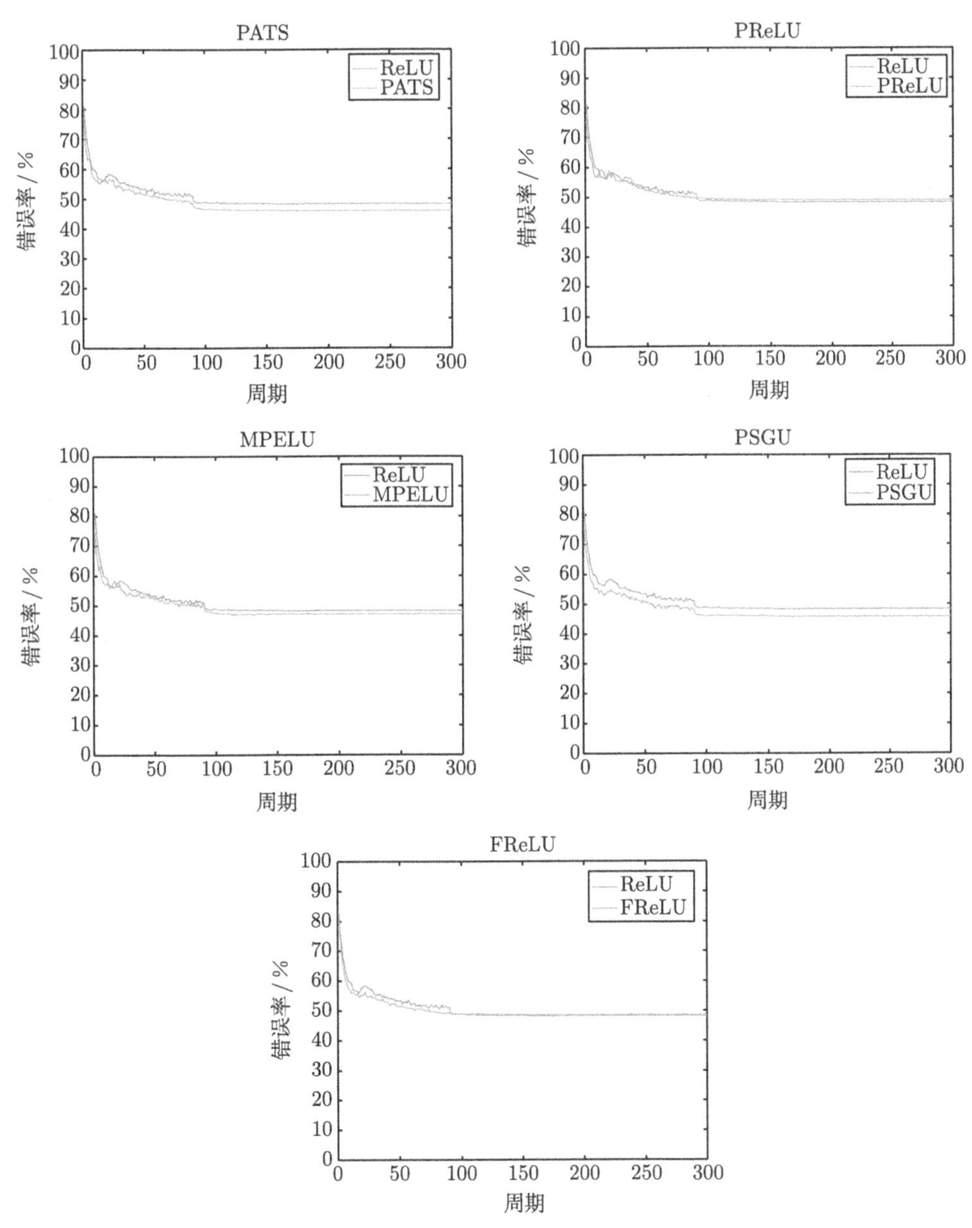

图 4.5.2 CIFAR-100 数据集的训练图

我们从实验结果观察到以下几点: (1) Sigmoid 和 Tanh 函数在小规模图像分类实验中表现不佳, 其错误率曲线始终位于 ReLU 函数的错误率曲线上方, 这也说明了经典激活函数的性能在图像分类任务上已经弱于整流型激活函数. (2) 不可训练的激活函数在小规模图像分类实验中的整体表现要优于可训练的激活函数, 因为可训练的激活函数给网络带来了额外的训练参数, 可能会引起网络过拟合. (3)ELU 函数、Swish 函数、Mish 函数、PATS 函数、MPELU 函数、PSGU 函数的错误率曲线在训练初期明显要比 ReLU 函数的曲线下降得更快, 说明了这些激活函数可以提高神经网络的学习率.

4.5.2 ImageNet 的实验

实验使用的网络是 ResNet-18 模型, 网络权值由 Kaiming 方法进行初始化, 训练周期为 100 次, 优化算法是动量法, 超参数 γ 设为 0.9, 学习率设为 0.1 并随训练周期逐渐递减, 批量大小设置为 256. 参与实验对比的激活函数有 Sigmoid、Tanh、ReLU、Leaky ReLU、RReLU、Softplus、ELU、SELU、Swish、Mish、PATS、PReLU、MPELU、PSGU、FReLU 函数.

Top-1 正确率为预测的类别与实际标签一致的概率, Top-1 错误率则为 (100% 减去 Top-1 正确率); Top-5 正确率为预测五个的类别中含有真实标签的概率, Top-5 错误率则为 (100% 减去 Top-5 正确率). 通常, Top-1 错误率和 Top-5 错误率是呈正相关的. ImageNet 数据集的图像分类实验结果如表 4.5.2 所示, 分别记录了 Top-1 错误率和 Top-5 错误率. 观察到在 ImageNet 数据集上分类错误率最低的前五名分别是 PSGU、Swish、Mish、PATS 和 FReLU 函数. 此外, 激活函数在训练过程中的错误率曲线如图 4.5.3 所示, 图中记录了激活函数在每一个训练周期的测试结果, 以 ReLU 函数作为基准, 比较了激活函数与 ReLU 函数的性能.

表 4.5.2　ImageNet-1k 数据集上的实验结果

激活函数		ImageNet-1k	
		Top-1 错误率/%	Top-5 错误率/%
经典激活函数	Sigmoid	46.34	21.56
	Tanh	34.80	13.38
整流型激活函数	ReLU	29.58	10.30
	Leaky ReLU	29.60	10.43
	RReLU	30.42	10.86
	Softplus	31.39	11.52
	ELU	31.86	12.11
	SELU	33.98	13.53
	Swish	28.57	9.74
	Mish	28.60	9.80
	PATS	29.01	9.88
参数化标准激活函数	PReLU	31.29	11.63
	MPELU	32.98	12.77
	PSGU	28.49	9.69
集成化激活函数	FReLU	29.21	10.13

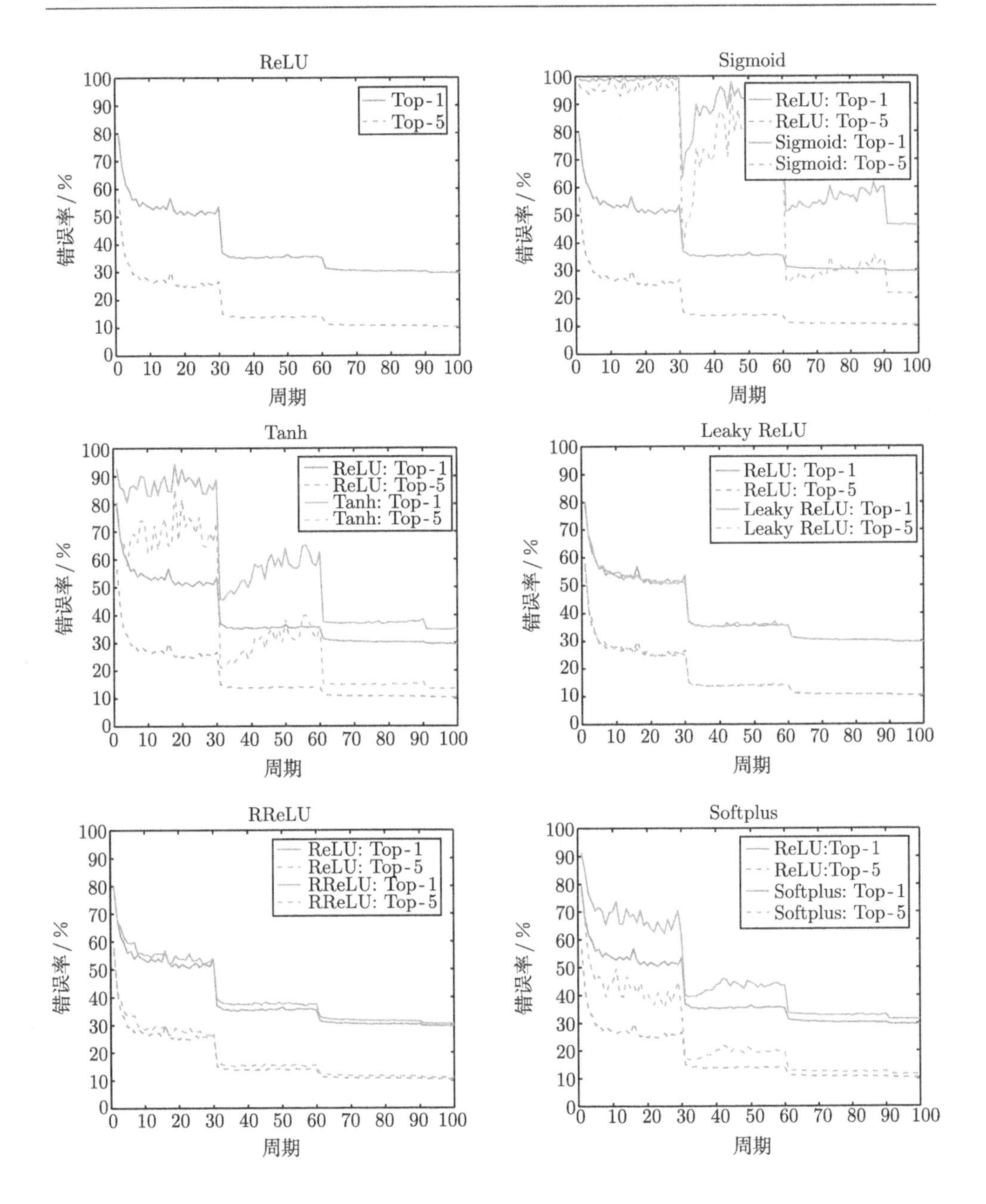

ReLU
Top-1
Top-5
错误率 / %
周期
Sigmoid
ReLU: Top-1
ReLU: Top-5
Sigmoid: Top-1
Sigmoid: Top-5
Tanh
ReLU: Top-1
ReLU: Top-5
Tanh: Top-1
Tanh: Top-5
Leaky ReLU
ReLU: Top-1
ReLU: Top-5
Leaky ReLU: Top-1
Leaky ReLU: Top-5
RReLU
ReLU: Top-1
ReLU: Top-5
RReLU: Top-1
RReLU: Top-5
Softplus
ReLU:Top-1
ReLU:Top-5
Softplus: Top-1
Softplus: Top-5

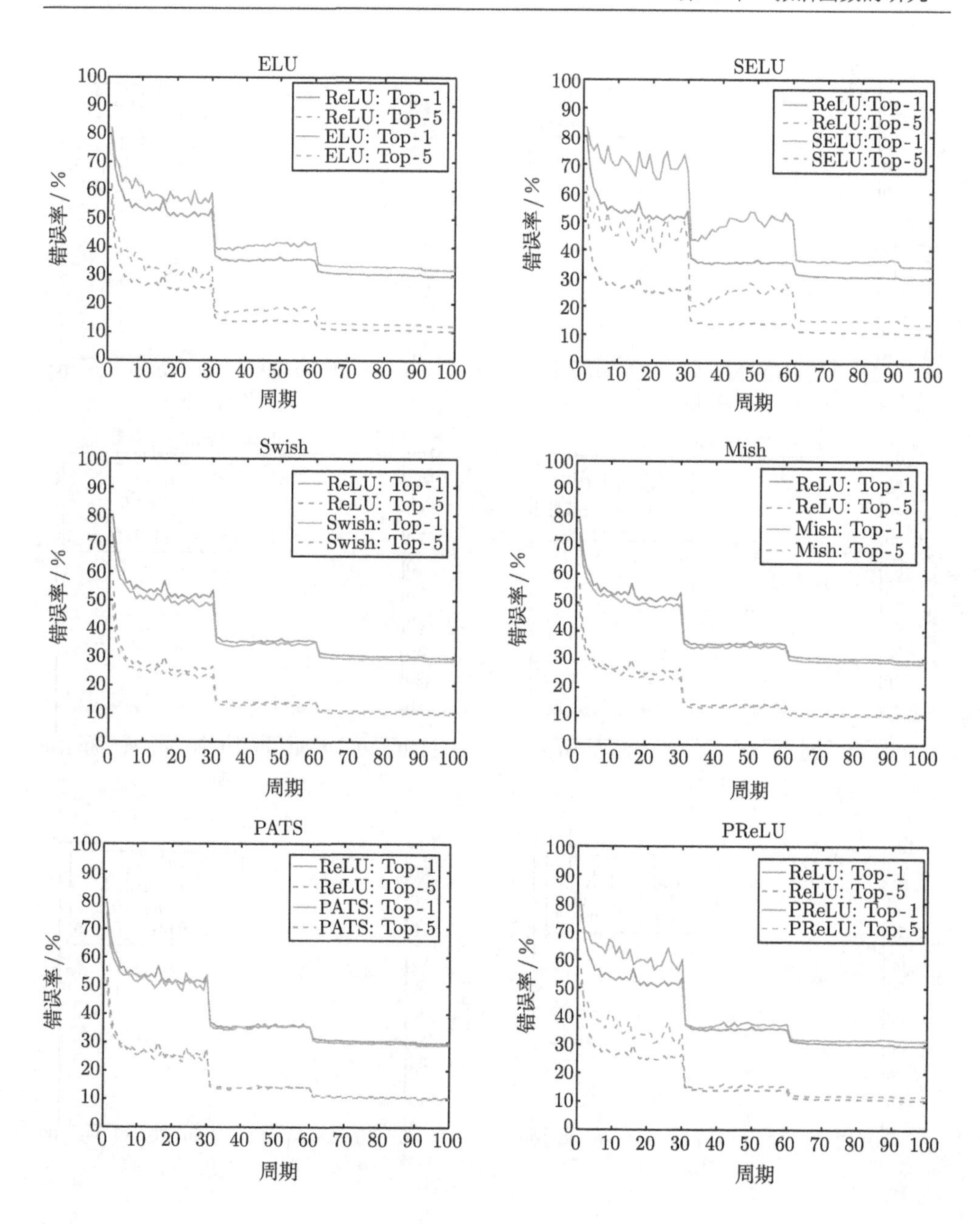
ELU
100
90
80
70
60
50
40
30
20
10
0
0 10 20 30 40 50 60 70 80 90 100
ReLU: Top-1
ReLU: Top-5
ELU: Top-1
ELU: Top-5
错误率 / %
周期
SELU
ReLU:Top-1
ReLU:Top-5
SELU:Top-1
SELU:Top-5
错误率 / %
周期
Swish
ReLU: Top-1
ReLU: Top-5
Swish: Top-1
Swish: Top-5
错误率 / %
周期
Mish
ReLU: Top-1
ReLU: Top-5
Mish: Top-1
Mish: Top-5
错误率 / %
周期
PATS
ReLU: Top-1
ReLU: Top-5
PATS: Top-1
PATS: Top-5
错误率 / %
周期
PReLU
ReLU: Top-1
ReLU: Top-5
PReLU: Top-1
PReLU: Top-5
错误率 / %
周期

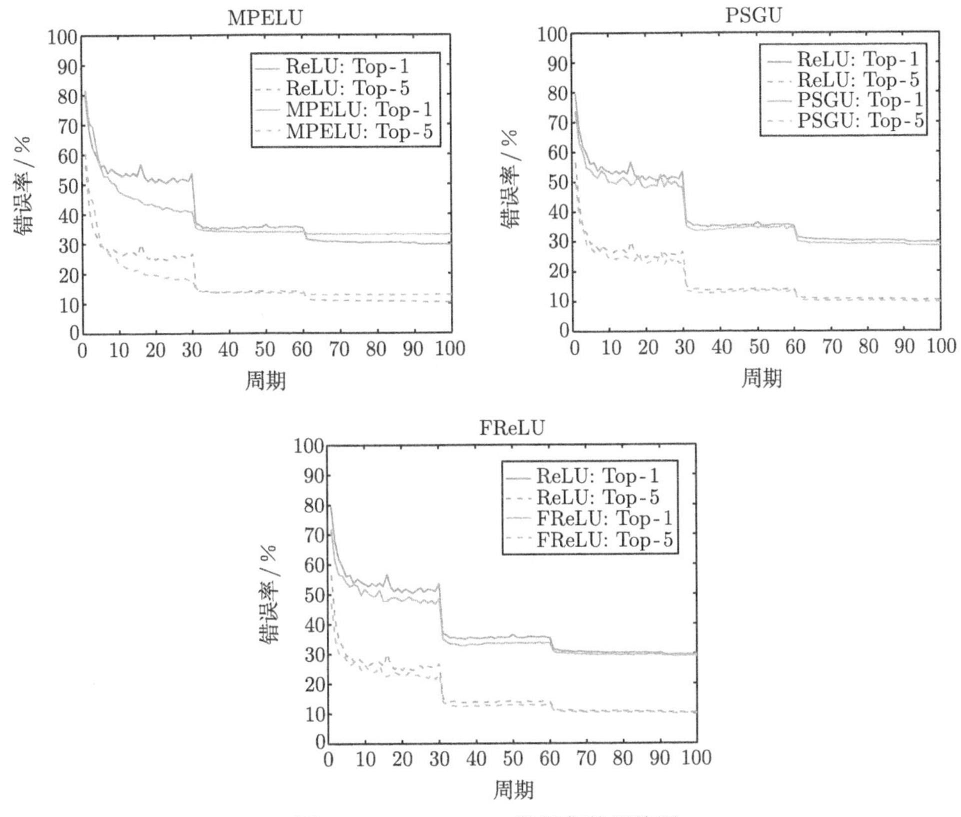

图 4.5.3 ImageNet 数据集的训练图

我们从实验结果观察到以下几点: (1) 在 CIFAR 数据集上表现优异的 ELU、Softplus、SELU、RReLU 函数在 ImageNet 数据集的分类性能均不如 ReLU 函数. 这说明不同实验设置下, 激活函数的选择也是不同的. (2) Swish 函数、Mish 函数、PATS 函数、PSGU 函数等光滑的激活函数的分类性能整体要优于一些分段激活函数, 例如 RReLU 函数、ELU 函数、SELU 函数、PReLU 函数、MPELU 函数等. (3) 从图 4.5.3 中看到 Sigmoid 函数和 Tanh 函数的错误率曲线非常曲折, 这说明了在大规模图像分类实验中, 经典激活函数已不在适用. (4) Softplus 函数、ELU 函数、SELU 函数和 PReLU 函数在训练初期的错误率曲线要明显高于 ReLU 函数的曲线, 说明了这些激活函数减缓了神经网络的收敛速率.

CIFAR 数据集和 ImageNet 数据集呈现的不同结果说明了激活函数的表现因数据集和模型而异. 激活函数的选择需要根据具体实验任务, 数据集和网络规模而定. 深度学习任务往往需要大量时间来处理海量数据, 而模型的收敛速度尤为重要, 因此学者们更愿意使用 ReLU 函数和 Leaky ReLU 函数作为激活函数,因为这两个函数只包含简单的数学计算, 不会给网络带来过多的计算负担. 当然, 如果为了避免网络出现过多的静默神经元, 可以用其他的整流型激活函数或者是参数化标准激活函数来代替 ReLU 函数.

■ 4.6　数字化资源

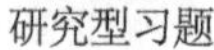
研究型习题

案例代码

第4章彩图

第5章 深度学习的优化算法

本章系统介绍了深度学习中的优化算法, 包括随机梯度下降法, 动量法以及各类自适应梯度方法, 并进行了理论分析, 在本章的最后进行了一系列的实验分析.

5.1 优化算法与深度学习

深度学习近年来取得飞速发展和巨大成功主要依赖三个关键性因素: 一是深度学习模型对数据的强大拟合能力, 二是可供训练的海量数据集, 三是对海量数据的并行计算能力. 优化算法可以利用海量的数据集来训练深度学习网络, 得到高性能的目标模型, 因此优化算法在深度学习中有着至关重要的作用. 在本节中, 我们将讨论优化算法与深度学习之间的关系, 以及优化算法在深度学习中面临的问题, 最后介绍深度学习中常用的优化算法.

5.1.1 优化算法与深度学习的关系

在研究深度学习的实际问题中, 通常会为学习模型设计一个损失函数, 通过优化算法来最小化损失函数. 通常地, 这样的损失函数被称作优化问题的目标函数 (Objective Function).

深度学习的优化中的关键步骤是对网络参数 $\boldsymbol{x} \in \mathbf{R}^d$ 的估计, 一般来说最优网络参数的获取是通过最小化损失函数得到的, 即

$$\arg\min_{\boldsymbol{x} \in \Omega} F(\boldsymbol{x}) = \frac{1}{n} \sum_{i=1}^{n} f_i(G(\boldsymbol{x}, y_i), l_i), \tag{5.1.1}$$

其中 $\Omega \subseteq \mathbf{R}^d$ 表示参数空间, G 表示学习模型, y_i 为训练样本, l_i 为 y_i 对应的真实标签, f_i 为损失函数. 那么 $G(\boldsymbol{x}, y_i)$ 表示模型的输出, $f_i(G(\boldsymbol{x}, y_i), l_i)$ 描述的是模型输出与真实标签 l_i 的距离. 深度学习中大部分问题的目标函数都可以使用形如式 (5.1.1) 的式子来表示, 优化的目的正是找到最小化 F 的参数 $\boldsymbol{x}$.

5.1.2 优化算法在深度学习中的挑战

在深度学习中需要设计复杂且精准的目标函数, 所以如果目标函数过于复杂, 那么其对应的优化问题可能会不存在解析解, 因此我们需要找到该问题的数值解,

即使用基于数值方法的优化算法找到具体问题的近似解. 本章讨论的优化算法都是这类基于数值方法的算法, 为了尽可能求得数值解来最小化目标函数, 需要通过优化算法有限次地迭代当前解, 但是这样的迭代过程总会遇到各种困难. 下面介绍优化问题在深度学习中的两个挑战: 局部最小值和鞍点.

1. 局部最小值

如果一个函数 $f(x)$ 在点 x 上的函数值比 x 邻域内其他点的函数值更小, 那么 $f(x)$ 是一个局部最小值 (Local Minimum), 点 x 是局部最小值点. 如果 $f(x)$ 在点 x 上的函数值是 $f(x)$ 在整个定义域上的最小值, 那么 $f(x)$ 称为全局最小值 (Global Minimum), 对应的点 x 是全局最小值点. 以下面的函数为例子:

$$f(x) = x \cdot \sin(\pi x), \quad -0.5 \leqslant x \leqslant 2.$$

可以找出 $f(x)$ 在定义域 $[-0.5, 2]$ 内的局部最小值点和全局最小值点, 在图 5.1.1 中用箭头指出了 $f(x)$ 的局部最小值和全局最小值的大致位置.

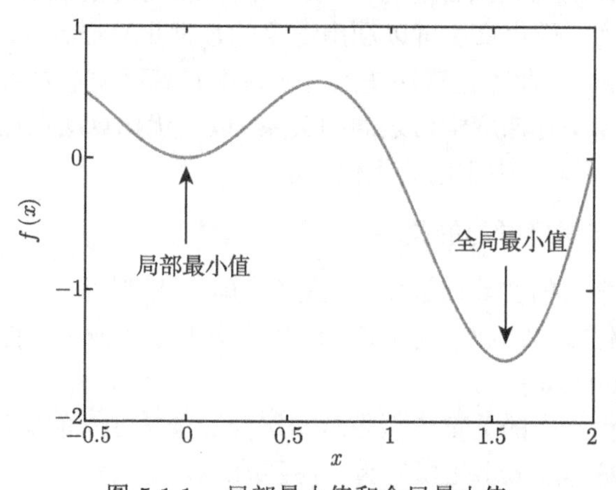

图 5.1.1　局部最小值和全局最小值

在深度学习中, 神经网络模型的目标函数可能存在大量的局部最优点, 如果当前的数值解落在局部最优解的附近时, 那么在下一轮次的迭代中, 由于目标函数有关解的梯度接近零向量或变成零向量, 那下一轮次得到的数值解依旧落在局部最优解的附近, 最终迭代求得的解可能是目标函数的局部最小值点而非全局最小值点.

2. 鞍点

对于函数 $f(x)$, 如果 $f(x)$ 在点 x 上的导数为 0, 但点 x 不是一个极大值点或者极小值点, 那么点 x 就是一个鞍点. 我们知道, 导数接近或变成零可能是由于

当前解落在局部最优解的附近, 但还有另一种可能是当前解在鞍点的附近. 以下面的函数为例子:

$$f(x) = (x-1)^3, \quad -1 \leqslant x \leqslant 3.$$

可以容易地在图 5.1.2 中找出 $f(x)$ 的鞍点位置 $x = 1$.

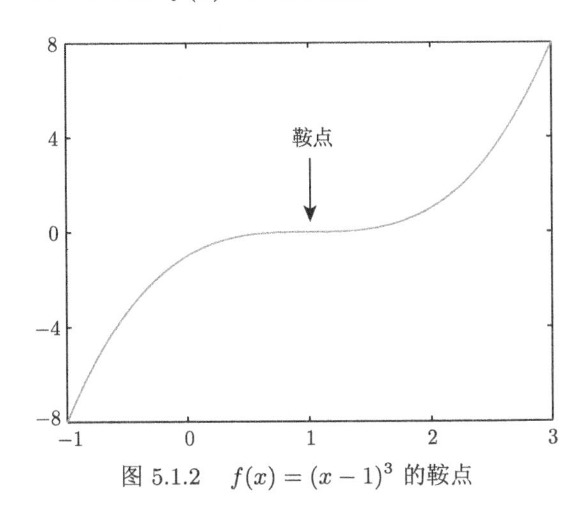

图 5.1.2 $f(x) = (x-1)^3$ 的鞍点

再给出一个二元函数的例子, 给定函数

$$f(x, y) = x^2 - y^2, \quad -2 \leqslant x, y \leqslant 2.$$

可以在图 5.1.3 中找到该函数的鞍点位置. 函数 $f(x, y)$ 是一个马鞍曲面, 函数形状像一个马鞍, 鞍点恰好是曲面上的箭头所指位置. 在 x 轴方向上, 该鞍点是局部最小值点, 但在 y 轴方向上该鞍点则是局部最大值点.

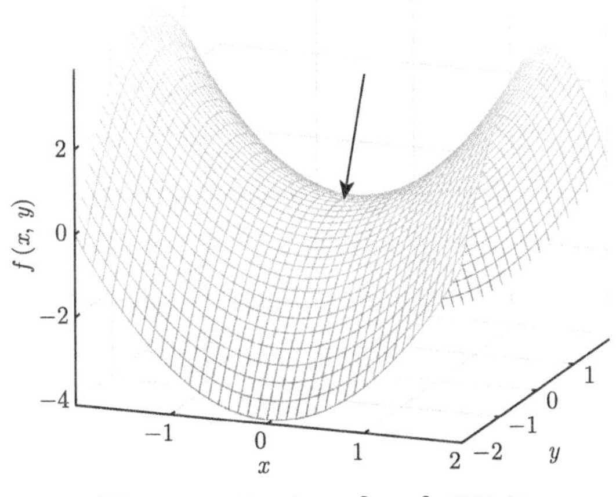

图 5.1.3 $f(x, y) = x^2 - y^2$ 的鞍点

■ 5.2　随机梯度下降算法

设 $f_i(\boldsymbol{x})$ 是索引为 i 的训练样本的损失函数, $\boldsymbol{x}$ 是模型的参数向量, 定义在小批量训练样本 B 上的目标函数为 f_B:

$$f_B(\boldsymbol{x}) = \frac{1}{|B|}\sum_{i\in B} f_i(\boldsymbol{x}). \tag{5.2.1}$$

计算在时间节点 t 的小批量随机梯度 $\boldsymbol{g}_t$:

$$\boldsymbol{g}_t \leftarrow \nabla f_B(\boldsymbol{x}_{t-1}) = \frac{1}{|B|}\sum_{i\in B} \nabla f_i(\boldsymbol{x}_{t-1}) \tag{5.2.2}$$

小批量随机梯度下降的自变量迭代过程如下:

$$\boldsymbol{x}_t \leftarrow \boldsymbol{x}_{t-1} - \eta_t \boldsymbol{g}_t. \tag{5.2.3}$$

$\eta_t \boldsymbol{g}_t$ 称为自变量更新量, 学习率 η_t 可以是固定常数, 也可以在迭代过程中逐次衰减, 例如 $\eta_t = \eta \cdot t^{-1}$, $\eta_t = \eta \cdot t^{0.95}$, 或者迭代若干次后衰减一次. 综上所述, 得到小批量随机梯度下降算法.

算法 5.2.1 **小批量随机梯度下降算法**

输入: 初始自变量 $\boldsymbol{x}_0$, 学习率 η

for $t = 1$ **to** N **do**

　计算小批量随机梯度: $\boldsymbol{g}_t \leftarrow \nabla f_B(\boldsymbol{x}_{t-1}) = \frac{1}{|B|}\sum_{i\in B} \nabla f_i(\boldsymbol{x}_{t-1})$

　更新自变量: $\boldsymbol{x}_t \leftarrow \boldsymbol{x}_{t-1} - \eta \boldsymbol{g}_t$

end for

下面开始分析随机梯度下降算法的收敛性, 需要先给出用于证明算法收敛的一些假设.

假设 5.2.1　f_B 为定义在小批量训练样本 B 上的目标函数, 令 $f_B(\boldsymbol{x})$ 是关于 $\boldsymbol{x}$ 的凸函数, 给定定义域内任意 $\boldsymbol{x}_1$ 和 $\boldsymbol{x}_2$, 对任意 $\alpha \in (0,1)$ 都有

$$f_B(\alpha \boldsymbol{x}_1 + (1-\alpha)\boldsymbol{x}_2) \leqslant \alpha f_B(\boldsymbol{x}_1) + (1-\alpha) f_B(\boldsymbol{x}_2),$$

以及

$$f_B(\boldsymbol{x}_2) \geqslant f_B(\boldsymbol{x}_1) + \langle \nabla f_B(\boldsymbol{x}_1), \boldsymbol{x}_2 - \boldsymbol{x}_1 \rangle.$$

假设 5.2.2　设随机梯度下降算法中的任意两个自变量之间的距离是有界的, 可表示为: 有自变量 $\boldsymbol{x}_a = \{x_a^1, \cdots, x_a^m\}$ 和 $\boldsymbol{x}_b = \{x_b^1, \cdots, x_b^m\}$, 存在常数 $W > 0$, 有 $\|\boldsymbol{x}_a - \boldsymbol{x}_b\| < W$.

假设 5.2.3 小批量随机梯度为 $\boldsymbol{g}_t=(g_t^1,\cdots,g_t^m)^{\mathrm{T}}$, 设存在常数 $H>0$, 满足 $\|\boldsymbol{g}_t\|\leqslant H$.

定义统计量 $\phi(T)$:

$$\phi(T)=\sum_{t=1}^{T}f_B(\boldsymbol{x}_{t-1})-T\cdot f_B(\hat{\boldsymbol{x}})$$

其中 T 为随机梯度下降算法的迭代总次数, $\hat{\boldsymbol{x}}\triangleq\arg\min\limits_{\boldsymbol{x}}\left[\sum\limits_{t=1}^{T}f_B(\boldsymbol{x})\right]$. 若通过迭代使得: 当 $T\to\infty$, 有 $\phi(T)/T\to 0$, 即

$$\lim_{T\to\infty}\frac{\phi(T)}{T}=0, \tag{5.2.4}$$

则认为算法是收敛的, 即自变量 $\boldsymbol{x}$ 收敛到 $\hat{\boldsymbol{x}}$.

定理 5.2.1 在随机梯度下降算法中, f_B 为定义在小批量训练样本 B 上的目标函数, 当函数 f_B 满足假设 5.2.1, 函数梯度满足假设 5.2.3, 自变量满足假设 5.2.2, 学习率取 $\eta_t=\dfrac{\alpha}{\sqrt{t}}$, 则有式 (5.2.4) 成立.

证明 已知 $\hat{\boldsymbol{x}}\triangleq\arg\min\limits_{\boldsymbol{x}}\left[\sum\limits_{t=1}^{T}f_B(\boldsymbol{x})\right]$, 那么

$$\begin{aligned}\phi(T)&=\sum_{t=1}^{T}f_B(\boldsymbol{x}_{t-1})-T\cdot f_B(\hat{\boldsymbol{x}})\\&=\sum_{t=1}^{T}f_B(\boldsymbol{x}_{t-1})-\sum_{t=1}^{T}f_B(\hat{\boldsymbol{x}})\\&=\sum_{t=1}^{T}[f_B(\boldsymbol{x}_{t-1})-f_B(\hat{\boldsymbol{x}})]\end{aligned}\tag{5.2.5}$$

根据假设 5.2.1, 由于 $f_B(\boldsymbol{x})$ 是凸函数, 有

$$\begin{aligned}f_B(\hat{\boldsymbol{x}})&\geqslant f_B(\boldsymbol{x}_{t-1})+\langle\nabla f_B(\boldsymbol{x}_{t-1}),\hat{\boldsymbol{x}}-\boldsymbol{x}_{t-1}\rangle\\&=f_B(\boldsymbol{x}_{t-1})+\langle\boldsymbol{g}_t,\hat{\boldsymbol{x}}-\boldsymbol{x}_{t-1}\rangle,\end{aligned}$$

转化得到

$$f_B(\boldsymbol{x}_{t-1})-f_B(\hat{\boldsymbol{x}})\leqslant\langle\boldsymbol{g}_t,\boldsymbol{x}_{t-1}-\hat{\boldsymbol{x}}\rangle. \tag{5.2.6}$$

根据式 (5.2.3) 进行变形:

$$
\begin{aligned}
&\boldsymbol{x}_t = \boldsymbol{x}_{t-1} - \eta_t \boldsymbol{g}_t \\
&\Rightarrow \boldsymbol{x}_t - \hat{\boldsymbol{x}} = \boldsymbol{x}_{t-1} - \hat{\boldsymbol{x}} - \eta_t \boldsymbol{g}_t \\
&\Rightarrow \|\boldsymbol{x}_t - \hat{\boldsymbol{x}}\|^2 = \|\boldsymbol{x}_{t-1} - \hat{\boldsymbol{x}} - \eta_t \boldsymbol{g}_t\|^2 \\
&\Rightarrow \|\boldsymbol{x}_t - \hat{\boldsymbol{x}}\|^2 = \|\boldsymbol{x}_{t-1} - \hat{\boldsymbol{x}}\|^2 - 2\eta_t \langle \boldsymbol{g}_t, \boldsymbol{x}_{t-1} - \hat{\boldsymbol{x}} \rangle + \eta_t^2 \|\boldsymbol{g}_t\|^2 \\
&\Rightarrow \langle \boldsymbol{g}_t, \boldsymbol{x}_{t-1} - \hat{\boldsymbol{x}} \rangle = \frac{1}{2\eta_t} \left[\|\boldsymbol{x}_{t-1} - \hat{\boldsymbol{x}}\|^2 - \|\boldsymbol{x}_t - \hat{\boldsymbol{x}}\|^2 \right] + \frac{\eta_t}{2} \|\boldsymbol{g}_t\|^2.
\end{aligned} \tag{5.2.7}
$$

将式 (5.2.7) 代入到式 (5.2.6) 中, 得到

$$
f_B(\boldsymbol{x}_{t-1}) - f_B(\hat{\boldsymbol{x}}) \leqslant \frac{1}{2\eta_t} \left[\|\boldsymbol{x}_{t-1} - \hat{\boldsymbol{x}}\|^2 - \|\boldsymbol{x}_t - \hat{\boldsymbol{x}}\|^2 \right] + \frac{\eta_t}{2} \|\boldsymbol{g}_t\|^2. \tag{5.2.8}
$$

再将式 (5.2.8) 代入到式 (5.2.5) 中, 得到

$$
\begin{aligned}
\phi(T) &\leqslant \sum_{t=1}^{T} \left(\frac{1}{2\eta_t} \left[\|\boldsymbol{x}_{t-1} - \hat{\boldsymbol{x}}\|^2 - \|\boldsymbol{x}_t - \hat{\boldsymbol{x}}\|^2 \right] + \frac{\eta_t}{2} \|\boldsymbol{g}_t\|^2 \right) \\
&= \underbrace{\sum_{t=1}^{T} \left(\frac{1}{2\eta_t} \left[\|\boldsymbol{x}_{t-1} - \hat{\boldsymbol{x}}\|^2 - \|\boldsymbol{x}_t - \hat{\boldsymbol{x}}\|^2 \right] \right)}_{(1)} + \underbrace{\sum_{t=1}^{T} \left(\frac{\eta_t}{2} \|\boldsymbol{g}_t\|^2 \right)}_{(2)}.
\end{aligned} \tag{5.2.9}
$$

可以看出, $\phi(T)$ 的上界可由两部分组成, 下面对这两部分进行放缩. 对式 (5.2.9) 的 (1) 项使用错位求和的技巧:

$$
\begin{aligned}
&\sum_{t=1}^{T} \frac{1}{2\eta_t} \left[\|\boldsymbol{x}_{t-1} - \hat{\boldsymbol{x}}\|^2 - \|\boldsymbol{x}_t - \hat{\boldsymbol{x}}\|^2 \right] \\
=&\frac{1}{2\eta_1} \|\boldsymbol{x}_0 - \hat{\boldsymbol{x}}\|^2 - \frac{1}{2\eta_1} \|\boldsymbol{x}_1 - \hat{\boldsymbol{x}}\|^2 + \frac{1}{2\eta_2} \|\boldsymbol{x}_1 - \hat{\boldsymbol{x}}\|^2 - \frac{1}{2\eta_2} \|\boldsymbol{x}_2 - \hat{\boldsymbol{x}}\|^2 \\
&+ \cdots + \frac{1}{2\eta_T} \|\boldsymbol{x}_{T-1} - \hat{\boldsymbol{x}}\|^2 - \frac{1}{2\eta_T} \|\boldsymbol{x}_T - \hat{\boldsymbol{x}}\|^2 \\
=&\frac{1}{2\eta_1} \|\boldsymbol{x}_0 - \hat{\boldsymbol{x}}\|^2 + \sum_{t=2}^{\mathrm{T}} \left(\frac{1}{2\eta_t} - \frac{1}{2\eta_{t-1}} \right) \|\boldsymbol{x}_{t-1} - \hat{\boldsymbol{x}}\|^2 - \frac{1}{2\eta_T} \|\boldsymbol{x}_T - \hat{\boldsymbol{x}}\|^2.
\end{aligned} \tag{5.2.10}
$$

根据假设 5.2.2, 有

$$
\frac{1}{2\eta_1} \|\boldsymbol{x}_0 - \hat{\boldsymbol{x}}\|^2 \leqslant \frac{1}{2\eta_1} W^2.
$$

又因为学习率 $\eta_t = \alpha/\sqrt{t}$, 所以 η_t 单调递减, 有 $(1/2\eta_t - 1/2\eta_{t-1}) > 0$, 故得到

$$\sum_{t=2}^{T}\left(\frac{1}{2\eta_t}-\frac{1}{2\eta_{t-1}}\right)\|\boldsymbol{x}_{t-1}-\hat{\boldsymbol{x}}\|^2 \leqslant W^2\sum_{t=2}^{T}\left(\frac{1}{2\eta_t}-\frac{1}{2\eta_{t-1}}\right),$$

以及 $-\|\boldsymbol{x}_T-\hat{\boldsymbol{x}}\|^2/(2\eta_T)\leqslant 0$. 因此 (1) 项的放缩结果为

$$\sum_{t=1}^{T}\frac{1}{2\eta_t}\left[\|\boldsymbol{x}_{t-1}-\hat{\boldsymbol{x}}\|^2-\|\boldsymbol{x}_t-\hat{\boldsymbol{x}}\|^2\right]\leqslant\frac{1}{2\eta_1}W^2+W^2\sum_{t=2}^{T}\left(\frac{1}{2\eta_t}-\frac{1}{2\eta_{t-1}}\right)+0=\frac{1}{2\eta_T}W^2. \tag{5.2.11}$$

对于式 (5.2.9) 的 (2) 项, 根据假设 5.2.3, 有

$$\sum_{t=1}^{T}\left(\frac{\eta_t}{2}\|\boldsymbol{g}_t\|^2\right)\leqslant\frac{H^2}{2}\sum_{t=1}^{T}\eta_t. \tag{5.2.12}$$

我们将式 (5.2.11) 和式 (5.2.12) 代入式 (5.2.9), 整理得到 $\phi(T)$ 的上界:

$$\begin{aligned}\phi(T)&\leqslant\frac{1}{2\eta_T}W^2+\frac{H^2}{2}\sum_{t=1}^{T}\eta_t\\&=\frac{\sqrt{T}W^2}{2\alpha}+\frac{H^2\alpha}{2}\sum_{t=1}^{T}\frac{1}{\sqrt{t}}.\end{aligned} \tag{5.2.13}$$

可知 $\phi(T)$ 上界的数量级为 $\mathcal{O}(\sqrt{T})$ [①], 于是有 $\lim\limits_{T\to\infty}\dfrac{\phi(T)}{T}=0$, 定理得证.

■ 5.3 动量法

5.3.1 梯度下降的问题

所有梯度下降算法在每次迭代中仅根据上一时间节点的自变量 $\boldsymbol{x}_{t-1}$ 计算梯度 $\boldsymbol{g}_t$, 来更新当前时间节点的自变量 $\boldsymbol{x}_t$. 然而, 这种迭代策略会造成两个问题, 第一个是自变量中各个分量更新效率不同的问题; 第二个是当 $\boldsymbol{x}_{t-1}$ 是稳定点时, 梯度为零向量, 无法进行下一步更新的问题. 下面给出第一个问题的分析例子.

设二元函数 $f(\boldsymbol{x})=2x_1^2+0.05\cdot(x_2-2)^2$, 已知该函数的最优解为 $(0,2)$, 设初始位置 $(10,5)$, 学习率 $\eta=0.4$, 按梯度下降公式迭代 30 次. 迭代轨迹如图 5.3.1 所示.

可以看到, 当学习率 $\eta=0.4$ 时, 自变量 $\boldsymbol{x}$ 的迭代出现了两个问题: 一是自变量在水平方向上反复越过最优解 $x_1=0$; 二是自变量在竖直方向上无法快速逼近

---

① 对于 $n\geqslant 1$, 有 $2\sqrt{n+1}-2<1+\dfrac{1}{\sqrt{2}}+\cdots+\dfrac{1}{\sqrt{n}}<2\sqrt{n}$ 成立.

最优解 $x_2 = 2$. 解决第一个问题需要适当调低学习率, 而解决第二个问题需要适当调高学习率, 这就产生了矛盾.

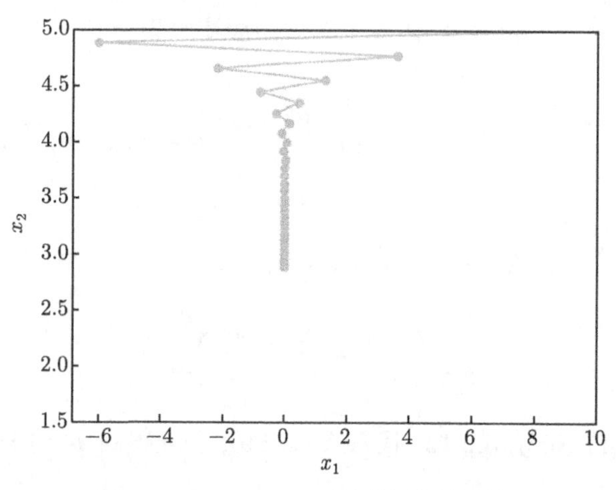

图 5.3.1 $\eta = 0.4$, $f(\boldsymbol{x})$ 的迭代轨迹图

我们先将学习率 η 调低至 0.1, 得到迭代轨迹图 5.3.2. 虽然自变量在水平方向上不再反复越过最优解 $x_1 = 0$, 但在竖直方向上, 自变量逼近最优解 $x_2 = 2$ 的速度变得更加缓慢.

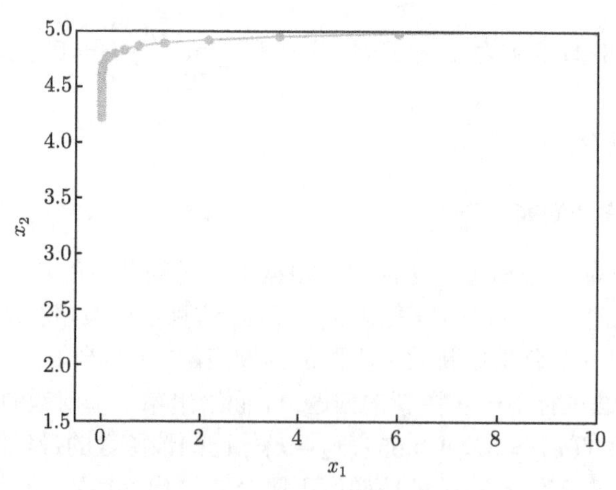

图 5.3.2 $\eta = 0.1$, $f(\boldsymbol{x})$ 的迭代轨迹图

如果将学习率调高至 0.5, 得到迭代轨迹图 5.3.3. 观察发现自变量在竖直方向上的收敛速度加快了, 但是在水平方向上无法收敛.

梯度下降的第二个问题也极大地影响自变量的迭代. 当 $\boldsymbol{x}_{t-1}$ 是目标函数 f 的稳定点时, 由于 $\boldsymbol{g}_t = \boldsymbol{0}$, 根据式 (5.2.3) 得到 $\boldsymbol{x}_t = \boldsymbol{x}_{t-1}$, 那么 $\boldsymbol{x}_t$ 也是稳定点, 得

到 $\boldsymbol{x}_{t+1}=\boldsymbol{x}_t=\boldsymbol{x}_{t-1}$, 最终导致自变量更新停滞. 如果 $\boldsymbol{x}_{t-1}$ 是全局最小值点, 意味着自变量更新成功, 而如果 $\boldsymbol{x}_{t-1}$ 是局部最小值点或是鞍点, 则自变量将彻底停止更新. 在实际实验中, $\boldsymbol{x}_{t-1}$ 是局部最小值点或者鞍点的概率远大于全局最小值点, 因此梯度下降的第二个问题是一个待解决的问题.

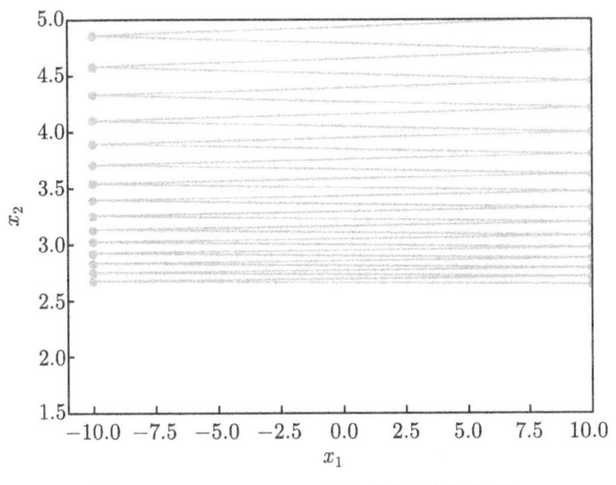

图 5.3.3 $\eta=0.5$, $f(\boldsymbol{x})$ 的迭代轨迹图

5.3.2 动量法

动量法较好地解决了梯度下降的问题. 设时间节点 t 的自变量为 $\boldsymbol{x}_t$, 学习率为 η_t, 小批量随机梯度为 $\boldsymbol{g}_t$(式 (5.2.2)), B 为小批量训练样本, f_B 为定义在小批量训练样本 B 上的目标函数. 创建状态变量 $\boldsymbol{v}_0$, 在 $t=0$ 时初始化成 $\mathbf{0}$. 在时间节点 $t>0$ 时, 动量法的每一次迭代过程如下:

$$\begin{cases}\boldsymbol{g}_t \leftarrow \nabla f_B(\boldsymbol{x}_{t-1})=\dfrac{1}{|B|}\displaystyle\sum_{i\in B}\nabla f_i(\boldsymbol{x}_{t-1}),\\ \boldsymbol{v}_t \leftarrow \gamma\boldsymbol{v}_{t-1}+\eta_t\boldsymbol{g}_t,\\ \boldsymbol{x}_t \leftarrow \boldsymbol{x}_{t-1}-\boldsymbol{v}_t,\end{cases} \tag{5.3.1}$$

其中, 动量超参数 γ 满足 $0\leqslant\gamma<1$, 当 $\gamma=0$ 时, 动量法等价于小批量随机梯度下降. 相比小批量随机梯度下降公式 (5.2.3), 动量法公式中增加了一个状态变量 $\boldsymbol{v}_t$, 与自变量 $\boldsymbol{x}_t$ 具有相同的维度, 又称为自变量的更新量.

可以通过图 5.3.4 来直观地解释动量法. 在上一迭代中, 根据自变量更新量 $\boldsymbol{v}_t$, 完成 $\boldsymbol{x}_{t-1}$ 到 $\boldsymbol{x}_t$ 的迭代, 然后进行 $\boldsymbol{x}_t$ 到 $\boldsymbol{x}_{t+1}$ 的迭代. 首先计算函数在 $\boldsymbol{x}_t$ 处的梯度 $\boldsymbol{g}_{t+1}$, 根据式 (5.3.1) 计算新的自变量更新量 $\boldsymbol{v}_{t+1}=0.9\boldsymbol{v}_t+\eta\boldsymbol{g}_{t+1}$, 此时 $\gamma=0.9$, 最后通过 $\boldsymbol{v}_{t+1}$ 完成 $\boldsymbol{x}_t$ 到 $\boldsymbol{x}_{t+1}$ 的迭代.

继续分析, 当梯度 $\boldsymbol{g}_{t+1}=\mathbf{0}$ 时, 动量法和梯度下降法分别会发生什么情况. 梯度下降法的图解如图 5.3.5 (b) 所示, 因为梯度为零向量, 自变量 $\boldsymbol{x}_t$ 极有可能落在局部最小值点或者鞍点处, 自变量的迭代彻底停止, 无法跳出这些稳定点; 动量法的图解如图 5.3.5 (a) 所示, 动量法因为自变量更新量 $\boldsymbol{v}_t$ 不为零向量, 所以即使自变量 $\boldsymbol{x}_t$ 落在稳定点处, 也能进行下一步迭代, 从而解决了梯度下降法的第二个问题. 综上所述, 得到动量法算法 5.3.1.

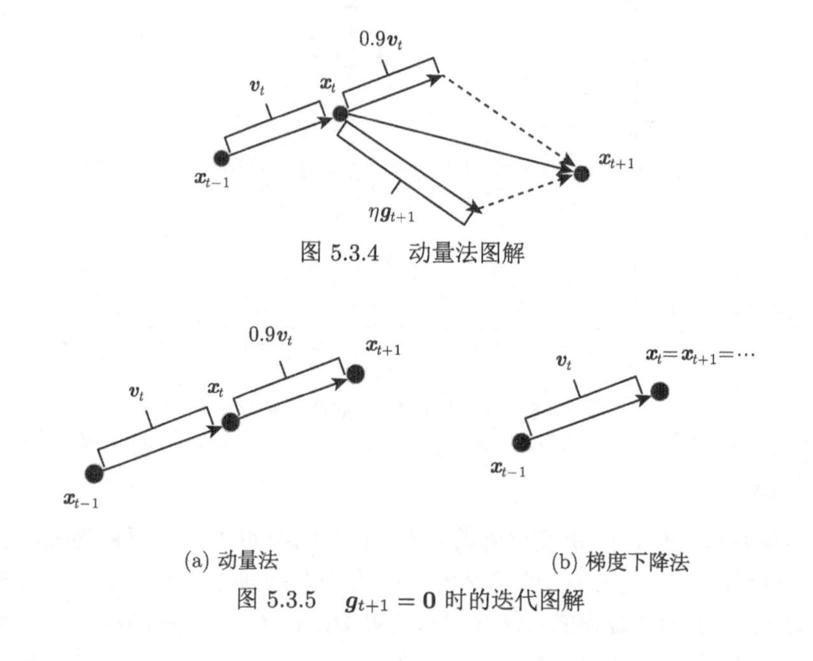

图 5.3.4 动量法图解

(a) 动量法　　(b) 梯度下降法

图 5.3.5 $\boldsymbol{g}_{t+1}=\mathbf{0}$ 时的迭代图解

算法 5.3.1 动量法算法

输入: 初始自变量 $\boldsymbol{x}_0$, 初始状态变量 $\boldsymbol{v}_0=\mathbf{0}$, 学习率 η, 超参数 γ

for $t=1$ **to** N **do**

　　计算小批量随机梯度: $\boldsymbol{g}_t(\boldsymbol{x}_{t-1})\leftarrow\nabla f_B(\boldsymbol{x}_{t-1})=\dfrac{1}{|B|}\sum\limits_{i\in B}\nabla f_i(\boldsymbol{x}_{t-1})$

　　更新状态变量: $\boldsymbol{v}_t\leftarrow\gamma\boldsymbol{v}_{t-1}+\eta\boldsymbol{g}_t(\boldsymbol{x}_{t-1})$

　　更新自变量: $\boldsymbol{x}_t\leftarrow\boldsymbol{x}_{t-1}-\boldsymbol{v}_t$

end for

因为动量法的自变量更新量 $\boldsymbol{v}_t$ 是由上一时间节点的 $\boldsymbol{v}_{t-1}$ 和当前时间节点的梯度 $\boldsymbol{g}_t$ 组合而成的, 所以自变量 $\boldsymbol{x}_t$ 在迭代时不仅取决于 $\boldsymbol{g}_t$, 还会考虑 $\boldsymbol{v}_{t-1}$ 的信息, 因此极大地减少了自变量反复越过最优解的情况 (图 5.3.3 的情况). 利用实验观察动量法的迭代轨迹, 设二元函数 $f(\boldsymbol{x})=2x_1^2+0.05\cdot(x_2-2)^2$, 设初始位置 $(10,5)$, 学习率 $\eta_t=0.4$, 动量超参数 $\gamma=0.5$, 按算法 5.3.1 共迭代 30 次. 迭代轨迹如图 5.3.6 所示, 在设置相同的学习率和初始位置时, 动量法在水平方向上的迭代轨迹相比梯度下降 (图 5.3.3) 更加平滑, 并且自变量在竖直方向上更接近最优解 $x_2 = 2$, 所以动量法缓解了梯度下降法的第一个问题.

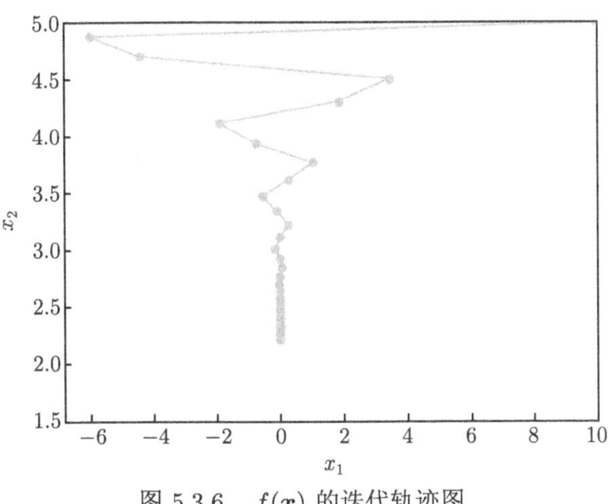

图 5.3.6 $f(\boldsymbol{x})$ 的迭代轨迹图

5.3.3 指数加权移动平均

为了从数学上理解动量法, 先介绍指数加权移动平均 (Exponentially Weighted Moving Average, EWMA) 的概念. 给定超参数 $0 \leqslant \gamma < 1$, 设当前时间节点 t 的变量 $\boldsymbol{y}_t$ 是上一时间节点的变量 $\boldsymbol{y}_{t-1}$ 和当前时间节点另一变量 $\boldsymbol{x}_t$ 的线性组合:

$$\boldsymbol{y}_t = (1-\gamma)\boldsymbol{x}_t + \gamma \boldsymbol{y}_{t-1}.$$

对 $\boldsymbol{y}_t$ 进行展开:

$$\begin{aligned}\boldsymbol{y}_t &= (1-\gamma)\boldsymbol{x}_t + \gamma \boldsymbol{y}_{t-1} \\ &= (1-\gamma)\boldsymbol{x}_t + (1-\gamma)\gamma \boldsymbol{x}_{t-1} + \gamma^2 \boldsymbol{y}_{t-2} \\ &= (1-\gamma)\boldsymbol{x}_t + (1-\gamma)\gamma \boldsymbol{x}_{t-1} + (1-\gamma)\gamma^2 \boldsymbol{x}_{t-2} + \gamma^3 \boldsymbol{y}_{t-3} \\ &= \cdots. \end{aligned} \tag{5.3.2}$$

因为 $\gamma < 1$, 可以忽略 γ 的一些高阶项, 例如忽略所有含 $\gamma^{\left[\frac{1}{1-\gamma}\right]}$ 和比 $\gamma^{\left[\frac{1}{1-\gamma}\right]}$ 更高阶的项, 那么 $\boldsymbol{y}_t$ 可以简化为

$$\boldsymbol{y}_t \approx (1-\gamma) \sum_{i=0}^{\left[\frac{1}{1-\gamma}-1\right]} \gamma^i \boldsymbol{x}_{t-i}, \tag{5.3.3}$$

$[\cdot]$ 表示取整. 当 $\gamma = 0.9$ 时,

$$\boldsymbol{y}_t \approx 0.1 \cdot \sum_{i=0}^{9} (0.9)^i \boldsymbol{x}_{t-i} = \frac{1}{10} \sum_{i=0}^{9} (0.9)^i \boldsymbol{x}_{t-i}.$$

因此, $\boldsymbol{y}_t$ 可被近似为对最近 $n=\left[\dfrac{1}{1-\gamma}\right]$ 个时间节点的 $\boldsymbol{x}_t$ 的指数加权移动平均, 即 $\boldsymbol{y}_t$ 可以看作对 $\{\boldsymbol{x}_t,\boldsymbol{x}_{t-1},\cdots,\boldsymbol{x}_{t-9}\}$ 的指数加权移动平均; 当 $\gamma=0.8$ 时, $\boldsymbol{y}_t$ 可以看作对 $\{\boldsymbol{x}_t,\boldsymbol{x}_{t-1},\cdots,\boldsymbol{x}_{t-4}\}$ 的指数加权移动平均.

5.3.4 从指数加权移动平均来理解动量法

由指数加权移动平均的形式可知, $\boldsymbol{y}_t=\gamma\boldsymbol{y}_{t-1}+(1-\gamma)\boldsymbol{x}_t$ 可以近似成式 (5.3.3), 现将动量法的状态变量 $\boldsymbol{v}_t=\gamma\boldsymbol{v}_{t-1}+\eta_t\boldsymbol{g}_t$ 调整为

$$\boldsymbol{v}_t=\gamma\boldsymbol{v}_{t-1}+(1-\gamma)\left(\frac{\eta_t}{1-\gamma}\boldsymbol{g}_t\right).$$

$\boldsymbol{v}_t$ 根据式 (5.3.3) 可近似成

$$\boldsymbol{v}_t\approx(1-\gamma)\sum_{i=0}^{\left[\frac{1}{1-\gamma}-1\right]}\gamma^i\left(\frac{\eta_{t-i}}{1-\gamma}\boldsymbol{g}_{t-i}\right), \tag{5.3.4}$$

那么 $\boldsymbol{v}_t$ 可以看作是对最近 $\left[\dfrac{1}{1-\gamma}\right]$ 个时间节点的 $\dfrac{\eta_t}{1-\gamma}\boldsymbol{g}_t$ 的指数加权移动平均. 相比之下, 小批量随机梯度下降公式 (5.2.3) 中的自变量更新量为 $\eta_t\boldsymbol{g}_t$, 而动量法的自变量更新量 $\boldsymbol{v}_t$ 包含了最近 $\left[\dfrac{1}{1-\gamma}\right]$ 个时间节点的 $\dfrac{1}{1-\gamma}\eta_t\boldsymbol{g}_t$ 的信息. 所以, 动量法的自变量在每一次迭代时不仅考虑当前梯度 $\boldsymbol{g}_t$, 还取决于过去的各个梯度 $\left\{\boldsymbol{g}_{t-1},\boldsymbol{g}_{t-2},\cdots,\boldsymbol{g}_{t-\left[\frac{1}{1-\gamma}-1\right]}\right\}$.

5.3.5 NAG 算法

由动量法图解 (图 5.3.4) 知, 自变量从 $\boldsymbol{x}_t$ 到 $\boldsymbol{x}_{t+1}$ 的更新量 $\boldsymbol{v}_{t+1}$ 是由 $\gamma\boldsymbol{v}_t$ 和 $\eta\boldsymbol{g}_{t+1}$ 组成的. 因此每一步的迭代都是以 $\boldsymbol{v}_t$ 和 $\boldsymbol{g}_{t+1}$ 的组合进行更新. 而 NAG(Nesterov Accelerated Gradient) 算法考虑先根据 $\boldsymbol{v}_t$ 做第一次迭代, 再利用迭代后的自变量计算 $\boldsymbol{g}_{t+1}$ 做第二次迭代. 同样地, 在时间节点 $t>0$ 时, NAG 算法的迭代过程如下:

$$\begin{cases}\boldsymbol{g}_t\leftarrow\nabla f_B(\boldsymbol{x}_{t-1}-\gamma\boldsymbol{v}_{t-1})=\dfrac{1}{|B|}\displaystyle\sum_{i\in B}\nabla f_i(\boldsymbol{x}_{t-1}-\gamma\boldsymbol{v}_{t-1}),\\ \boldsymbol{v}_t\leftarrow\gamma\boldsymbol{v}_{t-1}+\eta\boldsymbol{g}_t,\\ \boldsymbol{x}_t\leftarrow\boldsymbol{x}_{t-1}-\boldsymbol{v}_t,\end{cases} \tag{5.3.5}$$

其中, 学习率为 η, 超参数 γ 满足 $0 \leqslant \gamma < 1$, 状态变量 $\boldsymbol{v}_0$ 被初始化成 $\mathbf{0}$.

我们进一步分析, 将式 (5.3.5) 变形为

$$\boldsymbol{x}_t \leftarrow \underbrace{\underbrace{\boldsymbol{x}_{t-1} - \gamma \boldsymbol{v}_{t-1}}_{(1)} - \eta \nabla f_B(\boldsymbol{x}_{t-1} - \gamma \boldsymbol{v}_{t-1})}_{(2)}, \tag{5.3.6}$$

此时自变量 $\boldsymbol{x}_t$ 的迭代可分为 (1) 和 (2) 两步骤, 如图 5.3.7 右侧的迭代过程所示. 同理将动量法公式 (5.3.1) 变形为

$$\boldsymbol{x}_t \leftarrow \underbrace{\underbrace{\boldsymbol{x}_{t-1} - \gamma \boldsymbol{v}_{t-1}}_{(1)} - \eta \nabla f_B(\boldsymbol{x}_{t-1})}_{(2)}, \tag{5.3.7}$$

那么动量法的 $\boldsymbol{x}_t$ 的迭代也可以分为 (1) 和 (2) 两步骤, 如图 5.3.7 左侧所示. 观察发现 NAG 算法与动量法最大的区别在于迭代公式中的步骤 (2): NAG 算法以步骤 (1) 后的位置计算 $\boldsymbol{g}_t$, 而动量法以初始的位置计算 $\boldsymbol{g}_t$.

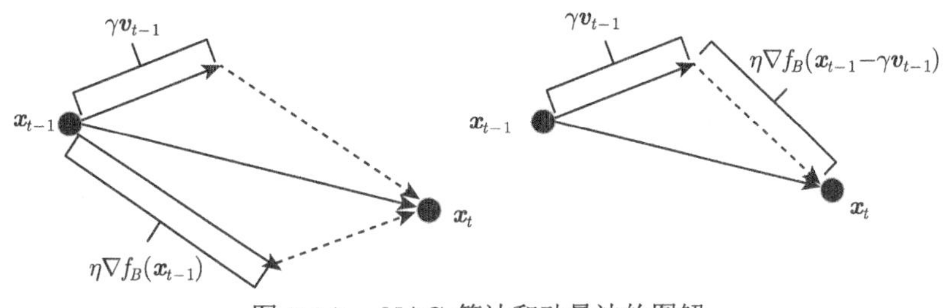

图 5.3.7 NAG 算法和动量法的图解

综上所述, 得到 NAG 算法 5.3.2.

算法 5.3.2 NAG 算法

输入: 初始自变量 $\boldsymbol{x}_0$, 初始状态变量 $\boldsymbol{v}_0 = \mathbf{0}$, 学习率 η, 超参数 γ

for $t = 1$ **to** N **do**

计算小批量随机梯度: $\boldsymbol{g}_t \leftarrow \nabla f_B(\boldsymbol{x}_{t-1} - \gamma \boldsymbol{v}_{t-1}) = \dfrac{1}{|B|} \sum\limits_{i \in B} \nabla f_i(\boldsymbol{x}_{t-1} - \gamma \boldsymbol{v}_{t-1})$

更新状态变量: $\boldsymbol{v}_t \leftarrow \gamma \boldsymbol{v}_{t-1} + \eta \boldsymbol{g}_t$

更新自变量: $\boldsymbol{x}_t \leftarrow \boldsymbol{x}_{t-1} - \boldsymbol{v}_t$

end for

从另一个角度理解 NAG 算法, 我们可以对式 (5.3.5) 进行变换, 得到以下的等效公式:

$$
\begin{cases}
\boldsymbol{v}_t \leftarrow \gamma \boldsymbol{v}_{t-1} + \eta \nabla f_B(\boldsymbol{x}_{t-1}) + \gamma\eta[\nabla f_B(\boldsymbol{x}_{t-1}) - \nabla f_B(\boldsymbol{x}_{t-2})], \\
\boldsymbol{x}_t \leftarrow \boldsymbol{x}_{t-1} - \boldsymbol{v}_t,
\end{cases} \tag{5.3.8}
$$

该等价公式与动量法公式 (5.3.1) 的区别在于 $\boldsymbol{v}_t$ 的更新式中增加了 $\gamma\eta[\nabla f_B(\boldsymbol{x}_{t-1}) - \nabla f_B(\boldsymbol{x}_{t-2})]$ 项, 表示当前时间节点的梯度 $\nabla f_B(\boldsymbol{x}_{t-1})$ 与上一时间节点的梯度 $\nabla f_B(\boldsymbol{x}_{t-2})$ 的差对自变量更新量 $\boldsymbol{v}_t$ 的影响. 具体来说, 如果 $\gamma\eta[\nabla f_B(\boldsymbol{x}_{t-1}) - \nabla f_B(\boldsymbol{x}_{t-2})]$ 项的某些分量与 $\eta\nabla f_B(\boldsymbol{x}_{t-1})$ 的分量符号一致, 则说明在这些分量对应的维度上, 会加强自变量的更新量, 若符号相反, 则减少自变量的更新量.

下面我们给出 NAG 算法的原始迭代公式 (5.3.5) 到等效公式 (5.3.8) 的推导过程:

由式 (5.3.5) 可得到

$$
\begin{aligned}
\boldsymbol{x}_t - \gamma\boldsymbol{v}_t &= \boldsymbol{x}_{t-1} - (1+\gamma)\boldsymbol{v}_t \\
&= \boldsymbol{x}_{t-1} - (1+\gamma)\left[\gamma\boldsymbol{v}_{t-1} + \eta\nabla f_B(\boldsymbol{x}_{t-1} - \gamma\boldsymbol{v}_{t-1})\right] \\
&= \boldsymbol{x}_{t-1} - \gamma\boldsymbol{v}_{t-1} - \gamma^2\boldsymbol{v}_{t-1} - (1+\gamma)\eta\nabla f_B(\boldsymbol{x}_{t-1} - \gamma\boldsymbol{v}_{t-1}).
\end{aligned} \tag{5.3.9}
$$

我们记

$$
\begin{aligned}
&\hat{\boldsymbol{x}}_t \triangleq \boldsymbol{x}_t - \gamma\boldsymbol{v}_t, \\
&\hat{\boldsymbol{x}}_{t-1} \triangleq \boldsymbol{x}_{t-1} - \gamma\boldsymbol{v}_{t-1}, \\
&\hat{\boldsymbol{v}}_t \triangleq \gamma^2\boldsymbol{v}_{t-1} + (1+\gamma)\eta\nabla f_B(\boldsymbol{x}_{t-1} - \gamma\boldsymbol{v}_{t-1}) = \gamma^2\boldsymbol{v}_{t-1} + (1+\gamma)\eta\nabla f_B(\hat{\boldsymbol{x}}_{t-1}),
\end{aligned}
$$

并代入式 (5.3.9), 得到

$$
\hat{\boldsymbol{x}}_t = \hat{\boldsymbol{x}}_{t-1} - \hat{\boldsymbol{v}}_t.
$$

将 $\hat{\boldsymbol{v}}_t$ 展开:

$$
\begin{aligned}
\hat{\boldsymbol{v}}_t &= \gamma^2\boldsymbol{v}_{t-1} + (1+\gamma)\eta\nabla f_B(\hat{\boldsymbol{x}}_{t-1}) \\
&= (1+\gamma)\eta\nabla f_B(\hat{\boldsymbol{x}}_{t-1}) + \gamma^2[\gamma\boldsymbol{v}_{t-2} + \eta\nabla f_B(\boldsymbol{x}_{t-2} - \gamma\boldsymbol{v}_{t-2})] \\
&= (1+\gamma)\eta\nabla f_B(\hat{\boldsymbol{x}}_{t-1}) + \gamma^2\eta\nabla f_B(\hat{\boldsymbol{x}}_{t-2}) + \gamma^3\boldsymbol{v}_{t-2} \\
&= (1+\gamma)\eta\nabla f_B(\hat{\boldsymbol{x}}_{t-1}) + \gamma^2\eta\nabla f_B(\hat{\boldsymbol{x}}_{t-2}) + \gamma^3\eta\nabla f_B(\hat{\boldsymbol{x}}_{t-3}) + \gamma^4\boldsymbol{v}_{t-3} \\
&= \cdots \\
&= (1+\gamma)\eta\nabla f_B(\hat{\boldsymbol{x}}_{t-1}) + \gamma^2\eta\nabla f_B(\hat{\boldsymbol{x}}_{t-2}) + \gamma^3\eta\nabla f_B(\hat{\boldsymbol{x}}_{t-3}) + \gamma^4\eta\nabla f_B(\hat{\boldsymbol{x}}_{t-4}) + \cdots.
\end{aligned}
$$

之后计算 $\hat{\boldsymbol{v}}_t - \gamma\hat{\boldsymbol{v}}_{t-1}$ 得到

$$
\hat{\boldsymbol{v}}_t - \gamma\hat{\boldsymbol{v}}_{t-1} = \big[(1+\gamma)\eta\nabla f_B(\hat{\boldsymbol{x}}_{t-1}) + \gamma^2\eta\nabla f_B(\hat{\boldsymbol{x}}_{t-2}) + \gamma^3\eta\nabla f_B(\hat{\boldsymbol{x}}_{t-3})
$$

$$
\begin{aligned}
&+\gamma^4\eta\nabla f_B(\hat{\boldsymbol{x}}_{t-4})+\cdots\Big]-\gamma\Big[(1+\gamma)\eta\nabla f_B(\hat{\boldsymbol{x}}_{t-2})+\gamma^2\eta\nabla f_B(\hat{\boldsymbol{x}}_{t-3})\\
&+\gamma^3\eta\nabla f_B(\hat{\boldsymbol{x}}_{t-4})+\gamma^4\eta\nabla f_B(\hat{\boldsymbol{x}}_{t-5})+\cdots\Big]\\
=&(1+\gamma)\eta\nabla f_B(\hat{\boldsymbol{x}}_{t-1})-\gamma\eta\nabla f_B(\hat{\boldsymbol{x}}_{t-2})\\
=&\eta\nabla f_B(\hat{\boldsymbol{x}}_{t-1})+\gamma\eta\left[\nabla f_B(\hat{\boldsymbol{x}}_{t-1})-\nabla f_B(\hat{\boldsymbol{x}}_{t-2})\right].
\end{aligned}
$$

最终得到了 NAG 算法的等效公式.

■ 5.4 自适应梯度方法

梯度下降方法中, 自变量的每一个分量在相同时间节点都使用同一个学习率进行更新迭代. 举个例子, 假设目标函数为 f, 自变量为一个二维向量 $[x_1, x_2]^{\mathrm{T}}$, 设学习率为 η, 那么梯度下降中, x_1 和 x_2 都使用相同的学习率 η 进行迭代:

$$
x_1 \leftarrow x_1-\eta\frac{\partial f}{\partial x_1},\quad x_2 \leftarrow x_2-\eta\frac{\partial f}{\partial x_2}.
$$

当 $\left|\dfrac{\partial f}{\partial x_1}\right|$ 较小而 $\left|\dfrac{\partial f}{\partial x_2}\right|$ 较大时, 如何选择一个合适的学习率就会成为一个问题. 太小的学习率会导致较慢的自变量收敛速度, 尤其是 $\left|\dfrac{\partial f}{\partial x_1}\right|$ 对应的自变量分量. 反之较大的学习率容易使得自变量发散. 为了解决学习率设置的问题, 许多自适应梯度方法被设计出来.

5.4.1 AdaGrad 算法

AdaGrad 算法, 可以根据自变量在每个分量维度的梯度值的大小来调整各个维度上的学习率, 避免固定学习率难以适应所有分量维度的问题.

AdaGrad 算法创建状态变量 $\boldsymbol{s}_t$ 用于更新自变量. 在时间节点 $t=0$ 时, $\boldsymbol{s}_0$ 被初始化为 $\mathbf{0}$. 小批量随机梯度为 $\boldsymbol{g}_t$, B 为小批量训练样本, f_B 为定义在小批量训练样本 B 上的目标函数. 在时间节点 $t>0$ 时, 首先计算小批量随机梯度 $\boldsymbol{g}_t$:

$$
\boldsymbol{g}_t \leftarrow \nabla f_B(\boldsymbol{x}_{t-1})=\frac{1}{|B|}\sum_{i\in B}\nabla f_i(\boldsymbol{x}_{t-1}),
$$

然后将 $\boldsymbol{g}_t$ 按元素进行平方后, 累加到 $\boldsymbol{s}_t$:

$$
\boldsymbol{s}_t \leftarrow \boldsymbol{s}_{t-1}+\boldsymbol{g}_t\odot\boldsymbol{g}_t, \tag{5.4.1}
$$

其中 $\odot$ 是各位置元素的相乘运算, 接着通过状态变量 $\boldsymbol{s}_t$ 调节自变量每个分量的学习率, 再更新自变量:

$$
\boldsymbol{x}_t \leftarrow \boldsymbol{x}_{t-1}-\frac{\eta}{\sqrt{\boldsymbol{s}_t+\varepsilon}}\odot\boldsymbol{g}_t, \tag{5.4.2}
$$

其中 η 是学习率, $\boldsymbol{\varepsilon}$ 是为了维持数值稳定性而添加的常数向量, 比如 $\mathbf{10^{-6}}$. 公式中的开方、除法和乘法的运算都是按元素运算的:

$$\begin{pmatrix} s_t^1 \\ s_t^2 \\ \vdots \\ s_t^m \end{pmatrix} = \begin{pmatrix} s_{t-1}^1 + g_t^1 \cdot g_t^1 \\ s_{t-1}^2 + g_t^2 \cdot g_t^2 \\ \vdots \\ s_{t-1}^m + g_t^m \cdot g_t^m \end{pmatrix}, \quad \begin{pmatrix} x_t^1 \\ x_t^2 \\ \vdots \\ x_t^m \end{pmatrix} = \begin{pmatrix} x_{t-1}^1 - \dfrac{\eta}{\sqrt{s_t^1 + \varepsilon}} \cdot g_t^1 \\ x_{t-1}^2 - \dfrac{\eta}{\sqrt{s_t^2 + \varepsilon}} \cdot g_t^2 \\ \vdots \\ x_{t-1}^m - \dfrac{\eta}{\sqrt{s_t^m + \varepsilon}} \cdot g_t^m \end{pmatrix}.$$

自变量 $\boldsymbol{x}_t$ 的每个分量都有各自的学习率. 综上所述, 得到 AdaGrad 算法:

算法 5.4.1 AdaGrad 算法

输入: 初始自变量 $\boldsymbol{x}_0$, 初始状态变量 $\boldsymbol{s}_0 = \mathbf{0}$, 学习率 η, 常数向量 $\boldsymbol{\varepsilon}$

for $t = 1$ **to** N **do**

计算小批量随机梯度: $\boldsymbol{g}_t \leftarrow \nabla f_B(\boldsymbol{x}_{t-1}) = \dfrac{1}{|B|}\sum_{i \in B} \nabla f_i(\boldsymbol{x}_{t-1})$

更新状态变量: $\boldsymbol{s}_t \leftarrow \boldsymbol{s}_{t-1} + \boldsymbol{g}_t \odot \boldsymbol{g}_t$

更新自变量:$\boldsymbol{x}_t \leftarrow \boldsymbol{x}_{t-1} - \dfrac{\eta}{\sqrt{\boldsymbol{s}_t + \boldsymbol{\varepsilon}}} \odot \boldsymbol{g}_t$

end for

注意到, 状态变量 $\boldsymbol{s}_t$ 由小批量随机梯度 $\boldsymbol{g}_t$ 更新, 由式 (5.4.1) 可知, $\boldsymbol{s}_t$ 中的每一个分量 s_t^i 满足 $s_t^i \geqslant s_{t-1}^i$, 随着迭代次数增加, $\boldsymbol{s}_t$ 中的每一个分量保持递增. 同时, 式 (5.4.2) 中 $\eta/\sqrt{\boldsymbol{s}_t + \boldsymbol{\varepsilon}}$ 项的每一个分量受 $\boldsymbol{s}_t$ 的影响会逐步递减, 因此导致自变量中每个分量的学习率一直在减小. 所以, 如果学习率在早期迭代中就降低至很小的值, 那么在后期迭代中自变量的收敛速度会非常慢.

下面我们开始研究 AdaGrad 算法的收敛性. 算法收敛性的定义根据各个算法所需假设以及应对的问题有着不同的定义. 常见的最严格的算法收敛性可以表示为

$$\lim_{t \to \infty} \boldsymbol{x}_t \to \boldsymbol{x}^*.$$

即自变量 $\boldsymbol{x}_t$ 收敛到最优解 $\boldsymbol{x}^*$, 但在实际研究中很少有自适应优化算法可以达到这一收敛要求. 因此在 AdaGrad 算法研究中, 通常认为在不考虑鞍点的情况下, 通过迭代使得目标函数梯度的模趋于 0 时, 即

$$\lim_{t \to \infty} \|\boldsymbol{g}_t\| \to 0 \tag{5.4.3}$$

时, 可认为算法是收敛的.

下面先给出用于证明算法收敛的一些定义和假设:

定义 5.4.1 可微函数 $f:\mathbf{R}^d\to\mathbf{R}$ 被称为 L 光滑当且仅当 f 有利普希茨连续梯度, 也就是当且仅当存在常数 L, $\forall \boldsymbol{x},\boldsymbol{y}\in\mathbf{R}^d$, 使得

$$\|\nabla f(\boldsymbol{x})-\nabla f(\boldsymbol{y})\|\leqslant L\|\boldsymbol{x}-\boldsymbol{y}\|, \tag{5.4.4}$$

其中 $\|\cdot\|$ 为欧几里得范数. 进一步, 若函数 f 同时为凸函数时, 对上述的 $\boldsymbol{x},\boldsymbol{y},L$, 成立以下等式:

$$f(\boldsymbol{x})\leqslant f(\boldsymbol{y})+\langle\nabla f(\boldsymbol{y}),\boldsymbol{x}-\boldsymbol{y}\rangle+\frac{L}{2}\|\boldsymbol{x}-\boldsymbol{y}\|^2,$$

其中 $\langle\cdot\rangle$ 表示内积.

假设 5.4.1 f_B 为定义在小批量训练样本 B 上的目标函数, 对于形如式 (5.1.1) 的问题, $f_B:\mathbf{R}^d\to\mathbf{R}$ 满足 L 光滑条件且为凸函数.

假设 5.4.2 小批量随机梯度为 $\boldsymbol{g}_t=(g_t^1,\cdots,g_t^m)^{\mathrm{T}}$, 设存在常数 C, 满足

$$|g_t^i|\leqslant C,\quad i=1,\cdots,m.$$

我们对算法 5.4.1 中 $\dfrac{\eta}{\sqrt{\boldsymbol{s}_t+\boldsymbol{\varepsilon}}}\odot\boldsymbol{g}_t$ 进行分析, 其中 $\dfrac{1}{\sqrt{\boldsymbol{s}_t+\boldsymbol{\varepsilon}}}$ 项被称为 AdaGrad 约束项. 因此约束项 $\dfrac{1}{\sqrt{\boldsymbol{s}_t+\boldsymbol{\varepsilon}}}$ 与小批量随机梯度 $\boldsymbol{g}_t$ 的乘积等价于

$$\begin{pmatrix}\dfrac{1}{\sqrt{s_t^1+\varepsilon}} & & \\ & \ddots & \\ & & \dfrac{1}{\sqrt{s_t^m+\varepsilon}}\end{pmatrix}\cdot\begin{pmatrix}g_t^1\\ \vdots\\ g_t^m\end{pmatrix}=\boldsymbol{Q}_t\boldsymbol{g}_t,$$

其中 $\boldsymbol{Q}_t$ 是对角矩阵. 于是有如下引理.

引理 5.4.1 对于对角矩阵 $\boldsymbol{Q}_t$, 当 $\boldsymbol{s}_t$ 被初始化为零向量且函数梯度满足假设 5.4.2 时, 我们有

$$\boldsymbol{Q}_t-\frac{1}{\sqrt{tC^2+\varepsilon}}\boldsymbol{I}\succeq\boldsymbol{O},\quad \frac{1}{\sqrt{\varepsilon}}\boldsymbol{I}-\boldsymbol{Q}_t\succeq\boldsymbol{O},$$

其中 $\boldsymbol{I}$ 是单位矩阵, $\boldsymbol{O}$ 是零矩阵, ε 为常数且 $\varepsilon\in(0,1)$. $\boldsymbol{Q}_t-\dfrac{1}{\sqrt{tC^2+\varepsilon}}\boldsymbol{I}\succeq\boldsymbol{O}$ 表示矩阵为半正定矩阵, 同理 $\dfrac{1}{\sqrt{\varepsilon}}\boldsymbol{I}-\boldsymbol{Q}_t$ 为半正定矩阵.

证明　对于对角矩阵 $\boldsymbol{Q}_t$, 我们有

$$\boldsymbol{Q}_t = \begin{pmatrix} \frac{1}{\sqrt{s_t^1+\varepsilon}} & & \\ & \ddots & \\ & & \frac{1}{\sqrt{s_t^m+\varepsilon}} \end{pmatrix}.$$

根据算法 5.4.1 可知状态变量 $\boldsymbol{s}_t = \sum\limits_{i=1}^{t} \boldsymbol{g}_i \odot \boldsymbol{g}_i$, 即

$$\begin{pmatrix} s_t^1 \\ \vdots \\ s_t^m \end{pmatrix} = \begin{pmatrix} \sum\limits_{i=1}^{t}(g_i^1)^2 \\ \vdots \\ \sum\limits_{i=1}^{t}(g_i^m)^2 \end{pmatrix}$$

易知 $s_t^j \geqslant 0$, 由假设 5.4.2, 可得

$$s_t^j = \sum_{i=1}^{t}(g_i^j)^2 \leqslant tC^2,$$

$$\sqrt{s_t^j+\varepsilon} \leqslant \sqrt{tC^2+\varepsilon}.$$

$$\frac{1}{\sqrt{s_t^j+\varepsilon}} - \frac{1}{\sqrt{tC^2+\varepsilon}} \geqslant 0.$$

于是对角矩阵 $\boldsymbol{Q}_t$ 有以下形式:

$$\boldsymbol{Q}_t - \frac{1}{\sqrt{tC^2+\varepsilon}}\boldsymbol{I} = \begin{pmatrix} \frac{1}{\sqrt{s_t^1+\varepsilon}} - \frac{1}{\sqrt{tC^2+\varepsilon}} & & \\ & \ddots & \\ & & \frac{1}{\sqrt{s_t^m+\varepsilon}} - \frac{1}{\sqrt{tC^2+\varepsilon}} \end{pmatrix} \succeq \boldsymbol{O},$$

以及

$$\frac{1}{\sqrt{\varepsilon}}\boldsymbol{I} - \boldsymbol{Q}_t = \begin{pmatrix} \frac{1}{\sqrt{\varepsilon}} - \frac{1}{\sqrt{s_t^1+\varepsilon}} & & \\ & \ddots & \\ & & \frac{1}{\sqrt{\varepsilon}} - \frac{1}{\sqrt{s_t^m+\varepsilon}} \end{pmatrix} \succeq \boldsymbol{O}.$$

引理结论成立.

下面开始分析 AdaGrad 算法的收敛性.

定理 5.4.1 f_B 为定义在小批量训练样本 B 上的目标函数, 当函数 f_B 满足假设 5.4.1, 且函数梯度满足假设 5.4.2 时, 设函数 f_B 的下确界为 $f^* = \inf\{f_B\}$, 满足 $f^* > -\infty$, 于是有

$$\lim_{T\to\infty}\left[\min_{3\leqslant t\leqslant T}\|\boldsymbol{g}_t\|^2\right]\to 0,$$

即

$$\lim_{T\to\infty}\left[\min_{3\leqslant t\leqslant T}\|\nabla f_B(\boldsymbol{x}_{t-1})\|^2\right]\to 0,$$

其中 T 为 AdaGrad 算法的迭代总次数.

证明 设学习率为 η, 根据假设 5.4.1, 可知存在常数 L 满足

$$\begin{aligned} f_B(\boldsymbol{x}_t) &\leqslant f_B(\boldsymbol{x}_{t-1}) + \langle\nabla f_B(\boldsymbol{x}_{t-1}), \boldsymbol{x}_t - \boldsymbol{x}_{t-1}\rangle + \frac{L}{2}\|\boldsymbol{x}_t - \boldsymbol{x}_{t-1}\|^2 \\ &= f_B(\boldsymbol{x}_{t-1}) - \left\langle\nabla f_B(\boldsymbol{x}_{t-1}), \eta\frac{\nabla f_B(\boldsymbol{x}_{t-1})}{\sqrt{\boldsymbol{s}_t+\varepsilon}}\right\rangle + \frac{\eta^2 L}{2}\left\|\frac{\nabla f_B(\boldsymbol{x}_{t-1})}{\sqrt{\boldsymbol{s}_t+\varepsilon}}\right\|^2. \end{aligned}$$

根据引理 5.4.1, 有

$$f_B(\boldsymbol{x}_t) \leqslant f_B(\boldsymbol{x}_{t-1}) - \frac{\eta\|\nabla f_B(\boldsymbol{x}_{t-1})\|^2}{\sqrt{tC^2+\varepsilon}} + \frac{L\eta^2\|\nabla f_B(\boldsymbol{x}_{t-1})\|^2}{2\varepsilon}.$$

通过化简得到

$$\left(\frac{\eta}{\sqrt{tC^2+\varepsilon}} - \frac{L\eta^2}{2\varepsilon}\right)\|\nabla f_B(\boldsymbol{x}_{t-1})\|^2 \leqslant f_B(\boldsymbol{x}_{t-1}) - f_B(\boldsymbol{x}_t). \tag{5.4.5}$$

对式 (5.4.5) 两边同时从 $t=3$ 到 T 叠加得到

$$\sum_{t=3}^{T}\left(\frac{\eta}{\sqrt{tC^2+\varepsilon}} - \frac{L\eta^2}{2\varepsilon}\right)\|\nabla f_B(\boldsymbol{x}_{t-1})\|^2 \leqslant f_B(\boldsymbol{x}_2) - f_B(\boldsymbol{x}_T) \leqslant f_B(\boldsymbol{x}_2) - f^*.$$

于是有

$$\left[\min_{3\leqslant t\leqslant T}\|\nabla f_B(\boldsymbol{x}_{t-1})\|^2\right]\cdot\sum_{t=3}^{T}\left(\frac{\eta}{\sqrt{tC^2+\varepsilon}} - \frac{L\eta^2}{2\varepsilon}\right) \leqslant f_B(\boldsymbol{x}_2) - f^*. \tag{5.4.6}$$

设 η 是随时间 t 变换的学习率: $\eta_t = 1/(\sqrt{t}\ln t), t\geqslant 3$, 则式 (5.4.6) 不等号左边的连加项部分有

$$\sum_{t=3}^{T}\left(\frac{\eta_t}{\sqrt{tC^2+\varepsilon}} - \frac{L\eta_t^2}{2\varepsilon}\right) = \sum_{t=3}^{T}\left(\frac{1}{\sqrt{t}\ln t\sqrt{tC^2+\varepsilon}} - \frac{L}{2\varepsilon t\ln^2 t}\right).$$

容易验证正项级数 $\sum\limits_{t=3}^{\infty}\frac{1}{t\ln t}$ 是发散的, $\sum\limits_{t=3}^{\infty}\frac{1}{t\ln^2 t}$ 是收敛的, 所以有

$$\lim_{T\to\infty}\sum_{t=3}^{T}\left(\frac{1}{\sqrt{t}\ln t\sqrt{tC^2+\varepsilon}}-\frac{L}{2\varepsilon t\ln^2 t}\right)=+\infty.$$

进一步对式 (5.4.6) 求极限

$$\lim_{T\to\infty}\left[\min_{3\leqslant t\leqslant T}\|\nabla f_B(\boldsymbol{x}_{t-1})\|^2\right]\cdot\sum_{t=3}^{T}\left(\frac{\eta}{\sqrt{tC^2+\varepsilon}}-\frac{L\eta^2}{2\varepsilon}\right)\leqslant f_B(\boldsymbol{x}_2)-f^*.$$

最后可得①

$$\lim_{T\to\infty}\left[\min_{3\leqslant t\leqslant T}\|\nabla f_B(\boldsymbol{x}_{t-1})\|^2\right]\to 0.$$

定理得证.

我们已经给出了 AdaGrad 算法的收敛性证明. 下面给出实验, 观察自变量的迭代轨迹. 以二元函数 $f(\boldsymbol{x})=2x_1^2+0.05\cdot(x_2-2)^2$ 为例, 设初始位置为 $(10,5)$, 学习率 $\eta=0.4$, $\boldsymbol{s}_0$ 被初始化为 $\mathbf{0}$, 按 AdaGrad 算法 5.4.1 共迭代 30 次, 并绘制出迭代轨迹图. 从图 5.4.1 (a) 可以看到, 当学习率较小时, 自变量的迭代轨迹较平滑. 但由于 $\boldsymbol{s}_t$ 的每个分量逐渐递增导致学习率不断衰减, 所以在迭代后期自变量的移动幅度较小, 自变量难以收敛到最优解 $(0,2)$. 将 η 增大到 2.2 进行重复实验, 可以看到自变量在训练初期就能迅捷地逼近最优解, 如图 5.4.1 (b) 所示. 再将 η 增大至 4, 观察到自变量第一次迭代的轨迹在竖直方向上越过了最优解 $x_2=2$, 但在随后的迭代中又能稳定地收敛到最优解, 如图 5.4.1(c) 所示.

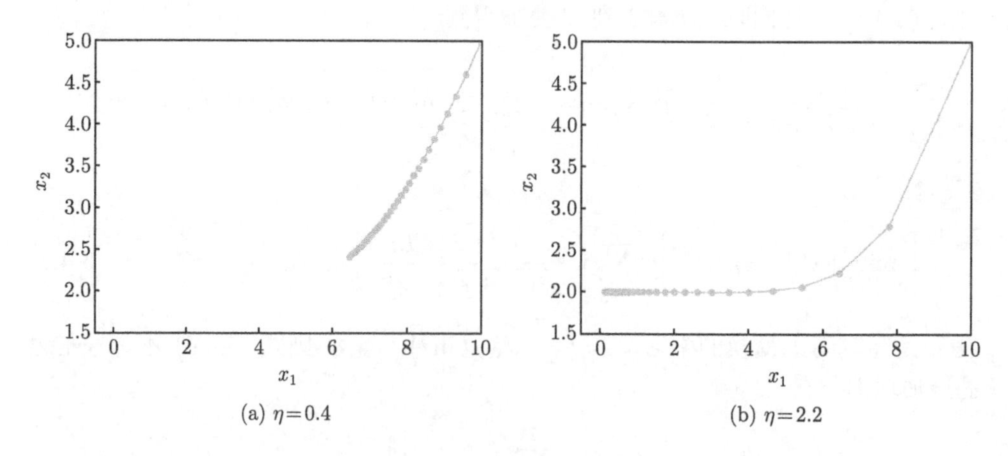

(a) $\eta=0.4$ (b) $\eta=2.2$

① 已知数列 $\{a_n\}$ 和 $\{b_n\}$, 有 $\lim\limits_{n\to\infty}b_n=+\infty$, 若 $\lim\limits_{n\to\infty}a_n\cdot b_n=A$, A 为有限数, 那么有 $\lim\limits_{n\to\infty}a_n=0$.

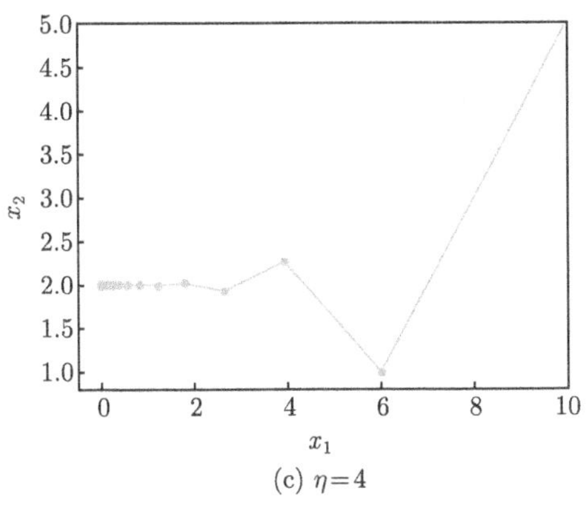

(c) $\eta=4$

图 5.4.1 迭代轨迹图

5.4.2 RMSProp 算法

RMSProp 算法针对 AdaGrad 算法中学习率逐步递减的问题, 给出了改进方法: 在式 (5.4.1) 中引入指数加权移动平均. 具体来说, f_B 为定义在小批量训练样本 B 上的目标函数, B 为小批量训练样本, 小批量随机梯度为 $\boldsymbol{g}_t$. 在时间节点 $t>0$ 时, 首先计算小批量随机梯度 $\boldsymbol{g}_t$:

$$\boldsymbol{g}_t \leftarrow \nabla f_B(\boldsymbol{x}_{t-1}) = \frac{1}{|B|}\sum_{i\in B}\nabla f_i(\boldsymbol{x}_{t-1}),$$

给定超参数 $0 \leqslant \gamma < 1$, 计算状态变量 $\boldsymbol{s}_t$:

$$\boldsymbol{s}_t \leftarrow \gamma \boldsymbol{s}_{t-1} + (1-\gamma)\boldsymbol{g}_t \odot \boldsymbol{g}_t. \tag{5.4.7}$$

和 AdaGrad 算法一样, RMSProp 算法通过状态变量 $\boldsymbol{s}_t$ 调节自变量中每个元素的学习率, 然后更新自变量:

$$\boldsymbol{x}_t \leftarrow \boldsymbol{x}_{t-1} - \frac{\eta}{\sqrt{\boldsymbol{s}_t+\boldsymbol{\varepsilon}}} \odot \boldsymbol{g}_t, \tag{5.4.8}$$

其中 η 是学习率, $\boldsymbol{\varepsilon}$ 是为了维持数值稳定性而添加的常数, 如 $\mathbf{10}^{-6}$, 这里开方, 除法和乘法 $\odot$ 的运算都是按元素运算的. 综上所述, 得到 RMSProp 算法.

根据状态变量 $\boldsymbol{s}_t$ 的更新公式 (5.4.7), 可以把 $\boldsymbol{s}_t$ 看作是最近 $n=\left\lceil\frac{1}{1-\gamma}\right\rceil$ 个时间节点的小批量随机梯度平方项 $\boldsymbol{g}_t \odot \boldsymbol{g}_t$ 的指数加权移动平均:

$$\boldsymbol{s}_t \approx (1-\gamma)\sum_{i=0}^{\left\lceil\frac{1}{1-\gamma}-1\right\rceil}\gamma^i(\boldsymbol{g}_{t-i}\odot\boldsymbol{g}_{t-i}),$$

算法 5.4.2 RMSProp 算法

输入: 初始自变量 $\boldsymbol{x}_0$, 初始状态变量 $\boldsymbol{s}_0=\boldsymbol{0}$, 学习率 η, 超参数 γ, 常数向量 $\boldsymbol{\varepsilon}$

for $t=1$ **to** N **do**

  计算小批量随机梯度: $\boldsymbol{g}_t \leftarrow \nabla f_B(\boldsymbol{x}_{t-1})=\dfrac{1}{|B|}\sum_{i\in B}\nabla f_i(\boldsymbol{x}_{t-1})$

  更新状态变量: $\boldsymbol{s}_t \leftarrow \gamma\boldsymbol{s}_{t-1}+(1-\gamma)\boldsymbol{g}_t\odot\boldsymbol{g}_t$

  更新自变量: $\boldsymbol{x}_t \leftarrow \boldsymbol{x}_{t-1}-\dfrac{\eta}{\sqrt{\boldsymbol{s}_t+\boldsymbol{\varepsilon}}}\odot\boldsymbol{g}_t$

end for

那么, RMSProp 算法只会累积近期的时间节点的梯度信息, 丢弃久远的历史时间节点的梯度信息. 如此一来, 状态变量 $\boldsymbol{s}_t$ 的分量 s_t^i 的模不再保持递增, 那么自变量每个分量的学习率 $\dfrac{\eta}{\sqrt{s_t^i+\boldsymbol{\varepsilon}}}$ 就不会一直减小.

继续分析 RMSProp 算法的收敛性, 通常认为在不考虑鞍点的情况下, 通过迭代使得目标函数梯度的模趋于 0 时, 即

$$\lim_{t\to\infty}\|\boldsymbol{g}_t\|\to 0. \tag{5.4.9}$$

可认为算法是收敛的. 与 AdaGrad 算法一致, 算法 5.4.2 中约束项 $\dfrac{1}{\sqrt{\boldsymbol{s}_t+\boldsymbol{\varepsilon}}}$ 与小批量随机梯度 $\boldsymbol{g}_t$ 的乘积等价于

$$\begin{pmatrix}\dfrac{1}{\sqrt{s_t^1+\varepsilon}} & & \\ & \ddots & \\ & & \dfrac{1}{\sqrt{s_t^m+\varepsilon}}\end{pmatrix}\begin{pmatrix}g_t^1\\ \vdots\\ g_t^m\end{pmatrix}=\boldsymbol{P}_t\boldsymbol{g}_t,$$

其中 $\boldsymbol{P}_t$ 是对角矩阵. 于是有如下引理.

引理 5.4.2 对于对角矩阵 $\boldsymbol{P}_t$, 当 $\boldsymbol{s}_t$ 被初始化为零向量且函数梯度满足假设 5.4.2 时, 我们有

$$\boldsymbol{P}_t-\frac{1}{\sqrt{C^2+\varepsilon}}\boldsymbol{I}\succeq\boldsymbol{O},\quad \frac{1}{\sqrt{\varepsilon}}\boldsymbol{I}-\boldsymbol{P}_t\succeq\boldsymbol{O},$$

其中 $\boldsymbol{I}$ 是单位矩阵, $\boldsymbol{O}$ 是零矩阵, ε 为常数且 $\varepsilon\in(0,1)$.

证明 对于对角矩阵 $\boldsymbol{P}_t$, 我们有

$$
\boldsymbol{P}_t = \begin{pmatrix} \frac{1}{\sqrt{s_t^1 + \varepsilon}} & & \\ & \ddots & \\ & & \frac{1}{\sqrt{s_t^m + \varepsilon}} \end{pmatrix}.
$$

根据算法 5.4.2 可知状态变量 $\boldsymbol{s}_t = \gamma \boldsymbol{s}_{t-1} + (1-\gamma)\boldsymbol{g}_t \odot \boldsymbol{g}_t$, 即

$$
\boldsymbol{s}_t = (1-\gamma)\sum_{i=0}^{t-1} \gamma^i \boldsymbol{g}_{t-i} \odot \boldsymbol{g}_{t-i} = (1-\gamma)\sum_{i=1}^{t} \gamma^{t-i} \boldsymbol{g}_t \odot \boldsymbol{g}_t,
$$

$$
\begin{pmatrix} s_t^1 \\ \vdots \\ s_t^m \end{pmatrix} = (1-\gamma) \begin{pmatrix} \sum_{i=1}^{t} \gamma^{t-i} (g_i^1)^2 \\ \vdots \\ \sum_{i=1}^{t} \gamma^{t-i} (g_i^m)^2 \end{pmatrix},
$$

易知 $s_t^j \geqslant 0$, 由假设 5.4.2, 可得

$$
\begin{aligned}
& s_t^j = (1-\gamma)\sum_{i=1}^{t} \gamma^{t-i} (g_i^j)^2 \leqslant (1-\gamma) C^2 \sum_{i=1}^{t} \gamma^{t-i} = (1-\gamma^t) C^2 \leqslant C^2 \\
\Rightarrow \quad & \sqrt{s_t^j + \varepsilon} \leqslant \sqrt{C^2 + \varepsilon} \\
\Rightarrow \quad & \frac{1}{\sqrt{s_t^j + \varepsilon}} - \frac{1}{\sqrt{C^2 + \varepsilon}} \geqslant 0.
\end{aligned}
$$

于是对角矩阵 $\boldsymbol{P}_t$ 有以下形式:

$$
\boldsymbol{P}_t - \frac{1}{\sqrt{C^2+\varepsilon}} \boldsymbol{I} = \begin{pmatrix} \frac{1}{\sqrt{s_t^1 + \varepsilon}} - \frac{1}{\sqrt{C^2 + \varepsilon}} & & \\ & \ddots & \\ & & \frac{1}{\sqrt{s_t^m + \varepsilon}} - \frac{1}{\sqrt{C^2 + \varepsilon}} \end{pmatrix} \succeq \boldsymbol{O},
$$

以及

$$
\frac{1}{\sqrt{\varepsilon}} \boldsymbol{I} - \boldsymbol{P}_t = \begin{pmatrix} \frac{1}{\sqrt{\varepsilon}} - \frac{1}{\sqrt{s_t^1 + \varepsilon}} & & \\ & \ddots & \\ & & \frac{1}{\sqrt{\varepsilon}} - \frac{1}{\sqrt{s_t^m + \varepsilon}} \end{pmatrix} \succeq \boldsymbol{O}.
$$

引理结论成立.

下面开始分析 RMSProp 算法的收敛性.

定理 5.4.2 f_B 为定义在小批量训练样本 B 上的目标函数, 当函数 f_B 满足假设 5.4.1, 且函数梯度满足假设 5.4.2 时, 设常值学习率 $\eta < \dfrac{2\varepsilon}{L\sqrt{C^2+\varepsilon}}$, 且函数 f_B 的下确界为 $f^* = \inf\{f_B\}$, 满足 $f^* > -\infty$, 于是有

$$\lim_{t\to\infty} \|\boldsymbol{g}_t\|^2 \to 0,$$

即

$$\lim_{t\to\infty} \|\nabla f_B(\boldsymbol{x}_{t-1})\|^2 \to 0,$$

证明 根据假设 5.4.1, 可知存在常数 L 满足

$$\begin{aligned} f_B(\boldsymbol{x}_t) &\leqslant f_B(\boldsymbol{x}_{t-1}) + \langle \nabla f_B(\boldsymbol{x}_{t-1}), \boldsymbol{x}_t - \boldsymbol{x}_{t-1} \rangle + \frac{L}{2}\|\boldsymbol{x}_t - \boldsymbol{x}_{t-1}\|^2 \\ &= f_B(\boldsymbol{x}_{t-1}) - \left\langle \nabla f_B(\boldsymbol{x}_{t-1}), \eta \frac{\nabla f_B(\boldsymbol{x}_{t-1})}{\sqrt{\boldsymbol{s}_t + \varepsilon}} \right\rangle + \frac{\eta^2 L}{2} \left\| \frac{\nabla f_B(\boldsymbol{x}_{t-1})}{\sqrt{\boldsymbol{s}_t + \varepsilon}} \right\|^2. \end{aligned}$$

根据引理 5.4.2, 有

$$f_B(\boldsymbol{x}_t) \leqslant f_B(\boldsymbol{x}_{t-1}) - \frac{\eta\|\nabla f_B(\boldsymbol{x}_{t-1})\|^2}{\sqrt{C^2+\varepsilon}} + \frac{L\eta^2\|\nabla f_B(\boldsymbol{x}_{t-1})\|^2}{2\varepsilon},$$

通过化简得到

$$\left(\frac{\eta}{\sqrt{C^2+\varepsilon}} - \frac{L\eta^2}{2\varepsilon}\right)\|\nabla f_B(\boldsymbol{x}_{t-1})\|^2 \leqslant f_B(\boldsymbol{x}_{t-1}) - f_B(\boldsymbol{x}_t). \tag{5.4.10}$$

对式 (5.4.10) 两边同时从 $t=1$ 到 T 叠加得到

$$\sum_{t=1}^{T}\left(\frac{\eta}{\sqrt{C^2+\varepsilon}} - \frac{L\eta^2}{2\varepsilon}\right)\|\nabla f_B(\boldsymbol{x}_{t-1})\|^2 \leqslant f_B(\boldsymbol{x}_0) - f_B(\boldsymbol{x}_T) \leqslant f_B(\boldsymbol{x}_0) - f^*.$$

由于 $0 < \eta < \dfrac{2\varepsilon}{L\sqrt{C^2+\varepsilon}}$, 所以 $\left(\dfrac{\eta}{\sqrt{C^2+\varepsilon}} - \dfrac{L\eta^2}{2\varepsilon}\right) > 0$, 于是有

$$\sum_{t=1}^{T}\|\nabla f_B(\boldsymbol{x}_{t-1})\|^2 \leqslant \frac{f_B(\boldsymbol{x}_0) - f^*}{\left(\dfrac{\eta}{\sqrt{C^2+\varepsilon}} - \dfrac{L\eta^2}{2\varepsilon}\right)}. \tag{5.4.11}$$

由引理可得①

$$\lim_{t\to\infty} \|\nabla f_B(\boldsymbol{x}_{t-1})\|^2 \to 0.$$

① 对于正项级数 $\sum\limits_{i=1}^{\infty} a_i$, 其部分和序列 $S_n = \sum\limits_{i=1}^{n} a_i$ 有界, 则有 $\lim\limits_{i\to\infty} a_i = 0$.

定理得证.

我们已经完成了 RMSProp 算法收敛性的证明, 下面以二元函数 $f(\boldsymbol{x}) = 2x_1^2 + 0.05 \cdot (x_2 - 2)^2$ 为例, 观察自变量的迭代轨迹. 设初始位置为 $(10, 5)$, 学习率 $\eta = 0.4$, 超参数 $\gamma = 0.9$, $\boldsymbol{s}_0$ 被初始化为 $\mathbf{0}$, 按 RMSProp 算法 5.4.2 共迭代 30 次, 并绘制出迭代轨迹图.

RMSProp 算法的迭代轨迹如图 5.4.2 (a) 所示, 自变量以平滑的迭代轨迹稳定地逼近最优解 $(0, 2)$, 反观 AdaGrad 算法, 在相同学习率 $\eta = 0.4$ 时, 自变量在迭代后期的移动幅度较小, 迭代 30 次也未能逼近最优解, 如图 5.4.2 (b) 所示. 因此 RMSProp 算法有效地解决了 AdaGrad 算法在迭代后期学习缓慢的问题.

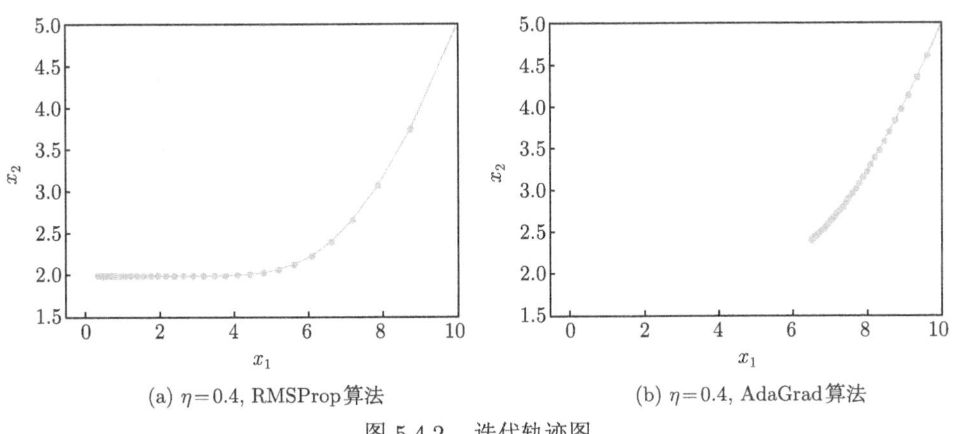

(a) $\eta = 0.4$, RMSProp算法　　(b) $\eta = 0.4$, AdaGrad算法

图 5.4.2　迭代轨迹图

5.4.3 AdaDelta 算法

AdaGrad 算法对初始学习率的设置要求比较严格, 学习率会在整个训练期间会不断地变小, 因此 AdaGrad 算法可能需要更多的训练时间来达到迭代目的. 归纳来看, AdaGrad 算法有两个缺点: 第一, 学习率是单调下降的, 因此, 训练后期的学习率数值变得非常小; 第二, 需要人为设置一个合理的初始学习率. AdaDelta 算法的提出很好地解决了以上问题, 算法中没有设置学习率, 从而避免了学习率持续衰减的问题.

AdaDelta 方法改进的方式分为两个步骤. 第一步是改进 AdaGrad 方法中状态变量 $\boldsymbol{s}_t$ 的更新公式 (5.4.1). 具体来说, f_B 为定义在小批量训练样本 B 上的目标函数, B 为小批量训练样本, 小批量随机梯度为 $\boldsymbol{g}_t$. 时间节点 $t = 0$ 时, $\boldsymbol{s}_0$ 被初始化为 $\mathbf{0}$. 在时间节点 $t > 0$ 时, 首先计算小批量随机梯度 $\boldsymbol{g}_t$:

$$\boldsymbol{g}_t \leftarrow \nabla f_B(\boldsymbol{x}_{t-1}) = \frac{1}{|B|} \sum_{i \in B} \nabla f_i(\boldsymbol{x}_{t-1}),$$

给定超参数 $0 \leqslant \rho < 1$, 计算状态变量 $\boldsymbol{s}_t$:

$$\boldsymbol{s}_t \leftarrow \rho \boldsymbol{s}_{t-1} + (1-\rho)\boldsymbol{g}_t \odot \boldsymbol{g}_t.$$

通过状态变量 $\boldsymbol{s}_t$ 调节自变量每个分量的学习率, 再更新自变量:

$$\boldsymbol{x}_t \leftarrow \boldsymbol{x}_{t-1} - \frac{\eta}{\sqrt{\boldsymbol{s}_t + \boldsymbol{\varepsilon}}} \odot \boldsymbol{g}_t, \tag{5.4.12}$$

其中 $\boldsymbol{\varepsilon}$ 是为了维持数值稳定性而添加的常数, 如 $\mathbf{10}^{-5}$, 这里开方, 除法和乘法 $\odot$ 的运算都是按元素运算的. 到目前为止, 式 (5.4.12) 与 RMSProp 算法的式 (5.4.8) 是一致的, 改善了 AdaGrad 方法中状态变量 $\boldsymbol{s}_t$ 不断增大的缺点. 但是从式 (5.4.12) 中看到学习率依旧需要通过人工初始设定.

第二步, AdaDelta 算法创建了一个新的状态变量 $\Delta\boldsymbol{x}_t$, $\Delta\boldsymbol{x}_0$ 同样被初始化为 $\mathbf{0}$. 我们使用 $\Delta\boldsymbol{x}_{t-1}$ 和 $\boldsymbol{s}_t$ 来计算自变量更新量 $\boldsymbol{h}_t$:

$$\boldsymbol{h}_t \leftarrow \sqrt{\frac{\Delta\boldsymbol{x}_{t-1} + \boldsymbol{\varepsilon}}{\boldsymbol{s}_t + \boldsymbol{\varepsilon}}} \odot \boldsymbol{g}_t, \tag{5.4.13}$$

其中 $\boldsymbol{\varepsilon}$ 是为了维持数值稳定性而添加的常数, 如 $\mathbf{10}^{-5}$. 式 (5.4.13) 中 $\sqrt{\Delta\boldsymbol{x}_{t-1} + \boldsymbol{\varepsilon}}$ 项等价于自适应的学习率. 接着更新自变量 $\boldsymbol{x}_t$:

$$\begin{aligned} \boldsymbol{x}_t &\leftarrow \boldsymbol{x}_{t-1} - \boldsymbol{h}_t \\ &\leftarrow \boldsymbol{x}_{t-1} - \sqrt{\frac{\Delta\boldsymbol{x}_{t-1} + \boldsymbol{\varepsilon}}{\boldsymbol{s}_t + \boldsymbol{\varepsilon}}} \odot \boldsymbol{g}_t. \end{aligned} \tag{5.4.14}$$

最后由 $\boldsymbol{h}_t$ 和 $\Delta\boldsymbol{x}_{t-1}$ 来更新 $\Delta\boldsymbol{x}_t$:

$$\Delta\boldsymbol{x}_t \leftarrow \rho\Delta\boldsymbol{x}_{t-1} + (1-\rho)\boldsymbol{h}_t \odot \boldsymbol{h}_t.$$

综上所述, 得到 AdaDelta 算法.

算法 5.4.3 AdaDelta 算法

输入: 初始自变量 $\boldsymbol{x}_0$, 初始状态变量 $\boldsymbol{s}_0 = \mathbf{0}$, 初始状态变量 $\Delta\boldsymbol{x}_0 = \mathbf{0}$, 超参数 ρ, 常数向量 $\boldsymbol{\varepsilon}$

for $t = 1$ **to** N **do**

  计算小批量随机梯度: $\boldsymbol{g}_t \leftarrow \nabla f_B(\boldsymbol{x}_{t-1}) = \frac{1}{|B|}\sum_{i\in B} \nabla f_i(\boldsymbol{x}_{t-1})$

  更新状态变量: $\boldsymbol{s}_t \leftarrow \gamma \boldsymbol{s}_{t-1} + (1-\gamma)\boldsymbol{g}_t \odot \boldsymbol{g}_t$

  更新自变量更新量: $\boldsymbol{h}_t \leftarrow \sqrt{\frac{\Delta\boldsymbol{x}_{t-1} + \boldsymbol{\varepsilon}}{\boldsymbol{s}_t + \boldsymbol{\varepsilon}}} \odot \boldsymbol{g}_t$

  更新自变量: $\boldsymbol{x}_t \leftarrow \boldsymbol{x}_{t-1} - \boldsymbol{h}_t$

  更新状态变量: $\Delta\boldsymbol{x}_t \leftarrow \rho\Delta\boldsymbol{x}_{t-1} + (1-\rho)\boldsymbol{h}_t \odot \boldsymbol{h}_t$

end for

可以看到, 如不考虑常数 $\boldsymbol{\varepsilon}$ 的影响, AdaDelta 算法的自变量更新公式 (5.4.14) 与 RMSProp 算法的自变量更新公式 (5.4.8) 的不同之处在于 AdaDelta 算法使用 $\sqrt{\Delta\boldsymbol{x}_{t-1}+\boldsymbol{\varepsilon}}$ 来替代学习率 η, 从而不再需要通过人工设置初始的全局学习率.

5.4.4 Adam 算法

RMSProp 算法中的状态变量 $\boldsymbol{s}_t$ 对 $\boldsymbol{g}_t\odot\boldsymbol{g}_t$ 做了指数加权移动平均, 同样地, Adam 算法中的状态变量 $\boldsymbol{s}_t$ 对 $\boldsymbol{g}_t\odot\boldsymbol{g}_t$ 做指数加权移动平均, 以及新状态变量 $\boldsymbol{v}_t$ 对 $\boldsymbol{g}_t$ 做指数加权移动平均.

f_B 为定义在小批量训练样本 B 上的目标函数, B 为小批量训练样本, 小批量随机梯度为 $\boldsymbol{g}_t$. 在时间节点 $t=0$ 时, 状态变量 $\boldsymbol{v}_t$ 和 $\boldsymbol{s}_t$ 被初始化为 $\mathbf{0}$. 在时间节点 $t>0$ 时, 首先计算小批量随机梯度 $\boldsymbol{g}_t$:

$$\boldsymbol{g}_t\leftarrow\nabla f_B(\boldsymbol{x}_{t-1})=\frac{1}{|B|}\sum_{i\in B}\nabla f_i(\boldsymbol{x}_{t-1}),$$

给定超参数 $0\leqslant\beta_1<1$, 计算状态变量 $\boldsymbol{v}_t$:

$$\boldsymbol{v}_t\leftarrow\beta_1\boldsymbol{v}_{t-1}+(1-\beta_1)\boldsymbol{g}_t.$$

再给定超参数 $0\leqslant\beta_2<1$, 计算状态变量 $\boldsymbol{s}_t$:

$$\boldsymbol{s}_t\leftarrow\beta_2\boldsymbol{s}_{t-1}+(1-\beta_2)\boldsymbol{g}_t\odot\boldsymbol{g}_t.$$

这里开方、除法和乘法 ($\odot$) 的运算都是按元素运算的. 根据式 (5.3.2) 分别得到

$$\boldsymbol{v}_t=(1-\beta_1)\sum_{i=1}^{t}\beta_1^{t-i}\boldsymbol{g}_i, \tag{5.4.15}$$

以及

$$\boldsymbol{s}_t=(1-\beta_2)\sum_{i=1}^{t}\beta_2^{t-i}\boldsymbol{g}_i\odot\boldsymbol{g}_i. \tag{5.4.16}$$

将 $\boldsymbol{v}_t$ 中各项 $\boldsymbol{g}_i$ 的系数相加, 得到 $(1-\beta_1)\sum\limits_{i=1}^{t}\beta_1^{t-i}=1-\beta_1^t$, 因此对 $\boldsymbol{v}_t$ 除以 $(1-\beta_1^t)$, 使得所有历史时间节点的小批量随机梯度 $\boldsymbol{g}_i$ 的权值之和为 1, 这称为偏差修正. 同理对 $\boldsymbol{s}_t$ 也进行偏差修正, 最后得到

$$\hat{\boldsymbol{v}}_t\leftarrow\frac{\boldsymbol{v}_t}{1-\beta_1^t},\quad \hat{\boldsymbol{s}}_t\leftarrow\frac{\boldsymbol{s}_t}{1-\beta_2^t}.$$

接下来, 使用偏差修正后的状态变量 $\hat{\boldsymbol{v}}_t$ 和 $\hat{\boldsymbol{s}}_t$ 来更新自变量:

$$\boldsymbol{x}_t\leftarrow\boldsymbol{x}_{t-1}-\frac{\eta\hat{\boldsymbol{v}}_t}{\sqrt{\hat{\boldsymbol{s}}_t}+\boldsymbol{\varepsilon}}. \tag{5.4.17}$$

其中 η 是学习率, $\boldsymbol{\varepsilon}$ 是为了维持数值稳定性而添加的常数, 如 $\mathbf{10}^{-8}$. 综上所述, 得到 Adam 算法 5.4.4.

算法 5.4.4 Adam 算法

输入: 初始自变量 $\boldsymbol{x}_0$, 初始状态变量 $\boldsymbol{s}_0=\mathbf{0}$, 初始状态变量 $\boldsymbol{v}_0=\mathbf{0}$, 学习率 η, 超参数 β_1 和 β_2, 常数向量 $\boldsymbol{\varepsilon}$

for $t=1$ **to** N **do**

  计算小批量随机梯度: $\boldsymbol{g}_t \leftarrow \nabla f_B(\boldsymbol{x}_{t-1})=\dfrac{1}{|B|}\sum\limits_{i\in B}\nabla f_i(\boldsymbol{x}_{t-1})$

  更新状态变量: $\boldsymbol{v}_t \leftarrow \beta_1\boldsymbol{v}_{t-1}+(1-\beta_1)\boldsymbol{g}_t$

  更新状态变量: $\boldsymbol{s}_t \leftarrow \beta_2\boldsymbol{s}_{t-1}+(1-\beta_2)\boldsymbol{g}_t\odot\boldsymbol{g}_t$

  偏差修正: $\hat{\boldsymbol{v}}_t \leftarrow \dfrac{\boldsymbol{v}_t}{1-\beta_1^t}$

  偏差修正: $\hat{\boldsymbol{s}}_t \leftarrow \dfrac{\boldsymbol{s}_t}{1-\beta_2^t}$

  更新自变量: $\boldsymbol{x}_t \leftarrow \boldsymbol{x}_{t-1}-\dfrac{\eta\hat{\boldsymbol{v}}_t}{\sqrt{\hat{\boldsymbol{s}}_t}+\boldsymbol{\varepsilon}}$

end for

下面开始分析 Adam 算法的收敛性, 需要先给出证明算法收敛的一些假设:

假设 5.4.3 设 Adam 算法中的超参数 $\beta_1,\beta_2\in[0,1)$, 并满足 $\dfrac{\beta_1}{\sqrt{\beta_2}}\leqslant\sqrt{c}\leqslant 1$, c 为一常数. 令 β_1 是随 t 单调递减的变量 $\beta_1(t)$, 不妨设为 $\beta_1(t)=\dfrac{\beta_1}{\sqrt{t}}$.

假设 5.4.4 设 Adam 算法中的任意两个自变量分量之间的差是有界的, 可表示为: 有自变量 $\boldsymbol{x}_a=\{x_a^1,\cdots,x_a^m\}$ 和 $\boldsymbol{x}_b=\{x_b^1,\cdots,x_b^m\}$, 存在常数 $D>0$, 有 $|x_a^i-x_b^i|<D$.

与随机梯度下降算法一致, 利用统计量 $\phi(T)$:

$$\phi(T)=\sum_{t=1}^{T}f_B(\boldsymbol{x}_{t-1})-T\cdot f_B(\hat{\boldsymbol{x}}),$$

其中 T 为 Adam 算法的迭代总次数, $\hat{\boldsymbol{x}}\triangleq\arg\min\limits_{\boldsymbol{x}}\left[\sum\limits_{t=1}^{\mathrm{T}}f_B(\boldsymbol{x})\right]$. 若通过迭代使得: 当 $T\to\infty$, 有 $\phi(T)/T\to 0$, 即

$$\lim_{T\to\infty}\frac{\phi(T)}{T}=0, \tag{5.4.18}$$

我们认为算法是收敛的, 即自变量 $\boldsymbol{x}$ 收敛到 $\hat{\boldsymbol{x}}$.

定理 5.4.3 在 Adam 算法中, f_B 为定义在小批量训练样本 B 上的目标函数, 当函数 f_B 满足假设 5.2.1, 函数梯度满足假设 5.4.2, 自变量满足假设 5.4.4, 超参数满足假设 5.4.3, 学习率取 $\eta_t=\dfrac{\alpha}{\sqrt{t}}$, 则有式 (5.4.18) 成立.

证明 已知 $\hat{\boldsymbol{x}} \triangleq \arg\min\limits_{\boldsymbol{x}} \left[\sum\limits_{t=1}^{T} f_B(\boldsymbol{x})\right]$, 那么

$$\begin{aligned}\phi(T) &= \sum_{t=1}^{T} f_B(\boldsymbol{x}_{t-1}) - \sum_{t=1}^{T} f_B(\hat{\boldsymbol{x}}) \\ &= \sum_{t=1}^{T}[f_B(\boldsymbol{x}_{t-1}) - f_B(\hat{\boldsymbol{x}})]. \end{aligned} \tag{5.4.19}$$

根据假设 5.2.1, 由于 $f_B(\boldsymbol{x})$ 是凸函数, 有

$$\begin{aligned} f_B(\boldsymbol{x}^*) &\geqslant f_B(\boldsymbol{x}_{t-1}) + \langle \nabla f_B(\boldsymbol{x}_{t-1}), \hat{\boldsymbol{x}} - \boldsymbol{x}_{t-1}\rangle \\ &= f_B(\boldsymbol{x}_{t-1}) + \langle \boldsymbol{g}_t, \hat{\boldsymbol{x}} - \boldsymbol{x}_{t-1}\rangle, \end{aligned}$$

转化得到

$$f_B(\boldsymbol{x}_{t-1}) - f_B(\hat{\boldsymbol{x}}) \leqslant \langle \boldsymbol{g}_t, \boldsymbol{x}_{t-1} - \hat{\boldsymbol{x}}\rangle. \tag{5.4.20}$$

将式 (5.4.20) 代入到式 (5.4.19) 中, 得到

$$\phi(T) \leqslant \sum_{t=1}^{T} \langle \boldsymbol{g}_t, \boldsymbol{x}_{t-1} - \hat{\boldsymbol{x}}\rangle. \tag{5.4.21}$$

按照变量的维度对 $\sum\limits_{t=1}^{T} \langle \boldsymbol{g}_t, \boldsymbol{x}_{t-1} - \hat{\boldsymbol{x}}\rangle$ 进行展开得到

$$\sum_{t=1}^{T} \langle \boldsymbol{g}_t, \boldsymbol{x}_{t-1} - \hat{\boldsymbol{x}}\rangle = \sum_{t=1}^{T}\sum_{i=1}^{m} g_t^i(x_{t-1}^i - \hat{x}^i) = \sum_{i=1}^{m}\sum_{t=1}^{T} g_t^i(x_{t-1}^i - \hat{x}^i).$$

最终将 $\phi(T)$ 的上界以双重求和的形式呈现:

$$\phi(T) \leqslant \sum_{i=1}^{m}\sum_{t=1}^{T} g_t^i(x_{t-1}^i - \hat{x}^i). \tag{5.4.22}$$

从自变量的更新式 (5.4.17) 出发, 不考虑常数向量 $\boldsymbol{\varepsilon}$, 对于 $\boldsymbol{x}_t$ 的某一分量 x_t^i,

$$\begin{aligned} x_t^i &= x_{t-1}^i - \frac{\eta_t \hat{v}_t{}^i}{\sqrt{\hat{s}_t{}^i}} \\ &= x_{t-1}^i - \eta_t \frac{1}{1-\beta_1^t}\frac{v_t^i}{\sqrt{\hat{s}_t{}^i}} \\ &= x_{t-1}^i - \eta_t \frac{1}{1-\beta_1^t}\frac{\beta_1(t)v_{t-1}^i + [1-\beta_1(t)]g_t^i}{\sqrt{\hat{s}_t{}^i}}. \end{aligned}$$

设 $\gamma_t = \eta_t/(1-\beta_1^t)$, 于是

$$
\begin{aligned}
& x_t^i = x_{t-1}^i - \gamma_t \frac{\beta_1(t)v_{t-1}^i + [1-\beta_1(t)]g_t^i}{\sqrt{\hat{s}_t^i}} \\
\Rightarrow & (x_t^i - \hat{x}^i)^2 = \left[(x_{t-1}^i - \hat{x}^i) - \gamma_t \frac{\beta_1(t)v_{t-1}^i + [1-\beta_1(t)]g_t^i}{\sqrt{\hat{s}_t^i}}\right]^2 \\
\Rightarrow & 2(x_{t-1}^i - \hat{x}^i) \cdot \gamma_t \frac{\beta_1(t)v_{t-1}^i + [1-\beta_1(t)]g_t^i}{\sqrt{\hat{s}_t^i}} \\
& = (x_{t-1}^i - \hat{x}^i)^2 - (x_t^i - \hat{x}^i)^2 + \gamma_t^2 \frac{\{\beta_1(t)v_{t-1}^i + [1-\beta_1(t)]g_t^i\}^2}{\hat{s}_t^i} \\
\Rightarrow & g_t^i(x_{t-1}^i - \hat{x}^i) = \underbrace{\frac{\sqrt{\hat{s}_t^i}\left[(x_{t-1}^i - \hat{x}^i)^2 - (x_t^i - \hat{x}^i)^2\right]}{2\gamma_t[1-\beta_1(t)]}}_{(1)} \\
& \quad \underbrace{- \frac{\beta_1(t)v_{t-1}^i}{[1-\beta_1(t)]}(x_{t-1}^i - \hat{x}^i)}_{(2)} + \underbrace{\frac{\gamma_t}{2[1-\beta_1(t)]}\frac{(v_t^i)^2}{\sqrt{\hat{s}_t^i}}}_{(3)}.
\end{aligned}
\tag{5.4.23}
$$

于是我们得到了式 (5.4.22) 中 $g_t^i(x_{t-1}^i - \hat{x}^i)$ 的表达式, 接下来对 $R(T)$ 中的 $\sum\limits_{t=1}^{T} g_t^i(x_{t-1}^i - \hat{x}^i)$ 进行放缩, 即对式 (5.4.23) 中的 (1)、(2)、(3) 三项的连加形式分别放缩. 关于 (1), 有

$$
\begin{aligned}
\sum_{t=1}^{T}(1) &= \sum_{t=1}^{T} \frac{\sqrt{\hat{s}_t^i}\left[(x_{t-1}^i - \hat{x}^i)^2 - (x_t^i - \hat{x}^i)^2\right]}{2\gamma_t[1-\beta_1(t)]} \\
&= \sum_{t=1}^{T} \frac{\sqrt{\hat{s}_t^i}\left[(x_{t-1}^i - \hat{x}^i)^2 - (x_t^i - \hat{x}^i)^2\right]}{2\eta_t \frac{1}{1-\beta_1^t}[1-\beta_1(t)]} \leqslant \sum_{t=1}^{T} \frac{\sqrt{\hat{s}_t^i}\left[(x_{t-1}^i - \hat{x}^i)^2 - (x_t^i - \hat{x}^i)^2\right]}{2\eta_t[1-\beta_1(t)]},
\end{aligned}
$$

通过错位重组求和得到

$$
\begin{aligned}
& \sum_{t=1}^{T} \frac{\sqrt{\hat{s}_t^i}\left[(x_{t-1}^i - \hat{x}^i)^2 - (x_t^i - \hat{x}^i)^2\right]}{2\eta_t[1-\beta_1(t)]} \\
\leqslant & \sum_{t=1}^{T} \frac{\sqrt{\hat{s}_t^i}(x_{t-1}^i - \hat{x}^i)^2}{2\eta_t[1-\beta_1(1)]} - \frac{\sqrt{\hat{s}_t^i}(x_t^i - \hat{x}^i)^2}{2\eta_t[1-\beta_1(1)]} \\
= & \underbrace{\frac{\sqrt{\hat{s}_1^i}(x_0^i - \hat{x}^i)^2}{2\eta_1[1-\beta_1(1)]}}_{(a)} - \underbrace{\frac{\sqrt{\hat{s}_t^i}(x_T^i - \hat{x}^i)^2}{2\eta_T[1-\beta_1(1)]}}_{(b)}
\end{aligned}
$$

$$
+\underbrace{\sum_{t=2}^{T}(x_{t-1}^i-\hat{x}^i)^2\cdot\left[\frac{\sqrt{\hat{s}_t}^i}{2\eta_t[1-\beta_1(1)]}-\frac{\sqrt{\hat{s}_{t-1}^i}}{2\eta_{t-1}[1-\beta_1(1)]}\right]}_{(c)}.
$$

根据假设 5.4.4 可以得到 (a) 项小于等于 $\dfrac{\sqrt{\hat{s_1}}^i D^2}{2\eta_1[1-\beta_1(1)]}$, (b) 项大于等于 0, (c) 项有

$$
\begin{aligned}
(c)&=\sum_{t=2}^{T}(x_{t-1}^i-\hat{x}^i)^2\cdot\left[\frac{\sqrt{\hat{s}_t}^i}{2\eta_t[1-\beta_1(1)]}-\frac{\sqrt{\hat{s}_{t-1}^i}}{2\eta_{t-1}[1-\beta_1(1)]}\right]\\
&\leqslant\sum_{t=2}^{T}D^2\cdot\left[\frac{\sqrt{\hat{s}_t}^i}{2\eta_t[1-\beta_1(1)]}-\frac{\sqrt{\hat{s}_{t-1}^i}}{2\eta_{t-1}[1-\beta_1(1)]}\right]\\
&=D^2\cdot\left[\frac{\sqrt{\hat{s_T}}^i}{2\eta_T[1-\beta_1(1)]}-\frac{\sqrt{\hat{s_1}}^i}{2\eta_1[1-\beta_1(1)]}\right]
\end{aligned}
$$

于是 (1) 式放缩得到

$$
\begin{aligned}
\sum_{t=1}^{T}(1)&=\sum_{t=1}^{T}\frac{\sqrt{\hat{s}_t}^i\left[(x_{t-1}^i-\hat{x}^i)^2-(x_t^i-\hat{x}^i)^2\right]}{2\gamma_t[1-\beta_1(t)]}\\
&\leqslant\frac{\sqrt{\hat{s_1}}^i D^2}{2\eta_1[1-\beta_1(1)]}+D^2\cdot\left[\frac{\sqrt{\hat{s_T}}^i}{2\eta_T[1-\beta_1(1)]}-\frac{\sqrt{\hat{s_1}}^i}{2\eta_1[1-\beta_1(1)]}\right]\\
&=D^2\cdot\frac{\sqrt{\hat{s_T}}^i}{2\eta_T[1-\beta_1(1)]}.
\end{aligned}
$$

接着处理 $\sqrt{\hat{s_T}}^i$, 根据式 (5.4.16), 以及假设 5.4.2 有

$$
\hat{s_T}^i=\frac{s_T^i}{1-\beta_2^{\mathrm{T}}}=\frac{1}{1-\beta_2^{\mathrm{T}}}\left[(1-\beta_2)\sum_{j=1}^{T}\beta_2^{T-j}(g_j^i)^2\right]\leqslant\frac{(1-\beta_2)\sum\limits_{j=1}^{T}\beta_2^{T-j}C^2}{1-\beta_2^{\mathrm{T}}}=C^2,
$$

这里也能推出任意 $s_t^i\leqslant C^2$. 因此 (1) 式最终得到

$$
\sum_{t=1}^{T}\frac{\sqrt{\hat{s}_t}^i\left[(x_t^i-\hat{x}^i)^2-(x_{t+1}^i-\hat{x}^i)^2\right]}{2\gamma_t[1-\beta_1(t)]}\leqslant\frac{D^2C}{2\eta_T[1-\beta_1(1)]}. \tag{5.4.24}
$$

关于 (2) 式, 先运用假设 5.4.4, 有

$$
\begin{aligned}
\sum_{t=1}^{T}(2)=\sum_{t=1}^{T}-\frac{\beta_1(t)v_{t-1}^i}{[1-\beta_1(t)]}(x_{t-1}^i-\hat{x}^i)&=\sum_{t=1}^{T}\frac{\beta_1(t)v_{t-1}^i}{[1-\beta_1(t)]}\left[-(x_{t-1}^i-\hat{x}^i)\right]\\
&\leqslant\sum_{t=1}^{T}\frac{\beta_1(t)}{[1-\beta_1(t)]}|v_{t-1}^i|D.
\end{aligned}
$$

处理 $|v_t^i|$ 等价于处理 $|v_{t-1}^i|$:

$$\begin{aligned}
|v_t^i| &= |\beta_1(t)v_{t-1}^i + [1-\beta_1(t)]g_t^i| \\
&= |\beta_1(t)\beta_1(t-1)v_{t-2}^i + \{\beta_1(t)[1-\beta_1(t-1)]g_{t-1}^i\} + \{[1-\beta_1(t)]g_t^i\}| \\
&= |\beta_1(t)\beta_1(t-1)\beta_1(t-2)v_{t-3}^i + \{\beta_1(t)\beta_1(t-1)[1-\beta_1(t-2)]g_{t-2}^i\} \\
&\quad + \{\beta_1(t)[1-\beta_1(t-1)]g_{t-1}^i\} + \{[1-\beta_1(t)]g_t^i\}| \\
&= \cdots \\
&= |\{\beta_1(t)\beta_1(t-1)\cdots\beta_1(2)[1-\beta_1(1)]g_1^i\} + \cdots + \{\beta_1(t)[1-\beta_1(t-1)]g_{t-1}^i\} \\
&\quad + \{[1-\beta_1(t)]g_t^i|\} \\
&= \left|\sum_{r=1}^{t}[1-\beta_1(r)]\left[\prod_{k=r+1}^{t}\beta_1(k)\right]g_r^i\right| \\
&\leqslant \sum_{r=1}^{t}\left([1-\beta_1(r)]\left[\prod_{k=r+1}^{t}\beta_1(k)\right]|g_r^i|\right) \\
&\leqslant C\cdot\sum_{r=1}^{t}\left([1-\beta_1(r)]\left[\prod_{k=r+1}^{t}\beta_1(k)\right]\right) = C\cdot\left(1-\prod_{r=1}^{t}\beta_1(r)\right) \leqslant C \quad (\text{假设 5.4.2}).
\end{aligned} \tag{5.4.25}$$

最终放缩 (2) 式得到

$$\sum_{t=1}^{T} -\frac{\beta_1(t)v_{t-1}^i}{[1-\beta_1(t)]}(x_{t-1}^i - \hat{x}^i) \leqslant \sum_{t=1}^{T}\frac{\beta_1(t)}{[1-\beta_1(t)]}CD. \tag{5.4.26}$$

关于 (3) 式, 首先有

$$(3) = \frac{\gamma_t}{2[1-\beta_1(t)]}\frac{(v_t^i)^2}{\sqrt{\hat{s}_t{}^i}} = \frac{\gamma_t}{2[1-\beta_1(t)]}\sqrt{1-\beta_2^t}\frac{(v_t^i)^2}{\sqrt{s_t^i}} \leqslant \frac{\gamma_t}{2[1-\beta_1(t)]}\frac{(v_t^i)^2}{\sqrt{s_t^i}}. \tag{5.4.27}$$

对式 (5.4.27) 中的 $(v_t^i)^2$ 进行如下变换:

$$\begin{aligned}
(v_t^i)^2 &= \left(\sum_{r=1}^{t}[1-\beta_1(r)]\left[\prod_{k=r+1}^{t}\beta_1(k)\right]g_r^i\right)^2 \leftarrow \text{式 (5.4.25)} \\
&= \left(\sum_{r=1}^{t}\frac{[1-\beta_1(r)]\left[\prod_{k=r+1}^{t}\beta_1(k)\right]}{\sqrt{(1-\beta_2)\beta_2^{t-r}}}\cdot\sqrt{(1-\beta_2)\beta_2^{t-r}}g_r^i\right)^2
\end{aligned}$$

$$\leqslant \sum_{r=1}^{t}\left(\frac{[1-\beta_1(r)]\left[\prod\limits_{k=r+1}^{t}\beta_1(k)\right]}{\sqrt{(1-\beta_2)\beta_2^{t-r}}}\right)^2 \text{(柯西不等式)}$$

$$\cdot\sum_{r=1}^{t}\left(\sqrt{(1-\beta_2)\beta_2^{t-r}}g_r^i\right)^2$$

$$=\sum_{r=1}^{t}\frac{[1-\beta_1(r)]^2\left[\prod\limits_{k=r+1}^{t}\beta_1(k)\right]^2}{(1-\beta_2)\beta_2^{t-r}}\cdot\underbrace{\sum_{r=1}^{t}(1-\beta_2)\beta_2^{t-r}(g_r^i)^2}_{s_t^i}. \tag{5.4.28}$$

再将式 (5.4.28) 代回到式 (5.4.27), 得到 (3) 式的放缩过程为

$$\begin{aligned}
\sum_{t=1}^{T}\frac{\gamma_t}{2[1-\beta_1(t)]}\frac{(v_t^i)^2}{\sqrt{\hat{s}_t^i}} &\leqslant \sum_{t=1}^{T}\frac{\gamma_t}{2[1-\beta_1(t)]}\cdot\frac{\sum\limits_{r=1}^{t}\dfrac{[1-\beta_1(r)]^2\left[\prod\limits_{k=r+1}^{t}\beta_1(k)\right]^2}{(1-\beta_2)\beta_2^{t-r}}\cdot s_t^i}{\sqrt{s_t^i}}\\
&=\sum_{t=1}^{T}\frac{\gamma_t}{2[1-\beta_1(t)]}\cdot\sum_{r=1}^{t}\frac{[1-\beta_1(r)]^2\left[\prod\limits_{k=r+1}^{t}\beta_1(k)\right]^2}{(1-\beta_2)\beta_2^{t-r}}\cdot\sqrt{s_t^i}\\
&\leqslant \sum_{t=1}^{T}\frac{\gamma_t}{2[1-\beta_1(t)]}\cdot\sum_{r=1}^{t}\frac{[1-\beta_1(r)]^2\left[\prod\limits_{k=r+1}^{t}\beta_1(k)\right]^2}{(1-\beta_2)\beta_2^{t-r}}\cdot C.
\end{aligned} \tag{5.4.29}$$

最后一个不等式利用了 $s_t^i \leqslant C^2$ 的结论. 我们将式 (5.4.24)、(5.4.26)、(5.4.29) 代入到 $\phi(T)$ 的公式 (5.4.22) 中, 整理出 $\phi(T)$ 的上界:

$$\begin{aligned}
\phi(T) \leqslant &\underbrace{\sum_{i=1}^{m}\frac{D^2C}{2\eta_T[1-\beta_1(1)]}}_{\text{(A)}}+\underbrace{\sum_{i=1}^{m}\sum_{t=1}^{T}\frac{\beta_1(t)}{1-\beta_1(t)}CD}_{\text{(B)}}\\
&+\underbrace{\sum_{i=1}^{m}\sum_{t=1}^{T}\frac{\gamma_t}{2[1-\beta_1(t)]}\cdot\sum_{r=1}^{t}\frac{[1-\beta_1(r)]^2\left[\prod\limits_{k=r+1}^{t}\beta_1(k)\right]^2}{(1-\beta_2)\beta_2^{t-r}}\cdot C}_{\text{(C)}}.
\end{aligned} \tag{5.4.30}$$

此时我们要分别求解式 (5.4.30) 中的 (A)、(B)、(C) 三项的数量级. 那么有[1]

$$(\mathrm{A})=\frac{1}{\eta_T}\cdot\frac{mD^2C}{2[1-\beta_1(1)]}=\frac{\sqrt{T}}{\alpha}\cdot\frac{mD^2C}{2[1-\beta_1(1)]}=\mathcal{O}(\sqrt{T}), \tag{5.4.31}$$

$$(\mathrm{B})=mCD\sum_{t=1}^{T}\frac{\beta_1(t)}{1-\beta_1(t)}\leqslant\frac{mCD}{1-\beta_1(1)}\sum_{t=1}^{T}\beta_1(t)=\frac{mCD\beta_1}{1-\beta_1(1)}\sum_{t=1}^{T}\frac{1}{\sqrt{t}}\overset{\text{注 2}}{=\!=}\mathcal{O}(\sqrt{T}). \tag{5.4.32}$$

$$\begin{aligned}
(\mathrm{C})&=mC\cdot\sum_{t=1}^{T}\frac{\gamma_t}{2[1-\beta_1(t)]}\cdot\sum_{r=1}^{t}\frac{[1-\beta_1(r)]^2\left[\prod\limits_{k=r+1}^{t}\beta_1(k)\right]^2}{(1-\beta_2)\beta_2^{t-r}}\\
&=mC\cdot\sum_{t=1}^{T}\frac{\eta_t}{2[1-\beta_1(t)](1-\beta_1^t)}\cdot\sum_{r=1}^{t}\left(\frac{1-\beta_1(r)}{\sqrt{1-\beta_2}}\right)^2\left(\prod_{k=r+1}^{t}\frac{\beta_1(k)}{\sqrt{\beta_2}}\right)^2\\
&\overset{(\text{假设}5.4.3)}{\leqslant}\frac{mC}{2}\cdot\sum_{t=1}^{T}\eta_t\cdot\sum_{r=1}^{t}\left(\frac{1}{\sqrt{1-\beta_2}}\right)^2\prod_{k=r+1}^{t}c\\
&=\frac{mC}{2(1-\beta_2)}\cdot\sum_{t=1}^{T}\eta_t\cdot\sum_{r=1}^{t}\prod_{k=r+1}^{t}c,
\end{aligned}$$

因为 $\sum\limits_{r=1}^{t}\prod\limits_{k=r+1}^{t}c=\sum\limits_{r=1}^{t}c^{t-r}\leqslant\dfrac{1}{1-c}$, 所以 (C) 项有

$$(\mathrm{C})\leqslant\frac{mC}{2(1-\beta_2)}\cdot\sum_{t=1}^{T}\frac{\eta_t}{1-c}=\frac{mC}{2(1-\beta_2)(1-c)}\cdot\sum_{t=1}^{T}\eta_t\leqslant\frac{mC}{2}\cdot\sum_{t=1}^{T}\frac{\alpha}{\sqrt{t}}=\mathcal{O}(\sqrt{T}). \tag{5.4.33}$$

综上所述, 由式 (5.4.31)、(5.4.32)、(5.4.33) 可知 $\phi(T)$ 上界的数量级为 $\mathcal{O}(\sqrt{T})$, 于是有 $\lim\limits_{T\to\infty}\dfrac{\phi(T)}{T}=0$, 定理得证.

5.4.5 AdaMax 算法

AdaMax 算法是 Adam 算法的一种变体形式. Adam 算法中有两个状态变量 $\boldsymbol{v}_t$(式 (5.4.15)) 和 $\boldsymbol{s}_t$(式 (5.4.16)), AdaMax 算法继续使用这两个状态变量, 对 $\boldsymbol{v}_t$ 保持不变, 对 $\boldsymbol{s}_t$ 进行了修改.

具体来说, f_B 为定义在小批量训练样本 B 上的目标函数, B 为小批量训练样本, 小批量随机梯度为 $\boldsymbol{g}_t$. 首先, 对于状态变量 $\boldsymbol{v}_t$, 在时间节点 $t=0$ 时将其初始

[1] 对于 $n\geqslant 1$, 有 $2\sqrt{n+1}-2<1+\dfrac{1}{\sqrt{2}}+\cdots+\dfrac{1}{\sqrt{n}}<2\sqrt{n}$ 成立.

化为 $\mathbf{0}$. 在时间节点 $t > 0$ 时, 计算小批量随机梯度 $\boldsymbol{g}_t$:

$$\boldsymbol{g}_t \leftarrow \nabla f_B(\boldsymbol{x}_{t-1}) = \frac{1}{|B|}\sum_{i\in B}\nabla f_i(\boldsymbol{x}_{t-1}),$$

给定超参数 $0 \leqslant \beta_1 < 1$, 由小批量随机梯度 $\boldsymbol{g}_t$ 做指数加权移动平均得到 $\boldsymbol{v}_t$:

$$\boldsymbol{v}_t \leftarrow \beta_1 \boldsymbol{v}_{t-1} + (1-\beta_1)\boldsymbol{g}_t.$$

再对变量 $\boldsymbol{v}_t$ 作偏差修正:

$$\hat{\boldsymbol{v}}_t \leftarrow \frac{\boldsymbol{v}_t}{1-\beta_1^t}.$$

这里除法和乘法 $(\odot)$ 的运算都是按元素运算的.

其次, 分析状态变量 $\boldsymbol{s}_t$, 给定超参数 $0 \leqslant \beta_2 < 1$, Adam 算法中的 $\boldsymbol{s}_t$ 由 $\boldsymbol{g}_t \odot \boldsymbol{g}_t$ 做指数加权移动平均得到

$$\boldsymbol{s}_t \leftarrow \beta_2 \boldsymbol{s}_{t-1} + (1-\beta_2)\boldsymbol{g}_t \odot \boldsymbol{g}_t, \tag{5.4.34}$$

已知 $\boldsymbol{s}_t$ 的每一个分量 s_t^j 由 s_{t-1}^j 和 $(g_t^j)^2$ 组成:

$$s_t^j = \beta_2 s_{t-1}^j + (1-\beta_2)(g_t^j)^2.$$

而 AdaMax 算法将式 (5.4.34) 的修改成

$$\begin{aligned}\boldsymbol{s}_t =& \beta_2^p \boldsymbol{s}_{t-1} + (1-\beta_2^p)|\boldsymbol{g}_t|^p \\ =& (1-\beta_2^p)\sum_{i=1}^{t}(\beta_2^p)^{t-i}|\boldsymbol{g}_i|^p,\end{aligned} \tag{5.4.35}$$

此时 $\boldsymbol{s}_t$ 的每一个分量 s_t^j 为

$$s_t^j = (1-\beta_2^p)\sum_{i=1}^{t}(\beta_2^p)^{t-i}|g_i^j|^p.$$

然后对分量 s_t^j 求 p 次根, 再取极限得到

$$\begin{aligned}\lim_{p\to\infty}\left(s_t^j\right)^{\frac{1}{p}} &= \lim_{p\to\infty}\left((1-\beta_2^p)\sum_{i=1}^{t}(\beta_2^p)^{t-i}|g_i^j|^p\right)^{\frac{1}{p}} \\ &= \lim_{p\to\infty}(1-\beta_2^p)^{\frac{1}{p}}\left(\sum_{i=1}^{t}(\beta_2^p)^{t-i}|g_i^j|^p\right)^{\frac{1}{p}}\end{aligned}$$

$$= \lim_{p\to\infty}\left(\sum_{i=1}^{t}(\beta_2^p)^{t-i}|g_i^j|^p\right)^{\frac{1}{p}}$$
$$= \max\left(|g_t^j|, \beta_2|g_{t-1}^j|, \cdots, \beta_2^{t-1}|g_1^j|\right). \tag{5.4.36}$$

由此得到

$$\hat{\boldsymbol{s}}_t = \lim_{p\to\infty}(\boldsymbol{s}_t)^{\frac{1}{p}} = \max\left(|\boldsymbol{g}_t|, \beta_2|\boldsymbol{g}_{t-1}|, \cdots, \beta_2^{t-1}|\boldsymbol{g}_1|\right). \tag{5.4.37}$$

通过 $\hat{\boldsymbol{s}}_t$ 的表达式可以得到递推公式:

$$\begin{aligned}\hat{\boldsymbol{s}}_t &= \max\left(|\boldsymbol{g}_t|, \beta_2|\max(\boldsymbol{g}_{t-1}|, \cdots, \beta_2^{t-2}|\boldsymbol{g}_1|)\right). \\ &= \max(|\boldsymbol{g}_t|, \beta_2\hat{\boldsymbol{s}}_{t-1}).\end{aligned} \tag{5.4.38}$$

需要注意, max 函数比较的是 $|\boldsymbol{g}_t|$ 和 $\beta_2\hat{\boldsymbol{s}}_{t-1}$ 各个分量绝对值的最大值.

最后, AdaMax 算法使用状态变量 $\hat{\boldsymbol{s}}_t$ 和 $\hat{\boldsymbol{v}}_t$ 来更新自变量:

$$\boldsymbol{x}_t \leftarrow \boldsymbol{x}_{t-1} - \eta\cdot\frac{\hat{\boldsymbol{v}}_t}{\hat{\boldsymbol{s}}_t+\boldsymbol{\varepsilon}}, \tag{5.4.39}$$

其中 η 是学习率, $\boldsymbol{\varepsilon}$ 是为了维持数值稳定性而添加的常数, 如 $\mathbf{10^{-8}}$. 综上所述, 得到 AdaMax 算法 5.4.5.

算法 5.4.5 AdaMax 算法

输入: 初始自变量 $\boldsymbol{x}_0$, 初始状态变量 $\hat{\boldsymbol{s}_0} = \mathbf{0}$, 初始状态变量 $\boldsymbol{v}_0 = \mathbf{0}$, 学习率 η, 超参数 β_1 和 β_2, 常数向量 $\boldsymbol{\varepsilon}$

for $t = 1$ **to** N **do**

　计算小批量随机梯度: $\boldsymbol{g}_t \leftarrow \nabla f_B(\boldsymbol{x}_{t-1}) = \frac{1}{|B|}\sum_{i\in B}\nabla f_i(\boldsymbol{x}_{t-1})$

　更新状态变量: $\boldsymbol{v}_t \leftarrow \beta_1\boldsymbol{v}_{t-1} + (1-\beta_1)\boldsymbol{g}_t$

　偏差修正: $\hat{\boldsymbol{v}}_t \leftarrow \frac{\boldsymbol{v}_t}{1-\beta_1^t}$

　更新状态变量: $\hat{\boldsymbol{s}}_t \leftarrow \max(|\boldsymbol{g}_t|, \beta_2\hat{\boldsymbol{s}}_{t-1})$

　更新自变量: $\boldsymbol{x}_t \leftarrow \boldsymbol{x}_{t-1} - \eta\cdot\frac{\hat{\boldsymbol{v}}_t}{\hat{\boldsymbol{s}}_t+\boldsymbol{\varepsilon}}$

end for

■ 5.5　优化算法实验分析

为了对所介绍的优化算法的性能有一个初步的认识, 我们首先使用线性模型在数据回归任务上评估各类优化算法, 其次选择使用卷积神经网络在图像分类任务上来评估各类优化算法, 对比算法的收敛性能和收敛速度. 在这一节中, 我们将实验分成三部分, 第一部分是在小型机翼噪声数据集上进行回归任务, 第二部分是在小规模图像分类数据集 CIFAR-10 上进行图像分类任务, 第三部分是在大规模图像分类数据集 ImageNet-1k 上进行图像分类任务.

5.5.1 小型机翼噪声回归的实验

机翼噪声数据集里是一系列不同飞机机翼的噪声, 由一系列空气动力学和声学测试中获得的. 机翼噪声数据集专门用于回归分析任务, 一共有 1503 个样本, 每个样本包含 5×1 的输入信息和 1×1 的输出信息, 其中输入信息分别是频率 (赫兹), 机翼攻角 (度), 机翼长 (米), 气流速度 (米 · 秒$^{-1}$), 吸入侧位移 (米), 输出信息为声压级别 (分贝). 实验中仅选取前 1500 个样本, 举例给出第一个样本数据 $[-0.5986, -1.1464, 1.7993, 1.3129, -0.6448]$ 和 $[0.052935]$. 本节的实验使用线性回归模型来拟合 1500 个机翼噪声样本, 从训练损失值来观察模型的拟合情况.

线性回归模型 $f(\boldsymbol{x}) = \boldsymbol{\mathcal{W}}\boldsymbol{x} + \boldsymbol{\mathcal{B}}$ 将在机翼噪声数据集上进行回归任务, $\boldsymbol{\mathcal{W}}$ 初始值服从正态分布 $N(0, 10^{-4})$, $\boldsymbol{\mathcal{B}}$ 初始值设为 $\mathbf{0}$. 实验使用均方误差作为目标函数.

1. 随机梯度下降法的实验

在随机梯度下降法中分析三种批量大小的情况对回归任务结果的影响.

(1) 当批量大小 $|B| = 1500$ 时, 为样本总数, 1 个训练周期里对模型参数只能迭代 1 次. 设学习率 $\eta = 1$, 使用梯度下降训练 6 个周期, 共迭代 6 次, 绘制出训练损失图 5.5.1 (a).

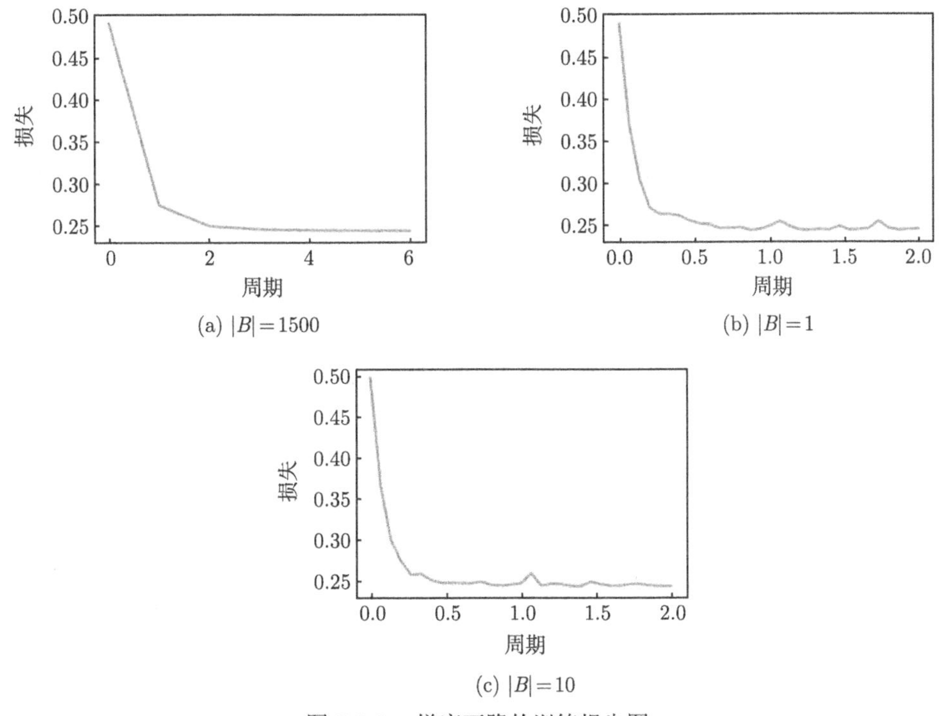

(a) $|B|=1500$

(b) $|B|=1$

(c) $|B|=10$

图 5.5.1 梯度下降的训练损失图

(2) 当批量大小 $|B|=1$ 时, 每处理一个训练样本会更新一次模型参数 $\mathcal{W}$ 和 $\mathcal{B}$, 所以一个训练周期里会对网络参数进行 1500 次迭代. 设学习率 $\eta=0.005$, 使用梯度下降训练 2 个周期, 共迭代 3000 次, 绘制出训练损失图 5.5.1 (b).

(3) 当批量大小 $|B|=10$ 时, 每处理 10 个样本会更新一次模型参数, 所以一个训练周期里会对网络参数进行 150 次迭代. 设学习率 $\eta=0.05$, 使用梯度下降训练 2 个周期, 共迭代 300 次, 绘制出训练损失图 5.5.1 (c).

可以从图 5.5.1 (a) 看到, 经过在 6 次迭代后, 损失值 (训练损失) 快速下降并趋于平稳. 并且, 因为每个周期只需要迭代一次参数, 所以平均一个周期需要花费 0.014 秒, 但考虑到大型实验的数据集是海量的, 设置较大的批量需要占据大量内存, 应考虑计算机硬件能否支持. 在图 5.5.1 (b) 看到, 损失值曲线在 1 个训练周期后就变得较为平缓, 因为在一个周期内迭代了 1500 次参数, 所以每个训练周期平均花费 0.27 秒. 图 5.5.1 (c) 记录的情况 (3) 的训练过程, 其特点是每次随机均匀采样一个小批量的训练样本来计算梯度, 每个训练周期平均花费 0.079 秒.

根据图 5.5.1 中展示的实验结果, 三种方法的最终损失值保持相近. 情况 (3) 的每个周期的平均耗时介于情况 (1) 和情况 (2) 之间, 而从图 5.5.1 中看到各方法的最终损失值也在一个相似的水平. 所以从实际考虑, 需要根据已有的计算机设备和实验耗时来设置合适的批量大小.

2. *动量法的实验*

在动量法中比较不同的动量超参数 γ 和学习率 η 组合对回归任务结果的影响.

(1) 将动量超参数 γ 设为 0.5, 根据式 (5.3.4), 表示自变量更新量 $\boldsymbol{v}_t$ 是最近 $\dfrac{1}{1-0.5}=2$ 个时间节点的 $\eta_t\boldsymbol{g}_t$ 除以 $(1-0.5)=0.5$ 后, 再做指数加权移动平均得到的. 学习率 $\eta=0.02$, 绘制出训练损失图 5.5.2 (a).

(2) 将动量超参数 γ 设为 0.9, 表示 $\boldsymbol{v}_t$ 是最近 10 个时间节点的 $\eta_t\boldsymbol{g}_t$ 除以 0.1 后, 再做指数加权移动平均得到的. 学习率 $\eta=0.02$ 绘制出训练损失图 5.5.2 (b).

(3) 在 (2) 的基础上将学习率调整为原来的 1/5, 为 0.004, 保持 $\gamma=0.9$ 不变, 绘制出训练损失图 5.5.2 (c).

从图 5.5.2 (a) 中可以看到当 $\gamma=0.5$, $\eta=0.02$ 时, 损失值平稳地下降, 而从图 5.5.2 (b) 中可见 γ 变为 0.9 时, 损失曲线变得曲折. 从直觉上考虑, 当 $\gamma=0.9$ 时, 根据式 (5.3.4),

$$\boldsymbol{v}_t \leftarrow \sum_{i=0}^{\left[\frac{1}{1-\gamma}-1\right]} \gamma^i\left(\eta_{t-i}\boldsymbol{g}_{t-i}\right),$$

自变量更新量 $\boldsymbol{v}_t$ 是由 10 个时间节点的 $\eta_t\boldsymbol{g}_t$ 组成的, 而当 $\gamma=0.5$ 时, $\boldsymbol{v}_t$ 仅由 2

个时间节点的 $\eta_t \boldsymbol{g}_t$ 组成, 二者相差了 5 倍. 因此在 $\gamma = 0.9$ 时, 将学习率 η 减小到原来的 1/5 进行第三次实验, 此时从图 5.5.2 (c) 可以看到损失曲线的下降趋势与图 5.5.2 (a) 基本保持一致.

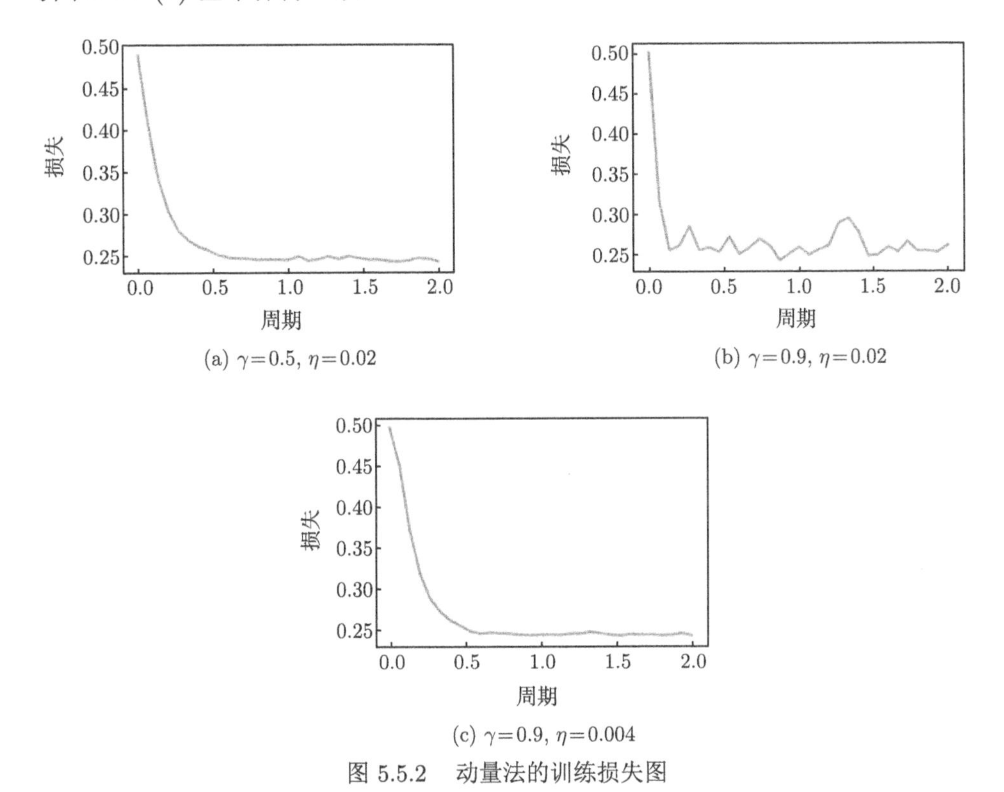

图 5.5.2 动量法的训练损失图

总的来说, 动量法使用了指数加权移动平均的思想, 将过去时间节点的梯度做了指数加权移动平均, 且权重 γ^i 按时间节点指数衰减. 因为动量法中每个时间节点的梯度都是过去时间节点的梯度的加权平均, 所以相邻几个时间节点的自变量更新方向会比较一致, 也可以有效地避免自变量落在局部最小值点或鞍点就停止更新的问题.

3. 自适应梯度算法的实验

比较 AdaGrad, RMSProp, AdaDelta, ADAM 和 AdaMax 算法在回归任务上的结果. 每个优化算法的批量大小 $|B| = 10$, 共训练 2 个周期.

(1) 在 AdaGrad 算法中, 学习率 $\eta = 0.1$, 根据算法 5.4.1 绘制出训练损失图 5.5.3 (a).

(2) 在 RMSProp 算法中, 学习率 $\eta = 0.01$, 超参数 $\gamma = 0.9$, 根据算法 5.4.2 绘制出训练损失图 5.5.3 (b).

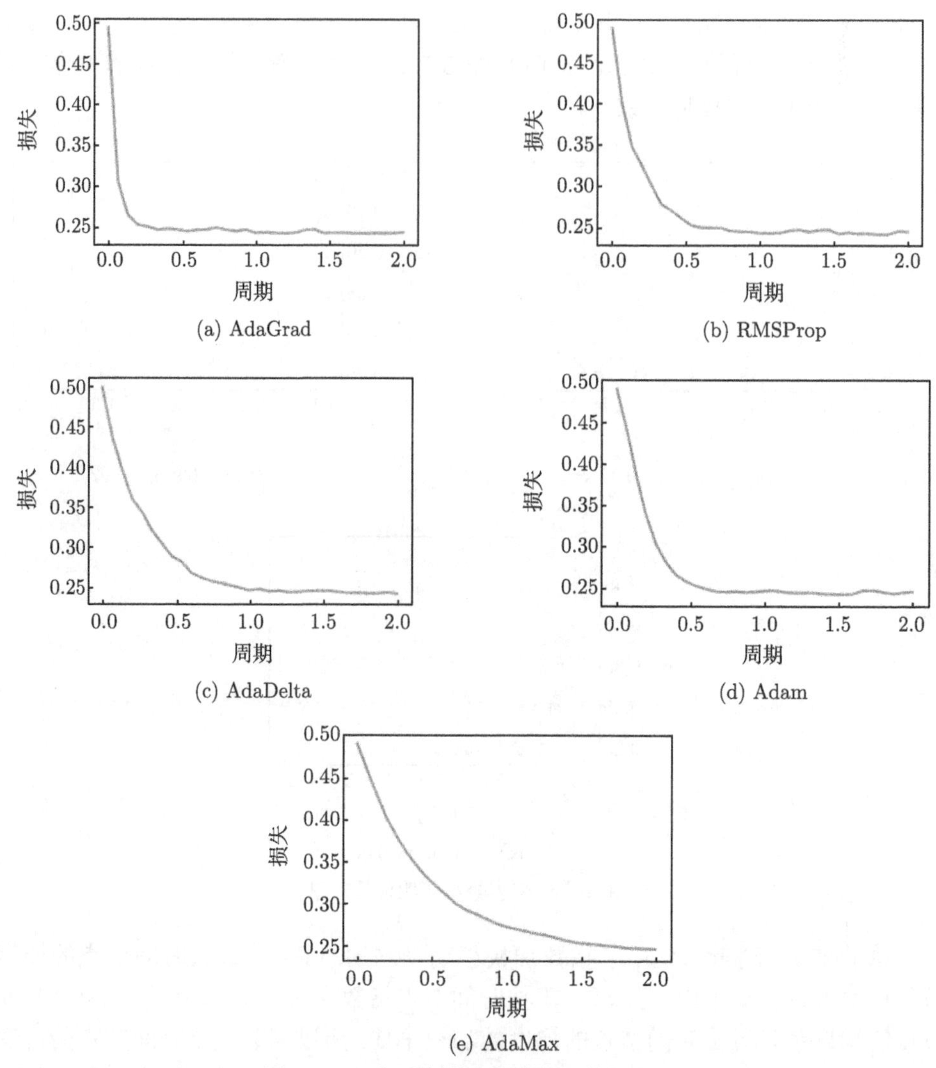

(a) AdaGrad

(b) RMSProp

(c) AdaDelta

(d) Adam

(e) AdaMax

图 5.5.3 自适应梯度算法的训练损失图

(3) 在 AdaDelta 算法中, 超参数 $\rho = 0.9$, 根据算法 5.4.3 绘制出训练损失图 5.5.3 (c).

(4) 在 Adam 算法中, 学习率 $\eta = 0.01$, 超参数 $\beta_1 = 0.9$, $\beta_2 = 0.999$, 根据算法 5.4.4 绘制出训练损失图 5.5.3 (d).

(5) 在 AdaMax 算法中, 学习率 $\eta = 0.01$, 超参数 $\beta_1 = 0.9$, $\beta_2 = 0.999$, 根据算法 5.4.5 绘制出训练损失图 5.5.3 (e).

总的来说, 五种优化算法在回归任务上展示出了相近的结果, 最终的损失值保持在相同的水平. AdaGrad 算法设置的学习率为 0.1, 所以从图 5.5.3 (a) 中看到 AdaGrad 算法是所有自适应梯度算法中损失值下降最快的优化方法. 由于 AdaGrad 算法的学习率会在迭代过程中一直降低, 因此训练后期的迭代效果不佳, 所以需要设置较大的初始学习率, 但是较大的学习率又可能导致网络训练不稳定, 因此需要为 AdaGrad 算法设置合适的学习率. 其他的自适应梯度算法会根据各自训练阶段的梯度调整学习率, 因此可以避免出现 AdaGrad 算法的学习率递减问题. RMSProp、AdaDelta 和 Adam 算法的实验中, 损失曲线保持了相似的平稳下降趋势, AdaMax 算法的损失曲线在临近训练结束时, 才降到最低点.

5.5.2 CIFAR-10 的实验

在小规模图像分类实验中, 所用数据集是 CIFAR-10 数据集, 测试使用的模型是 ResNet-18, 网络参数由 Kaiming 方法进行初始化, 训练周期为 200 次, 激活函数使用的是 ReLU 函数. 参与实验对比的优化算法有随机梯度下降、动量法、AdaGrad、RMSProp、AdaDelta、Adam、AdaMax. 批量大小设置为 128.

随机梯度下降的学习率 η 设为 0.01; 动量法的超参数 γ 设为 0.9, 学习率设为 0.01; AdaGrad 算法的学习率 η 设为 0.01; RMSProp 算法的学习率 η 设为 0.01, 超参数 γ 设为 0.99; AdaDelta 算法的超参数 ρ 设为 0.9; Adam 算法的学习率 η 设为 0.01, 超参数 $(\beta_1, \beta_2) = (0.9, 0.999)$; AdaMax 算法的学习率 η 设为 0.01, 超参数 $(\beta_1, \beta_2) = (0.9, 0.999)$. 其中带有学习率的优化算法会随训练周期递减学习率.

CIFAR-10 数据集的实验结果如表 5.5.1 所示. 表现较好的两个优化算法为 AdaMax 算法 (13.46%) 和 Adam 算法 (13.97%), 而表现较弱的是随机梯度下降方法 (21.75%). 相应的实验训练图如图 5.5.4 所示, 其中给出了各个优化算法的训练图, 记录了每一个周期各个算法的错误率, 并以动量法作为基准线 (蓝线), 比较了各个优化算法与动量法在训练阶段的错误率. 从实验结果观察到以下几点: (1) 随机梯度下降在小规模图像分类实验中表现不佳, 其错误率曲线始终位于动量法的错误率曲线上方. (2) AdaGrad 算法在训练初期的错误率要低于动量法, 但由于 AdaGrad 算法的学习率是在优化过程中逐步减小, 所以在训练后期

表 5.5.1 CIFAR-10 数据集上的实验结果

优化算法	错误率/%
随机梯度下降	21.75
动量法	16.08
AdaGrad	18.10
RMSProp	14.86
AdaDelta	16.69
Adam	13.97
AdaMax	13.46

可能出现参数更新不显著的情况, 所以动量法的错误率逐渐低于 AdaGrad 算法. (3) RMSProp 算法与 AdaDelta 算法的错误率曲线相比动量法曲线差距不大, 说明了这三种优化算法在该实验设置下的迭代性能是相近的. (4) 对比了 Adam 算法, AdaMax 算法与动量法的错误率曲线, 验证了这两种算法相对于其他算法的收敛优势.

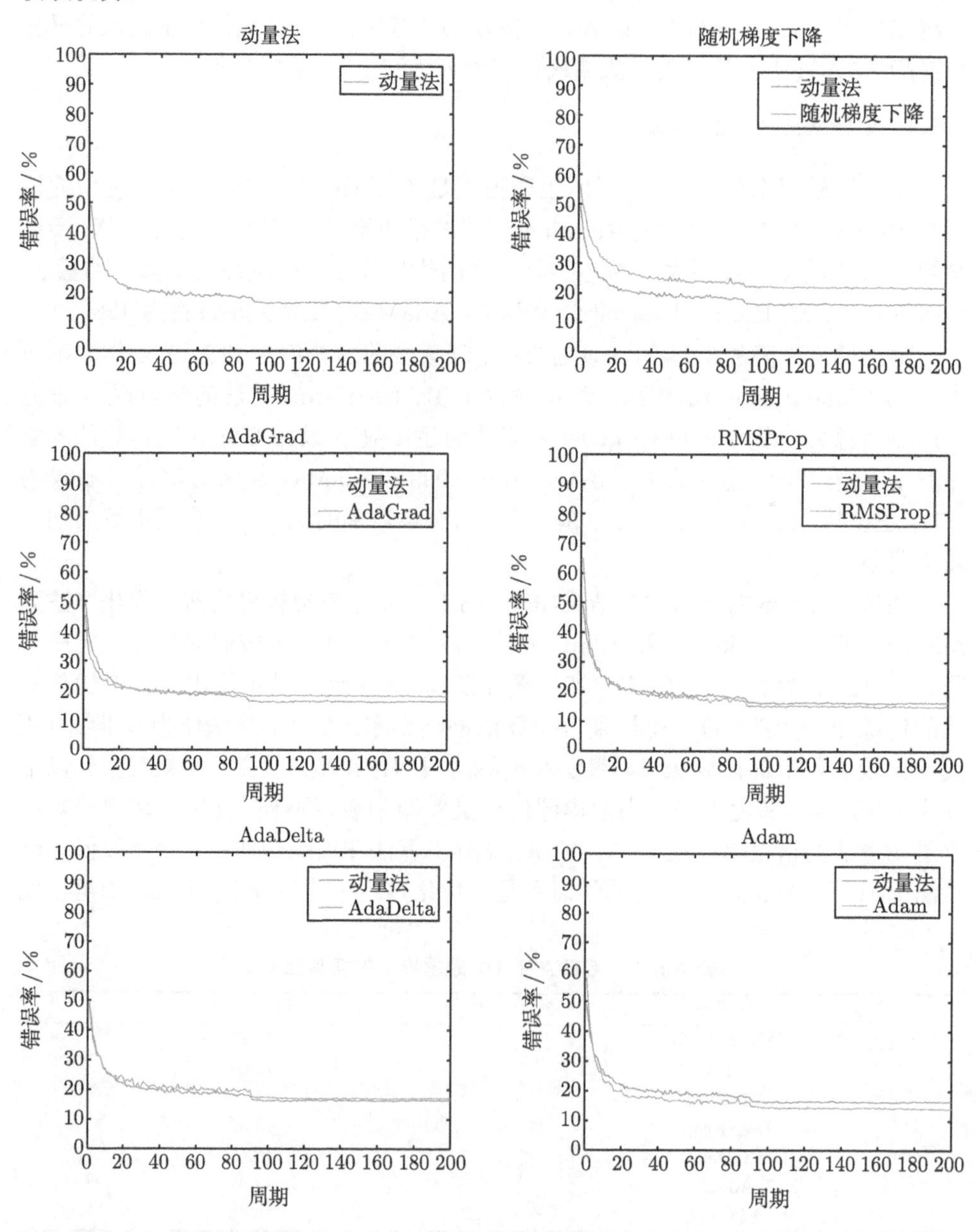

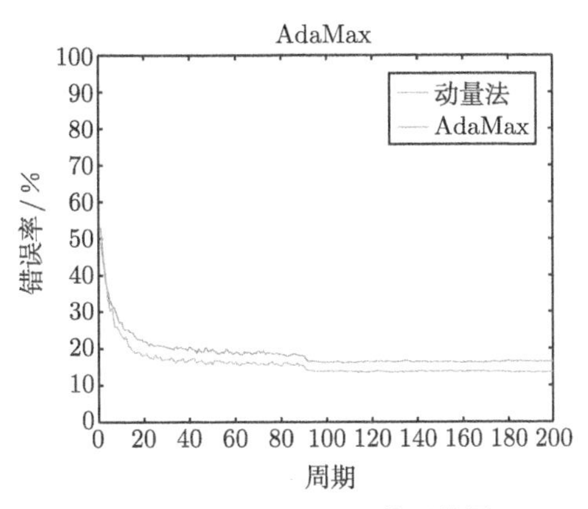

图 5.5.4 CIFAR-10 的训练图

5.5.3 ImageNet 的实验

在大规模图像分类实验中, 所用数据集是 ImageNet 数据集, 测试使用的模型是 ResNet-18, 网络由 Kaiming 方法进行初始化, 训练周期为 70 次, 激活函数使用的是 ReLU 函数. 参与实验对比的优化算法有随机梯度下降、动量法、AdaGrad, RMSProp、AdaDelta、Adam、AdaMax. 批量大小设置为 256.

随机梯度下降的学习率 η 设为 0.1; 动量法的超参数 γ 设为 0.9, 学习率设为 0.1; AdaGrad 的学习率设为 0.01; RMSProp 的学习率设为 0.01, 超参数 γ 设为 0.99; AdaDelta 的超参数 ρ 设为 0.9; Adam 的学习率 η 设为 0.01, 超参数 $(\beta_1, \beta_2) = (0.9, 0.999)$; AdaMax 的学习率 η 设为 0.01, 超参数 $(\beta_1, \beta_2) = (0.9, 0.999)$. 其中带有学习率的优化算法会随训练周期逐渐递减学习率.

ImageNet 数据集的实验结果如表 5.5.2 所示, 在该实验设置下, 表现较好的优化算法是动量法. 各个优化算法的实验结果在图 5.5.5 中给出. 从实验结果中我们可以观察到以下几点. (1)AdaGrad 算法在大规模图像分类实验中的表现与在 CIFAR-10 数据集上的表现几乎一致, 还是由于学习率逐步减小导致训练后期的网络参数迭代效果非常差. (2) 动量法的初始学习率为 0.1, 而 Adam 算法和

表 5.5.2 ImageNet 数据集上的实验结果

优化算法	ImageNet-1k	
	Top-1 错误率/%	Top-5 错误率/%
随机梯度下降	34.91	13.92
动量法	29.58	10.30
AdaGrad	41.99	19.47
RMSProp	37.12	15.74
AdaDelta	38.44	16.53
Adam	36.10	14.93
AdaMax	33.67	13.51

AdaMax 算法的初始学习率为 0.01, 因此 Adam 算法和 AdaMax 算法在训练初期能够快速降低错误率, 相比较动量法具有优势. 所以在设置优化算法的超参数时, 可以有更多的选择, 进行更多的尝试. (3)AdaGrad 算法、RMSProp 算法和 AdaDelta 算法在该实验设置下并没有表现出较好的性能, 相比之下动量法依然保持了良好的收敛速度.

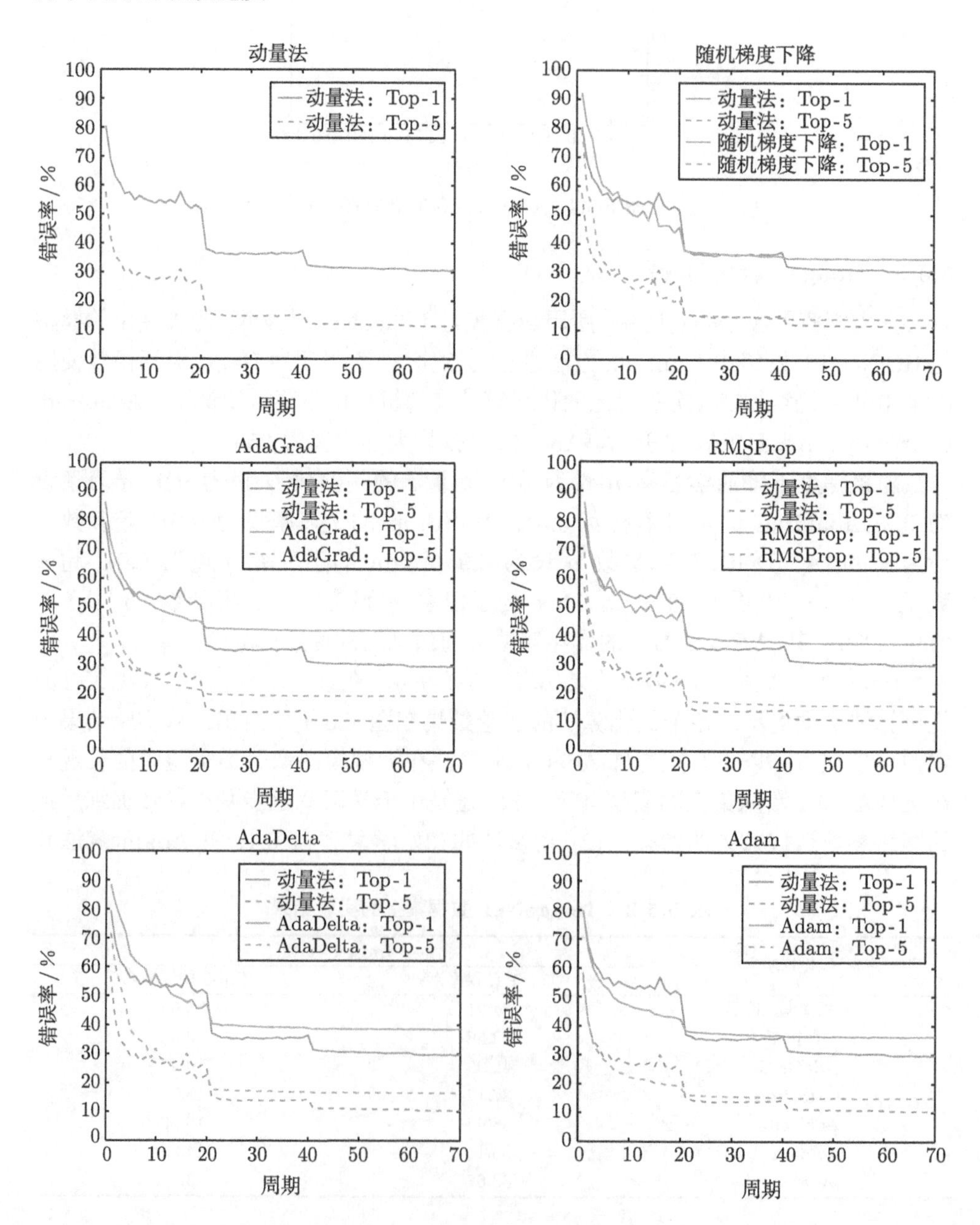

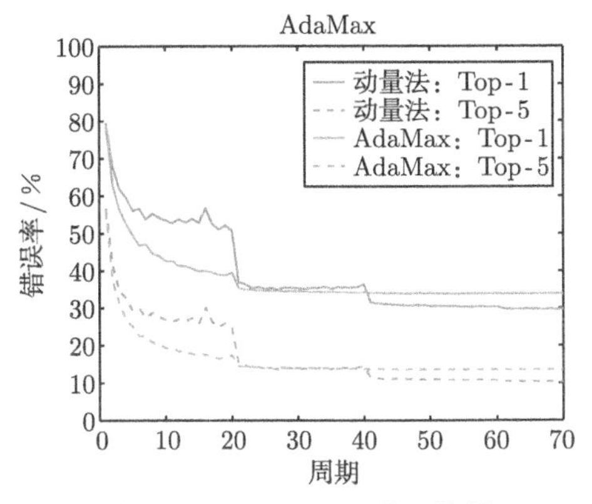

图 5.5.5 ImageNet 的训练图

■ 5.6 数字化资源

研究型习题

案例代码

第5章彩图

第 6 章

神经网络的正则化

在深度学习问题中，我们期望的是学习算法不仅在训练集上表现良好，并且在测试集上同样奏效，学习算法在新数据上的这一表现称为模型泛化能力．若学习算法在训练集和测试集均表现优异，则认为该学习算法具有较强的泛化能力；若学习算法在训练集表现优异但在测试集表现很差，则认为该学习算法具有较低的泛化能力．在深度学习中，通常依赖正则化技术来提升模型的泛化能力，即令模型在测试集上得到更好的表现．常见的正则化方法有权重衰减、提前终止、数据扩增、Dropout、标签平滑等，下面详细介绍几种常用的神经网络正则化方法．

6.1 理论框架

1. 基本概念

如表 6.1.1 所示，首先解释正则化领域涉及的一些基本概念及符号，用于之后对理论框架和正则化方法的描述．

表 6.1.1 相关符号

概念	符号	意义
目标函数	$\mathcal{J}$	度量模型拟合的最终目标
损失/代价函数	$\mathcal{L}$	模型预测值与真实标签之间的差异
期望风险	$\mathcal{L}'$	损失函数的期望
经验风险	$\hat{\mathcal{L}}$	真实输出值在训练集上的平均损失
结构风险	$\mathcal{J}'$	经验风险与正则化项的结合
正则化项	$\mathcal{R}$	提高模型泛化能力

假设给定数据 (x,y)，其中，x 为输入，y 为真实标签．对模型来说，给定输入 x，可以得到相应函数的输出值 $f(x)$．

1) 损失函数

将函数输出值与真实标签进行比较，引入损失函数 $\mathcal{L}=L(y,f(x))$ 度量模型的拟合程度．损失函数越大，代表模型的拟合程度越差；损失函数越小，代表模型的拟合程度越好．

2) 期望风险

风险函数同样是一个重要的概念, 因为原始数据集遵循联合概率分布 $P(x,y)$, 因此可以在整个数据集上求得损失函数的期望, 即期望风险

$$\mathcal{L}' = \int L(y,f(x))P(x,y)\mathrm{d}x\mathrm{d}y.$$

然而, 由于原始数据的联合分布函数未知, 在这种情况下, 风险函数是无法计算的.

3) 经验风险

为了解决风险函数的问题, 引入训练集作为分布已知的历史数据, 通过近似计算简化求解过程. 将 $f(x)$ 关于训练集的平均损失称作经验风险 $\hat{\mathcal{L}} = \frac{1}{N}\sum_{i=1}^{N} L\left(y_i, f\left(x_i\right)\right)$, 其中 N 为训练集样本数, x_i 和 y_i 分别为第 i 个训练样本和其对应的真实标签. 在这种情况下, 经验风险越小, 模型的拟合度越好, 因此提高模型拟合度的目标转变为最小化经验风险. 然而这种对拟合程度的过度追求也可能会引起过拟合问题.

4) 结构风险

为了限制过拟合的出现, 引入结构风险的概念 $\mathcal{J}'(f)$, 它是经验风险与正则化项 $\mathcal{R}$ 的结合.

此时, 拟合的优化目标转变为实现对经验风险和结构风险的共同最优化, 最终的目标函数为 $\mathcal{J} = \frac{1}{N}\sum_{i=1}^{N} L\left(y_i, f\left(x_i\right)\right) + \lambda\mathcal{R}$.

2. 过拟合与欠拟合

过拟合是指统计模型或学习算法对训练集拟合程度过高但在新的数据集 (测试集) 上泛化较差的问题, 主要出现在训练误差和测试误差之间差距过大的情况, 如图 6.1.1 (c) 所示. 相对地, 当模型无法捕获数据的基本趋势时, 发生欠拟合, 如

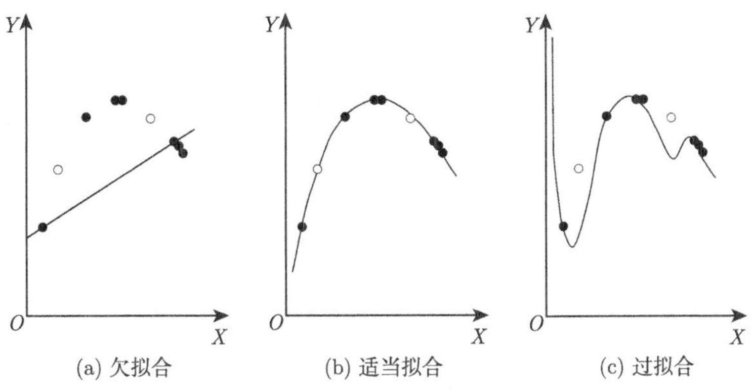

图 6.1.1　数据拟合与正则化 (实心点表示训练点, 空心点表示测试点)

图 6.1.1 (a) 所示. 例如, 将线性模型拟合到非线性数据时, 因为模型不能从训练集上获得足够低的误差而导致欠拟合, 这样的模型预测性能也很差.

过拟合的概念很重要, 是我们接下来要关注的主要问题. 使用正则化技术可以显著改善过拟合的现象并减少过拟合的发生, 正则化技术能够使算法的性能更好, 预测更加精确, 模型更接近任务的真实描述.

3. 神经网络领域的正则化框架

下面对神经网络领域通用的正则化框架进行梳理.

模型拟合是指: 找到一个函数 f, 使它逼近于由输入到期望输出 $f(x)$ 的期望映射. 一个给定的输入 x 可以有一个相应的目标 y(即真实输出值), 它直接或间接指定了期望输出 $f(x)$.

将神经网络看成一个包含可训练权重的函数 $f_{\boldsymbol{w}}: \mathcal{X} \rightarrow \mathcal{Y}$, 其中 $\boldsymbol{w}$ 为可训练权重, $\mathcal{X}$, $\mathcal{Y}$ 为输入和输出空间. 因此, 神经网络的训练过程就是找到一个权重设置 $\boldsymbol{w}'$, 使得损失函数 $\mathcal{L}$ 最小化:

$$\boldsymbol{w}' = \arg\min_{\boldsymbol{w}} \mathcal{L}(\boldsymbol{w}). \tag{6.1.1}$$

通常, 损失函数 $\mathcal{L}$ 写成期望风险 $\mathcal{L}'$ 的形式:

$$\mathcal{L}' = E_{(x,y)\sim P}\left[L\left(y, f_{\boldsymbol{w}}(x)\right) + \mathcal{R}(\cdots)\right], \tag{6.1.2}$$

式中, x 和 y 表示输入和其相应的目标, 随机变量 (x, y) 服从分布 P, $\mathcal{R}(\cdots)$ 为正则化项.

由于数据样本的概率分布 $P(x, y)$ 是未知的, 无法直接实现期望风险最小化. 因此, 从已知分布的集合中采样得到训练集 $\mathcal{D}$, 通过经验风险 $\hat{\mathcal{L}}$ 最小化来近似得到期望风险 $\mathcal{L}'$ 最小化:

$$\arg\min_{\boldsymbol{w}} \frac{1}{|\mathcal{D}|} \sum_{(x_i, y_i)\in\mathcal{D}} L\left(y_i, f_{\boldsymbol{w}}\left(x_i\right)\right) + \mathcal{R}(\cdots), \tag{6.1.3}$$

式中, (x_i, y_i) 采样于训练集 $\mathcal{D}$, $|\mathcal{D}|$ 表示训练集 $\mathcal{D}$ 中训练样本的个数.

■ 6.2　正则化方法

了解了正则化的基础知识之后, 下面详细介绍深度学习中常用的正则化方法.

6.2.1　批量归一化

批量归一化 (Batch Normalization, BN) 是深度学习中常用的算法之一, 加入 BN 层的网络往往更加稳定并且还能起到正则化的作用. 在深度神经网络训练过程中, 每层输入的数据分布不断变化, 这使得下一层网络需要不断地去适应新的数据分布, 并且让训练变得非常复杂而且缓慢. 在模型的训练过程中, BN 层利用小批量数据的均值和方差调整神经网络的中间输出, 从而使得各层之间的输出都符合均值、方差相同的高斯分布, 从而使得数据更加稳定. 无论隐藏层的参数如何变化, 但前一层网络输出数据的均值和方差都是已知且固定的, 这样就解决了数据分布不断改变带来的训练缓慢、小学习率等问题.

BN 层可以作为神经网络的一层, 放在网络层之后. 以多层感知机为例, 假设一个批量有 m 个输入特征 $\mathcal{B}=\{\boldsymbol{x}_1,\boldsymbol{x}_2,\cdots,\boldsymbol{x}_m\}$, 其归一化过程是以批量为单位的, BN 层如图 6.2.1 所示, 即可在 MLP 隐藏层之后进行 BN 层处理, BN 算法的流程如下:

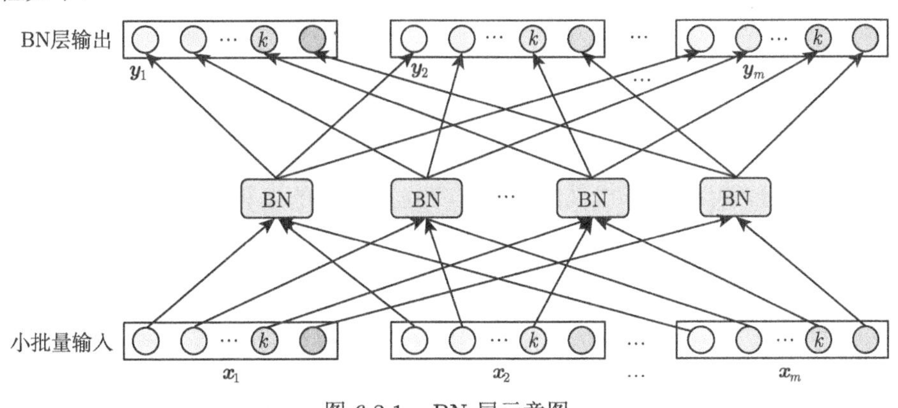

图 6.2.1 BN 层示意图

算法 6.2.1 BN 算法流程

输入: 批处理数据 $\mathcal{B}=\{\boldsymbol{x}_1,\boldsymbol{x}_2,\cdots,\boldsymbol{x}_m\}$; 需要学习的参数向量 $\boldsymbol{\gamma},\boldsymbol{\beta}$

输出: $\{\boldsymbol{y}_1,\boldsymbol{y}_2,\cdots,\boldsymbol{y}_m\}$

$\boldsymbol{\mu}_{\mathcal{B}} \leftarrow \dfrac{1}{m}\sum\limits_{i=1}^{m}\boldsymbol{x}_i$// 逐元素计算批处理数据均值

${\boldsymbol{\sigma}_{\mathcal{B}}}^2 \leftarrow \dfrac{1}{m}\sum\limits_{i=1}^{m}(\boldsymbol{x}_i-\boldsymbol{\mu}_{\mathcal{B}})^2$ // 逐元素计算批处理数据方差

$\hat{\boldsymbol{x}}_i \leftarrow \dfrac{\boldsymbol{x}_i-\boldsymbol{\mu}_{\mathcal{B}}}{\sqrt{{\boldsymbol{\sigma}_{\mathcal{B}}}^2+\boldsymbol{\varepsilon}}}$// 逐元素规范化

$\boldsymbol{y}_i \leftarrow \boldsymbol{\gamma}\hat{\boldsymbol{x}}_i+\boldsymbol{\beta}=\mathrm{BN}_{\boldsymbol{\gamma},\boldsymbol{\beta}}(\boldsymbol{x}_i)$ // 逐元素尺度变换和偏移

首先, 求每一个小批量训练数据的均值和方差, 使用求得的均值和方差对该批量数据做归一化, 从而获得高斯分布, 其中 $\boldsymbol{\varepsilon}$ 是为了避免除数为 $\boldsymbol{0}$ 所使用的微小正量. 归一化后的训练数据基本会被限制在正态分布下, 使得网络的表达能力下降. 为了解决该问题, 引入两个新的参数: $\boldsymbol{\gamma}$, $\boldsymbol{\beta}$, 用来对数据进行尺度变换和偏移, 其中 $\boldsymbol{\gamma}$ 是尺度因子, $\boldsymbol{\beta}$ 是平移因子, 二者都是网络学习得到的.

在训练时, BN 层引入的可学习参数向量 $\boldsymbol{\gamma},\boldsymbol{\beta}$ 的梯度计算如下:

$$\frac{\partial\hat{\mathcal{L}}}{\partial\gamma}=\sum_{i=1}^{m}\frac{\partial\hat{\mathcal{L}}}{\partial\boldsymbol{y}_i}\cdot\frac{\partial\boldsymbol{y}_i}{\partial\gamma}=\sum_{i=1}^{m}\frac{\partial\hat{\mathcal{L}}}{\partial\boldsymbol{y}_i}\cdot\hat{\boldsymbol{x}}_i, \tag{6.2.1}$$

$$\frac{\partial\hat{\mathcal{L}}}{\partial\boldsymbol{\beta}}=\sum_{i=1}^{m}\frac{\partial\hat{\mathcal{L}}}{\partial\boldsymbol{y}_i}\cdot\frac{\partial\boldsymbol{y}_i}{\partial\boldsymbol{\beta}}=\sum_{i=1}^{m}\frac{\partial\hat{\mathcal{L}}}{\partial\boldsymbol{y}_i}, \tag{6.2.2}$$

其中, 梯度和乘法的运算都是按元素运算. 假设学习率为 η, 则可学习参数向量 $\boldsymbol{\gamma},\boldsymbol{\beta}$ 的更新过程如下:

$$\boldsymbol{\gamma}=\boldsymbol{\gamma}-\frac{\eta}{m}\frac{\partial\hat{\mathcal{L}}}{\partial\gamma}, \tag{6.2.3}$$

$$\boldsymbol{\beta}=\boldsymbol{\beta}-\frac{\eta}{m}\frac{\partial\hat{\mathcal{L}}}{\partial\boldsymbol{\beta}}. \tag{6.2.4}$$

在引入 BN 层以后, 假设 MLP 网络的输入为 $\boldsymbol{a}_i$, 其输出作为 BN 层的输入 $\boldsymbol{x}_i$, 即 $\boldsymbol{x}_i=MLP(\boldsymbol{a}_i)$, 其中, MLP 表示 MLP 网络的运算, 则对于 MLP 网络中可学习参数 $\boldsymbol{w}$ 的梯度计算如下:

$$\frac{\partial\hat{\mathcal{L}}}{\partial\boldsymbol{w}}=\sum_{i=1}^{m}\left(\frac{\partial\boldsymbol{x}_i}{\partial\boldsymbol{w}}\right)^{\mathrm{T}}\frac{\partial\hat{\mathcal{L}}}{\partial\boldsymbol{x}_i}, \tag{6.2.5}$$

其中, $\dfrac{\partial\boldsymbol{x}_i}{\partial\boldsymbol{w}}$ 不是各元素的梯度计算, 对于 $\boldsymbol{x}_i\in R^{h\times1}$ 和 $\boldsymbol{w}\in R^{n\times1}$, $\dfrac{\partial\boldsymbol{x}_i}{\partial\boldsymbol{w}}$ 最终结果为 $h\times n$ 大小的矩阵.

而计算 $\dfrac{\partial\hat{\mathcal{L}}}{\partial\boldsymbol{x}_i}$ 需要依赖如下计算:

$$\frac{\partial\hat{\mathcal{L}}}{\partial\hat{\boldsymbol{x}}_i}=\frac{\partial\hat{\mathcal{L}}}{\partial\boldsymbol{y}_i}\cdot\frac{\partial\boldsymbol{y}_i}{\partial\hat{\boldsymbol{x}}_i}=\frac{\partial\hat{\mathcal{L}}}{\partial\boldsymbol{y}_i}\cdot\gamma, \tag{6.2.6}$$

其中, 梯度和乘法的运算都是按元素运算. 利用公式 (6.2.6), 可得公式 (6.2.7) 如下:

$$\begin{aligned}\frac{\partial\hat{\mathcal{L}}}{\partial\boldsymbol{\sigma}_{\mathcal{B}}{}^2}&=\sum_{i=1}^{m}\frac{\partial\hat{\mathcal{L}}}{\partial\hat{\boldsymbol{x}}_i}\cdot\frac{\partial\hat{\boldsymbol{x}}_i}{\partial\boldsymbol{\sigma}_{\mathcal{B}}{}^2}\\&=\sum_{i=1}^{m}\frac{\partial\hat{\mathcal{L}}}{\partial\hat{\boldsymbol{x}}_i}\cdot(\boldsymbol{x}_i-\boldsymbol{\mu}_{\mathcal{B}})\cdot\frac{-1}{2}\left(\boldsymbol{\sigma}_{\mathcal{B}}{}^2+\boldsymbol{\varepsilon}\right)^{-\frac{3}{2}},\end{aligned} \tag{6.2.7}$$

其中, 梯度和乘法的运算都是按元素运算. 利用公式 (6.2.6) 和 (6.2.7), 可得公式 (6.2.8) 如下:

$$\begin{aligned}\frac{\partial \hat{\mathcal{L}}}{\partial \boldsymbol{\mu}_{\mathcal{B}}} &= \left(\sum_{i=1}^{m} \frac{\partial \hat{\mathcal{L}}}{\partial \hat{\boldsymbol{x}}_i} \cdot \frac{\partial \hat{\boldsymbol{x}}_i}{\partial \boldsymbol{\mu}_{\mathcal{B}}}\right) + \frac{\partial \hat{\mathcal{L}}}{\partial {\boldsymbol{\sigma}_{\mathcal{B}}}^2} \cdot \frac{\partial {\boldsymbol{\sigma}_{\mathcal{B}}}^2}{\partial \boldsymbol{\mu}_{\mathcal{B}}} \\ &= \left(\sum_{i=1}^{m} \frac{\partial \hat{\mathcal{L}}}{\partial \hat{\boldsymbol{x}}_i} \cdot \frac{-1}{\sqrt{{\boldsymbol{\sigma}_{\mathcal{B}}}^2 + \varepsilon}}\right) + \frac{\partial \hat{\mathcal{L}}}{\partial {\boldsymbol{\sigma}_{\mathcal{B}}}^2} \cdot \frac{\sum\limits_{i=1}^{m} (-2)\left(\boldsymbol{x}_i - \boldsymbol{\mu}_{\mathcal{B}}\right)}{m},\end{aligned} \tag{6.2.8}$$

其中, 梯度和乘法的运算都是按元素运算. 利用公式 (6.2.6)、(6.2.7) 和 (6.2.8), 可得公式 (6.2.9) 如下:

$$\begin{aligned}\frac{\partial \hat{\mathcal{L}}}{\partial \boldsymbol{x}_i} &= \frac{\partial \hat{\mathcal{L}}}{\partial \hat{\boldsymbol{x}}_i} \cdot \frac{\partial \hat{\boldsymbol{x}}_i}{\partial \boldsymbol{x}_i} + \frac{\partial \hat{\mathcal{L}}}{\partial {\boldsymbol{\sigma}_{\mathcal{B}}}^2} \cdot \frac{\partial {\boldsymbol{\sigma}_{\mathcal{B}}}^2}{\partial \boldsymbol{x}_i} + \frac{\partial \hat{\mathcal{L}}}{\partial \boldsymbol{\mu}_{\mathcal{B}}} \cdot \frac{\partial \boldsymbol{\mu}_{\mathcal{B}}}{\partial \boldsymbol{x}_i} \\ &= \frac{\partial \hat{\mathcal{L}}}{\partial \hat{\boldsymbol{x}}_i} \cdot \frac{1}{\sqrt{{\boldsymbol{\sigma}_{\mathcal{B}}}^2 + \varepsilon}} + \frac{\partial \hat{\mathcal{L}}}{\partial {\boldsymbol{\sigma}_{\mathcal{B}}}^2} \cdot \frac{2\left(\boldsymbol{x}_i - \boldsymbol{\mu}_{\mathcal{B}}\right)}{m} + \frac{\partial \hat{\mathcal{L}}}{\partial \boldsymbol{\mu}_{\mathcal{B}}} \cdot \frac{1}{m},\end{aligned} \tag{6.2.9}$$

其中, 梯度和乘法的运算都是按元素运算. 基于公式 (6.2.9), 即可进一步实现公式 (6.2.5) 所示的 MLP 网络中可学习参数梯度的计算.

算例实验: 基于批量归一化的图像分类任务

下面以图像分类任务来评估 BN 层的正则化效果. 采用除去 BN 层的 VGGNet-16 作为基础模型的网络结构, 共计十三个卷积层, 网络参数和结构如表 6.2.1 左侧所示; 采用标准的带有 BN 层的 VGGNet-16 作为 BN 模型的网络结构, 共计十三个卷积层, 网络参数和结构如表 6.2.1 右侧所示.

表 6.2.1 基础模型和 BN 模型的网络结构

基础模型网络层	卷积核尺寸	输出尺寸	BN 模型网络层	卷积核尺寸	输出尺寸
卷积层 +ReLU	3×3	$32\times32\times64$	卷积层 +BN+ReLU	3×3	$32\times32\times64$
卷积层 +ReLU	3×3	$32\times32\times64$	卷积层 +BN+ReLU	3×3	$32\times32\times64$
最大池化层	–	$16\times16\times64$	最大池化层	–	$16\times16\times64$
卷积层 +ReLU	3×3	$16\times16\times128$	卷积层 +BN+ReLU	3×3	$16\times16\times128$
卷积层 +ReLU	3×3	$16\times16\times128$	卷积层 +BN+ReLU	3×3	$16\times16\times128$
最大池化层	–	$8\times8\times128$	最大池化层	–	$8\times8\times128$
卷积层 +ReLU	3×3	$8\times8\times256$	卷积层 +BN+ReLU	3×3	$8\times8\times256$
卷积层 +ReLU	3×3	$8\times8\times256$	卷积层 +BN+ReLU	3×3	$8\times8\times256$
卷积层 +ReLU	3×3	$8\times8\times256$	卷积层 +BN+ReLU	3×3	$8\times8\times256$
最大池化层	–	$4\times4\times256$	最大池化层	–	$4\times4\times256$
卷积层 +ReLU	3×3	$4\times4\times512$	卷积层 +BN+ReLU	3×3	$4\times4\times512$
卷积层 +ReLU	3×3	$4\times4\times512$	卷积层 +BN+ReLU	3×3	$4\times4\times512$
卷积层 +ReLU	3×3	$4\times4\times512$	卷积层 +BN+ReLU	3×3	$4\times4\times512$
最大池化层	–	$2\times2\times512$	最大池化层	–	$2\times2\times512$
卷积层 +ReLU	3×3	$2\times2\times512$	卷积层 +BN+ReLU	3×3	$2\times2\times512$
卷积层 +ReLU	3×3	$2\times2\times512$	卷积层 +BN+ReLU	3×3	$2\times2\times512$
卷积层 +ReLU	3×3	$2\times2\times512$	卷积层 +BN+ReLU	3×3	$2\times2\times512$
最大池化层	–	$1\times1\times512$	最大池化层	–	$1\times1\times512$
全连接层	–	10	全连接层	–	10

实验所用的数据集为 CIFAR-10 分类数据集. 训练阶段, 基础模型和 BN 模型均使用 Adam 优化算法迭代 20 个周期, 学习率为 10^{-3}, 批量大小为 100. 基础模型和 BN 正则化模型的损失函数均为交叉熵损失函数, 如式 (6.2.10) 所示:

$$\text{Loss} = -\frac{1}{N}\sum_{i}^{N}\boldsymbol{y}_i^{\top}\ln\boldsymbol{y}_i'. \tag{6.2.10}$$

其中, $\boldsymbol{y}_i$ 表示标签值, $\boldsymbol{y}_i'$ 表示预测值, N 表示批量大小, $\ln\boldsymbol{y}_i'$ 表示逐元素取对数.

BN 模型算例实验结果如表 6.2.2 所示, 可以看到 BN 模型的分类准确率达到了 86.13%, 而基础模型的分类准确率仅为 79.06%, 说明 BN 层能有效地提高网络性能.

表 6.2.2 BN 模型实验结果对比

	基础模型	BN 模型
准确率	79.06 %	86.13 %

6.2.2 权重衰减

防止过拟合最直接的方式之一就是降低模型的复杂度, 在损失函数中加入正则化项可以实现对模型复杂度的控制. 正则化技术有很多种, 较为常见的是 L_1 正则化和 L_2 正则化, 下面将对这两种正则化技术进行介绍.

1. L_2 正则化

L_2 正则化也称权重衰减 (Weight Decay), 是常用的正则化技术之一. 首先对 L_2 正则化项进行定义:

$$\mathcal{R}(\boldsymbol{w}) = \frac{\lambda}{2}\|\boldsymbol{w}\|_2^2, \tag{6.2.11}$$

L_2 表示 2-范数, 在这里指的是权重 2-范数的平方项, 式 (6.2.11) 中, λ 为正则化系数 (大于 0), λ 越大, 对应正则化惩罚越大. 在神经网络中, 参数包括每一层的权重 $\boldsymbol{w}$ 和偏置 $\boldsymbol{b}$, 通常只对权重做惩罚而不对偏置做正则惩罚. 此时, 加入 L_2 正则化项的损失函数为

$$\hat{\mathcal{L}} = \hat{\mathcal{L}}_0 + \frac{\lambda}{2}\|\boldsymbol{w}\|_2^2, \tag{6.2.12}$$

式中, 第一项 $\hat{\mathcal{L}}_0$ 是原始损失函数, 第二项是 L_2 正则化项, 它是所有权重的平方和, 通过一个因子 $\frac{\lambda}{2}$ 进行控制调整.

从定义来看, 为了得到较小的损失函数, 正则化的效果会使得网络倾向于学习 2-范数小一点的权重, 进一步说明, 正则化其实是一种对降低权重的 2-范数和最小化原始损失函数这两个目标进行权衡的过程. 两个目标之间的相对重要性由正则化系数 λ 控制: λ 越小, 越倾向于以最小化原始损失函数为主要目标; λ 越大, 越倾向于以降低权重的 2-范数为主要目标.

接下来, 对式 (6.2.12) 求梯度:

$$\frac{\partial \hat{\mathcal{L}}}{\partial \boldsymbol{w}} = \frac{\partial \hat{\mathcal{L}}_0}{\partial \boldsymbol{w}} + \lambda \boldsymbol{w}, \tag{6.2.13}$$

$$\frac{\partial \hat{\mathcal{L}}}{\partial \boldsymbol{b}} = \frac{\partial \hat{\mathcal{L}}_0}{\partial \boldsymbol{b}}, \tag{6.2.14}$$

式中, $\boldsymbol{w}$ 为权重, $\boldsymbol{b}$ 为偏置. 可知, 偏置的更新规则:

$$\boldsymbol{b} \leftarrow \boldsymbol{b} - \eta \frac{\partial \hat{\mathcal{L}}_0}{\partial \boldsymbol{b}}. \tag{6.2.15}$$

权重的更新规则:

$$\begin{aligned} \boldsymbol{w} &\leftarrow \boldsymbol{w} - \eta \frac{\partial \hat{\mathcal{L}}_0}{\partial \boldsymbol{w}} - \eta \lambda \boldsymbol{w} \\ &= (1 - \eta\lambda)\, \boldsymbol{w} - \eta \frac{\partial \hat{\mathcal{L}}_0}{\partial \boldsymbol{w}}. \end{aligned} \tag{6.2.16}$$

综上, 加入权重衰减会引起学习规则的变化, 偏置的更新不受正则化影响, 而权重的更新与 L_2 正则化项有关. 若仅考虑引入 L_2 正则化项这一个因素: 在未引入 L_2 正则化项时, 即 $\lambda = 0$ 时, $\boldsymbol{w}$ 的原系数为 1; 引入 L_2 正则化项后, $\boldsymbol{w}$ 的系数为 $1 - \eta\lambda$, 其中, η, λ 均为正数, 即现有系数小于 1, 小于原系数.

上面所讨论的是基于梯度下降法的情况, 在基于小批量的随机梯度下降法情况下, 全部数据被分为若干个小批量, 按批来更新参数, 更新的公式如下:

$$\boldsymbol{b} \leftarrow \boldsymbol{b} - \frac{\eta}{m} \sum_{x} \frac{\partial \mathcal{L}_x}{\partial \boldsymbol{b}}, \tag{6.2.17}$$

$$\boldsymbol{w} \leftarrow (1 - \eta\lambda)\, \boldsymbol{w} - \frac{\eta}{m} \sum_{x} \frac{\partial \mathcal{L}_x}{\partial \boldsymbol{w}}, \tag{6.2.18}$$

式中, m 为小批量的训练样本个数, x 是样本数据, $\mathcal{L}_x$ 是每个训练样本所对应的原始损失. 对比前后的更新公式可以看到, 更新规则的变化体现在第二项变为关于小批量样本数据 x 的导数和的形式.

基于以上分析, L_2 正则化网络更倾向于学习 2-范数较小的权重, 可以尽可能地减小输入数据的局部噪声对网络带来的影响, 从而可以防止过拟合情况的发生.

2. L_1 正则化

L_2 正则化是权重衰减最常见的形式, 类似的还有另一种参数范数惩罚方法——L_1 正则化, 其定义如下:

$$\mathcal{R}(\boldsymbol{w}) = \lambda \|\boldsymbol{w}\|_1, \tag{6.2.19}$$

L_1 表示 1-范数, 在这里指的是权重的 1-范数项, 式 (6.2.19) 中, λ 为正则化系数 (大于 0), λ 越大, 对应正则化惩罚越大. 此时, 加入 L_1 正则化项的损失函数为

$$\hat{\mathcal{L}} = \hat{\mathcal{L}}_0 + \lambda \|\boldsymbol{w}\|_1, \tag{6.2.20}$$

式中, 第一项 $\hat{\mathcal{L}}_0$ 是原始损失函数; 第二项是 L_1 正则化项, 它是所有权重绝对值之和, 通过一个因子 λ 进行控制调整.

从定义来看, L_1 正则化的定义和 L_2 正则化类似, 即通过一个有关网络权重的参数范数惩罚项, 使得网络倾向于学习 1-范数较小的权重, 但两种正则化策略的效果并不完全相同. 接下来, 我们来进一步分析 L_1 正则化与 L_2 正则化的不同之处.

对 L_1 正则化的损失函数求梯度:

$$\frac{\partial \hat{\mathcal{L}}}{\partial \boldsymbol{w}} = \frac{\partial \hat{\mathcal{L}}_0}{\partial \boldsymbol{w}} + \lambda \operatorname{sgn}(\boldsymbol{w}), \tag{6.2.21}$$

式中, $\operatorname{sgn}(\boldsymbol{w})$ 表示逐元素取 $\boldsymbol{w}$ 的符号. 此时, 关于权重 $\boldsymbol{w}$ 的更新规则为

$$\boldsymbol{w} \leftarrow \boldsymbol{w}' = \boldsymbol{w} - \eta\lambda \operatorname{sgn}(\boldsymbol{w}) - \eta \frac{\partial \hat{\mathcal{L}}_0}{\partial \boldsymbol{w}}. \tag{6.2.22}$$

可以看到, 加入 L_1 正则化的更新规则多了第二项 $-\eta\lambda \operatorname{sgn}(\boldsymbol{w})$, 其中, η, λ 均为正数. 当 $\boldsymbol{w}$ 等于 $\mathbf{0}$ 时, 绝对值不可导, 此时只能应用原始的无正则化方法进行更新, 这就相当于去掉了第二项, 因此可以约定 $\operatorname{sgn}(\boldsymbol{w}) = \mathbf{0}$, 这样就把 $\boldsymbol{w} = \mathbf{0}$ 的情况也统一进来了. 考虑整个神经网络, L_1 正则化使得网络权重 1-范数减小, 也就相当于降低了网络复杂度, 防止过拟合.

算例实验: 基于 L_1 正则化和 L_2 正则化的图像分类任务

给出 L_1 正则化和 L_2 正则化的算例实验, 以图像分类任务来评估 L_1 正则化和 L_2 正则化的效果. 基础模型、L_1 正则化模型和 L_2 正则化模型均采用标准的 VGGNet-16 网络结构, 共计十三个卷积层, 网络参数和结构如表 6.2.3 所示.

实验所用的数据集为 CIFAR-10 分类数据集. 训练阶段, 基础模型、L_1 正则化模型和 L_2 正则化模型均使用 Adam 优化算法迭代 6 个周期, 学习率为 10^{-3}, 批量大小为 100. 基础模型的损失函数为交叉熵损失函数: $\text{Loss} = -\frac{1}{N}\sum_{i}^{N} \boldsymbol{y}_i^{\top} \ln \boldsymbol{y}_i'$, 其中, $\boldsymbol{y}_i$ 表示标签值, $\boldsymbol{y}_i'$ 表示预测值, N 表示批量大小, $\ln \boldsymbol{y}_i'$ 表示逐元素取对数. L_1 正则化模型的损失函数为交叉熵损失函数加入 L_1 正则化项, 正则化系数 λ 设置为 10^{-6}. L_2 正则化模型的损失函数为交叉熵损失函数加入 L_2 正则化项, 正则化系数 λ 设置为 10^{-6}.

L_1 正则化和 L_2 正则化算例实验结果如表 6.2.4 所示, 可以看到使用 L_1 正则化的分类准确率达到了 81.62%, 使用 L_2 正则化的分类准确率达到了 82.17%, 而

表 6.2.3 基础模型、L_1 正则化模型和 L_2 正则化模型的网络结构

网络层	卷积核尺寸	输出尺寸
卷积层 +BN+ReLU	3×3	$32 \times 32 \times 64$
卷积层 +BN+ReLU	3×3	$32 \times 32 \times 64$
最大池化层	–	$16 \times 16 \times 64$
卷积层 +BN+ReLU	3×3	$16 \times 16 \times 128$
卷积层 +BN+ReLU	3×3	$16 \times 16 \times 128$
最大池化层	–	$8 \times 8 \times 128$
卷积层 +BN+ReLU	3×3	$8 \times 8 \times 256$
卷积层 +BN+ReLU	3×3	$8 \times 8 \times 256$
卷积层 +BN+ReLU	3×3	$8 \times 8 \times 256$
最大池化层	–	$4 \times 4 \times 256$
卷积层 +BN+ReLU	3×3	$4 \times 4 \times 512$
卷积层 +BN+ReLU	3×3	$4 \times 4 \times 512$
卷积层 +BN+ReLU	3×3	$4 \times 4 \times 512$
最大池化层	–	$2 \times 2 \times 512$
卷积层 +BN+ReLU	3×3	$2 \times 2 \times 512$
卷积层 +BN+ReLU	3×3	$2 \times 2 \times 512$
卷积层 +BN+ReLU	3×3	$2 \times 2 \times 512$
最大池化层	–	$1 \times 1 \times 512$
全连接层	–	10

基础模型的分类准确率仅为 80.21%, 说明 L_1 正则化和 L_2 正则化均能在一定程度上提高网络性能.

表 6.2.4 L_1 正则化和 L_2 正则化实验结果对比

	基础模型	L_1 正则化模型	L_2 正则化模型
准确率	80.21 %	81.62 %	82.17 %

6.2.3 Dropout

Dropout 也是一种常用的正则化方法, 然而 Dropout 的实现并不依赖于对模型参数 (如损失函数) 进行修改, 而是通过神经网络单元的随机失活直接修改神经网络结构本身, 从而提高网络泛化能力.

Dropout 工作机制

通过一个例子简单介绍一下 Dropout 的工作机制, 假设一个标准的神经网络结构如图 6.2.2 所示.

定义输入空间 $\mathcal{X}$, 输出空间 $\mathcal{Y}$, 网络参数 Θ, 即网络映射 $f_\Theta : \mathcal{X} \to \mathcal{Y}$, 此时的期望风险:

$$\mathcal{L}' = E_{(x,y)\sim P}\left[L\left(y, f_\Theta(x)\right)\right], \tag{6.2.23}$$

式中, x 和 y 表示输入和其相应的标签, 随机变量 (x, y) 服从分布 P.

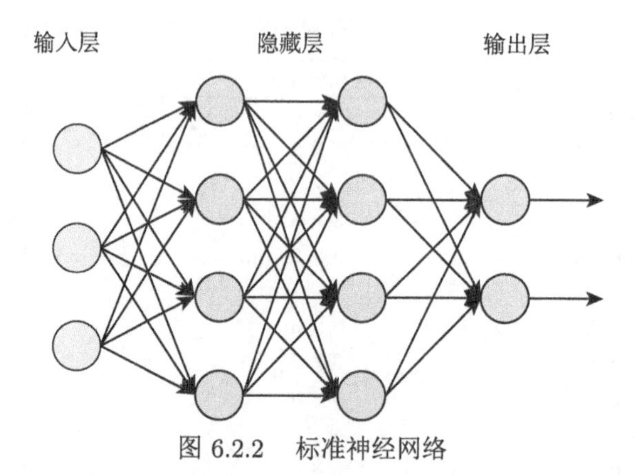

图 6.2.2　标准神经网络

通过前面内容已知, 在原始数据分布未知的情况下, 通常利用经验风险对期望风险进行近似. 因此, 采样训练集为 $\mathcal{D}=\{(x_1,y_1),\cdots,(x_n,y_n)\}$, 并在训练集上进行训练和优化. 按照通常的训练方法: 首先, 输入数据 x_i 前向传播得到相应的输出 $f_\Theta(x_i)$; 然后, 引入反向传播算法对网络参数 Θ(包括权重和偏置) 进行更新; 当参数达到收敛时, 训练结束. 由此, 对公式 (6.1.3) 进行重写, 此时的经验风险:

$$\hat{\mathcal{L}}=\frac{1}{n}\sum_{i=1}^{n}L\left(y_i,f_\Theta\left(x_i\right)\right), \tag{6.2.24}$$

其中 n 为训练集所包含的实例个数.

应用 Dropout 的神经网络在训练时, 保持输入输出层结构不变, 对隐藏层结构进行修改: 引入一个关于丢弃率 p 的控制变量 σ, σ 服从概率为 $1-p$ 的伯努利分布, 从而对每一个隐藏层随机地 “删除” 固定比例 (即丢弃率) 的隐藏单元, 得到如图 6.2.3 所示的网络.

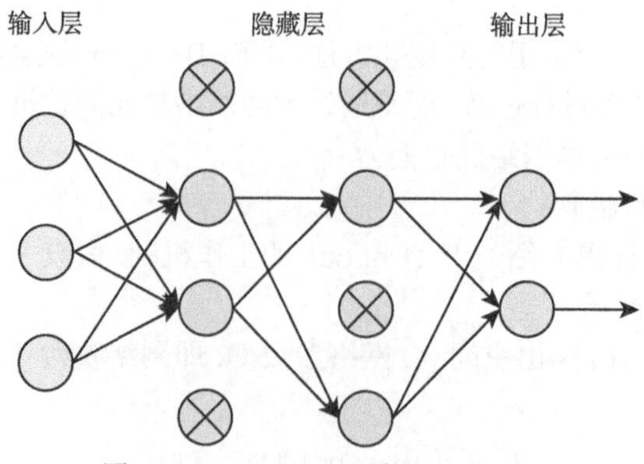

图 6.2.3　Dropout 网络 ($p=0.5$)

此时的网络由两个变量 Θ 和 σ 参数化, 网络映射为 $f_{\Theta,\sigma}:\mathcal{X}\to\mathcal{Y}$, 输入数据不变, 经过神经网络得到网络输出 $f_{\Theta,\sigma}(x)$; 之后, 同样应用反向传播算法更新网络参数 Θ, 得到训练结果. 其中, 被删除的隐藏层单元的网络参数不更新, 因为它们被临时“隐藏”了, 此时的经验风险:

$$\hat{\mathcal{L}}=\frac{1}{n}\sum_{i=1}^{n}L\left(y_i,f_{\Theta,\sigma}\left(x_i\right)\right). \tag{6.2.25}$$

以上就是应用 Dropout 的神经网络执行一次迭代的过程. 在第二次迭代时, 恢复被“删除”的部分, 并再次对每一个隐藏层随机地“删除”相同比例的隐藏单元, 从而构建起新的网络. 每一次迭代都对隐藏层单元按照固定比例“随机”删除, 应用相同的方法重复执行迭代操作, 直至训练结束. 下面给出 Dropout 训练的伪代码, 见算法 6.2.2.

算法 6.2.2 Dropout 训练 (小批量版本)

输入: 训练集 $\mathcal{D}$, 迭代次数 $t=0$, 丢弃率 p, 初始化网络参数 Θ^0;
输出: 迭代结果 $\Theta^*=\Theta^t$;
for 迭代的次数 **do**
  采样输入数据 $\{(x_1,y_1),\cdots,(x_m,y_m)\}\subset\mathcal{D}$
  采样控制变量 $\sigma^1,\cdots,\sigma^m$
  更新学习率 η_t
  $\Theta^{t+1}=\Theta^t-\frac{\eta_t}{m}\sum_{j=1}^{m}\frac{\partial}{\partial\Theta}L\left(y_j,f_{\Theta^t,\sigma^j}\left(x_j\right)\right)$
  $t=t+1$
end for

在算法 6.2.2 中, 关于参数 p 的选择, 通常遵循隐藏单元概率 $p=0.5$, 输入单元概率 $p=1$ 的设置.

算例实验: 基于 Dropout 的图像分类任务

给出 Dropout 的算例实验, 以图像分类任务来评估 Dropout 的效果. 采用添加一个全连接层的 VGGNet-16 作为基础模型的网络结构, 共十三个卷积层, 网络参数和结构如表 6.2.5 左侧所示; 对基础网络添加 Dropout 层作为 Dropout 模型的网络结构, 共十三个卷积层, 网络参数和结构如表 6.2.5 右侧所示.

实验所用的数据集为 CIFAR-10 分类数据集. 训练阶段, 基础模型和 Dropout 模型均使用 Adam 优化算法迭代 20 个周期, 学习率为 10^{-3}, 批量大小为 100, Dropout 模型中 Dropout 层的丢弃率设置为 0.4. 基础模型和 Dropout 模型的损失函数均为交叉熵损失函数 $\mathrm{Loss}=-\frac{1}{N}\sum_{i}^{N}\boldsymbol{y}_i^{\top}\ln\boldsymbol{y}_i'$, 其中, $\boldsymbol{y}_i$ 表示标签值, N 表示批量大小, $\boldsymbol{y}_i'$ 表示预测值, $\ln\boldsymbol{y}_i'$ 表示逐元素取对数.

表 6.2.5 基础模型和 Dropout 模型的网络结构

基础模型网络层	卷积核尺寸	输出尺寸	Dropout 模型网络层	卷积核尺寸	输出尺寸
卷积层 +BN+ReLU	3×3	$32 \times 32 \times 64$	卷积层 +BN+ReLU	3×3	$32 \times 32 \times 64$
卷积层 +BN+ReLU	3×3	$32 \times 32 \times 64$	卷积层 +BN+ReLU	3×3	$32 \times 32 \times 64$
最大池化层	–	$16 \times 16 \times 64$	最大池化层	–	$16 \times 16 \times 64$
卷积层 +BN+ReLU	3×3	$16 \times 16 \times 128$	卷积层 +BN+ReLU	3×3	$16 \times 16 \times 128$
卷积层 +BN+ReLU	3×3	$16 \times 16 \times 128$	卷积层 +BN+ReLU	3×3	$16 \times 16 \times 128$
最大池化层	–	$8 \times 8 \times 128$	最大池化层	–	$8 \times 8 \times 128$
卷积层 +BN+ReLU	3×3	$8 \times 8 \times 256$	卷积层 +BN+ReLU	3×3	$8 \times 8 \times 256$
卷积层 +BN+ReLU	3×3	$8 \times 8 \times 256$	卷积层 +BN+ReLU	3×3	$8 \times 8 \times 256$
卷积层 +BN+ReLU	3×3	$8 \times 8 \times 256$	卷积层 +BN+ReLU	3×3	$8 \times 8 \times 256$
最大池化层	–	$4 \times 4 \times 256$	最大池化层	–	$4 \times 4 \times 256$
卷积层 +BN+ReLU	3×3	$4 \times 4 \times 512$	卷积层 +BN+ReLU	3×3	$4 \times 4 \times 512$
卷积层 +BN+ReLU	3×3	$4 \times 4 \times 512$	卷积层 +BN+ReLU	3×3	$4 \times 4 \times 512$
卷积层 +BN+ReLU	3×3	$4 \times 4 \times 512$	卷积层 +BN+ReLU	3×3	$4 \times 4 \times 512$
最大池化层	–	$2 \times 2 \times 512$	最大池化层	–	$2 \times 2 \times 512$
卷积层 +ReLU +BN	3×3	$2 \times 2 \times 512$	卷积层 +BN+ReLU	3×3	$2 \times 2 \times 512$
卷积层 +BN+ReLU	3×3	$2 \times 2 \times 512$	卷积层 +BN+ReLU	3×3	$2 \times 2 \times 512$
卷积层 +BN+ReLU	3×3	$2 \times 2 \times 512$	卷积层 +BN+ReLU	3×3	$2 \times 2 \times 512$
最大池化层	–	$1 \times 1 \times 512$	最大池化层	–	$1 \times 1 \times 512$
全连接层 +ReLU	–	512	全连接层	–	512
–	–	–	Dropout 层 +ReLU	–	512
全连接层	–	10	全连接层	–	10

Dropout 算例实验结果如表 6.2.6 所示, 可以看到使用 Dropout 层的模型分类准确率达到 85.41%, 而基础模型的分类准确率仅为 84.61%, 网络性能的提升验证了 Dropout 策略的有效性.

表 6.2.6 Dropout 模型实验结果对比

	基础模型	Dropout 模型 ($p = 0.4$)
准确率	84.61 %	85.41 %

6.2.4 模型集成

模型集成即通过集合多个模型来降低泛化误差. 在该技术中, 一般对多个模型分别进行训练, 最后依靠多个模型之间的组合来决定测试样本的输出结果, 该策略在机器学习领域被称为模型平均 (Model Averaging), 模型平均是一个减少泛化误差的非常强大可靠的方法, 几乎所有学习算法都可以从模型平均中获得大幅收益, 但往往伴随着计算和存储的增加.

为了评估这种方法, 考虑 k 种不同的回归模型. 假设每一个模型的误差为 ε_i, 该误差服从均值为 $E[\varepsilon_i]=0$, 方差为 $\mathrm{Var}[\varepsilon_i]=v$, 协方差为 $E[\varepsilon_i\varepsilon_j]=c$ 的多维正态分布. 所有 k 个模型集成后的平均误差为 $\frac{1}{k}\sum_i \varepsilon_i$. 则集成模型的平方误差的期望为

$$
\begin{aligned}
E\left[\left(\frac{1}{k}\sum_i \varepsilon_i\right)^2\right] &= \frac{1}{k^2}E\left[\sum_i\left({\varepsilon_i}^2+\sum_{j\neq i}\varepsilon_i\varepsilon_j\right)\right] \\
&= \frac{1}{k^2}E\left[\sum_i\left({\varepsilon_i}^2\right)\right]+\frac{1}{k^2}E\left[\sum_i\left(\sum_{j\neq i}\varepsilon_i\varepsilon_j\right)\right] \\
&= \frac{1}{k}v+\frac{k-1}{k}c,
\end{aligned}
\tag{6.2.26}
$$

其中,

$$
\begin{gathered}
E\left[\sum_i\left({\varepsilon_i}^2\right)\right]=kE\left[{\varepsilon_i}^2\right]=k\left[\mathrm{Var}\left[\varepsilon_i\right]+\left(E\left[\varepsilon_i\right]\right)^2\right]=k\mathrm{Var}\left[\varepsilon_i\right]=kv, \\
E\left[\sum_i\left(\sum_{j\neq i}\varepsilon_i\varepsilon_j\right)\right]=k(k-1)E[\varepsilon_i\varepsilon_j]=k(k-1)c,
\end{gathered}
\tag{6.2.27}
$$

从该式可以看出, 在 $c=v$ 时, 均方误差为 v, 此时模型平均不会带来增益. 在 $c=0$ 时, 集成模型平方误差的期望仅为 $\frac{1}{k}v$. 因此, 集成模型至少会与它的任何成员模型表现的一样好, 并且在各个成员模型误差独立的情况下, 相比任何成员模型, 集成模型的效果将有显著提高.

算例实验: 基于模型集成的图像分类任务

给出模型集成的算例实验, 以图像分类任务来评估模型集成的效果. 集成模型共包括三个子模型, 其中模型一共计两个卷积层, 网络参数和结构如表 6.2.7 所示; 模型二共计两个卷积层, 网络参数和结构如表 6.2.8 所示; 模型三共计两个卷积层, 网络参数和结构如表 6.2.9 所示.

表 6.2.7 模型一网络结构

网络层	卷积核尺寸	输出尺寸
卷积层 +ReLU	5×5	$28\times28\times16$
最大池化层	–	$14\times14\times16$
卷积层 +ReLU	3×3	$12\times12\times36$
最大池化层	–	$6\times6\times36$
全连接层	–	128
全连接层	–	10

表 6.2.8 模型二网络结构

网络层	卷积核尺寸	输出尺寸
卷积层 +ReLU	5×5	$28 \times 28 \times 16$
最大池化层	–	$14 \times 14 \times 16$
卷积层 +ReLU	5×5	$10 \times 10 \times 36$
最大池化层	–	$5 \times 5 \times 36$
平均池化层	–	36
全连接层	–	10

表 6.2.9 模型三网络结构

网络层	卷积核尺寸	输出尺寸
卷积层 +ReLU	5×5	$28 \times 28 \times 6$
最大池化层	–	$14 \times 14 \times 6$
卷积层 +ReLU	5×5	$10 \times 10 \times 16$
最大池化层	–	$5 \times 5 \times 16$
全连接层 +ReLU	–	120
全连接层 +ReLU	–	84
全连接层	–	10

实验所用的数据集为 CIFAR-10 分类数据集. 训练阶段, 模型一、模型二和模型三均使用 Adam 优化算法迭代 20 个周期, 学习率为 10^{-3}, 批量大小为 100. 模型一、模型二和模型三的损失函数均为交叉熵损失函数: $\text{Loss} = -\frac{1}{N}\sum_{i}^{N} \boldsymbol{y}_i^\top \ln \boldsymbol{y}_i'$, 其中, $\boldsymbol{y}_i$ 表示标签值, N 表示批量大小, $\boldsymbol{y}_i'$ 表示预测值, $\ln \boldsymbol{y}_i'$ 表示逐元素取对数.

对于集成模型的预测结果, 采用投票法确定, 具体来说, 对于一个样本 x, 统计各个子模型对该样本的类别预测结果, 类似于各个子模型对样本类别进行投票, 选取投票数最高的类别作为最终预测结果.

模型集成算例实验结果如表 6.2.10 所示, 可以看到模型一的分类准确率为 62.31%, 模型二的分类准确率为 61.42%, 模型三的分类准确率为 64.49%, 而集成模型的分类准确率达到了 69.98%, 集成模型的效果显然高于三个子模型, 因此该实验验证了模型集成策略的有效性.

表 6.2.10 模型集成下实验结果对比

	模型一	模型二	模型三	集成模型
准确率	62.31 %	61.42 %	64.49 %	69.98 %

6.2.5 数据扩增

增加训练样本的数量是能有效提高模型泛化性的方法之一, 但增加数据集的大小代价极大, 因此, 在实际运用时数据集的规模是很有限的. 不过, 在某些任务中, 我们可以使用现有数据集人工创建新的虚拟数据样本. 比如在图像分类任务中, 分类器的一个主要任务就是要对输入数据的各种各样的变换保持不变, 即模型必须对输入图像的某些转换具有鲁棒性, 因此我们可以通过平移、缩放、旋转等方式变换训练图像, 并对生成的转换图像赋予相同的标签, 从而人工地生成更多新的样本对. 如今, 这些数据扩增技术广泛应用于各种视觉任务中.

在实际应用中, 可以根据数据样本类型的不同有针对性地进行特定的数据集扩增操作. 例如, 在 MNIST 数据集中, 可以通过单个数据图像的旋转得到扩展的训练样本, 尽管旋转后的图像还是会被识别为同样的数字, 但是在像素层级, 这一图像与原始训练集中的任何一幅图像都不相同, 因此, 将扩展的训练样本加入训练集可以帮助网络更好地学会图像识别和分类. 对 MNIST 数据集中的所有样本执行不同角度的旋转就实现了训练集的扩展, 然后将扩展后的训练集应用到网络训练过程, 从而提升网络性能.

算例实验: 基于数据扩增的图像分类任务

给出数据扩增的算例实验, 以图像分类任务来评估数据扩增的效果. 网络模型采用标准的 VGGNet-16 网络结构, 共计十三个卷积层, 网络参数和结构同表 6.2.3 所示.

实验所用的数据集为 CIFAR-10 分类数据集. 训练阶段, 基础模型和数据扩增模型均使用 Adam 优化算法迭代 50 个周期, 学习率为 10^{-3}, 批量大小为 100. 基础模型和数据扩增模型的损失函数均为交叉熵损失函数: $\text{Loss} = -\frac{1}{N}\sum_{i}^{N}\boldsymbol{y}_i^{\top}\ln\boldsymbol{y}'_i$, 其中, $\boldsymbol{y}_i$ 表示标签值, $\boldsymbol{y}'_i$ 表示预测值, N 表示批量大小, $\ln\boldsymbol{y}'_i$ 表示逐元素取对数.

数据扩增模型共使用三种数据扩增策略: 随机水平翻转、随机垂直翻转和随机亮度调整. 以 CIFAR-10 数据集中的一张汽车图片为例分别展示了三种扩增策略的图像变化效果, 如图 6.2.4 所示. 该策略相当于将训练集扩充至原来的四倍, 数据扩增实验结果如表 6.2.11 所示, 可以看到使用数据扩增后模型的分类准确率到了 87.82%, 而基础模型的分类准确率仅为 86.72%, 说明数据扩增的使用增加了训练样本数, 有利于模型充分训练从而提高网络性能, 该实验验证了数据扩增的有效性.

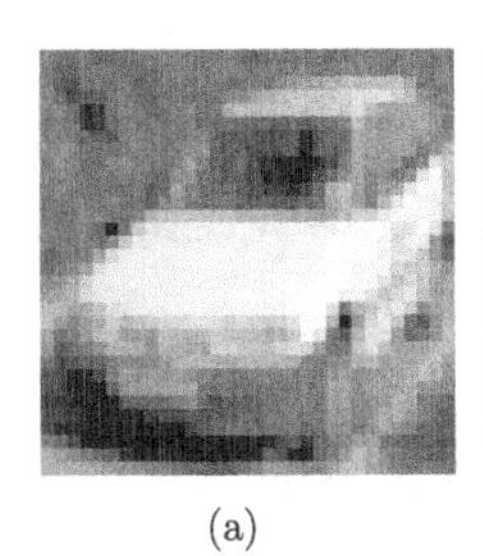
(a)

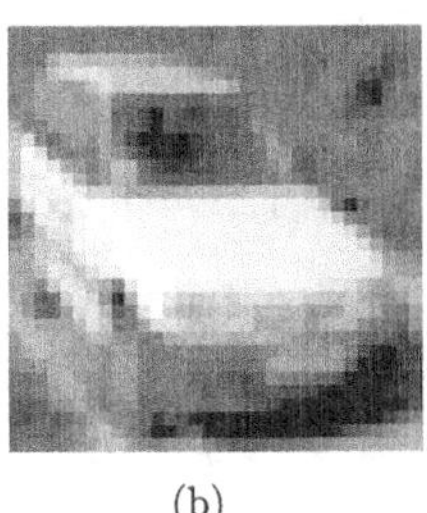
(b)

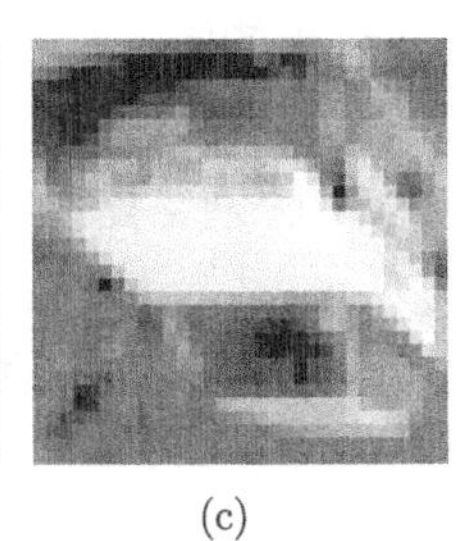
(c)

(d)

图 6.2.4 数据扩增示例. (a) 原图; (b) 随机水平翻转; (c) 随机垂直翻转; (d) 随机亮度调整

表 6.2.11　数据扩增下模型实验结果对比

	基础模型	数据扩增
准确率	86.72 %	87.82 %

6.2.6 提前终止

终止是通过自身优化过程实现正则化的一种方法. 在相应的终止标准下, 选择合适的时刻终止优化过程可以使模型的泛化效果得到改善. 一种有效的终止方法是将一部分标记数据作为验证集放在一边, 并用它来评估性能 (验证误差), 即提前终止方法.

在深度学习算法中, 通常将数据集分为三个部分: 训练集、测试集以及验证集. 训练集用于算法训练的过程, 测试集比训练集小, 用于测试训练结果的泛化能力, 而验证集则用来避免过拟合: 当仅使用测试数据对模型的性能进行度量时, 随着训练的进行, 一旦出现过拟合的情况, 在训练集上收敛效果达到完美的模型未必会在测试集上呈现出最优的性能, 这就可能导致最后得到的测试结果没有任何的参考意义, 因此需要引入验证集, 从而代替测试数据更好地完成超参数的设置. 此外, 在发生过拟合的大型模型中, 随着时间的推移, 训练误差会逐渐降低但验证误差则会再次上升.

这意味着可以通过记录验证误差最低的参数设置来获得更好的模型, 即通过验证集的参数来进一步测试每一次迭代的结果在验证集上是否最优. 如果算法在验证集上的错误率不再下降, 则停止迭代, 在得到测试结果的同时避免了过拟合情况的发生, 这种策略就是提前终止. 在训练过程中, 我们可以认为提前终止是一种非常高效的超参数选择方法, 此时训练步长仅是另一个超参数, 此外, 可以根据验证数据的精度来确定提前终止中训练周期的大小以及学习率等.

总的来说, 提前终止是一种简单而有效的正则化方法, 通过限制训练的迭代次数显著减少了模型训练过程的计算成本, 并且它几乎不需要对基本训练过程、目标函数或一组可行参数执行任何改变, 也没有正则化项, 无须破坏模型的学习状态即可使用.

算例实验: 基于提前终止的图像分类任务

给出提前终止的算例实验, 以图像分类任务来评估提前终止的效果. 网络模型采用标准的 VGGNet-16 网络结构, 共计十三个卷积层, 网络参数和结构同表 6.2.3 .

实验所用的数据集为 CIFAR-10 分类数据集. 训练阶段, 使用 Adam 优化算法, 设置迭代周期为 100, 学习率为 10^{-3}, 批量大小为 100. 使用提前终止策略来确定实际训练的周期数, 此处, 终止策略是当验证损失第 10 次不下降时终止训练. 模型的损失函数为交叉熵损失函数为: $\text{Loss} = -\frac{1}{N}\sum_{i}^{N} \boldsymbol{y}_i^{\top} \ln \boldsymbol{y}_i'$, 其中, $\boldsymbol{y}_i$ 表示标签值, $\boldsymbol{y}_i'$ 表示预测值, N 表示批量大小, $\ln \boldsymbol{y}_i'$ 表示逐元素取对数.

提前终止的实验误差和准确率分别如图 6.2.5 所示, 最终实验结果如表 6.2.12 所示. 从训练损失图可以看到, 验证损失从第 14 个周期开始不再稳定下降, 与此同时, 从准确率图可以看到, 模型在第 18 个周期达到较高的准确率, 且后续准确率不再升高. 模型于第 22 个周期终止了训练, 而不是全部训练 100 个周期, 因此提前终止策略限制了训练的迭代次数从而显著减少了训练的计算成本, 并且仍能达到 86.50%的分类准确率, 说明了提前终止的有效性.

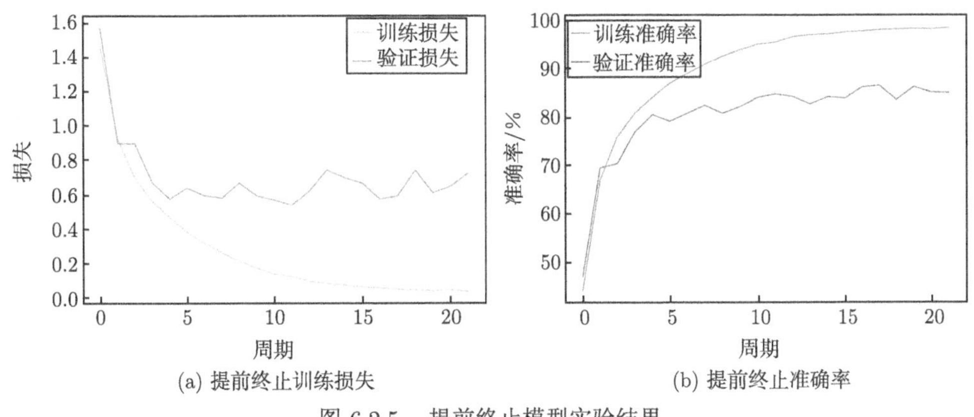

(a) 提前终止训练损失 (b) 提前终止准确率

图 6.2.5 提前终止模型实验结果

表 6.2.12 提前终止下模型实验结果

设置训练周期	提前终止周期	提前终止模型准确率
100	22	86.50 %

6.2.7 标签平滑

标签平滑 (Label Smoothing) 也是一种正则化技术, 可用于缓解深度学习分类任务中错误标注带来的影响. 在分类任务中, 常用的真实标签的形式是 One-hot 向量, 其每个位置的值非 0 即 1, 为硬标签. 例如: 一个 1、2、3 数字三分类任务, 一个样本的标签为 3, 则该样本的 One-hot 标签为 (0,0,1), 即 3 对应位置为 1, 其余位置全为 0. 然而, One-hot 编码会带来一些问题, 比如, 模型会尽可能拟合 One-hot 标签, 容易造成过拟合, 无法保证模型的泛化能力; 在应用中, 通常无法保证标签百分百正确, 可能存在一些错误标签, 但模型仍然会拟合这些错误标签. 为了解决以上问题, 标签平滑所要做的工作就是给予标签一定的容错概率, 使真实标签不那么极端化.

在分类任务中, 通常使用交叉熵损失来计算真实标签与预测概率之间的损失, 从而优化模型. 未使用标签平滑时, 交叉熵损失函数为 $\text{Loss} = -\dfrac{1}{N}\sum\limits_{i}^{N} \boldsymbol{y}_i^{\mathsf{T}} \ln \boldsymbol{y}_i'$, 其

中 $\boldsymbol{y}_i$ 是真实标签, 其为 One-hot 向量形式, $\boldsymbol{y}'_i$ 是经 Softmax 层输出的预测概率, N 表示批量大小. 可以看出此处真实标签的形式和数值大小对损失函数的计算影响非常大.

假设标签有 ε 的概率标注出错, 即某个标签为真的概率为 $1-\varepsilon$, 则其他为假的标签也有 ε 的概率是真, 所以计算损失时标签为 0 的位置所对应的 $\ln \boldsymbol{y}'_i$ 项不应该被完全否定, 而可以以 ε 的概率保留下来, 即 $\varepsilon * \ln \boldsymbol{y}'_i$.

假设有一个 n 类的多分类任务, 用 $1-\varepsilon$ 来标记真实类别, 其余 $n-1$ 项共同拥有 ε 的概率标记出错, 这里假设这 $n-1$ 项服从均匀分布, 即标记出错的概率与样本类别无关, 所以每一项出错的概率为 $\dfrac{\varepsilon}{n-1}$, 此时的标签形式为

$$\boldsymbol{y}^s = \left(\frac{\varepsilon}{n-1}, \frac{\varepsilon}{n-1}, 1-\varepsilon, \frac{\varepsilon}{n-1}, \cdots, \frac{\varepsilon}{n-1}\right), \tag{6.2.28}$$

即用 $\dfrac{\varepsilon}{n-1}$ 替换 0, 用 $1-\varepsilon$ 代替 1. 但在实际的实现中, 分母通常直接采用类别数量 n, 而不是 $n-1$. 于是, 带有标签平滑的交叉熵损失函数转化为下面的公式:

$$\text{Loss} = -\frac{1}{N}\sum_{i}^{N} \boldsymbol{y}_i^s \ln \boldsymbol{y}'_i. \tag{6.2.29}$$

这就使得预测的所有信息都得到一定程度的保留, 提高了模型对错误标签的容忍度, 提高了模型的泛化能力. 下面, 以一个算例来进一步体会标签平滑的有效性.

算例实验: 基于标签平滑的图像分类任务

给出标签平滑的算例实验, 以图像分类任务来评估标签平滑的效果. 基础模型和标签平滑模型均采用标准的 VGGNet-16 网络结构, 共计十三个卷积层, 网络参数和结构同表 6.2.3.

实验所用的数据集为 CIFAR-10 分类数据集. 训练阶段, 基础模型和标签平滑模型均使用 Adam 优化算法迭代 50 个周期, 学习率为 10^{-3}, 批量大小为 100. 基础模型的损失函数为交叉熵损失函数, $\text{Loss} = -\frac{1}{N}\sum_{i}^{N} \boldsymbol{y}_i^{\top} \ln \boldsymbol{y}'_i$, 其中, $\boldsymbol{y}_i$ 表示标签值, $\boldsymbol{y}'_i$ 表示预测值, N 表示批量大小, $\ln \boldsymbol{y}'_i$ 表示逐元素取对数.

标签平滑模型中, 设置公式 (6.2.28) 中的参数 $\varepsilon = 0.05$, 模型损失函数也为交叉熵损失函数, 如式 (6.2.29) 所示. 标签平滑算例实验结果如表 6.2.13 所示, 可以看到使用标签平滑的分类准确率达到了 87.22%, 而基础模型的分类准确率仅为 86.58%, 说明标签平滑能在一定程度上提高网络性能.

表 6.2.13 标签平滑实验结果对比

	基础模型	标签平滑
准确率	86.58 %	87.22 %

6.2.8 多任务学习

多任务学习是一种基于共享表示 (Shared Representation), 把多个相关任务放在一起学习的方法, 旨在利用不同任务之间的相似性, 同时实现多个不同任务, 还可以起到模型正则化的作用. 多任务学习通过多个相关任务同时并行学习, 梯度同时反向传播, 多个任务底层的共享表示来互相帮助学习, 从而提升模型的泛化效果。

从定义来看, 单任务学习即一次只学习一个任务, 大部分的深度学习任务都属于单任务学习. 而多任务学习是把多个相关任务合并在一起学习, 可同时学习多个任务. 假设用含一个隐藏层的神经网络来表示学习一个任务, 单任务学习和多任务学习可以表示成如图 6.2.6 所示的形式. 可以发现, 单任务学习时, 各个任务的学习是相互独立的, 多任务学习时, 多个任务之间的底层进行了共享表示.

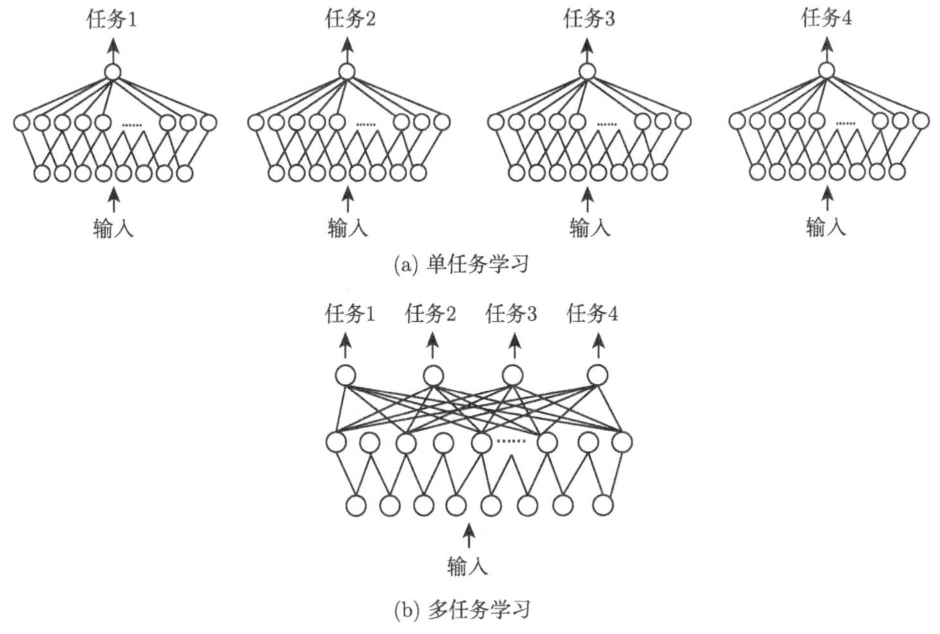

图 6.2.6 单任务学习和多任务学习对比

6.2.9 添加噪声

向系统中添加噪声也可以提高模型的泛化性并防止过拟合. 在深度学习中, 噪声既可以添加到输入数据中, 也可以添加到网络的权重中. 对输入数据添加噪声即直接将噪声作用于输入的数据集, 会防止模型直接记忆数据, 从而保证了模型的可学习性.

6.3 知识蒸馏技术

在深度学习的背景下, 为了使得网络模型取得更好的预测结果, 常常会有两种方案: 一是使用大规模的深度神经网络, 这类网络具有大量的参数, 并且学习能力非常强; 二是集成模型, 将许多性能较弱的模型集成起来, 往往可以实现较好的预测结果. 这两种方案无疑都占据较大的计算资源. 从模型压缩的角度出发, 希望一个规模较小的模型能达到和大模型一样或近似的结果, 但从实际经验上来看难以实现. 因此出现这样一个考虑: 能否先训练一个大而强的模型, 然后将其知识转移给小模型呢? 后文统一将需要训练的小模型称为学生模型, 将已训练完的大模型称为教师模型.

6.3.1 知识蒸馏

在深度学习中, 假定样本输入到输出有一个潜在的未知函数关系, 训练一个学生模型, 根据有限的训练集数据去近似一个未知的函数, 这种方式是困难的. 从另一个方式出发, 因为教师模型所体现的函数关系是已知的, 如果让学生模型学习教师模型, 那么就可以利用非训练集内的数据来训练学生模型, 这种方式显然更可行. 原始方法需要让学生模型输出的 Softmax 函数结果与真实标签匹配, 那么现在只需要在给定样本输入下, 让学生模型输出的 Softmax 函数结果与教师模型输出的 Softmax 函数结果匹配即可.

1. 知识蒸馏的工作原理

知识蒸馏使用的是教师-学生模型, 其中教师模型就是“知识”的输出者, 学生模型是“知识”的接受者. 知识蒸馏分为 2 个部分.

(1) 教师模型: 教师模型的结构复杂且规模较大, 可以由多个分别预先训练完的模型集成而成. 对教师模型的要求是, 输入样本 X, 能输出结果 Y, 其中 Y 经过 Softmax 函数的映射, Y 的输出值对应预测分类的概率值.

(2) 学生模型: 学生模型的参数量较小, 模型结构相对简单. 同样地, 对于输入样本 X, 能输出结果 Y, Y 经过 Softmax 函数映射后同样能输出对应预测分类的概率值.

一般来说知识蒸馏用于分类问题, 该类问题的共同点是模型最后会有一个 Softmax 函数作为输出层, 其输出值对应了预测分类的概率值. 知识蒸馏的出现很好地提高了模型泛化能力. 深度学习最根本的目的是训练得到一个在某个应用问题上泛化能力强的模型. 这种模型能在某类问题的所有数据上都能很好地反应输入和输出之间的关系, 无论是训练数据, 或是测试数据, 还是任何属于该问题的未知数据. 而现实中, 由于不可能收集到某类问题的所有数据作为训练样本, 并且新数据总是在源源不断地产生. 因此只能退而求其次, 将训练目标变成在已有的训练数据集上建立输入数据和输出数据之间的关系, 所以在训练数据集上的最优解往往会偏离真正的最优解.

在面向图像分类的深度学习任务中, 样本的真实标签是一个 One-hot 向量, 真实标签也称为硬标签, 在知识蒸馏模型中, 教师模型的 Softmax 函数输出称为软标签, 软标签中的各元素大于零且和为 1, 两种标签如图 6.3.1 所示.

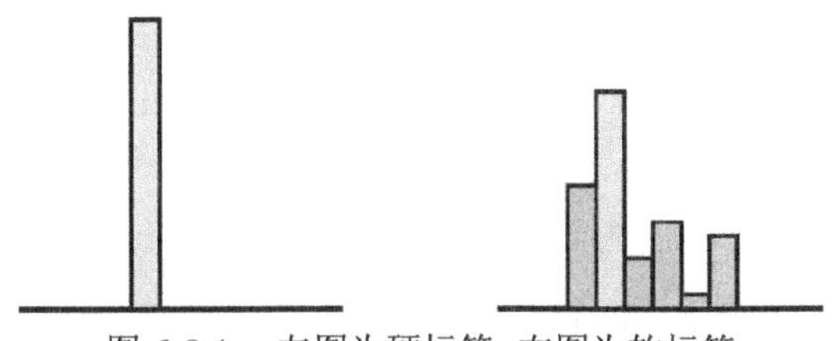

图 6.3.1 左图为硬标签, 右图为软标签

在 Softmax 层输出的软标签中, 除了对应于真实类别的正例之外, 负例也带有大量的信息, 而且某些负例对应的概率远远大于其他负例. 但是在传统训练过程中使用的硬标签里, 所有负例都被置为 0. 以手写体数字识别任务为例, 在 MNIST 数据集中, 输出类别共有 10 个. 如图 6.3.2 所示, 某个输入的手写“2”形似“3”, 那么 Softmax 的输出值中“3”对应的概率可能为 0.1, 而其他负标签对应的值都很小, 而另一个手写“2”形似“7”, 则“7”对应的概率可能为 0.1. 这两个“2”对应的硬标签的值是相同的, 但是它们的软标签却是不同的, 由此可见软标签蕴含着比硬标签多的信息.

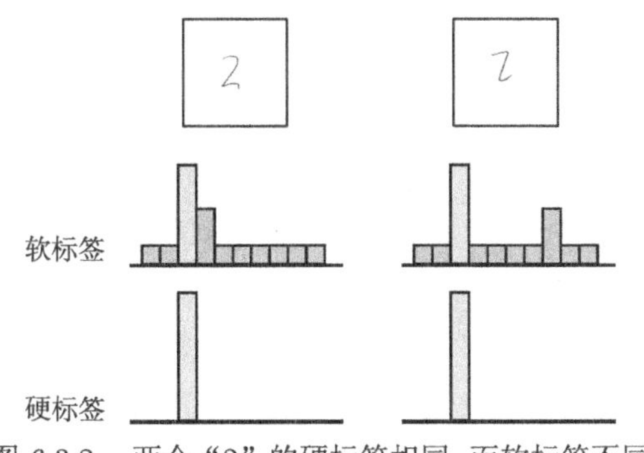

图 6.3.2 两个“2”的硬标签相同, 而软标签不同

回顾一下传统的 Softmax 函数, 它将网络生成的向量 $\boldsymbol{z}=(z_1,z_2,\cdots,z_n)$ 转换成一个各类的概率向量 $\boldsymbol{q}=(q_1,q_2,\cdots,q_n)$:

$$q_i=\frac{\mathrm{e}^{z_i}}{\sum\limits_j \mathrm{e}^{z_j}},$$

但要是直接使用 Softmax 函数的输出值作为软标签, 这又会带来一个问题: 负标签的值都较小时, 对损失函数的贡献非常小, 因此"温度"这个变量就派上了用场. 在知识蒸馏中, 考虑广义 Softmax 函数:

$$q_i = \frac{e^{z_i/T}}{\sum\limits_j e^{z_j/T}},$$

其中 T 被称为温度参数, 通常设置为 1. 容易证明, 当温度 T 趋于 0 时, Softmax 的输出会逼近到一个 One-hot 向量; 当温度 T 趋于无穷时, 负标签携带的信息会被相对地放大, Softmax 输出得到各个分量近似相等的向量 $\left(\frac{1}{n}, \frac{1}{n}, \cdots, \frac{1}{n}\right)$.

因此, 在训练学生模型的时候, 可以用较高的温度 T 令教师模型输出软标签, 这时在同样温度下训练学生模型, 使其 Softmax 输出逼近教师模型, 在训练结束以后学生模型再使用正常的温度 $T=1$ 来进行测试. 在化学中, 蒸馏是一个有效的分离沸点不同的组分的方法, 先升温使低沸点的组分汽化, 然后降温冷凝, 达到分离出目标物质的目的. 在前面提到的过程中, 先让温度 T 升高, 将教师模型中的知识提取分离出来用于训练学生模型, 然后在测试阶段降温 ($T=1$), 因此将这种应用在深度学习中的策略称为知识蒸馏.

在图像分类任务的训练中, 需要最小化网络输出与真实标签的交叉熵损失函数 (Cross-entropy), 记学生模型生成的向量为 $\boldsymbol{z}$ 通过广义 Softmax 函数产生的向量是 $\boldsymbol{q}$, 教师模型生成的向量为 $\boldsymbol{v}$ 通过广义 Softmax 函数产生的向量是 $\boldsymbol{p}$, 则最小化损失函数

$$C = -\boldsymbol{p}^\top \ln \boldsymbol{q},$$

这里 ln 函数是逐元素运算. 在广义 Softmax 函数下, 利用交叉熵损失来计算学生模型生成的向量 $\boldsymbol{z}$ 中某个元素 z_i 的梯度. 由链式法则:

$$\frac{\partial C}{\partial \boldsymbol{z}} = \left(\frac{\partial \boldsymbol{q}}{\partial \boldsymbol{z}}\right)^\top \frac{\partial C}{\partial \boldsymbol{q}},$$

注意到 $\boldsymbol{p}$ 是教师模型产生的, 与 $\boldsymbol{z}$ 无关.

第二项 $\frac{\partial C}{\partial \boldsymbol{q}}$ 容易得到, $C = \sum\limits_{i=1}^{n} -p_i \ln q_i$, 所以

$$\frac{\partial C}{\partial q_i} = -\frac{p_i}{q_i},$$

那么 $\frac{\partial C}{\partial \boldsymbol{q}}$ 是一个 n 维向量

$$\frac{\partial C}{\partial \boldsymbol{q}} = \begin{pmatrix} -\dfrac{p_1}{q_1} \\ -\dfrac{p_2}{q_2} \\ \vdots \\ -\dfrac{p_n}{q_n} \end{pmatrix}.$$

第一项 $\left(\dfrac{\partial \boldsymbol{q}}{\partial \boldsymbol{z}}\right)^{\mathsf{T}}$ 是一个 $n \times n$ 的方阵, 分类讨论可以得到. 记 $Z = \sum\limits_j \exp(z_j/T)$, 由除法的求导法则,

$$\frac{\partial q_i}{\partial z_j} = \frac{1}{Z^2}\left(Z\frac{\partial \mathrm{e}^{z_i/T}}{\partial z_j} - \mathrm{e}^{z_i/T}\frac{\partial Z}{\partial z_j}\right),$$

注意到上式中的项 $\dfrac{\partial Z}{\partial z_j}$, 可以进一步展开

$$\frac{\partial Z}{\partial z_j} = \frac{1}{T}\mathrm{e}^{z_j/T},$$

这样, 进一步有

$$\begin{aligned}
\frac{\partial q_i}{\partial z_j} &= \frac{1}{Z^2}\left(Z\frac{\partial \mathrm{e}^{z_i/T}}{\partial z_j} - \mathrm{e}^{z_i/T}\frac{1}{T}\mathrm{e}^{z_j/T}\right) \\
&= \frac{1}{Z}\frac{\partial \mathrm{e}^{z_i/T}}{\partial z_j} - \frac{1}{TZ^2}\mathrm{e}^{z_i/T}\mathrm{e}^{z_j/T} \\
&= \frac{1}{Z}\frac{\partial \mathrm{e}^{z_i/T}}{\partial z_j} - \frac{1}{T}\frac{\mathrm{e}^{z_i/T}}{Z}\frac{\mathrm{e}^{z_j/T}}{Z} \\
&= \frac{1}{Z}\frac{\partial \mathrm{e}^{z_i/T}}{\partial z_j} - \frac{1}{T}q_i q_j,
\end{aligned}$$

$\dfrac{1}{Z}\dfrac{\partial \mathrm{e}^{z_i/T}}{\partial z_j}$ 可以分类讨论得到

$$\frac{1}{Z}\frac{\partial \mathrm{e}^{z_i/T}}{\partial z_j} = \begin{cases} \dfrac{1}{ZT}\mathrm{e}^{z_i/T}, & \text{如果 } i = j, \\ 0, & \text{如果 } i \neq j, \end{cases}$$

代入到 $\dfrac{\partial q_i}{\partial z_j}$, 得到

$$\frac{\partial q_i}{\partial z_j} = \begin{cases} \dfrac{1}{T}\left(\dfrac{\mathrm{e}^{z_i/T}}{Z} - q_i q_j\right), & \text{如果 } i = j, \\ -\dfrac{1}{T}q_i q_j, & \text{如果 } i \neq j \end{cases}$$

$$= \begin{cases} \dfrac{1}{T}(q_i - q_i q_j), & \text{如果 } i = j, \\ -\dfrac{1}{T} q_i q_j, & \text{如果 } i \neq j. \end{cases}$$

所以 $\dfrac{\partial \boldsymbol{q}}{\partial \boldsymbol{z}}$ 形式如下:

$$\frac{\partial \boldsymbol{q}}{\partial \boldsymbol{z}} = \frac{1}{T} \begin{pmatrix} q_1 - q_1^2 & -q_1 q_2 & \cdots & -q_1 q_n \\ -q_2 q_1 & q_2 - q_2^2 & \cdots & -q_2 q_n \\ \vdots & \vdots & \ddots & \vdots \\ -q_n q_1 & -q_n q_2 & \cdots & q_n - q_n^2 \end{pmatrix}.$$

将 $\dfrac{\partial \boldsymbol{q}}{\partial \boldsymbol{z}}$ 代入 $\dfrac{\partial C}{\partial \boldsymbol{z}}$, 可得

$$\frac{\partial C}{\partial \boldsymbol{z}} = \frac{1}{T} \begin{pmatrix} q_1 - q_1^2 & -q_1 q_2 & \cdots & -q_1 q_n \\ -q_2 q_1 & q_2 - q_2^2 & \cdots & -q_2 q_n \\ \vdots & \vdots & \ddots & \vdots \\ -q_n q_1 & -q_n q_2 & \cdots & q_n - q_n^2 \end{pmatrix}^{\mathsf{T}} \begin{pmatrix} -\dfrac{p_1}{q_1} \\ -\dfrac{p_2}{q_2} \\ \vdots \\ -\dfrac{p_n}{q_n} \end{pmatrix}$$

$$= \frac{1}{T} \begin{pmatrix} -p_1 + \sum\limits_k p_k q_1 \\ -p_2 + \sum\limits_k p_k q_2 \\ \vdots \\ -p_n + \sum\limits_k p_k q_n \end{pmatrix},$$

由于 $\sum\limits_k p_k = 1$, 最后得到

$$\frac{\partial C}{\partial \boldsymbol{z}} = \frac{1}{T} \begin{pmatrix} -p_1 + q_1 \\ -p_2 + q_2 \\ \vdots \\ -p_n + q_n \end{pmatrix} = \frac{1}{T}(\boldsymbol{q} - \boldsymbol{p}).$$

因此对于交叉熵损失来说, 学生模型生成的向量 $\boldsymbol{z}$ 中某个元素 z_i 的梯度是

$$\frac{\partial C}{\partial z_i} = \frac{1}{T}(q_i - p_i)$$

$$= \frac{1}{T}\left(\frac{\mathrm{e}^{z_i/T}}{\sum\limits_j \mathrm{e}^{z_j/T}} - \frac{\mathrm{e}^{v_i/T}}{\sum\limits_j \mathrm{e}^{v_j/T}}\right),$$

其中 $\boldsymbol{v} = \{v_i\}$ 是教师模型生成的向量, 再利用广义 Softmax 函数可以产生向量 $\boldsymbol{p}$. 当温度 T 充分大时, 根据 $\mathrm{e}^x \sim 1 + x(x \to 0)$, 可以近似有

$$\frac{\partial C}{\partial z_i} \approx \frac{1}{T}\left(\frac{1 + z_i/T}{\sum\limits_j (1 + z_j/T)} - \frac{1 + v_i/T}{\sum\limits_j (1 + v_j/T)}\right)$$

$$= \frac{1}{T}\left(\frac{1 + z_i/T}{n + \sum\limits_j (z_j/T)} - \frac{1 + v_i/T}{n + \sum\limits_j (v_j/T)}\right).$$

假设所有由学生模型和教师模型生成的向量都是零均值的, 即 $\sum\limits_j z_j = \sum\limits_j v_j = 0$, 则有

$$\frac{\partial C}{\partial z_i} \approx \frac{1}{T}\left(\frac{1 + z_i/T}{n} - \frac{1 + v_i/T}{n}\right).$$

$$= \frac{1}{nT^2}(z_i - v_i).$$

在不讨论系数时, 发现上式结果等价于最小化以下的损失函数

$$C' = \frac{1}{2}(\boldsymbol{z} - \boldsymbol{v})^2,$$

即最小化的目标函数是学生模型和教师模型生成的向量之间作差的平方项.

2. 知识蒸馏的具体方法

通用的知识蒸馏方法在选择教师模型上没有太大的限制, 包括网络结构和网络深度. 假设已经选定一个性能高且复杂的预训练教师模型, 并设计一个简约的学生模型. 根据图 6.3.3 来介绍知识蒸馏的基本流程.

第一步是在高温 T 下, 将教师模型的知识蒸馏到学生模型. 学生模型在训练过程中存在两部分损失函数, 第一部分是蒸馏损失, 也称为软损失, 第二部分是传统损失, 称为硬损失. 第一部分中, 学生模型生成的向量 $\boldsymbol{z}$ 在高温环境下 $(T = t)$ 通过 Softmax 函数得到了软预测 (软输出), 教师模型生成的向量 $\boldsymbol{v}$ 在高温环境下通过 Softmax 函数得到了软标签, 软预测和软标签会输入到交叉熵损失函数中进行计算

$$L_{Soft} = -\sum_i^n \frac{\mathrm{e}^{v_i/T}}{\sum\limits_j \mathrm{e}^{v_j/T}} \ln\left(\frac{\mathrm{e}^{z_i/T}}{\sum\limits_j \mathrm{e}^{z_j/T}}\right).$$

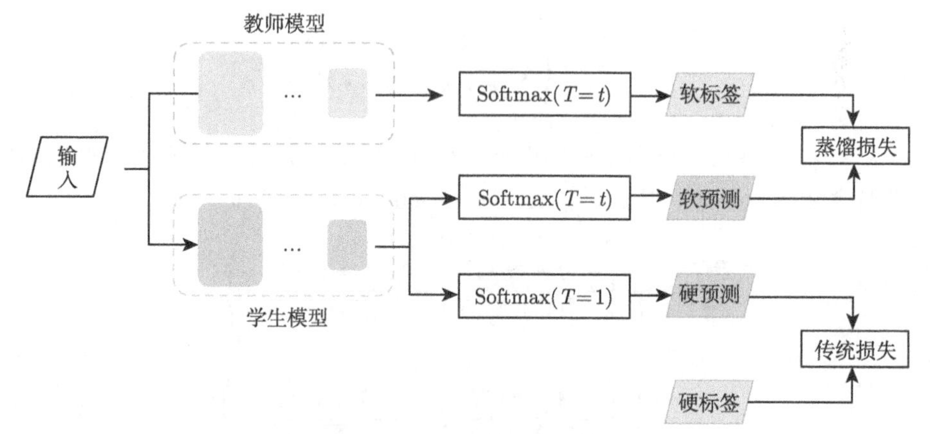

图 6.3.3　知识蒸馏的基本流程

第二部分中, 学生模型生成的向量 $\boldsymbol{z}$ 在常温环境下 ($T=1$) 通过 Softmax 函数得到了硬预测 (硬输出), 再与数据集中的真实标签 $\boldsymbol{t}$ 输入到交叉熵损失函数中进行计算

$$L_{hard} = -\sum_{i}^{n} \frac{\mathrm{e}^{t_i}}{\sum\limits_{j} \mathrm{e}^{t_j}} \ln\left(\frac{\mathrm{e}^{z_i}}{\sum\limits_{j} \mathrm{e}^{z_j}}\right).$$

蒸馏损失部分和传统损失部分通过加权形式得到一个总的损失函数:

$$L = \alpha L_{Soft} + \beta L_{hard}, \tag{6.3.1}$$

第二步, 等待学生模型训练完毕之后, 需要在常温环境下进行硬预测. 传统损失 L_{hard} 的存在十分必要, 因为教师模型也存在一定的错误率, 使用真实标签可以有效降低错误被传播给学生模型的可能.

温度的高低影响了学生模型训练过程中对负例的关注程度: 温度较低时, 学生模型会对那些显著低于预测平均值 (概率值) 的负例的关注较少; 而温度较高时, 所有的负例的值会相对增大, 学生模型则会相对多地关注到负例. 总的来说, 温度 T 的选择和学生模型的规模有关, 学生模型的参数量比较小时, 设定相对比较低的温度即可, 因为参数量小的模型不能无法捕捉所有的知识, 所以可以适当忽略掉一些负例的信息.

算例实验: 基于知识蒸馏的图像分类任务

我们给出知识蒸馏的算例实验, 以图像分类任务来评估知识蒸馏策略的效果. 通过搭建复杂的教师网络和简单的学生网络, 并以预训练完的教师网络来指导学生网络进行训练. 知识蒸馏过程可分为三个阶段: 第一个阶段训练复杂的教师网络, 达到最优的图像分类性能; 第二阶段训练简单的学生网络, 观察其最终的图像分类性能; 第三阶段利用第一阶段预训练完的教师模型来指导并重新训练新的学生网络, 将分类结果与第二阶段的分类结果进行对比.

以 VGGNet-16 作为复杂的教师网络, 共计十三个卷积层, 网络参数和结构如表 6.3.1 左侧所示; 并搭建了以五个卷积层作为核心结构的学生网络, 网络参数和结构如表 6.3.1 右侧所示. 可见教师网络的深度和复杂度都要高于学生网络.

表 6.3.1 教师网络和学生网络的网络结构

教师网络网络层	卷积核尺寸	输出尺寸	学生网络网络层	卷积核尺寸	输出尺寸
卷积层 +BN+ReLU	3×3	$32\times32\times64$	卷积层 +BN+ReLU	3×3	$32\times32\times64$
卷积层 +BN+ReLU	3×3	$32\times32\times64$	最大池化层	–	$16\times16\times64$
最大池化层	–	$16\times16\times64$	卷积层 +BN+ReLU	3×3	$16\times16\times64$
卷积层 +BN+ReLU	3×3	$16\times16\times128$	最大池化层	–	$8\times8\times64$
卷积层 +BN+ReLU	3×3	$16\times16\times128$	卷积层 +BN+ReLU	3×3	$8\times8\times64$
最大池化层	–	$8\times8\times128$	最大池化层	–	$4\times4\times64$
卷积层 +BN+ReLU	3×3	$8\times8\times256$	卷积层 +BN+ReLU	3×3	$4\times4\times64$
卷积层 +BN+ReLU	3×3	$8\times8\times256$	最大池化层	–	$2\times2\times64$
卷积层 +BN+ReLU	3×3	$8\times8\times256$	全连接层	–	10
最大池化层	–	$4\times4\times256$			
卷积层 +BN+ReLU	3×3	$4\times4\times512$			
卷积层 +BN+ReLU	3×3	$4\times4\times512$			
卷积层 +BN+ReLU	3×3	$4\times4\times512$			
最大池化层	–	$2\times2\times512$			
卷积层 +BN+ReLU	3×3	$2\times2\times512$			
卷积层 +BN+ReLU	3×3	$2\times2\times512$			
卷积层 +BN+ReLU	3×3	$2\times2\times512$			
最大池化层	–	$1\times1\times512$			
全连接层	–	10			

实验所用的数据集为 CIFAR-10 分类数据集. 第一阶段和第二阶段, 教师网络和学生网络均使用随机梯度下降优化算法迭代 100 个周期, 学习率为 10^{-3}，批量大小为 64. 教师网络和学生网络的损失函数均为交叉熵损失函数:

$$\text{Loss} = -\frac{1}{N}\sum_{i}^{N} \boldsymbol{y}_i^{\mathrm{T}} \ln \boldsymbol{y}_i'.$$

其中 $\boldsymbol{y}_i$ 表示标签值, $\boldsymbol{y}_i'$ 表示预测值, N 表示批量大小. 第三阶段, 利用预训练完的教师网络来指导学生网络训练, 使用随机梯度下降优化算法迭代 100 个周期, 学习率为 10^{-3}，批量大小为 64, 损失函数为式 (6.3.1).

知识蒸馏的算例实验结果如表 6.3.2 所示, 可以看到第一阶段的教师网络的分类准确率达到了 89.60%, 而第二阶段的学生网络的分类准确率仅为 83.17%, 说明教师网络的性能要优于学生网络, 满足了知识蒸馏的前提要求. 在第三阶段中,通过优异的教师网络重新训练一个新的学生网络, 发现学生网络的分类准确率达到了 84.34%, 优于第二阶段的性能, 这说明了知识蒸馏的有效性. 图 6.3.4 展示了三个阶段的实验过程, 可以发现第三阶段的训练曲线处于第一阶段和第二阶段的训练曲线之间, 说明了知识蒸馏一定程度上提高了学生网络的性能.

表 6.3.2 知识蒸馏的图像分类准确率

第一阶段 (教师网络)	第二阶段 (学生网络)	第三阶段 (知识蒸馏)
89.60%	83.17%	84.34%

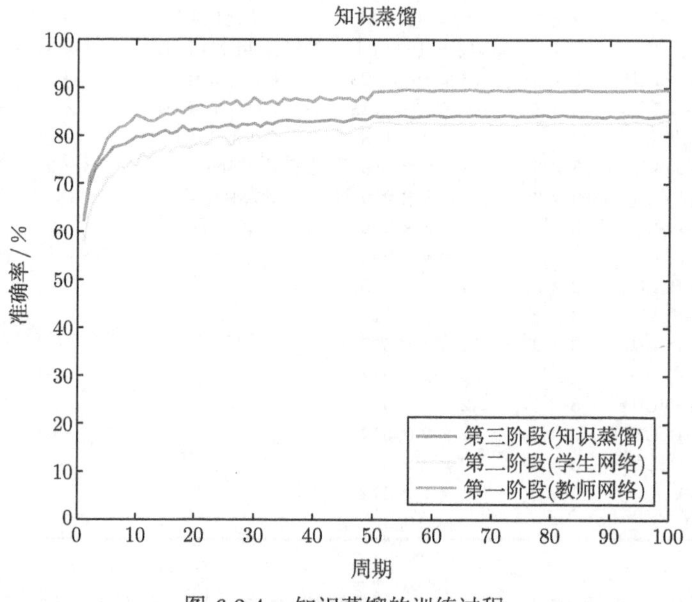

图 6.3.4 知识蒸馏的训练过程

6.3.2 特征蒸馏

一般的知识蒸馏方法是让学生模型去学习教师模型的 Softmax 输出, 而存在另外一种知识蒸馏方法, 称为特征蒸馏, 如图 6.3.5 所示. 这种特征蒸馏方式是让教师模型的某些中间层输出一些特征图, 在图中记为 F_t, 同时也让学生模型的一些中间层输出一些特征图, 在图中记为 F_s. F_t 和 F_s 输入到损失函数中, 可以让学生模型去学习教师模型中的中间层特征, 在这种模式下, 教师模型可以将中间层的特征图知识传递给学生模型.

特征蒸馏与知识蒸馏一样, 也是希望将知识从复杂的模型转移到参数较少的简单模型. 一般的知识蒸馏技术设定学生模型会比教师模型有相同或更少的参数, 但很少考虑到学生模型的深度. 下面会介绍到一个特征蒸馏的新方法, 提出了一个比教师模型具有更多网络层的学生模型, 但每一网络层只有较少神经元数量, 所以这种学生模型的形状可以描述成 “既窄又深的模型”, 相反, 教师模型就可以描述成 “既宽又浅的模型”.

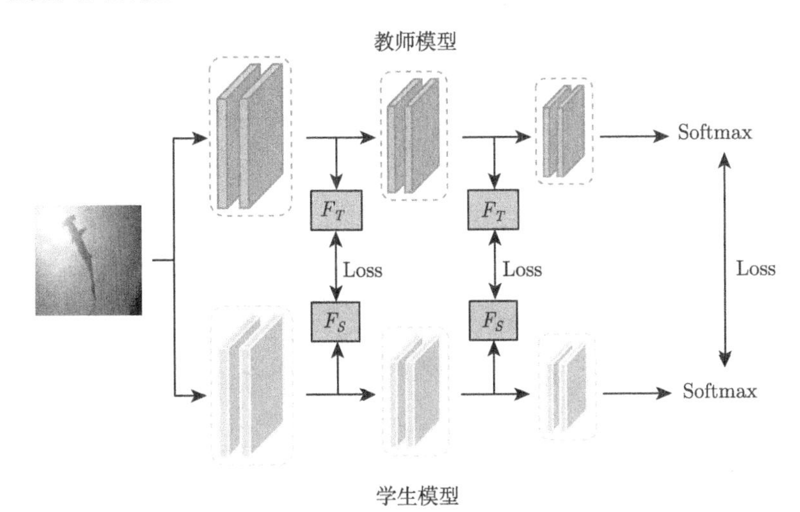

图 6.3.5 特征蒸馏

特征蒸馏的具体方法

学生模型不仅仅要去学习教师模型输出的软标签, 而且还要拟合教师模型中间层的输出, 即教师模型中抽取的特征图. 特征蒸馏过程分为两个阶段: 第一阶段让学生模型去学习教师模型的中间层输出 (称为特征蒸馏); 第二阶段使用教师模型的软标签来指导训练学生模型 (一般知识蒸馏).

第一阶段: 首先选择待蒸馏的中间层, 如图 6.3.6 所示, 即教师模型中绿框选中的网络层和学生模型中红框选中的网络层. 教师模型的前 h 层作为 W_T, 学生模型的前 g 层作为 W_S, 在训练之初学生模型进行随机初始化. 由于两者的输出尺寸可能不同, 因此, 在学生模型的网络层后另外接一层网络层, 使得输出尺寸与教师模型的网络层匹配. 因此, 该网络层的作用是学习一个映射函数 W_R 使得 W_S 的输出的维度可以匹配 W_T, 如图 6.3.7 所示, 并最小化两者模型输出的均方误差函数作为损失进行特征蒸馏, 如下:

$$L_{FD} = \frac{1}{2}\left\|W_T(x) - W_R(W_S(x))\right\|^2,$$

其中 x 表示模型的输入, W_R 用于配齐两个模型的中间层输出的尺寸, 因为在设定中, 学生模型窄而深, 老师模型宽而浅. 于是在 MSE 损失函数下, 通过知识蒸馏的方式训练学生模型的中间层, 学生模型的中间层可以学习到教师模型的中间层的输出.

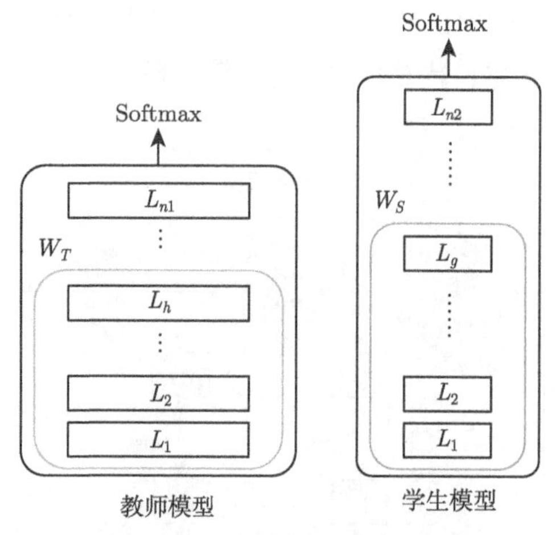

图 6.3.6 教师模型和学生模型

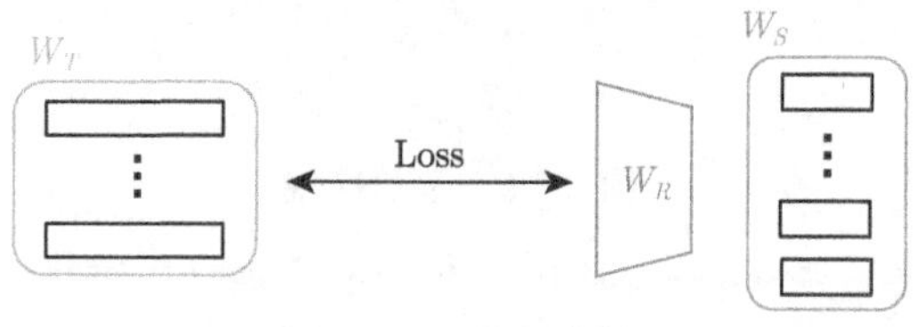

图 6.3.7 特征蒸馏

第二阶段: 在训练完学生模型的中间层 W_S 之后, 在此基础上利用一般知识蒸馏的方式训练学生模型所有层的参数, 使学生模型学习教师模型的输出. 和一般知识蒸馏方式一样, 学生模型生成的向量在高温环境下 ($T = t$) 通过 Softmax 函数得到了软预测 (软输出), 教师模型生成的向量在高温环境下通过 Softmax 函数得到了软标签, 软预测和软标签会输入到交叉熵损失函数中进行计算. 接着, 学生模型生成的向量在常温环境下 ($T = 1$) 通过 Softmax 函数得到了硬预测 (硬输出), 再与数据集中的真实标签输入到交叉熵损失函数中进行计算. 蒸馏损失部分和传统损失部分通过加权形式得到一个总的损失函数:

$$L_{KD} = \alpha L_{Soft} + \beta L_{hard}.$$

算例实验: 基于特征蒸馏的图像分类任务

我们给出特征蒸馏的算例实验, 以图像分类任务来评估特征蒸馏策略的效果. 通过搭建复杂的教师网络和简单的学生网络, 并以预训练完的教师网络来指导学生网络进行训练, 让学生模型去学习教师模型中的中间层特征. 特征蒸馏过程与知识蒸馏一样, 可分为三个阶段: 第一个阶段训练复杂的教师网络, 达到最优的图像分类性能; 第二阶段训练简单的学生网络, 观察其最终的图像分类性能; 第三阶段利用第一阶段预训练完的教师模型来指导并重新训练新的学生网络, 将分类结果与第二阶段的分类结果进行对比.

我们以 VGGNet-19 作为复杂的教师网络, 共计十六个卷积层, 网络参数和结构如表 6.3.3 左侧所示; 并搭建了以四个卷积层作为核心结构的学生网络, 网络参数和结构如表 6.3.1 右侧所示. 可见教师网络的深度和复杂度都要高于学生网络.

表 6.3.3 教师网络和学生网络的网络结构

教师网络网络层	卷积核尺寸	输出尺寸	学生网络网络层	卷积核尺寸	输出尺寸
卷积层 +BN+ReLU	3×3	$32\times32\times64$	卷积层 +BN+ReLU	3×3	$32\times32\times64$
卷积层 +BN+ReLU	3×3	$32\times32\times64$	–	–	–
最大池化层	–	$16\times16\times64$	最大池化层	–	$16\times16\times64$
卷积层 +BN+ReLU	3×3	$16\times16\times128$	卷积层 +BN+ReLU	3×3	$16\times16\times128$
卷积层 +BN+ReLU	3×3	$16\times16\times128$	–	–	–
最大池化层	–	$8\times8\times128$	最大池化层	–	$8\times8\times128$
卷积层 +BN+ReLU	3×3	$8\times8\times256$	卷积层 +BN+ReLU	3×3	$8\times8\times256$
卷积层 +BN+ReLU	3×3	$8\times8\times256$	–	–	–
卷积层 +BN+ReLU	3×3	$8\times8\times256$	–	–	–
卷积层 +BN+ReLU	3×3	$8\times8\times256$	–	–	–
最大池化层 [1]	–	$4\times4\times256$	最大池化层 [1]	–	$4\times4\times256$
卷积层 +BN+ReLU	3×3	$4\times4\times512$	卷积层 +BN+ReLU	3×3	$4\times4\times256$
卷积层 +BN+ReLU	3×3	$4\times4\times512$	–	–	–
卷积层 +BN+ReLU	3×3	$4\times4\times512$	–	–	–
卷积层 +BN+ReLU	3×3	$4\times4\times512$	–	–	–
最大池化层	–	$2\times2\times512$	最大池化层 [1]	–	$2\times2\times512$
卷积层 +BN+ReLU	3×3	$2\times2\times512$	全连接层	–	10
卷积层 +BN+ReLU	3×3	$2\times2\times512$			
卷积层 +BN+ReLU	3×3	$2\times2\times512$			
卷积层 +BN+ReLU	3×3	$2\times2\times512$			
最大池化层	–	$1\times1\times512$			
全连接层	–	10			

实验所用的数据集为 CIFAR-10 分类数据集. 第一阶段和第二阶段, 教师网络和学生网络均使用随机梯度下降优化算法迭代 120 个周期, 学习率为 10^{-3}，批量大小为 64. 教师网络和学生网络的损失函数均为交叉熵损失函数:

$$\text{Loss} = -\frac{1}{N}\sum_{i}^{N} \boldsymbol{y}_i^{\mathrm{T}} \ln \boldsymbol{y}_i',$$

其中 $\boldsymbol{y}_i$ 表示标签值, $\boldsymbol{y}_i'$ 表示预测值, N 表示批量大小. 第三阶段, 利用预训练完的教师网络来指导学生网络训练. 以表 6.3.3 中的最大池化层 1 作为中间层, 教师网络和学生网络可输出相同尺寸的特征图, 中间层特征的损失函数为均方误差函数:

$$L_{FD} = \frac{1}{2}\left\|T(x) - S(x)\right\|^2,$$

其中 $T(x)$ 表示教师网络的中间层特征, $S(x)$ 表示学生网络的中间层特征. 使用随机梯度下降优化算法迭代 100 个周期, 学习率为 10^{-3}，批量大小为 64, 输出层的损失函数为式 (6.3.1).

特征蒸馏的算例实验结果如表 6.3.4 所示, 可以看到第一阶段的教师网络的分类准确性达到了 90.07%, 而第二阶段的学生网络的分类准确性为 86.33%, 说明教师网络的性能要优于学生网络, 满足了特征蒸馏的前提要求. 在第三阶段中, 通过优异的教师网络重新训练一个新的学生网络, 利用教师网络的中间层特征有效地指导学生网络中间层有效学习, 发现学生网络的分类准确性达到了 88.79%, 优于第二阶段的性能, 这说明了特征蒸馏的有效性.

表 6.3.4 特征蒸馏的图像分类准确率

第一阶段 (教师网络)	第二阶段 (学生网络)	第三阶段 (知识蒸馏)
90.07%	86.33%	88.79%

图 6.3.8 展示了三个阶段的实验过程, 可以发现第三阶段特征蒸馏的训练曲线逼近第一阶段的训练曲线, 说明了特征蒸馏方式可以让学生网络大量地学习到来自教师网络的知识, 一定程度上提高了学生网络的性能.

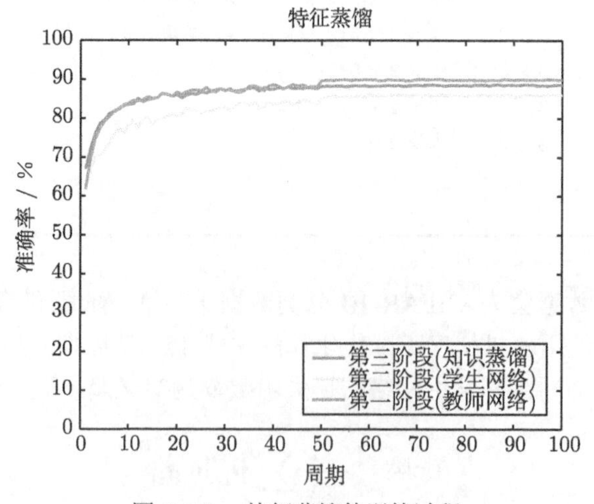

图 6.3.8 特征蒸馏的训练过程

6.3.3 自蒸馏

知识蒸馏是将预训练好的教师模型的知识通过蒸馏的方式迁移到学生模型,如果模型从自己蒸馏到自己, 则称为自蒸馏. 自蒸馏是在训练阶段中, 将过去迭代周期的知识蒸馏到当前迭代周期. 因此模型除了有来自真实标签的知识以外, 还有来自过去迭代周期的知识信号. 具体来说, 通过结合模型本身的真实情况和过去的预测来自适应地调整目标.

为什么要自蒸馏? 首先, 在一般的训练阶段中研究者通常只关注某训练结束之后的模型参数, 而不关心在这个周期过程中某次迭代的参数, 那么就有可能错过一些值得挖掘的信息. 其次, 学生模型也可以成为教师模型, 因为通过迭代可以进行自我增强. 最后, 模型实现自蒸馏可以不需要引入规模庞大的教师模型, 因此在训练阶段也可以节约计算资源.

自蒸馏的具体方法

自蒸馏的流程如图 6.3.9 所示, 第 $t-1$ 个周期训练完毕的学生模型进入到第 t 个周期成为待训练的学生模型, 也成为第 t 个周期的教师模型. 教师模型在根据当前训练样本输出软标签, 与真实标签加权后输入到损失函数中指导待训练的学生模型进行训练.

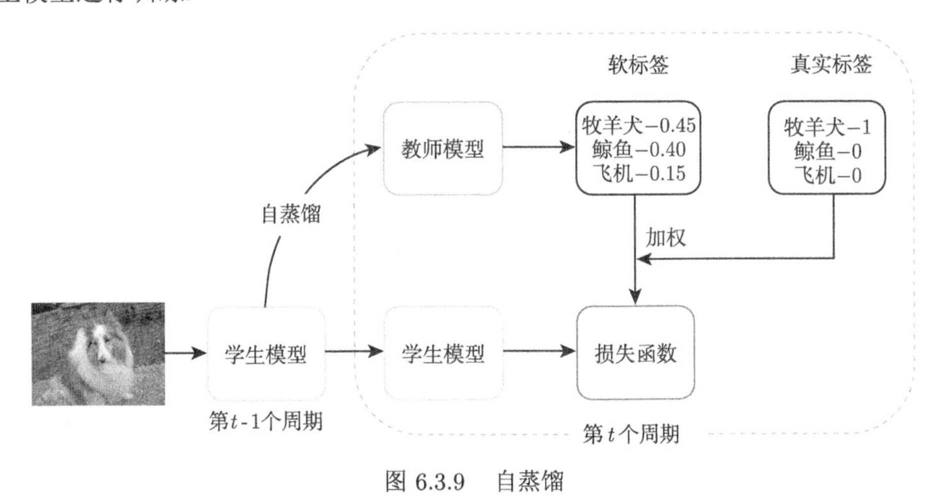

图 6.3.9 自蒸馏

从一般的知识蒸馏出发, 公式如下:

$$
\begin{aligned}
L &= \alpha L_{Soft} + \beta L_{hard} \\
&= -\alpha \boldsymbol{p}_\tau^{\mathsf{T}} \ln \boldsymbol{q}_\tau - \beta \boldsymbol{y}^{\mathsf{T}} \ln \boldsymbol{q},
\end{aligned}
$$

其中 $\boldsymbol{p}_\tau$ 是高温下教师模型的 Softmax 输出, $\boldsymbol{q}_\tau$ 是高温下学生模型的 Softmax 输出, $\boldsymbol{y}$ 是常温下的真实标签, $\boldsymbol{q}$ 是常温下学生模型的 Softmax 输出. 当温度 $T=1$

时, 那么 $\boldsymbol{p}_\tau$ 就变成了常温状态, 于是可以写成 $\boldsymbol{p}$, 那么知识蒸馏的损失函数可以化简成如下形式:

$$\begin{aligned} L &= -\alpha \boldsymbol{p}^\top \ln \boldsymbol{q} - \beta \boldsymbol{y}^\top \ln \boldsymbol{q} \\ &= -(\alpha \boldsymbol{p}^\top + \beta \boldsymbol{y}^\top) \ln \boldsymbol{q}. \end{aligned}$$

在此基础上, 将其改成自蒸馏方法. 设置当前训练周期为 t, 自蒸馏中的教师模型就是上一个周期 $t-1$ 的模型自身, 因此 $\boldsymbol{p}_t$ 就是 $\boldsymbol{q}_{t-1}$, 于是自蒸馏的损失函数如下:

$$L = -(\alpha_t \boldsymbol{q}_{t-1}^\top + \beta_t \boldsymbol{y}^\top) \ln \boldsymbol{q}_t.$$

从上述公式可以知道, 整个自蒸馏的损失函数中还有两个参数 α_t 和 β_t 需要确定, 这两个参数决定教师模型的软标签在蒸馏训练过程中重要程度. 由分析可知, 模型在训练初期往往不够稳定, 所以这个时候 α_t 相比 β_t 应该比较低, 但随着训练进程的不断推进, α_t 应该逐步变大. 因此可以选择一个简单有效的线性增长方式去动态调节 α_t 和 β_t:

$$\alpha_t = \frac{t}{T}\alpha_T,$$

$$\beta_t = 1 - \alpha_t,$$

其中 T 为总共的训练周期次数, α_T 为最后一个周期的 α 值. 此外, 还有另外一种教师模型的选择策略, 就是选择上几个周期的模型自身. 假如选择的是上 3 个周期的模型作为教师模型, 那么损失函数也可变为

$$L = -\left(\frac{\alpha_t}{3}(\boldsymbol{q}_{t-1}^\top + \boldsymbol{q}_{t-2}^\top + \boldsymbol{q}_{t-3}^\top) + \beta_t \boldsymbol{y}^\top\right) \ln \boldsymbol{q}_t.$$

算例实验: 基于自蒸馏的图像分类任务

我们给出自蒸馏的算例实验, 以图像分类任务来评估自蒸馏策略的效果. 搭建面向图像分类的卷积神经网络, 以上一迭代周期的网络来指导当前迭代周期的网络进行训练. 自蒸馏可分为两个阶段: 第一个阶段训练分类网络, 达到最优的图像分类性能; 第二阶段用自蒸馏策略训练同一个分类网络, 观察其最终的图像分类性能, 并将分类结果与第一阶段的分类结果进行对比. 以 VGGNet-13 作为图像分类网络, 共计十个卷积层, 网络参数和结构如表 6.3.5 所示.

实验所用的数据集为 CIFAR-10 分类数据集. 第一阶段分类网络使用随机梯度下降优化算法迭代 100 个周期, 学习率为 10^{-3}, 批量大小为 64. 分类网络的损

失函数均为交叉熵损失函数:

$$\text{Loss} = -\frac{1}{N}\sum_{i}^{N} \boldsymbol{y}_i^{\mathsf{T}} \ln \boldsymbol{y}'_i,$$

其中 $\boldsymbol{y}_i$ 表示标签值, $\boldsymbol{y}'_i$ 表示预测值, N 表示批量大小. 第二阶段, 用自蒸馏策略训练同一个分类网络, 使用随机梯度下降优化算法迭代 100 个周期, 学习率为 10^{-3}，批量大小为 64, 损失函数为式 (6.3.1).

表 6.3.5 自蒸馏网络的网络结构

教师网络网络层	卷积核尺寸	输出尺寸
卷积层 +BN+ReLU	3×3	$32\times32\times64$
卷积层 +BN+ReLU	3×3	$32\times32\times64$
最大池化层	—	$16\times16\times64$
卷积层 +BN+ReLU	3×3	$16\times16\times128$
卷积层 +BN+ReLU	3×3	$16\times16\times128$
最大池化层	—	$8\times8\times128$
卷积层 +BN+ReLU	3×3	$8\times8\times256$
卷积层 +BN+ReLU	3×3	$8\times8\times256$
最大池化层 [1]	—	$4\times4\times256$
卷积层 +BN+ReLU	3×3	$4\times4\times512$
卷积层 +BN+ReLU	3×3	$4\times4\times512$
最大池化层	—	$2\times2\times512$
卷积层 +BN+ReLU	3×3	$2\times2\times512$
卷积层 +BN+ReLU	3×3	$2\times2\times512$
最大池化层	—	$1\times1\times512$
全连接层	—	10

自蒸馏的算例实验结果如表 6.3.6 所示, 可以观察到第一阶段分类网络的分类准确率达到了 89.54%, 而第二阶段分类网络使用了自蒸馏的训练策略, 分类准确率为 89.74%. 图 6.3.10 展示了两个阶段的实验过程, 两个阶段的训练曲线基本一致. 相比第一阶段, 自蒸馏使得 VGG-13 网络的分类准确率提高了 0.2%, 一定程度上提高了分类网络的性能.

表 6.3.6 自蒸馏的图像分类准确率

第一阶段 (普通网络)	第二阶段 (自蒸馏)
89.54%	89.74%

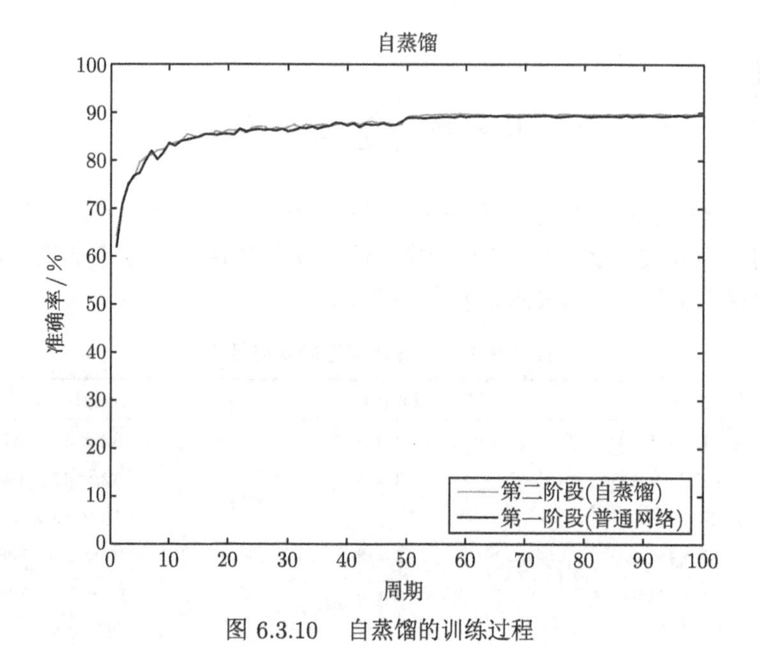

图 6.3.10 自蒸馏的训练过程

6.4 数字化资源

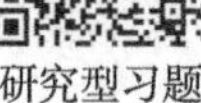
研究型习题

案例代码

第6章彩图

第 7 章 网络初始化方法

深度学习通过网络训练更新参数, 网络参数的初始化能够影响网络训练是否收敛、收敛速度以及网络的泛化能力. 本章通过用概率统计的方法来研究网络的初始化问题, 主要介绍 Xavier 初始化以及 Kaiming 初始化方法.

7.1 预备知识

7.1.1 常用随机分布

均匀分布 $U[a,b]$ 的分布密度函数

$$p(x)=\frac{1}{b-a},\quad a<x<b,$$

其期望和方差分别表示为 $E[x]=\dfrac{a+b}{2}$, $\mathrm{Var}[x]=\dfrac{(b-a)^2}{12}$.

正态分布 $N(\mu,\sigma^2)$ 的分布密度函数

$$p(x)=\frac{1}{\sqrt{2\pi}\sigma}\exp[-\frac{(x-\mu)^2}{2\sigma^2}],\quad -\infty<x<+\infty,$$

其期望和方差分别表示为 $E[x]=\mu$, $\mathrm{Var}[x]=\sigma^2$.

7.1.2 随机变量的性质

性质 1 随机变量 X 的均值和方差满足

$$\mathrm{Var}[X]=E\left[X^2\right]-E^2[X].$$

性质 2 设 $(X_1,X_2,\cdots,X_n)$ 为 n 维随机变量, 则

$$E\left[X_1+X_2+\cdots+X_n\right]=E\left[X_1\right]+E\left[X_2\right]+\cdots+E\left[X_n\right].$$

性质 3 若随机变量 X,Y 相互独立, 则

$$E[XY]=E[X]E[Y].$$

性质 4 若随机变量 X, Y 相互独立, 则

$$\mathrm{Var}[X+Y]=\mathrm{Var}[X]+\mathrm{Var}[Y].$$

性质 5 若随机变量 X, Y 相互独立, 且 X, Y 均值为 0 时, 则有

$$\mathrm{Var}[XY]=\mathrm{Var}[X]\,\mathrm{Var}[Y].$$

7.2 Xavier 初始化方法

本节以前馈神经网络为例研究 Xavier 初始化. 初始化之后, 反向传播的梯度值随着输出层向输入层移动而减小. 对于每一层都为线性激活的网络, 梯度的方差也随着在网络中的反向传播而减小.

对于一个前馈神经网络 $\hat{\boldsymbol{y}}=g(\boldsymbol{x};\boldsymbol{W})$, 各层的网络参数为 $\boldsymbol{W}^i\in\mathbb{R}^{n_i\times n_{i+1}}$, $\boldsymbol{W}^i$ 的行数为第 i 层激活向量的维数, 记为 n_i. $\boldsymbol{W}^i$ 的列数为第 $i+1$ 层激活向量的维数, 记为 n_{i+1}. 定义网络中的激活函数为 f. 如果网络输入为 $\boldsymbol{x}$, 真实值为 $\boldsymbol{y}$, 网络输出值 $\hat{\boldsymbol{y}}=g(\boldsymbol{x};\boldsymbol{W})$, 损失函数可以表示为 $cost=\varepsilon(\hat{\boldsymbol{y}}-\boldsymbol{y})$, 其中 $\varepsilon(\cdot)$ 定义为损失函数.

假设激活函数 f 在 0 处具有单位导数 $(f'(0)=1)$, 神经网络的状态值计算表达式为

$$\boldsymbol{s}^{i+1}=\boldsymbol{z}^i\boldsymbol{W}^i+\boldsymbol{b}^i,$$

激活值计算表达式为

$$\boldsymbol{z}^{i+1}=f\left(\boldsymbol{s}^{i+1}\right),$$

对于第 $i+1$ 层 $\boldsymbol{s}^{i+1}$ 的第 j 个分量, 有

$$s_j^{i+1}=\sum_{l=1}^{n_i}z_l^i\boldsymbol{W}_{l,j}^i+b_j^i,$$

网络结构如图 7.2.1 所示. 由链式法则, 损失函数关于激活函数自变量和权重的偏导数为

$$\frac{\partial cost}{\partial s_k^i}=\frac{\partial cost}{\partial \boldsymbol{s}^{i+1}}\cdot\frac{\partial \boldsymbol{s}^{i+1}}{\partial z_k^i}\cdot\frac{\partial z_k^i}{\partial s_k^i}=f'\left(s_k^i\right)\boldsymbol{W}_{k,\bullet}^i\frac{\partial cost}{\partial \boldsymbol{s}^{i+1}}, \tag{7.2.1}$$

$$\frac{\partial cost}{\partial \boldsymbol{W}_{l,k}^i}=\frac{\partial cost}{\partial s_k^{i+1}}\cdot\frac{\partial s_k^{i+1}}{\partial \boldsymbol{W}_{l,k}^i}=z_l^i\frac{\partial cost}{\partial s_k^{i+1}}, \tag{7.2.2}$$

其中由于 $\dfrac{\partial s_j^{i+1}}{\partial z_k^i}=\boldsymbol{W}_{k,j}^i$, 因此将第 $i+1$ 层 $\boldsymbol{s}^{i+1}$ 对 z_k^i 的梯度记为 $\dfrac{\partial \boldsymbol{s}^{i+1}}{\partial z_k^i}=\boldsymbol{W}_{k,\bullet}^i$, $\dfrac{\partial cost}{\partial \boldsymbol{s}^{i+1}}$ 表示损失函数对 $\boldsymbol{s}^{i+1}$ 的梯度, $W_{k,\bullet}^i$ 表示矩阵 W^2 的第 k 行.

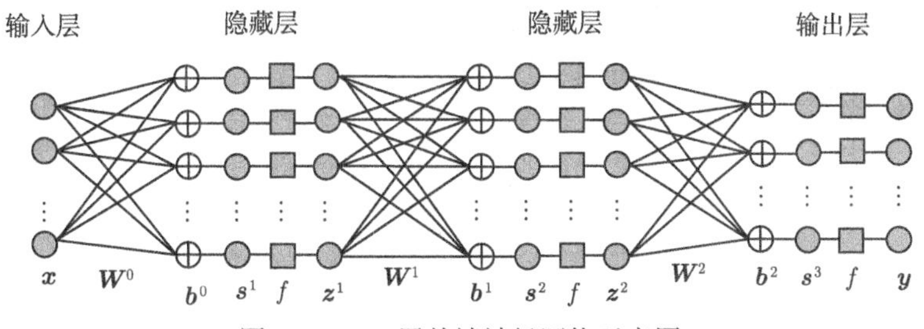

图 7.2.1 3 层前馈神经网络示意图

下面讨论关于输入, 输出和权重随机初始化的方差表示. 考虑以下假设: 输入向量的方差相同, 均为 $\mathrm{Var}[x]$, 均值为 $E[x]=0$, 初始化时处于线性状态, 权重被独立初始化, $\boldsymbol{b}^i$ 初始化为零向量. 由于所使用的激活函数 f 为对称函数且该函数在 0 附近具有单位导数, 所以有

$$f'\left(s_k^i\right) \approx 1.$$

根据神经网络的运算 $\boldsymbol{s}^{i+1}=\boldsymbol{z}^i\boldsymbol{W}^i+\boldsymbol{b}^i$ 和 $\boldsymbol{z}^{i+1}=f\left(\boldsymbol{s}^{i+1}\right)$ 可得 $\boldsymbol{z}^1=f\left(\boldsymbol{s}^1\right)\approx \boldsymbol{s}^1=\boldsymbol{x}\boldsymbol{W}^0+\boldsymbol{b}^0$, 那么 $z_j^1=\sum\limits_{l=1}^{n_0} x_l^0\boldsymbol{W}_{l,j}^0+b_j^0$, 由随机变量运算的性质可得

$$\mathrm{Var}\left[z^1\right]=\mathrm{Var}[x]n_0\,\mathrm{Var}\left[w^0\right],$$

其中 $\mathrm{Var}\left[z^1\right]$ 表示 $\boldsymbol{z}^1$ 的每个分量的方差, $\mathrm{Var}\left[x\right]$ 表示 $\boldsymbol{x}$ 的每个分量的方差, $\mathrm{Var}\left[w^0\right]$ 表示 $\boldsymbol{W}^0$ 的每个分量的方差, 同理可得

$$\mathrm{Var}\left[z^2\right]=\mathrm{Var}\left[z^1\right]n_1\,\mathrm{Var}\left[w^1\right].$$

因此在第 i 层的大小为 n_i 和网络输入为 $\boldsymbol{x}$ 的情况下,

$$\mathrm{Var}\left[z^i\right]=\mathrm{Var}[x]\prod_{i'=0}^{i-1} n_{i'}\,\mathrm{Var}\left[w^{i'}\right]. \tag{7.2.3}$$

下面讨论梯度的反向传播过程, 对于具有 d 层的网络, 由式 (7.2.1) 可得

$$\frac{\partial cost}{\partial s_k^{d-1}}=\boldsymbol{W}_{k,\bullet}^{d-1}\frac{\partial cost}{\partial \boldsymbol{s}^d}=\sum_{j=1}^{n_d}\boldsymbol{W}_{k,j}^{d-1}\frac{\partial cost}{\partial s_j^d},$$

其中, $\boldsymbol{W}_{k,\bullet}^{d-1}$ 表示 $\boldsymbol{W}^{d-1}$ 矩阵的第 k 行, 共有 n_d 个元素, 所以有

$$\mathrm{Var}\left[\frac{\partial cost}{\partial s^{d-1}}\right]=\mathrm{Var}\left[\frac{\partial cost}{\partial s^d}\right]n_d\,\mathrm{Var}\left[w^{d-1}\right],$$

这里用 $\mathrm{Var}\left[\frac{\partial cost}{\partial s^{d-1}}\right]$ 表示 $\frac{\partial cost}{\partial \boldsymbol{s}^{d-1}}$ 每个分量的方差, 用 $\mathrm{Var}\left[w^{d-1}\right]$ 表示 $\boldsymbol{W}^{d-1}$ 的每个分量的方差, 逐层推理可得

$$\mathrm{Var}\left[\frac{\partial cost}{\partial s^i}\right] = \mathrm{Var}\left[\frac{\partial cost}{\partial s^d}\right] \prod_{i'=i}^{d-1} n_{i'+1} \mathrm{Var}\left[w^{i'}\right], \tag{7.2.4}$$

联立式 (7.2.1)、(7.2.2)、(7.2.3) 及式 (7.2.4) 可得

$$\mathrm{Var}\left[\frac{\partial cost}{\partial w^i}\right] = \prod_{i'=0}^{i-1} n_{i'} \mathrm{Var}\left[w^{i'}\right] \prod_{i'=i}^{d-1} n_{i'+1} \mathrm{Var}\left[w^{i'}\right] \times \mathrm{Var}[x] \mathrm{Var}\left[\frac{\partial cost}{\partial s^d}\right]. \tag{7.2.5}$$

从正向传播的角度来看, 为了保证信息稳定传播, 不同层激活值的方差应保持一致, 即

$$\forall (i, i') : \mathrm{Var}\left[z^i\right] = \mathrm{Var}\left[z^{i'}\right]. \tag{7.2.6}$$

从反向传播的角度来看，不同层状态值的梯度的方差应保持一致, 即

$$\forall (i, i') : \mathrm{Var}\left[\frac{\partial cost}{\partial s^i}\right] = \mathrm{Var}\left[\frac{\partial cost}{\partial s^{i'}}\right]. \tag{7.2.7}$$

由式 (7.2.3) 及式 (7.2.4) 可将式 (7.2.6) 和式 (7.2.7) 两个条件转化为

$$\forall i: \quad n_i \mathrm{Var}\left[w^i\right] = 1,$$

$$\forall i: \quad n_{i+1} \mathrm{Var}\left[w^i\right] = 1,$$

作为这两个约束之间的折中, 取

$$\forall i: \quad \mathrm{Var}\left[w^i\right] = \frac{2}{n_i + n_{i+1}}. \tag{7.2.8}$$

如果对不同层权重进行相同的初始化并且所有层的神经元的个数都相等, 可以得到性质:

$$\forall i : \mathrm{Var}\left[\frac{\partial cost}{\partial s^i}\right] = [n \mathrm{Var}[w]]^{d-i} \mathrm{Var}\left[\frac{\partial cost}{\partial s^d}\right],$$

$$\forall i : \mathrm{Var}\left[\frac{\partial cost}{\partial w^i}\right] = [n \mathrm{Var}[w]]^{d} \mathrm{Var}[x] \mathrm{Var}\left[\frac{\partial cost}{\partial s^d}\right].$$

可以看到, 反向传播的梯度的方差与层数有关, 而所有层权重梯度的方差都是相等的.

考虑标准初始化

$$w \sim U\left[-\frac{1}{\sqrt{n}}, \frac{1}{\sqrt{n}},\right],$$

其中 $U[-a,a]$ 是区间 $(-a,a)$ 中的均匀分布, n 是上一层的尺寸 ($\boldsymbol{W}$ 的列数). 如果使用标准初始化公式, 根据均匀分布方差公式, 可以得到以下结论:

$$n\operatorname{Var}[w]=\frac{1}{3},$$

其中 n 是层的尺寸 (假设所有的层具有相同的尺寸). 这将导致反向传播的梯度的方差只取决于层数, 并且层数越深方差越小.

因此, 在初始化深层网络时因为各层的乘法效应, 归一化因子很重要. 采用以下初始化方式, 可以近似满足目标, 即在网络中上下移动时保持激活值的方差和反向传播梯度方差不变. 根据均匀分布的方差公式, 可以得到以下均匀分布:

$$\frac{(a-(-a))^2}{6}=\frac{2}{n_j+n_{j+1}}\Rightarrow a=\frac{\sqrt{6}}{\sqrt{n_j+n_{j+1}}},$$

$$w\sim U\left[-\frac{\sqrt{6}}{\sqrt{n_j+n_{j+1}}},\frac{\sqrt{6}}{\sqrt{n_j+n_{j+1}}}\right]. \tag{7.2.9}$$

其中 $U[-a,a]$ 是区间 $(-a,a)$ 中的均匀分布. 式 (7.2.9) 称之为 Xavier 初始化.

■ 7.3 Kaiming 初始化方法

由于 Xavier 初始化的推导是基于线性激活的假设, 该假设对 ReLU 类型的激活函数无效, 因此针对使用 ReLU 类型激活函数的网络提出 Kaiming 初始化. Kaiming 初始化的推导遵循着 Xavier 初始化推导的思想, 但略有不同. 在正向传播过程中, Kaiming 初始化要保持响应值也就是未激活值的方差保持不变, 而不是激活值的方差保持不变.

给定卷积神经网络 $\boldsymbol{y}=g(\boldsymbol{x};\boldsymbol{W})$, 对于一个卷积层, 如图 7.3.1 所示, 响应可以表示为

$$\boldsymbol{y}_l=\boldsymbol{W}_l\boldsymbol{x}_l+\boldsymbol{b}_l,$$

此处 $\boldsymbol{x}$ 是一个 $k^2c\times 1$ 的向量, 表示在特征图 c 个输入通道中并置的 $k\times k$ 个像素, k 是卷积核的尺寸. 用 $n=k^2c$ 表示响应的连接数, $\boldsymbol{W}$ 是一个 $d\times n$ 的矩阵, 其中 d 是下一层滤波器的数量, 满足 $c_l=d_{l-1}$, $\boldsymbol{W}$ 的每一行代表一个卷积核的权重. $\boldsymbol{b_l}$ 是偏置向量, $\boldsymbol{y}$ 是在输出特征图一个像素处的响应. l 表示特征图层索引. 因此有 $\boldsymbol{x}_l=f(\boldsymbol{y}_{l-1})$, 其中 f 是激活函数.

假设 $\boldsymbol{W}_l$ 中的初始化元素为独立同分布, 并且 $\boldsymbol{x}_l$ 中的元素也是独立同分布的, $\boldsymbol{W}_l$ 和 $\boldsymbol{x}_l$ 彼此独立. 因此有

$$\operatorname{Var}\left[y_l\right]=n_l\operatorname{Var}\left[w_lx_l\right],$$

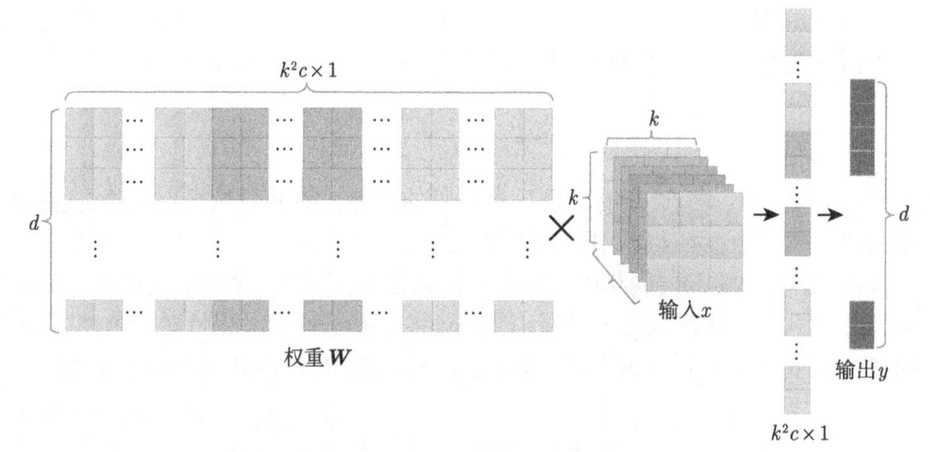

图 7.3.1　单层卷积示意图

其中 y_l, x_l 和 w_l 分别代表输出向量、输入向量和权重矩阵中每个元素的随机变量, b_l 代表偏置向量中每个元素的随机变量, 令 w_l 的均值为零, 根据 $\mathrm{Var}[X]=E\left[X^2\right]-E^2[X]$:

$$\begin{aligned}\mathrm{Var}\left[y_l\right] &= n_l\,\mathrm{Var}\left[w_l x_l\right]\\ &= n_l\left(E\left[\left(w_l x_l\right)^2\right]-\left(E\left[w_l x_l\right]\right)^2\right)\\ &= n_l\left(E\left[w_l^2\right]E\left[x_l^2\right]-E\left[w_l\right]^2E\left[x_l\right]^2\right)\\ &= n_l\,\mathrm{Var}\left[w_l\right]E\left[x_l^2\right],\end{aligned}$$

在此, $E\left[x_l^2\right]$ 是对 x_l 平方的期望, 只有 x_l 的均值为 0 时, $E\left[x_l^2\right]=\mathrm{Var}[x_l]$ 才成立. 而 ReLU 函数的输出结果均大于等于零.

假设 w_{l-1} 在零附近具有对称分布, 并且 $b_{l-1}=0$, 则 y_{l-1} 的均值将为 0, 并且在 0 附近具有对称分布. 当激活函数 f 是 ReLU 函数时, 这导致 $E\left[x_l^2\right]=\dfrac{1}{2}\mathrm{Var}\left[y_{l-1}\right]$:

$$\begin{aligned}E\left[x_l^2\right] &= E\left[f(y_{l-1})^2\right]\\ &= \int_{-\infty}^{+\infty} p(y_{l-1})\left(f\left(y_{l-1}\right)\right)^2\mathrm{d}y_{l-1}\\ &= \int_{-\infty}^{0} p\left(y_{l-1}\right)\left(f\left(y_{l-1}\right)\right)^2\mathrm{d}y_{l-1}+\int_{0}^{+\infty} p\left(y_{l-1}\right)\left(f\left(y_{l-1}\right)\right)^2\mathrm{d}y_{l-1}\\ &= 0+\int_{0}^{+\infty} p\left(y_{l-1}\right)\left(y_{l-1}\right)^2\mathrm{d}y_{l-1}\end{aligned}$$

$$
\begin{aligned}
&= \frac{1}{2}\int_{-\infty}^{+\infty} p\left(y_{l-1}\right)\left(y_{l-1}\right)^2 \mathrm{d}y_{l-1} \\
&= \frac{1}{2}E\left[y_{l-1}^2\right] \\
&= \frac{1}{2}\left(E\left[y_{l-1}^2\right]-0\right) \\
&= \frac{1}{2}\left(E\left[y_{l-1}^2\right]-E\left[y_{l-1}\right]^2\right) \\
&= \frac{1}{2}\operatorname{Var}\left[y_{l-1}\right],
\end{aligned}
$$

因此可以得到

$$
\operatorname{Var}\left[y_l\right]=\frac{1}{2}n_l \operatorname{Var}\left[w_l\right]\operatorname{Var}\left[y_{l-1}\right],
$$

通过上式遍历第一层到第 L 层, 得到

$$
\operatorname{Var}\left[y_L\right]=\operatorname{Var}\left[y_1\right]\left(\prod_{l=2}^{L}\frac{1}{2}n_l \operatorname{Var}\left[w_l\right]\right), \tag{7.3.1}
$$

式 (7.3.1) 是初始化设计的关键, 良好的初始化方法应避免按倍数形式减小或放大输入信号的幅度. 因此, 希望上述括号中的乘积项满足如下充分条件:

$$
\forall l: \quad \frac{1}{2}n_l \operatorname{Var}\left[w_l\right]=1, \tag{7.3.2}
$$

这意味着 w_l 服从均值为 0、方差为 $2/n_l$ 的高斯分布. 这是 Kaiming 初始化的初始化方式, 另外初始化 $\boldsymbol{b}_l$ 为零向量. 对于第一层 $(l=1)$, 有 $n_1 \operatorname{Var}\left[w_1\right]=1$, 因为在输入信号上没有施加 ReLU 函数.

下面考虑梯度的反向传播过程, 定义网络的损失为 ε, 根据 $\boldsymbol{y}_l=\boldsymbol{W}_l\boldsymbol{x}_l+\boldsymbol{b}_l$, 可通过以下公式计算卷积层的梯度:

$$
\frac{\partial \varepsilon}{\partial \boldsymbol{x}_l}=\hat{\boldsymbol{W}}_l\frac{\partial \varepsilon}{\partial \boldsymbol{y}_l},
$$

为简单起见, 这里用 $\Delta\boldsymbol{x}$ 和 $\Delta\boldsymbol{y}$ 表示梯度 $\dfrac{\partial \varepsilon}{\partial \boldsymbol{x}}$ 和 $\dfrac{\partial \varepsilon}{\partial \boldsymbol{y}}$, 得到

$$
\Delta\boldsymbol{x}_l=\hat{\boldsymbol{W}}_l\Delta\boldsymbol{y}_l,
$$

$\Delta\boldsymbol{y}$ 表示 d 个通道中的 $k\times k$ 个像素, 并调整为 $k^2d\times 1$ 的向量, 令 $\hat{n}=k^2d$, 注意 $\hat{n}\neq n=k^2c$. $\hat{\boldsymbol{W}}$ 是一个 $c\times\hat{n}$ 的矩阵, 其中滤波器以反向传播的方式重新排列. 请注意 $\boldsymbol{W}$ 和 $\hat{\boldsymbol{W}}$ 可以彼此重构. $\Delta\boldsymbol{x}$ 是一个 $c\times 1$ 的向量, 表示该层像素处的梯度. 与前向传播类似, 令 Δy_l, Δx_l 和 w_l 分别代表 $\Delta\boldsymbol{y}$, $\Delta\boldsymbol{x}$ 和 $\hat{\boldsymbol{W}}$ 中每个元

素的随机变量. 假设 w_l 和 Δy_l 彼此独立, 那么当 w_l 由零附近的对称分布初始化时, 对所有 l, Δx_l 的均值为零.

在反向传播中, 还有 $\Delta y_l = f'(y_l)\Delta x_{l+1}$, 其中 f' 是激活函数 f 的导数. 对于 ReLU 函数, $f'(y_l)$ 为 0 或 1 的概率相等. 假设 $f'(y_l)$ 和 Δx_{l+1} 彼此独立. 因此, 有 $E[\Delta y_l] = E[\Delta x_{l+1}]/2 = 0$, 故

$$\begin{aligned}\operatorname{Var}[\Delta y_l] &= E\left[(\Delta y_l)^2\right] - E[\Delta y_l]^2 \\ &= E\left[(\Delta y_l)^2\right] - 0 \\ &= E\left[f'(y_l)^2\,\Delta x_{l+1}^2\right] \\ &= \frac{1}{2}E\left[\Delta x_{l+1}^2\right] \\ &= \frac{1}{2}\operatorname{Var}[\Delta x_{l+1}],\end{aligned}$$

然后计算梯度的方差:

$$\begin{aligned}\operatorname{Var}[\Delta x_l] &= \hat{n}_l \operatorname{Var}[w_l]\operatorname{Var}[\Delta y_l] \\ &= \frac{1}{2}\hat{n}_l \operatorname{Var}[w_l]\operatorname{Var}[\Delta x_{l+1}],\end{aligned}$$

通过上式遍历第一层到第 L 层, 得到

$$\operatorname{Var}[\Delta x_2] = \operatorname{Var}[\Delta x_{L+1}]\left(\prod_{l=2}^{L}\frac{1}{2}\hat{n}_l \operatorname{Var}[w_l]\right), \tag{7.3.3}$$

考虑一个充分条件, 即梯度不是成倍地增大或减小:

$$\frac{1}{2}\hat{n}_l \operatorname{Var}[w_l] = 1, \quad \forall l, \tag{7.3.4}$$

该式与公式 (7.3.2) 的唯一区别是 $\hat{n}_l = k_l^2 d_l$, 而 $n_l = k_l^2 c_l = k_l^2 d_{l-1}$, 得到均值为 0 方差为 $2/\hat{n}_l$ 的高斯分布.

对于第一层 ($l=1$), 无需计算 Δx_1, 因为它表示图像域. 但是, 由于与正向传播情况相同的原因, 即单层的因子不会使整体乘积成倍增大或减小, 因此仍可以在第一层中使用式 (7.3.4).

注意单独使用公式 (7.3.2) 或 (7.3.4) 都是有效的. 例如在单独使用公式 (7.3.4) 时, 此时式 (7.3.3) 中有 $\prod_{l=2}^{L}\frac{1}{2}\hat{n}_l \operatorname{Var}[w_l] = 1$, 式 (7.3.1) 中的 $\prod_{l=2}^{L}\frac{1}{2}n_l \operatorname{Var}[w_l] = \prod_{l=2}^{L} n_l/\hat{n}_l = c_2/d_L$, 这依然可以确保网络训练的稳定性, 反之亦然.

如果前向或后向信号在每一层中不适当地按因子 β 缩放, 则最终的传播信号将在 L 层之后按因子 β^L 重新缩放, 其中 L 可以代表部分或全部层. 当 L 很大时, 如果 $\beta > 1$, 则将导致极大的放大信号, 并得到无穷大的输出. 如果 $\beta < 1$, 则导致信号减弱. 无论哪种情况, 网络都不会收敛, 在前一种情况下网络会发散, 而在后一种情况下训练会停滞.

对于 PReLU 函数情况下的初始化, 很容易证明公式 (7.3.2) 变为

$$\frac{1}{2}\left(1+a^2\right) n_l \operatorname{Var}\left[w_l\right]=1,$$

其中 a 是系数的初始值, 如果 $a=0$, 则成为 ReLU 函数情况; 如果 $a=1$, 则成为线性情况, 与 Xavier 初始化相同. 同样, 公式 (7.3.4) 变为 $\frac{1}{2}\left(1+a^2\right) \hat{n}_l \operatorname{Var}\left[w_l\right]=1$.

Kaiming 初始化和 Xavier 初始化之间推导的主要区别是解决了 ReLU 函数的非线性问题. Xavier 初始化中的推导仅考虑线性情况, 其结果由 $n_l \operatorname{Var}\left[w_l\right]=1$ 给出 (前向情况), 可以将其实现为标准差为 $\sqrt{1/n_l}$ 的零均值高斯分布.

■ 7.4 实验分析

7.4.1 Xavier 初始化实验

本节将通过实验验证 Xavier 初始化相比于标准初始化保持激活值的方差和反向传播梯度方差的有效性. 数据集使用 MNIST 手写数字数据集. 网络为具有 5 个隐藏层的前馈神经网络, 每层具有 784 个隐藏单元, 对输出层进行 Softmax 逻辑回归. 损失函数是负对数似然函数 $-\ln P(y|x,\theta)$, 其中 (x,y) 是样本对, 分别表示输入图像和物体类别. 神经网络使用随机梯度下降法在大小为 200 的小批量进行优化, 学习率设为 0.001, 使用双曲正切激活函数 Tanh.

图 7.4.1 给出了在 MNIST 数据集上使用标准初始化和 Xavier 初始化两种不同的方法绘制的激活值在前向传播的直方图. 其横坐标为激活值的取值范围, 对取值范围划分共 100 个小区间, 统计每层的激活值落在每个小区间的个数. 图中的每个点的横坐标为其所在小区间的中点, 纵坐标为该区间的激活值的频数. 在标准初始化方法中 0-峰值随着层数的增加而增大, 而 Xavier 初始化中各层的 0-峰值基本保持一致, 意味着使用标准初始化时激活值的方差随着层数增加而减小, 而 Xavier 初始化能够保持激活值的方差不变.

图 7.4.2 给出了在 MNIST 数据集上使用标准初始化和 Xavier 初始化两种不同的方法绘制的反向传播梯度直方图. 在标准初始化之后, 训练初始阶段, 反向传播梯度的方差随着其向下传播而变小. 当使用 Xavier 初始化时, 没有出现这种反向传播梯度递减的情况.

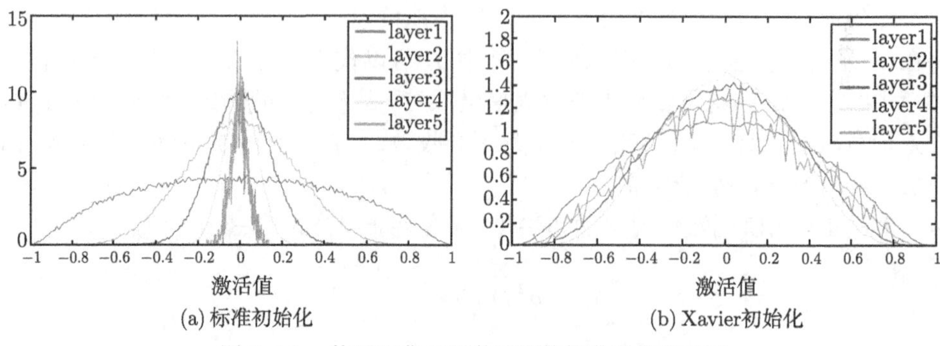

图 7.4.1　使用双曲正切激活函数的激活值直方图

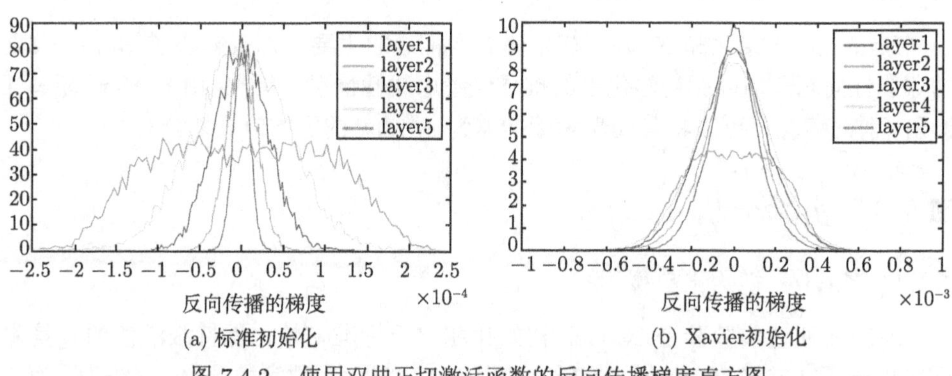

图 7.4.2　使用双曲正切激活函数的反向传播梯度直方图

但是即使标准初始化的反向传播梯度的方差随着层数降低而变小, 它的权重梯度的方差在各层之间仍然大致是恒定的, 如图 7.4.3 所示。

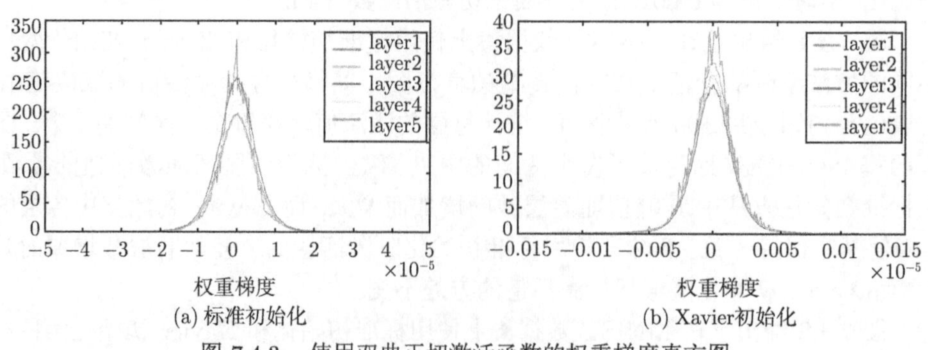

图 7.4.3　使用双曲正切激活函数的权重梯度直方图

进一步如图 7.4.4 所示, 这里是针对以 Tanh 为激活函数的网络, 这些关于标准初始化和 Xavier 初始化的权重梯度在训练期间发生了变化. 事实上, 虽然权重变化具有相同的趋势, 但是在标准初始化的情况下, 各层权重偏离的程度更大 (在较低层中具有较大的梯度). 这是 Xavier 初始化的优点之一, 因为在不同层具有不同大小的梯度可能导致网络病态并且使训练变慢.

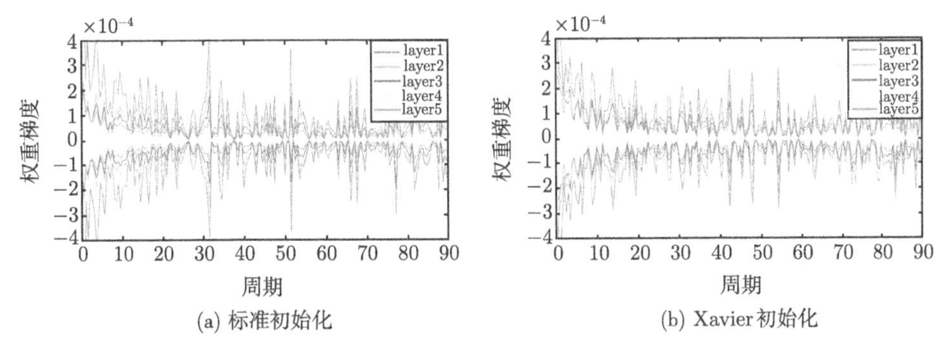

图 7.4.4 使用双曲正切激活函数的网络在训练过程权重梯度的变化

7.4.2 Kaiming 初始化实验

下面的实验均使用 ImageNet 数据集中的 ILSVRC2012 数据子集. 样本被按照中心随机切割成 224×224 正方形大小的图片, 以 0.5 的概率进行水平翻转并进行归一化. 超参数的设置如下: 权重衰减项为 5×10^{-4}, 动量为 0.9, 学习率为 0.1, 前两个全连接层使用概率为 0.5 的 Dropout, 批量大小为 128.

我们将分别在具有 22 层和 30 层的卷积神经网络对比 Xavier 初始化和 Kaiming 初始化的效果, 其网络结构分别如表 7.4.1 和表 7.4.2 所示. 22 层神经网络中 pool 表示池化层, spp 表示金字塔池化层, 金字塔有四层, 分别为 7×7, 3×3, 2×2, 1×1, /2 表示步长为 2. 30 层模型包含 27 个卷积层和 3 个全连接层, conv3 中的 "$\cdots$" 代表 16 个滤波器为 $256 \times 2 \times 2$ 的卷积层. 注意 conv1 和 pool1 的填充为 1, conv2 和 conv3 连续两个卷积层的填充分别为 0 和 1, 以保持 conv2 和 conv3 的输出尺寸为 36 和 18, pool2 的填充为 0. 网络结构如图 7.4.5 和图 7.4.6 所示.

图 7.4.7 给出了在 ImageNet 数据集上具有 22 层和 30 层模型的收敛性, 其中 x 轴是训练周期, y 轴是训练损失, 网络使用的激活函数为 ReLU. 对于 22 层模型, Xavier 初始化和 Kaiming 初始化两种方法都能使它们收敛, 但是基于 Kaiming 初始化的网络具有更快的收敛速度, 误差减小得更快. 对于 30 层模型, Kaiming 初始化能够使它收敛, 而 Xavier 初始化方法完全使训练停滞. 这就从实验验证了 Kaiming 初始化方法相比于 Xavier 初始化方法对于 ReLU 型激活函数的优越性.

表 7.4.1　22 层模型网络结构

网络层	
conv1	7×7, 96, /2
pool1	2×2, /2
conv 2_1	3×3, 256
conv 2_2	3×3, 256
conv 2_3	3×3, 256
conv 2_4	3×3, 256
conv 2_5	3×3, 256
conv 2_6	3×3, 256
pool2	2×2, /2
conv 3_1	3×3, 512
conv 3_2	3×3, 512
conv 3_3	3×3, 512
conv 3_4	3×3, 512
conv 3_5	3×3, 512
conv 3_6	3×3, 512
pool3	2×2, /2
conv 4_1	3×3, 512
conv 4_2	3×3, 512
conv 4_3	3×3, 512
conv 4_4	3×3, 512
conv 4_5	3×3, 512
conv 4_6	3×3, 512
spp	{7, 3, 2, 1}
fc1	4096
fc2	4096
fc3	1000

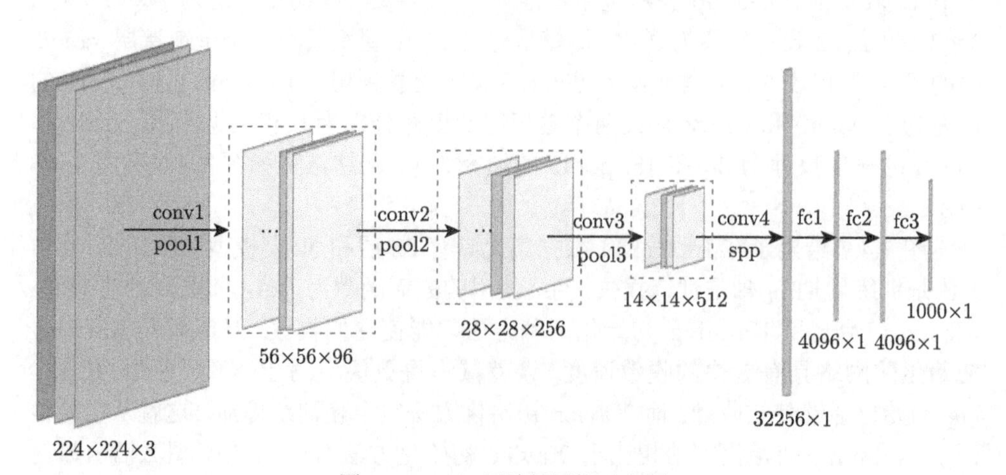

图 7.4.5　22 层神经网络示意图

表 7.4.2 30 层模型网络结构

网络层	
conv1	7×7, 64, /2
pool1	3×3, /3
conv 2_1	2×2，128
conv 2_2	2×2，128
conv 2_3	2×2，128
conv 2_4	2×2，128
pool2	2×2，/2
conv 3_1	2×2，256
conv 3_2	2×2，256
conv 3_3	2×2，256
...	...
conv 3_{20}	2×2，256
conv 3_{21}	2×2，256
conv 3_{22}	2×2，256
spp	{6，3，2，1}
fc1	4096
fc2	4096
fc3	1000

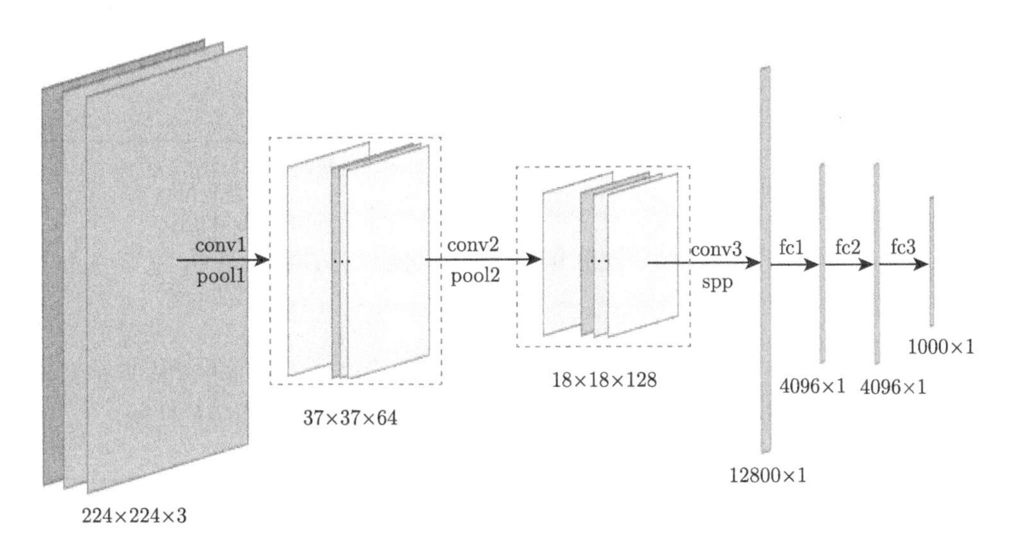

图 7.4.6 30 层神经网络示意图

下面将通过实验验证 Kaiming 初始化相比于标准初始化保持状态值的方差和反向传播梯度方差的有效性. 实验用的网络为 7.4.1节中具有五个隐藏层的神经网络, 激活函数使用 ReLU 函数, 分别使用标准初始化和 Kaiming 初始化进行实验, 超参数设置与 7.4.1节中相同.

图 7.4.8 给出了在 MNIST 数据集上使用标准初始化和 Kaiming 初始化两种不同的方法绘制的状态值在前向传播的直方图. 从图中可以看出, 标准初始化时状

态值的方差随着层数增加而减小, 而 Kaiming 初始化能够保持状态值的方差不变.

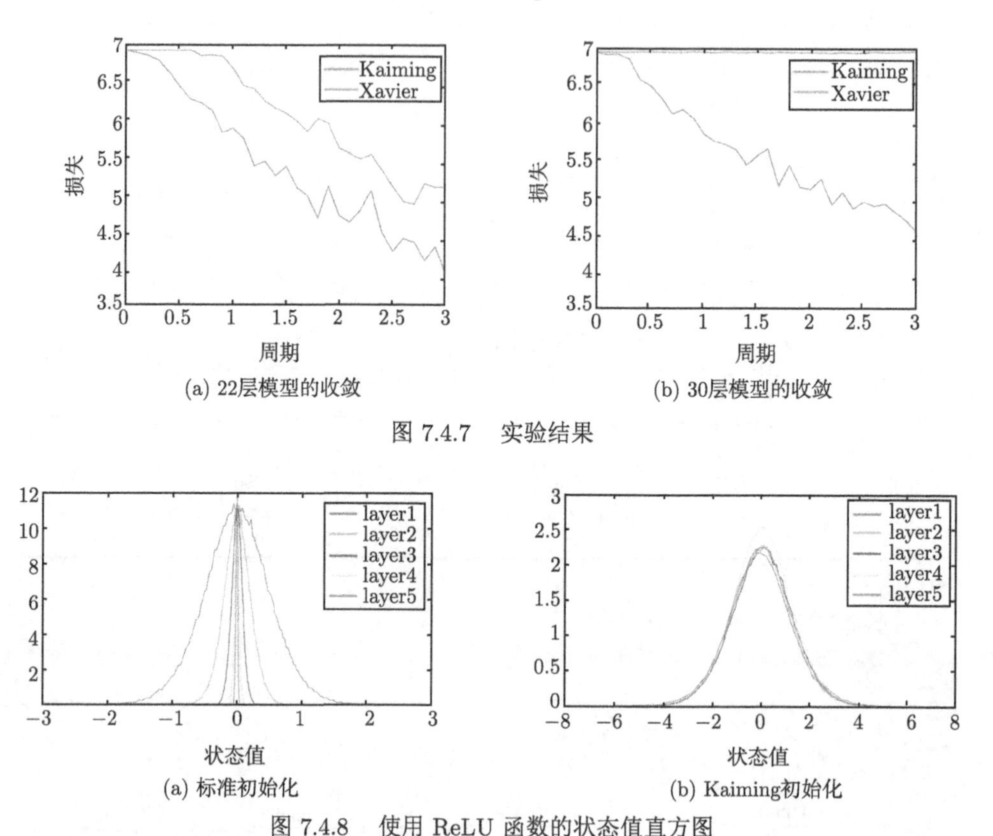

(a) 22层模型的收敛

(b) 30层模型的收敛

图 7.4.7 实验结果

(a) 标准初始化

(b) Kaiming初始化

图 7.4.8 使用 ReLU 函数的状态值直方图

图 7.4.9 给出了使用标准初始化和 Kaiming 初始化两种不同的方法绘制的反向传播梯度直方图. 在标准初始化之后, 反向传播梯度的方差随着其向下传播而变小. 当使用 Kaiming 初始化时, 没有出现这种反向传播梯度递减的情况.

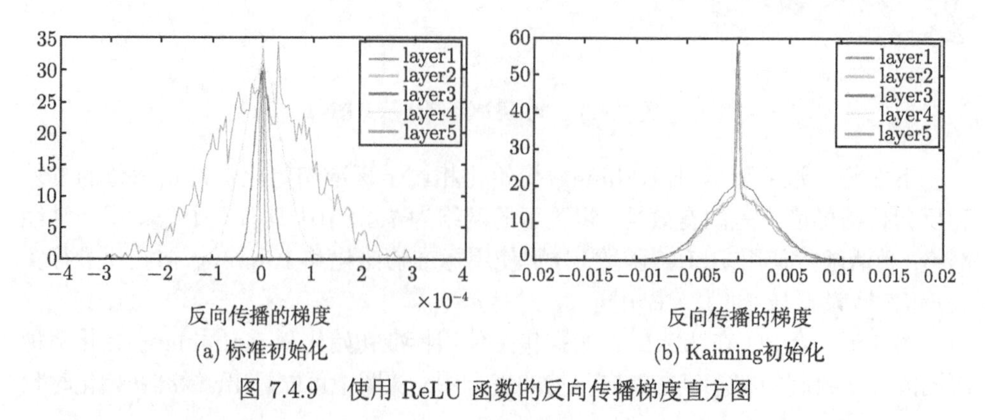

(a) 标准初始化

(b) Kaiming初始化

图 7.4.9 使用 ReLU 函数的反向传播梯度直方图

如图 7.4.10 所示, 两种初始化方法其权重梯度的方差在各层之间大致恒定. 与图 7.4.3 不同的是, 因为 ReLU 函数将小于 0 的数置为 0, 因此权重梯度更多聚集在 0 附近.

进一步如图 7.4.11 所示, 这里是针对 ReLU 网络, 虽然权重变化具有相同的趋势, 但是在标准初始化的情况下，各层权重偏离的程度更大 (在较低层中具有较大的梯度). 这表明已经可以使用理论化的初始化方法来研究极深的卷积神经网络模型, 为进一步研究增加网络深度奠定了基础, 也有助于理解深层网络.

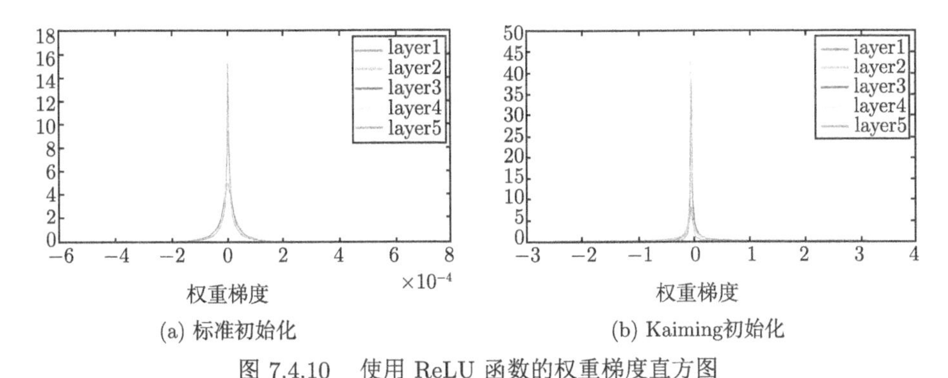

图 7.4.10 使用 ReLU 函数的权重梯度直方图

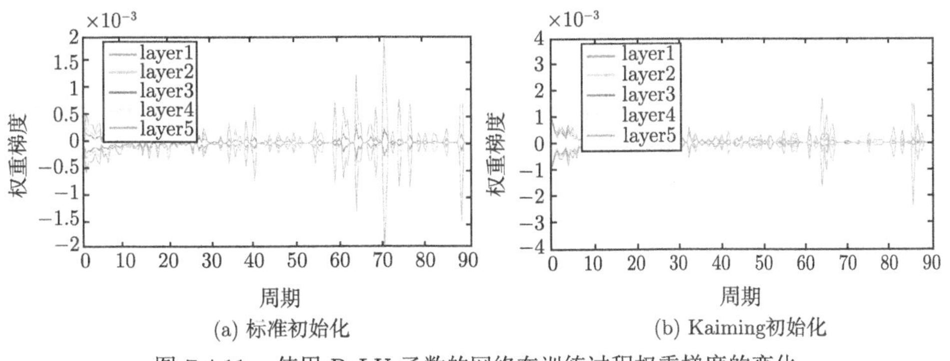

图 7.4.11 使用 ReLU 函数的网络在训练过程权重梯度的变化

■ 7.5 数字化资源

研究型习题

案例代码

第7章彩图

第 8 章 生成对抗网络基本原理

本章系统地介绍了生成对抗网络的基本原理, 包括生成对抗网络、条件生成对抗网络、深度卷积生成对抗网络、渐进式增长生成对抗网络、对抗自编码器和基于 Wasserstein 距离的生成对抗网络.

8.1 生成对抗网络的基本介绍

生成对抗网络 (Generative Adversarial Nets, GAN) 是用对抗训练的方式来生成数据的一种深度生成模型, 其最引人注目的地方在于引入了对抗训练这一方法, 让两个神经网络在相互博弈的情况下进行学习.

8.1.1 生成对抗网络的结构

生成对抗网络由一个生成网络与一个判别网络组成. 生成网络随机采样作为输入, 其输出样本需要尽可能逼近训练集中的真实样本. 判别网络以生成网络的输出样本或训练集中的真实样本作为输入, 其目的是判断该输入是来自生成网络的输出样本还是训练集中的真实样本. 两个网络相互对抗训练, 生成网络的目的是尽可能生成真实的图像, 使得判别网络无法判断图像的真伪, 而判别网络尽可能地正确判断图像. 生成对抗网络自提出以来就受到广泛关注, 如今已经是深度学习的热门研究领域之一. 图灵奖获得者 Yann LeCun 曾评论“生成对抗网络是过去十年中机器学习领域中最有趣的想法”.

生成对抗网络是一类生成模型. 在深度学习中, 生成模型指的是从训练集中学习数据分布的模型, 然后生成相应的样本. 具体而言, 生成模型利用从样本分布 p_{data} 中抽取的样本, 学习该样本分布并给出估计 p_{model}. 如图 8.1.1 所示, 一个理想的生成模型将能够根据如图 8.1.1(a) 所示的样本进行训练, 然后以相同的分布生成如图 8.1.1(b) 所示的样本.

生成对抗网络可应用于许多计算机视觉任务, 尤其是需要生成来自某些特定样本的任务, 例如需要产生良好样本的任务包括图像超分辨率、图片生成、图像风格转换等, 这些任务需要高质量的生成样本, 因此是一个值得研究的模型.

(a) (b)

图 8.1.1 (a) 为数据集图像, (b) 为生成的图像

生成对抗网络的核心思想源于博弈论的纳什均衡. 纳什均衡 (Nash Equilibrium), 表示在一个双方或者多方博弈过程中, 任何一方单方面改变己方的策略 (其余方策略不变) 都不会提高自身的收益. 在原始生成对抗网络中, 设定参与博弈的双方分别为一个生成器 (Generator, G) 和一个判别器 (Discriminator, D), 生成器尝试模拟真实数据样本的分布, 并生成新的数据样本; 判别器是一个二分类器, 判断输入是真实样本还是生成的样本. 为了取得博弈胜利, 两个参与者需要不断优化, 提高各自的生成能力或者判别能力, 达到各自的期望最优情况.

GAN 的结构如图 8.1.2 所示, 具体的流程如下:

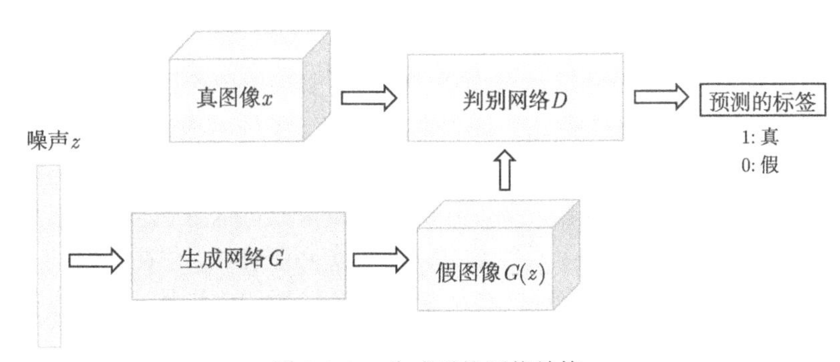

图 8.1.2 生成对抗网络结构

(1) 生成器 G 的输入为随机噪声 z, 通过噪声生成假图像, 记为 $G(z)$.

(2) 判别器 D 判断数据是否为真实数据, 它的输入为待判断的样本, 输出为 $D(x)$ 或者 $D(G(z))$. 当 $D(\cdot)$ 为 1, 即判断输入的样本为真实样本数据; 当 $D(\cdot)$ 为 0, 即判断输入的样本是生成的假样本.

判别器 D 的目标是实现对输入数据的正确二分类判别, 而生成器 G 的目标是生成假数据 $G(z)$ 令判别器 D 给出错误判断, 即 $D(G(z))$ 的输出为 1. 这是生成器和判别器之间的博弈目的. 最后, 在理想状态下, 生成器 G 生成了非常真实的数据 $G(z)$, 而判别器 D 难以判断 $G(z)$ 的真伪, 于是有 $D(x) = D(G(z)) = 1/2$. 这样, 就得到了一个能够生成逼真样本的生成模型.

对上述过程的数学公式描述如式 (8.1.1) 所示:

$$\min_{G} \max_{D} V(D, G) = E_{x \sim p_{data}(x)}[\ln D(x)] + E_{z \sim p_z(z)}[\ln(1 - D(G(z)))], \quad (8.1.1)$$

式中, E 为期望, p_{data} 为真实数据分布; p_z 为噪声数据分布; x 为真实数据; z 为生成器 G 的输入噪声; $G(z)$ 为生成器 G 根据噪声 z 生成的数据; $D(\cdot)$ 为判别器 D 对输入数据的判断. 式 (8.1.1) 的前半部分 $E_{x \sim p_{data}(x)}[\ln D(x)]$ 代表判别器 D 需要把真实数据判别为真, 即 $D(x) = 1$, 后半部分 $E_{z \sim p_z(z)}[\ln(1 - D(G(z)))]$ 代表判别器 D 需要把生成的数据判别为假, 即 $D(G(z)) = 0$, 因此 D 需要最大化 $V(D, G)$. 生成器 G 的目的是要生成以假乱真的数据 $G(z)$, 并让判别器 D 判断其为真, 因此 G 要最小化 $V(D, G)$. 由于 G 仅在后半部分 $E_{z \sim p_z(z)}[\ln(1 - D(G(z)))]$ 中起作用, 所以 G 只需要最小化 $E_{z \sim p_z(z)}[\ln(1 - D(G(z)))]$.

在训练初期, 当生成器 G 生成的样本效果较差时, 判别器 D 容易将生成器 G 生成的数据判定为假数据, 从而导致 $\ln(1 - D(G(z))) = 0$, 无法提供有效的梯度来训练生成器 G. 因此, 常常选择最大化 $\ln D(G(z))$ 而不是最小化 $\ln(1 - D(G(z)))$ 来训练生成器 G, 这样目标函数在训练前期能为 G 提供有效的梯度进行训练.

生成对抗网络由两个网络组合而成, 而最后到底是哪个网络更有优势, 就要归结于设计者希望获得哪个网络. 如果要得到高质量的生成样本, 那么需要生成模型取得训练优势, 则生成的样本就能以假乱真, 判别模型难以区分真伪. 如果要得到具有高判别能力的判别器, 那么需要判别模型取得训练优势, 可以判断输入的样本是来自真实数据还是生成的数据. 但在实际研究中, 往往需要的是优秀的生成模型, 而且不必通过生成对抗网络来获得高性能的判别器, 因为卷积神经网络就可以训练出更好的判别器.

8.1.2 生成对抗网络的理论分析

假设生成器 G 和判别器 G 被给予足够的模型容量和训练时间, 生成器 G 生成的数据分布 p_g 会收敛到 p_{data}, 即生成的数据分布可以逼近真实的数据分布, 如图 8.1.3 所示.

下面证明生成对抗网络的全局最优解为 $p_g = p_{data}$.

命题 8.1.1 在给定任意生成器 G 的情况下, 判别器 D 的最优结果为

$$D_G^*(x) = \frac{p_{data}(x)}{p_{data}(x) + p_g(x)}. \tag{8.1.2}$$

证明 给定任意生成器 G 的情况下, 判别器的训练标准是最大化 $V(D,G)$:

$$\begin{aligned} V(D,G) &= \int_x p_{data}(x) \ln D(x) \mathrm{d}x + \int_z p_z(z) \ln(1 - D(G(z))) \mathrm{d}z \\ &= \int_x \left[p_{data}(x) \ln D(x) + p_g(x) \ln(1 - D(x)) \right] \mathrm{d}x. \end{aligned} \tag{8.1.3}$$

其中 p_g 表示由生成器 G 的生成样本分布. 对 $\forall (a,b) \in \mathbf{R}^2 \setminus \{0,0\}$, 函数 $y = a \ln x + b \ln(1-x)$ 在区间 $[0,1]$ 的最大值在 $a/(a+b)$ 处取得. 因此, 式 (8.1.3) 在 $D_G^*(x) = p_{data}(x)/(p_{data}(x)+p_g(x))$ 处取最大值. 也就是说给定任意生成器 G 时, 最优的判别器为 $D_G^*(x) = p_{data}(x)/(p_{data}(x)+p_g(x))$, 证毕.

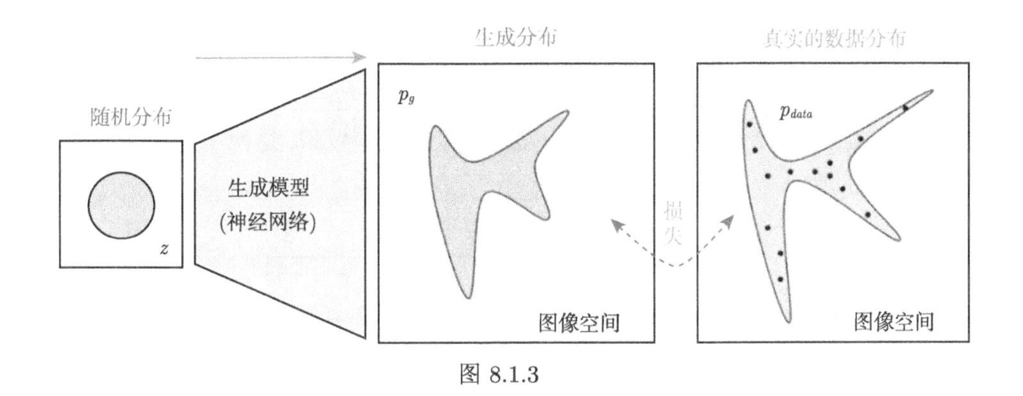

图 8.1.3

此时, 式 (8.1.1) 也可以改写成

$$\begin{aligned} C(G) &= \max_D V(D,G) = V(D_G^*, G) \\ &= E_{x \sim p_{data}}[\ln D_G^*(x)] + E_{z \sim p_z}[\ln(1 - D_G^*(G(z)))] \\ &= E_{x \sim p_{data}}[\ln D_G^*(x)] + E_{x \sim p_g}[\ln(1 - D_G^*(x))] \\ &= E_{x \sim p_{data}}\left[\ln \frac{p_{data}(x)}{p_{data}(x)+p_g(x)}\right] + E_{x \sim p_g}\left[\ln \frac{p_g(x)}{p_{data}(x)+p_g(x)}\right]. \end{aligned} \tag{8.1.4}$$

下面介绍 KL 散度和 JS 散度, 在后续 GAN 的损失函数中会进行讨论.

定义 8.1.1 KL 散度 (Kullback-Leibler Divergence), 又称为相对熵, 描述两个概率分布 P 和 Q 相似度的非对称性的度量,

$$KL(P\|Q)=E_{x\sim P}\left[\ln\frac{p(x)}{q(x)}\right]=\int p(x)\ln\frac{p(x)}{q(x)}\mathrm{d}x. \tag{8.1.5}$$

若 P 表示真实分布, Q 表示 P 的近似分布, 二者越相似, KL 散度越小. 此外, KL 散度的性质包括:

(1) 非负性　$KL(P\|Q)\geqslant 0$, 当 $P=Q$ 时, $KL(P\|Q)=0$;

(2) 非对称性　$KL(P\|Q)\neq KL(Q\|P)$;

(3) KL 散度不满足三角不等式.

定义 8.1.2　*JS 散度 (Jensen-Shannon Divergence), 描述了两个概率分布 P 和 Q 相似度, 是基于 KL 散度的变体,*

$$JS(P\|Q)=\frac{1}{2}KL\left(P\|\frac{P+Q}{2}\right)+\frac{1}{2}KL\left(Q\|\frac{P+Q}{2}\right). \tag{8.1.6}$$

JS 散度是对称的, 取值为 0 到 1 之间, JS 散度解决了 KL 散度非对称的问题. 但是, KL 散度和 JS 散度存在一个问题: 当两个概率分布 P, Q 没有重叠部分时, KL 散度值是没有意义的, 而 JS 散度值也就是一个常数. 下面举例解释, 给出图 8.1.4, 其中 P 和 Q 都是正态分布. 可以直观地发现, 这两个分布之间几乎不存在重叠部分.

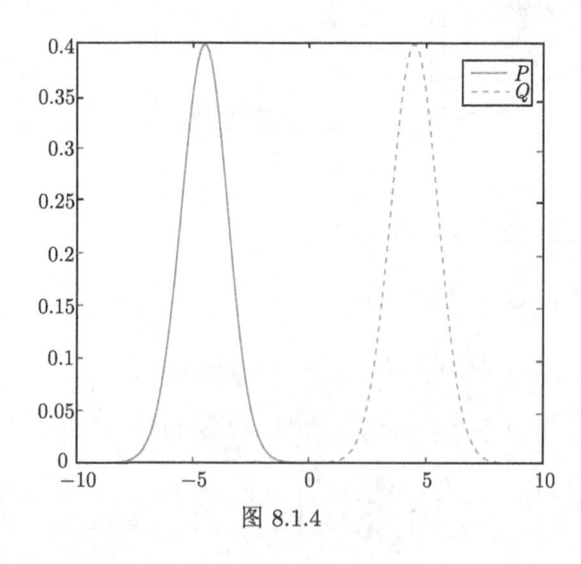

图 8.1.4

从 KL 散度的公式出发,

$$KL(P\|Q)=\int p(x)\ln\frac{p(x)}{q(x)}\mathrm{d}x.$$

因为当 $x<0$ 时, $q(x)\approx 0$; $x>0$ 时, $p(x)\approx 0$, 所以上式变为

$$
\begin{aligned}
KL(P\|Q) &= \int_{-\infty}^{0} p(x)\ln\frac{p(x)}{q(x)}\mathrm{d}x + \int_{0}^{+\infty} p(x)\ln\frac{p(x)}{q(x)}\mathrm{d}x \\
&= \int_{-\infty}^{0} p(x)\ln\frac{p(x)}{0}\mathrm{d}x + 0 \to +\infty.
\end{aligned}
$$

接下来从 JS 散度的公式出发, 即

$$
\begin{aligned}
JS(P\|Q) &= \frac{1}{2}\int p(x)\ln\frac{2p(x)}{q(x)+p(x)}\mathrm{d}x + \frac{1}{2}\int q(x)\ln\frac{2q(x)}{q(x)+p(x)}\mathrm{d}x \\
&= \frac{1}{2}\int p(x)\ln\frac{p(x)}{q(x)+p(x)}\mathrm{d}x + \frac{1}{2}\int q(x)\ln\frac{q(x)}{q(x)+p(x)}\mathrm{d}x + \ln 2.
\end{aligned}
$$

当 $x<0$ 时, $q(x)\approx 0$; $x>0$ 时, $p(x)\approx 0$, 第一项积分变为

$$
\begin{aligned}
&\frac{1}{2}\int_{-\infty}^{0} p(x)\ln\frac{p(x)}{q(x)+p(x)}\mathrm{d}x + \frac{1}{2}\int_{0}^{+\infty} p(x)\ln\frac{p(x)}{q(x)+p(x)}\mathrm{d}x \\
=&\frac{1}{2}\int_{-\infty}^{0} p(x)\ln 1\mathrm{d}x + 0 = 0.
\end{aligned}
$$

第二项积分变为

$$
\begin{aligned}
&\frac{1}{2}\int_{-\infty}^{0} q(x)\ln\frac{q(x)}{q(x)+p(x)}\mathrm{d}x + \frac{1}{2}\int_{0}^{+\infty} q(x)\ln\frac{q(x)}{q(x)+p(x)}\mathrm{d}x \\
=& 0 + \frac{1}{2}\int_{-\infty}^{0} q(x)\ln 1\mathrm{d}x = 0.
\end{aligned}
$$

最后 JS 散度只剩下常数 $\ln 2$.

所以当 P 和 Q 两个分布完全不重叠的情况下, 可以得出

$$
JS(P\|Q) = \ln 2, \quad KL(P\|Q) = +\infty.
$$

定理 8.1.1 当且仅当 $p_g = p_{data}$ 时, 式 (8.1.4) 达到全局最优解, 并且其最优解为 $-\ln 4$.

证明 当 $p_g = p_{data}$ 时, $D_G^*(x) = \dfrac{1}{2}$, 可以得到如下恒等式:

$$E_{x\sim p_{data}}\left[\ln\frac{1}{2}\right]+E_{x\sim p_g}\left[\ln\frac{1}{2}\right]+\ln 4=0.$$

然后从式 (8.1.4) 中减去上式, 可得

$$\begin{aligned}C(G)-0=&E_{x\sim p_{data}}\left[\ln\frac{p_{data}(x)}{p_{data}(x)+p_g(x)}\right]+E_{x\sim p_g}\left[\ln\frac{p_g(x)}{p_{data}(x)+p_g(x)}\right]\\&-E_{x\sim p_{data}}\left[\ln\frac{1}{2}\right]-E_{x\sim p_g}\left[\ln\frac{1}{2}\right]-\ln 4\\=&-\ln 4+E_{x\sim p_{data}}\left[\ln\frac{p_{data}}{\frac{p_{data}+p_g}{2}}\right]+E_{x\sim p_g}\left[\ln\frac{p_g}{\frac{p_{data}+p_g}{2}}\right]\\=&-\ln 4+KL\left(p_{data}\|\frac{p_{data}+p_g}{2}\right)+KL\left(p_g\|\frac{p_{data}+p_g}{2}\right),\end{aligned}$$

其中 KL 代表 KL 散度. 进一步可以得到真实数据分布与生成数据分布之间的 JS 散度:

$$C(G)=-\ln 4+2JS\left(p_{data}\|p_g\right),\tag{8.1.7}$$

由于两个分布之间的 JS 散度是非负的, 当且仅当两个分布相同时, JS 散度为 0. 因此就可以得知: 当且仅当 $p_g=p_{data}$ 时, $C(G)$ 会取得全局最小值, 并且此时 $D_G^*(x)=p_{data}(x)/(p_{data}(x)+p_g(x))=1/2$, 这与前面的结论完全相同, 判别器 D 最后得到的结果为 1/2, 证毕.

最后, 描述生成对抗网络的训练过程如下.

(a) 设置一组对抗网络模型: 生成器 G, 其生成分布为 p_g, 且判别器 D 是一个分类器. 此外真实数据分布为 p_{data}.

(b) 在训练循环中, 训练判别器 D 来判别输入的样本, 并收敛到 $D^*(x)=p_{data}(x)/(p_{data}(x)+p_g(x))$.

(c) 训练生成器 G, 判别器 D 引导 $G(z)$ 生成更真实的数据.

(d) 训练若干步后, 生成分布 p_g 收敛到 p_{data}. 判别器 D 无法区分真实数据分布和生成分布, 即 $D(x)=1/2$.

生成对抗网络的训练过程如算法 8.1.1 所示. 在循环训练中, 需要交替对判别器 D 优化 k 次和对生成器 G 优化一次这两个步骤. 这样保证判别器 D 保持在其最优解附近的同时, 对生成器 G 进行缓慢的优化. 在实际训练中, k 是一个超参数, 通常设置 $k=1$.

算法 8.1.1 生成对抗网络的训练

输入: 噪声样本集 z, 训练样本集 x, 学习率 α, 批量大小 m.

输出: 判别器参数 θ_d, 生成器参数 θ_g.

for 迭代的次数 **do**

  for k 步 **do**

    从真实数据分布 p_{data} 采样一个批量 m 个真实样本 $\left\{x^{(i)}\right\}_{i=1}^m$

    从噪声数据分布 p_z 采样一个批量 m 个噪声数据 $\left\{z^{(i)}\right\}_{i=1}^m$

    通过随机梯度上升来更新判别器:

$$\theta_d \leftarrow \theta_d + \alpha \nabla_{\theta_d} \frac{1}{m} \sum_{i=1}^{m} \left(\ln D\left(x^{(i)}\right) + \ln\left(1 - D\left(G(z^{(i)})\right)\right)\right)$$

  end for

  从噪声数据分布 p_z 采样一个批量 m 个噪声数据 $\left\{z^{(i)}\right\}_{i=1}^m$

  通过随机梯度下降来更新生成器:

$$\theta_g \leftarrow \theta_g + \alpha \nabla_{\theta_g} \frac{1}{m} \sum_{i=1}^{m} \ln\left(1 - D\left(G(z^{(i)})\right)\right)$$

end for

8.1.3 原始生成对抗网络

下面通过用一个实际例子来进一步研究 GAN 的结构, 熟练掌握 GAN 的工作流程.

我们希望利用 GAN 生成一些能够以假乱真的手写字图片, 如图 8.1.5 所示. 主要由如下两个部分组成.

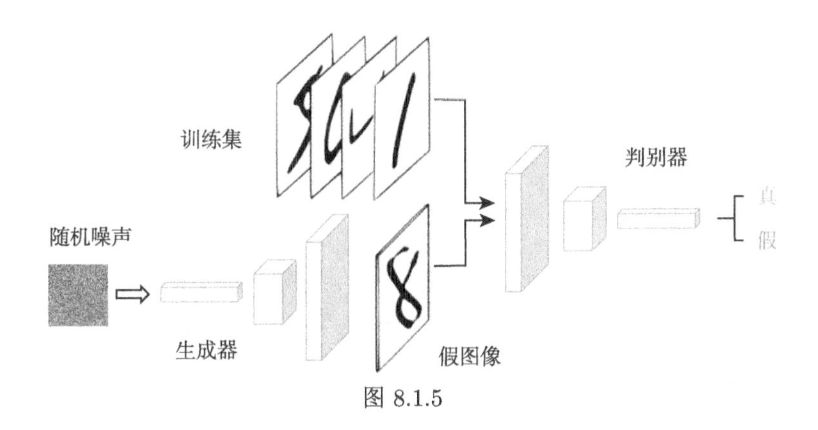

图 8.1.5

(1) 定义一个模型作为生成器, 输入一个随机噪声, 输出一个手写数字的图像.

(2) 定义一个二分类器作为判别器, 判断输入的图片的真假, 即判断是来自数据集中的图像还是生成器生成的图像.

在原始生成对抗网络中, 生成网络结构和判别网络结构均是全连接网络. 生成网络共有 5 层全连接层, 网络结构如图 8.1.6 所示.

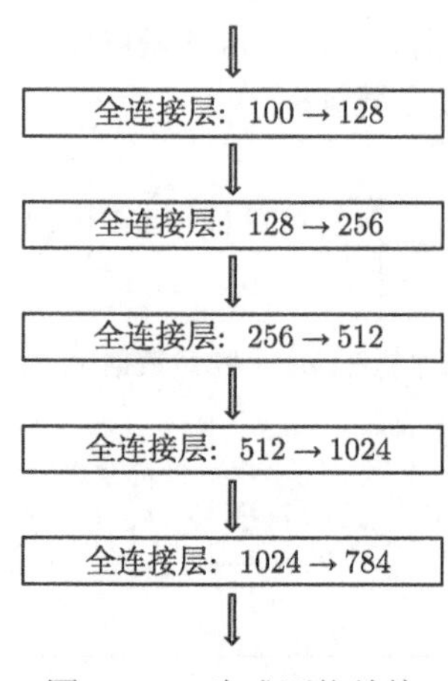

图 8.1.6　生成网络结构

生成网络以大小为 100×1 的噪声 $\boldsymbol{z}$ 作为输入, 噪声 $\boldsymbol{z}$ 是从 $[0,1]$ 上均匀分布中随机采样得到的. 然后依次通过五层全连接层, 最后得到 781×1 的输出向量. 输出向量通过排列得到 28×28 的灰度图像, 即为生成的图像. 在图 8.1.7(a) 中给出了噪声 $\boldsymbol{z}$ 映射到 28×28 灰度图像的过程, 以及在 (b) 给出了 781×1 的向量如何排列成 28×28 的灰度图像.

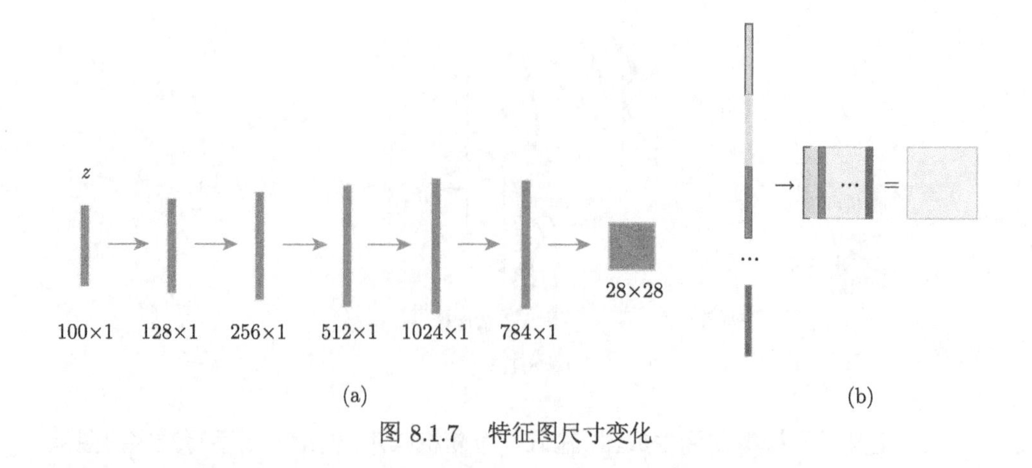

图 8.1.7　特征图尺寸变化

判别网络的结构与生成网络相似, 共有 3 层全连接层, 如图 8.1.8 所示.

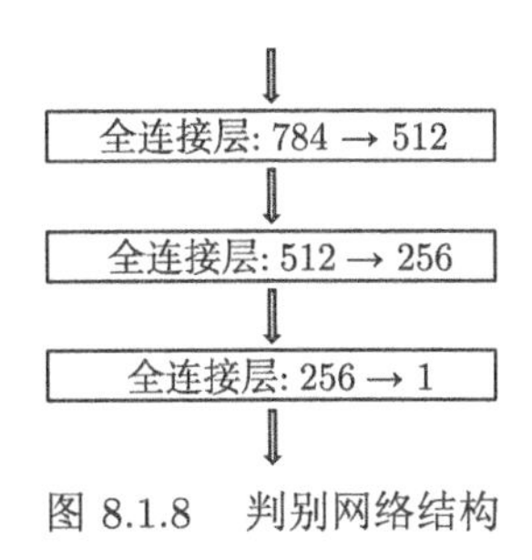

图 8.1.8　判别网络结构

实验用到的图像数据集为 MNIST 数据集. 判别网络以大小为 28 × 28 的灰度图像作为输入, 可以是来自 MNIST 数据集的真实手写数字图像, 或者是生成网络生成的图像. 首先判别网络先将 28 × 28 的灰度图像展开排列成 784 × 1 的向量, 这是图 8.1.7(b) 的逆过程.

通过三层全连接层之后得到一个输出值, 是输入图像的判断, 若输出值更接近 1, 则判别网络判断其为真实的图像, 若输出值更接近 0, 则判断是生成的图像. 在图 8.1.9 中给出了 28 × 28 灰度图像到最终输出值的过程.

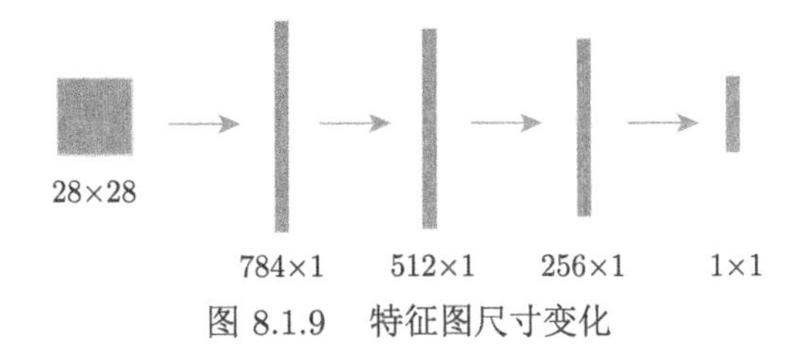

图 8.1.9　特征图尺寸变化

■ 8.2　生成对抗网络常见的模型结构

生成器和判别器的架构极其重要, 因此高度影响了生成对抗网络的训练稳定性和性能. 下面介绍几种常见的生成对抗网络的模型.

8.2.1　条件生成对抗网络

生成对抗网络能够通过训练学习到真实数据分布, 进而生成新的样本. 但原始 GAN 的缺点是生成图像是随机的, 不能控制生成图像属于何种类别. 例如数据集包含了飞机、汽车和房屋等类别, 但原始 GAN 并不能控制生成某一类别的图像, 而条件生成对抗网络 (Conditional Generative Adversarial Network, CGAN) 解决了这样的问题, 使得图像生成过程是可控的.

CGAN 是在原始 GAN 基础上做的一种改进, 通过给原始 GAN 的生成器 G 和判别器 D 添加额外的条件信息, 实现条件生成模型. 其中, 额外的条件信息可以是类别标签或者其他的辅助信息, 这里使用类别标签 (记为 y) 作为例子. 下面分别对类别标签加入到生成器 G 和判别器 D 中的情况进行讨论.

(1) 原始 GAN 生成器的输入是随机噪声信号, 这里将类别标签与随机噪声信号拼接组合作为 CGAN 生成器的输入.

(2) 原始 GAN 判别器输入是图像数据 (真实图像和生成图像), 同样将类别标签和图像数据拼接组合作为 CGAN 判别器输入.

从图 8.2.1 中可以看出, CGAN 相对于原始 GAN 在模型结构上并没有变化, 改变的仅仅是生成器 G 和判别器 D 的输入数据, 这就使得条件生成对抗网络可以作为一种通用策略嵌入到其他的生成对抗网络中. 下面来看 CGAN 的损失函数与原始 GAN 的损失函数不同之处. 首先给出原始生成对抗网络的目标函数:

$$\min_G \max_D V(D,G) = E_{x\sim p_{data}(x)}[\ln D(x)] + E_{z\sim p_z(z)}[\ln(1-D(G(z)))],$$

其中 p_{data} 为真实数据分布; p_z 为噪声数据分布; x 为真实数据; z 为输入生成器 G 的噪声; $G(z)$ 为生成器 G 根据输入的噪声 z 而生成的数据; $D(\cdot)$ 为判别器 D 对输入数据的判断.

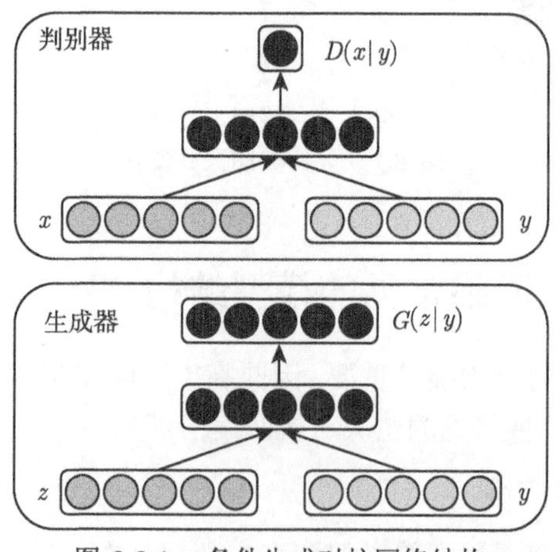

图 8.2.1　条件生成对抗网络结构

如上述目标函数所示, 如果生成器和判别器都有共同的额外条件变量 y, 生成对抗网络就可以扩展成条件模型. y 可以是任何类型的辅助信息, 比如类别标签或者其他数据等. 通过将 y 作为额外输入层导入到判别器和生成器来实现条件模型,

与原始生成对抗网络相似, 条件生成对抗网络的目标函数变为

$$\min_G \max_D V(D,G) = E_{x\sim p_{data}(x)}[\ln D(x|y)] + E_{z\sim p_z(z)}[\ln(1-D(G(z|y)))]. \tag{8.2.1}$$

在生成器中, 输入的噪声 z 和 y 在隐藏层中相结合; 在判别器中, x 和 y 共同作为判别网络的输入, 此时判别网络不仅要求判断图像, 还要求判断输入的图像 x 和条件变量 y 是否匹配.

以原始生成对抗网络为基础, 将其改造为条件生成对抗网络. 实验所用的真实数据集仍为 MNIST 手写数据集, 样本均为 28×28 的灰度图像. 图 8.2.2 为 CGAN 的基本网络结构简图, 其中生成网络的输入变为 100×1 的噪声 $\boldsymbol{z}$ 与 10×1 类别标签向量 $\boldsymbol{y}$ 的组合, 大小为 110×1. 生成网络中有 5 个全连接层, 最终输出 28×28 尺寸的图像. 判别网络中有 3 个全连接层, 输入的 28×28 的灰度图像经过展开排列变成 784×1 向量后, 再与生成网络中相同的类别标签向量 y 进行拼接组合, 得到了 794×1 的向量, 最终得到尺寸为 1×1 的图像判断结果. 每一个全连接层后都使用 ReLU 激活函数进行非线性激活. CGAN 的损失函数为式 (8.2.1), 并采用随机梯度下降法进行训练, 批量大小为 100, 初始学习率为 0.1, 共训练 200 个周期.

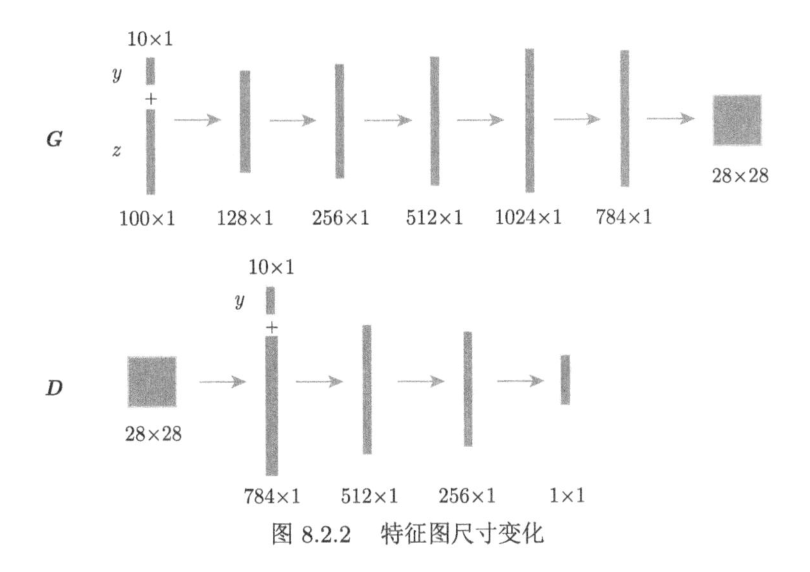

图 8.2.2 特征图尺寸变化

图 8.2.3 显示了一些由生成网络生成的手写数字图像, 共有 10 行, 标签从 0 到 9, 每行以一个标签为作为条件信息. 可以看到属于同一个标签的手写数字图像是非常相近的. 总的来说, 条件生成对抗网络的提出使得生成对抗网络可以利用

图像与对应的标签进行训练, 并在测试阶段利用给定标签来生成特定图像.

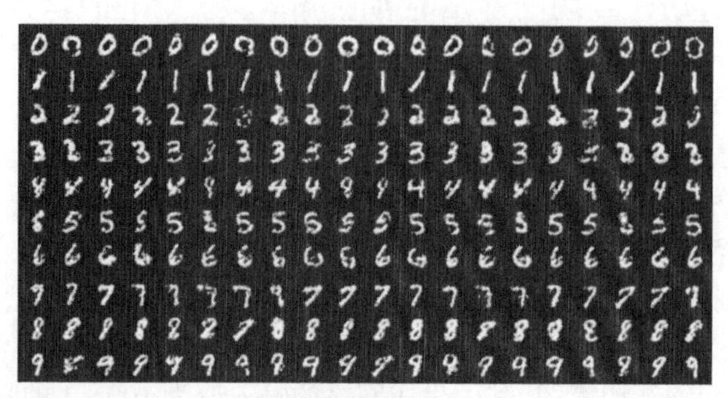

图 8.2.3

8.2.2 深度卷积生成对抗网络

原始生成对抗网络由全连接网络搭建而成, 而深度卷积生成对抗网络 (Deep Convolutional Generative Adversarial Networks, DCGAN) 尝试用卷积神经网络结构去扩展生成对抗网络, 成功地将原始 GAN 从多层感知机结构扩展到卷积神经网络, 为生成对抗网络的设计和实现提供了指导性的建议.

在 DCGAN 中, 网络的核心结构是全卷积网络. 在生成网络中, 使用反卷积层替换了全连接层, 允许网络获得尺寸更大的特征图, 在判别网络中, 使用卷积层可以获得更好的分类性能. 反卷积并不是卷积的逆向过程, 而是一种特殊的正向卷积. 反卷积事先按照一定的比例在特征图上增加空白填充来扩大特征图的尺寸, 再进行正向卷积. 下面用图来介绍两种与正向卷积对应的反卷积操作 (图 8.2.4).

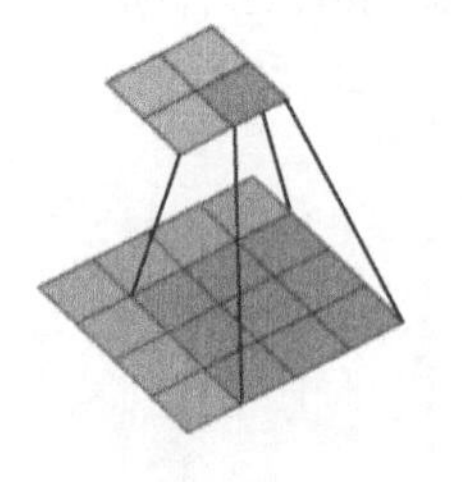

(a) 正向卷积

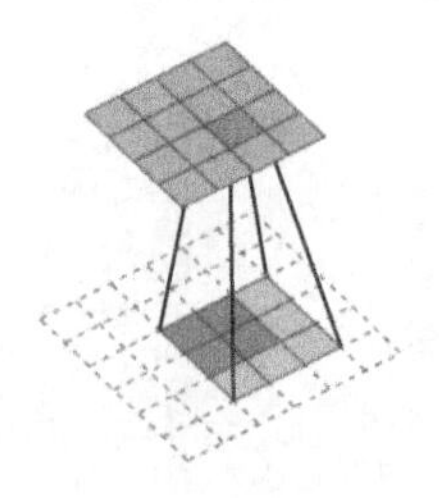

(b) 反卷积

图 8.2.4

(一) 如图 8.2.4(a) 的正向卷积操作所示, 设蓝色图像为输入特征图, 尺寸为 4×4, 绿色图像为输出特征图, 尺寸为 2×2. 那么可以观察到卷积核尺寸为 3×3, 卷积步长为 1, 外部空白填充为 0. 而反卷积操作如图 8.2.4(b) 所示, 蓝色图像为输入特征图, 尺寸为 2×2, 绿色图像为输出特征图, 尺寸为 4×4, 那么可从图中观察到卷积核尺寸也是 3×3, 卷积步长为 1, 而外部空白填充为 2.

这种正向卷积方式可以在无填充的情况下, 将 4×4 的图片输出为 2×2 的图片, 缩小了特征图的尺寸; 而以反卷积方式可以将 2×2 的图片输出为 4×4 的图片, 扩大了特征图的尺寸.

下面来介绍第二种卷积与反卷积操作.

(二) 如图 8.2.5(a) 的正向卷积操作所示, 蓝色图像为输入特征图, 尺寸为 5×5, 绿色为输出特征图, 尺寸为 3×3, 卷积核的尺寸为 3×3, 卷积步长为 2, 外部空白填充为 1. 反卷积操作如图 8.2.5(b) 所示, 蓝色图像为输入特征图, 尺寸为 3×3, 绿色图像为输出特征图, 尺寸为 5×5, 那么可从图中观察到卷积核尺寸也是 3×3, 卷积步长为 1, 蓝色图像在内部的各个相邻点之间插入了一行或一列的空白填充, 以及在外部空白填充为 1.

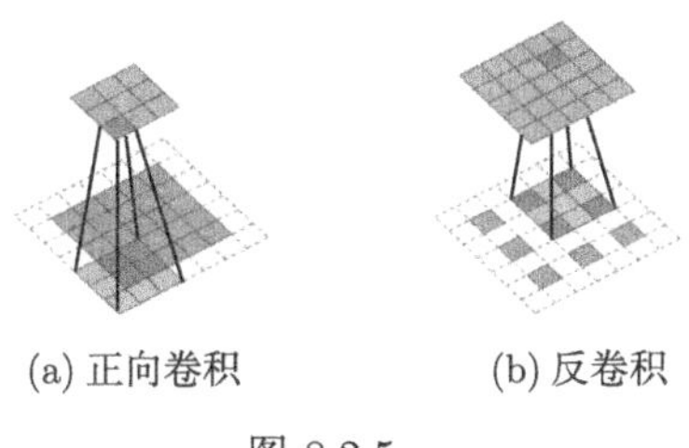

(a) 正向卷积　　(b) 反卷积

图 8.2.5

DCGAN 中的生成网络通过反卷积操作可以将随机噪声的尺寸变大, 以获得更大的特征图, 如图 8.2.6 所示. 尺寸为 100×1 的随机噪声 z 逐步通过反卷积变成 $64\times 64\times 3$ 的 RGB 彩色图像, 再输入到判别网络中进行判断. 判别网络为二分类的卷积神经网络.

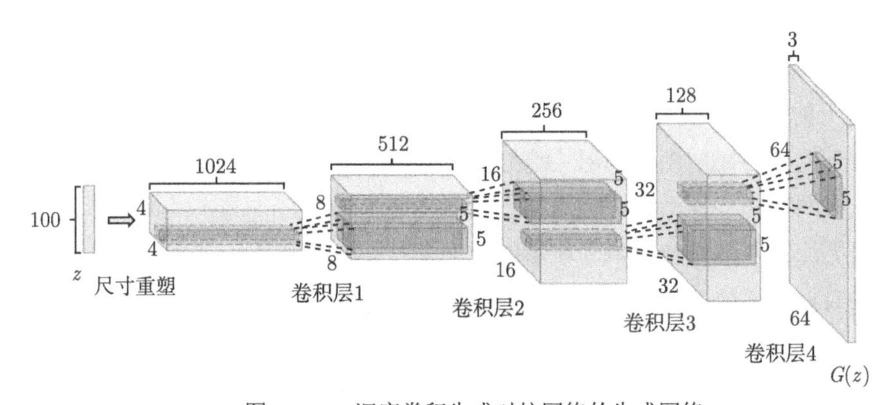

图 8.2.6　深度卷积生成对抗网络的生成网络

深度卷积生成对抗网络的训练方式与原始 GAN 一致. 正如算法 8.1.1 所示, DCGAN 的训练主要分为两步: 第一步, 保持生成器不变, 更新判别器 k 次, 以获得性能较好的判别能力; 第二步, 保持判别器不变, 更新生成器一次. 重复这两个步骤直到生成器与判别器达到纳什均衡, 即可获得能生成较高质量图像的生成器.

算例实验: 基于深度卷积生成对抗网络的人脸图像生成任务

我们给出 DCGAN 的算例实验, 以图 8.2.6 的生成网络进行实验测试. 实验所需的真实数据集为 LFW 人脸数据集, 根据实验的具体需求将真实图像样本裁剪为 64×64 的彩色图像. DCGAN 的损失函数为式 (8.1.1), 并使用 Adam 优化算法迭代 100 个周期, 学习率为 10^{-4}, 批量大小为 32. 网络参数和结构如表 8.2.1.

表 8.2.1 DCGAN 的生成器和判别器的网络结构

	网络层	卷积核尺寸	输出尺寸
生成器	反卷积层 +BN+ReLU	4×4	$4 \times 4 \times 1024$
	反卷积层 +BN+ReLU	4×4	$8 \times 8 \times 512$
	反卷积层 +BN+ReLU	4×4	$16 \times 16 \times 256$
	反卷积层 +BN+ReLU	4×4	$32 \times 32 \times 128$
	反卷积层 +Tanh	4×4	$64 \times 64 \times 3$
判别器	卷积层 +BN+LeakyReLU	4×4	$32 \times 32 \times 64$
	卷积层 +BN+LeakyReLU	4×4	$16 \times 16 \times 128$
	卷积层 +BN+LeakyReLU	4×4	$8 \times 8 \times 256$
	卷积层 +BN+LeakyReLU	4×4	$4 \times 4 \times 512$
	卷积层 +Sigmoid	4×4	$1 \times 1 \times 1$

图 8.2.7 显示了一些真实人脸图像和由 DCGAN 生成的人脸图像. 第一行到第四行是真实人脸图像, 第五行到第八行是生成的人脸图像. 可以看到 DCGAN 生成了许多丰富的人脸图像, 包括了不同性别、发型、发色、表情以及场景, 但是生成的图像中也存在许多模糊的部分. 相比较原始的生成对抗网络结构, DCGAN 做出了以下的改变:

- 所有的全连接层由卷积层 (判别网络) 和反卷积层 (生成网络) 代替;
- 生成网络和判别网络都使用批量规一化层 (BN 层);
- 用更深的网络结构代替了浅层的全连接网络;
- 生成器中使用 ReLU 激活函数, 判别器中使用 Leaky ReLU 激活函数.

总的来说, 深度卷积生成对抗网络的提出可以使得生成对抗网络由全卷积网络进行搭建, 为生成对抗网络结构提供了一种更为稳定的架构, 为后续研究多用途的生成对抗网络提供了指导性的方法.

图 8.2.7 真实人脸图像与生成的人脸图像

8.2.3 渐进式增长生成对抗网络

利用 CGAN 和 DCGAN 这些生成对抗网络结构生成 $32 \times 32, 64 \times 64$ 分辨率的图像相对比较容易, 但利用它们去生成 128×128 分辨率甚至更高分辨率的图像就会出现很多困难, 例如图像会出现大面积的模糊部分等. 渐进式增长生成对抗网络 (Progressive Growing Generative Adversarial Networks, PGGAN) 则可以生成高分辨率的图像. 在训练初期, PGGAN 利用小规模的网络模型学习生成低分辨率的图像, 随着训练的进行, 逐渐向生成器和判别器中添加网络层, 提高生成图像的分辨率, 最终达到生成高分辨率图像的目的.

PGGAN 的训练流程如图 8.2.8 所示, 初始的生成器从噪声分布中生成 4×4 尺寸的图像, 而初始判别器也是以 4×4 尺寸的生成图像和真实图像作为输入进行判断. 当初始的生成对抗网络训练完毕后, 分别在初始生成器和判别器的基础上加入新的网络层, 使得生成器可以生成 8×8 尺寸的图像, 判别器也能对 8×8 尺寸的图像进行判断. 随着训练的深入, 这种层级结构使得生成器和判别器在原有网络模型基础上逐渐加深网络深度, 实现生成高分辨率特征图.

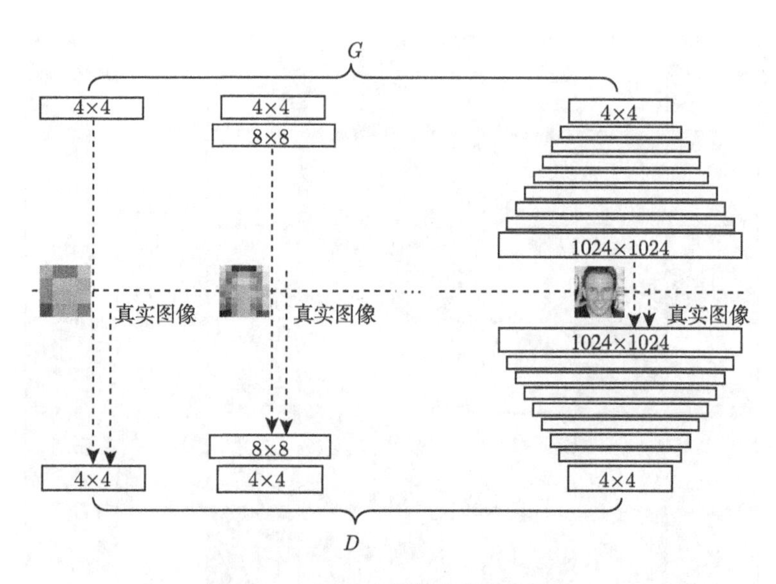

图 8.2.8　渐进式增长生成对抗网络

PGGAN 结构相较于传统生成对抗网络结构有两点优势: 一是提高了训练的稳定性, 从稳定地生成低分辨率图像逐步发展到稳定地生成高分辨率图像, 最终可以生成百万像素级 (1024×1024) 的图像; 二是大大加快了训练速度, 训练生成器直接生成高分辨的图像是困难且耗时的, 而 PGGAN 通过逐步学习生成不同尺寸的图像, 降低了训练难度, 从而提升了训练速度.

下面介绍 PGGAN 模型的生成器和判别器如何实现添加新的网络层. 图 8.2.9 演示了从 (a) 部分中的 16×16 尺寸的图像过渡到 (c) 部分中的 32×32 尺寸的图像. 图中 toRGB 表示将特征图投影到 RGB 空间, fromRGB 则是将 RGB 图像映射到网络的高维空间中, 二者都是使用 1×1 的卷积操作, 主要是通过更改通道数实现的. 图中 $2\times$ 是指使用最近邻滤波将图像分辨率加倍, $0.5\times$ 是指使用平均池化将图像分辨率减半. 在 (b) 部分的生成器中, 16×16 尺寸的特征图首先通过 $2\times$ 操作变成 32×32 尺寸的特征图, 然后进行两个操作: 一是直接通过 toRGB 操作变成 32×32 尺寸的图像; 二是通过一系列 32×32 的卷积操作后, 再由 toRGB 操作变成 32×32 尺寸的图像, 最后输出两部分的一个加权图. 在 (b) 部分的判别器中, 输入的图像会有两个操作: 一是通过 $0.5\times$ 操作把 32×32 尺寸的图像实现分辨率减半变成 16×16 尺寸的图像, 再由 fromRGB 操作变成特征图; 二是直接由 fromRGB 操作将图像变成特征图, 然后通过一系列 32×32 的卷积操作后再由 $0.5\times$ 操作实现特征图减半, 最后二者进行加权组合, 成为 16×16 尺寸的特征图进行下一步操作. 由 (a) 到 (b) 再到 (c) 部分, 最终达到生成高分辨率图像的目的.

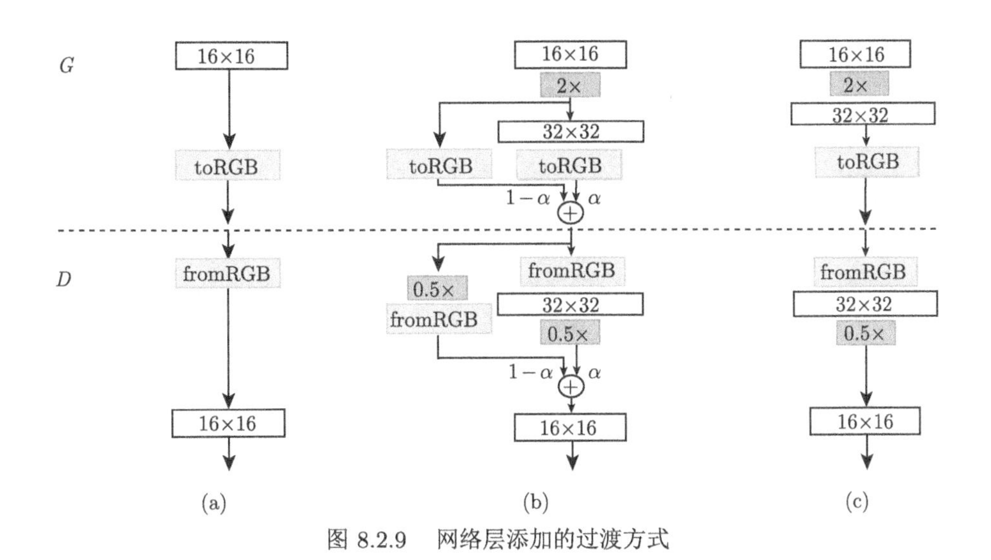

图 8.2.9 网络层添加的过渡方式

算例实验：基于渐进式增长生成对抗网络的人脸图像生成任务

我们给出渐进式增长生成对抗网络的算例实验, 并搭建可生成 128×128 分辨率图像的 PGGAN 模型用于实验测试. PGGAN 的训练过程共分为了六个阶段: 第一个阶段仅生成 4×4 分辨率图像; 第二个阶段, 在第一阶段的 PGGAN 模型中增加网络层, 使其生成 8×8 分辨率图像; 第三个阶段, 在第二阶段的 PGGAN 模型中增加网络层, 使其生成 16×16 分辨率图像; 依次直至第六个阶段生成 128×128 分辨率图像. PGGAN 网络参数和结构如表 8.2.2.

实验所用的数据集为 LFW 人脸数据集, 根据实验需求将真实图像样本裁剪为 4×4, 8×8, 16×16, 32×32, 64×64, 128×128 六种尺寸的彩色图像. PGGAN 使用 Adam 优化算法迭代 300 个周期, 学习率为 10^{-3}, 批量大小为 16. 生成器的损失函数为

$$L_G = \mathrm{MSE}(D(G(z)), label_T),$$

判别器的损失函数为

$$L_D = \mathrm{MSE}(D(X), label_T) + \mathrm{MSE}(D(G(z)), label_F),$$

其中 G 表示生成器, D 表示判别器, z 表示随机噪声, MSE 表示均方误差函数, X 表示真实图像, $label_T$ 表示真实数据的标签, $label_F$ 表示假数据的标签.

图 8.2.10 展示了 PGGAN 的训练过程中六个阶段生成的人脸图像. 可以看到随着训练的推进, PGGAN 从生成低分辨率 (4×4) 的人脸图像发展为生成高分辨率 (128×128) 的图像, 分辨率逐渐提高使得生成的图像内容越来越清晰, 这为后续研究生成高分辨率图像的生成对抗网络提供了指导性的方法.

表 8.2.2　PGGAN 的生成器和判别器的网络结构

生成器网络层	卷积核尺寸	输出尺寸	判别器网络层	卷积核尺寸	输出尺寸
卷积层 +Leaky ReLU	4×4	$4 \times 4 \times 512$	卷积层 +Leaky ReLU	1×1	$128 \times 128 \times 16$
卷积层 +Leaky ReLU	3×3	$4 \times 4 \times 512$	卷积层 +Leaky ReLU	3×3	$128 \times 128 \times 16$
2× 上采样	–	$8 \times 8 \times 512$	卷积层 +Leaky ReLU	3×3	$128 \times 128 \times 32$
卷积层 +Leaky ReLU	3×3	$8 \times 8 \times 256$	0.5× 下采样	–	$64 \times 64 \times 32$
卷积层 +Leaky ReLU	3×3	$8 \times 8 \times 256$	卷积层 +Leaky ReLU	3×3	$64 \times 64 \times 32$
2× 上采样	–	$16 \times 16 \times 256$	卷积层 +Leaky ReLU	3×3	$64 \times 64 \times 64$
卷积层 +Leaky ReLU	3×3	$16 \times 16 \times 128$	0.5× 下采样	–	$32 \times 32 \times 64$
卷积层 +Leaky ReLU	3×3	$16 \times 16 \times 128$	卷积层 +Leaky ReLU	3×3	$32 \times 32 \times 64$
2× 上采样	–	$32 \times 32 \times 128$	卷积层 +Leaky ReLU	3×3	$32 \times 32 \times 128$
卷积层 +Leaky ReLU	3×3	$32 \times 32 \times 64$	0.5× 下采样	–	$16 \times 16 \times 128$
卷积层 +Leaky ReLU	3×3	$32 \times 32 \times 64$	卷积层 +Leaky ReLU	3×3	$16 \times 16 \times 128$
2× 上采样	–	$64 \times 64 \times 64$	卷积层 +Leaky ReLU	3×3	$16 \times 16 \times 256$
卷积层 +Leaky ReLU	3×3	$64 \times 64 \times 32$	0.5× 下采样	–	$8 \times 8 \times 256$
卷积层 +Leaky ReLU	3×3	$64 \times 64 \times 32$	卷积层 +Leaky ReLU	3×3	$8 \times 8 \times 256$
2× 上采样	–	$128 \times 128 \times 32$	卷积层 +Leaky ReLU	3×3	$8 \times 8 \times 512$
卷积层 +Leaky ReLU	3×3	$128 \times 128 \times 16$	0.5× 下采样	–	$4 \times 4 \times 512$
卷积层 +Leaky ReLU	3×3	$128 \times 128 \times 16$	卷积层 +Leaky ReLU	3×3	$4 \times 4 \times 512$
卷积层	1×1	$128 \times 128 \times 3$	卷积层 +Leaky ReLU	4×4	$1 \times 1 \times 512$
			全连接层	–	$1 \times 1 \times 1$

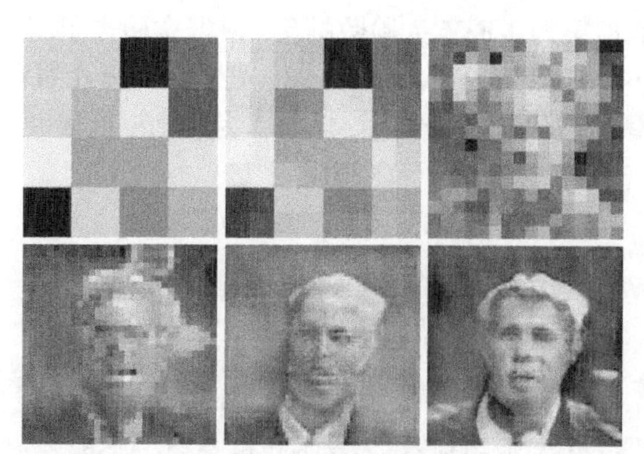

图 8.2.10　图像分辨率依次为 4×4, 8×8, 16×16, 32×32, 64×64, 128×128

8.2.4　对抗自编码器

生成对抗网络所需的噪声分布往往是预先设定的, 生成器从噪声分布中采集噪声向量生成以假乱真的图像, 再由判别器区分真实图像和生成的图像. 而对抗

自编码器 (Adversarial Autoencoders, AAE) 是利用预先设定的数据集生成编码向量, 再由判别器区分噪声向量和编码向量, 那么 AAE 就可以主动地去学习预先设定的噪声分布, 如图 8.2.11 所示. 对于判别器来说, 真实的向量由一个预设的随机概率分布生成噪声向量, 假的向量由自编码器中的编码器生成编码向量.

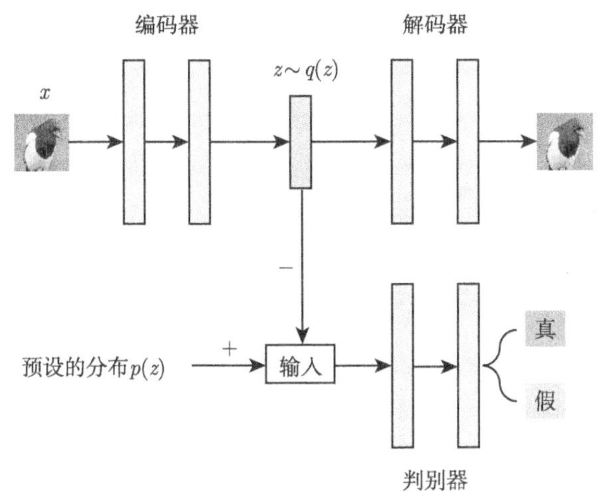

图 8.2.11 对抗自编码器

AAE 的网络结构分成两大部分: 自编码器 (上半部分) 和判别器 (下半部分). 训练过程分成两个阶段: 首先是自编码器阶段, x 表示自然图像数据, 将其输入到自编码器中, 由编码器对 x 编码, 生成一个编码向量 z, 这里假设编码向量 z 满足某个概率分布 $q(z)$, 然后解码器对编码向量 z 进行解码, 重新复原图片数据 x.

然后是判别器阶段, 从预设的随机概率分布 $p(z)$ 采样得到的噪声向量 z' 作为真实数据, 由自编码器得到的编码向量 z 作为假数据, 输入到判别器中进行训练. 判别器 D 通过训练, 判断输入的数据是真实数据 $(z' \sim p(z))$, 还是假数据 $(z \sim q(z))$. 通过判别器和编码器的对抗训练, 提高编码器的性能, 来混淆判别网络.

由于这里的 $p(z)$ 可以是任意预先设定的一个概率分布, 因此整个对抗学习过程中可以通过训练编码器让其生成的数据分布 $q(z)$ 逼近预设的 $p(z)$. 当模型训练完成后, 可以利用 $p(z)$ 产生的噪声向量, 由解码器生成训练数据集之外的新图像.

算例实验: 基于对抗自编码器的手写数字图像生成任务

我们给出对抗自编码器的算例实验, 实验中自编码器阶段所需要的数据集为 MNIST 手写数据集, 样本均为 28×28 的灰度图像. 判别器阶段所设定的随机概率分布为标准正态分布. AAE 的网络由全连接层搭建. 编码器首先将灰度训练图像变形为 784×1 的向量, 再将向量通过三层全连接层得到编码向量. 除了最后一层全连接层, 其余全连接层都使用 ReLU 激活函数进行非线性激活. 解码器和判别器的网络结构与编码器相同, 使用 Sigmoid 函数作为输出层. AAE 的网络结构详细参数如表 8.2.3 所示.

表 8.2.3　AAE 的编码器、解码器和判别器的网络结构

	网络层	网络参数
编码器	全连接层 +ReLU	$784\times1\to1000\times1$
	全连接层 +ReLU	$1000\times1\to1000\times1$
	全连接层	$1000\times1\to120\times1$
解码器	全连接层 +ReLU	$120\times1\to1000\times1$
	全连接层 +ReLU	$1000\times1\to1000\times1$
	全连接层 +Sigmoid	$1000\times1\to784\times1$
判别器	全连接层 +ReLU	$120\times1\to500\times1$
	全连接层 +ReLU	$500\times1\to500\times1$
	全连接层 +Sigmoid	$500\times1\to1\times1$

自编码器部分的损失函数为

$$L_A=\mathrm{MSE}(X,E(D(X))),$$

判别器的损失函数为

$$L_D=\mathrm{MSE}(D(X),label_F)+\mathrm{MSE}(z',label_T),$$

其中 MSE 为均方误差函数, X 为输入图像, E 为编码器, D 为解码器, z' 为真实数据, $label_T$ 表示真实数据的标签, $label_F$ 表示假数据的标签.

图 8.2.12

AAE 使用 Adam 优化算法迭代 200 个周期, 学习率为 10^{-4}, 批量大小为 100. 图 8.2.12 显示了一些由对抗自编码器生成的手写数字图像. 利用编码器可以将从标准正态分布采样的随机向量生成为手写数字, 但存在个别数字图像模糊且难以辨别的现象. 总的来说, 对抗自编码器为生成对抗网络结构提供了一种新思路, 可利用预先设定的分布来生成更多的图像.

■ 8.3 生成对抗网络的训练问题

8.3.1 生成对抗网络存在的问题

原始 GAN 中判别器需要将真实样本判断为真, 将生成的假样本判断为假, 因此要最小化如下损失函数:

$$-E_{x\sim p_{data}}[\ln D(x)] - E_{x\sim p_g}[\ln(1-D(x))], \tag{8.3.1}$$

其中 p_{data} 是真实样本分布, p_g 是生成样本分布. 原始 GAN 生成器有两种损失函数, 分别是

$$E_{x\sim p_g}[\ln(1-D(x))], \tag{8.3.2}$$

$$E_{x\sim p_g}[-\ln D(x)]. \tag{8.3.3}$$

这两种损失函数分别存在不同的问题, 下面分别说明.

第一种损失函数式 (8.3.2) 的问题: 首先从式 (8.3.1) 可以得到, 在生成器 G 固定时, 最优判别器为

$$D^*(x) = \frac{p_{data}(x)}{p_{data}(x)+p_g(x)}. \tag{8.3.4}$$

如果 $p_{data}(x)=0$, $p_g(x)\neq 0$, 说明样本不是真实数据, 则最优判别器应该给出 0; 如果 $p_{data}(x)\neq 0$, $p_g(x)=0$, 说明样本是真实数据, 则最优判别器应该给出 1; 如果 $p_{data}(x)=p_g(x)$, 说明该样本的真假性难以判断, 此时最优判别器应该给出 $\frac{1}{2}$. 然而, 在训练时需要避免将判别器训练得过于优异, 否则生成器将无法学习, 下面给出分析.

当判别器为最优时, 给生成器的损失函数式 (8.3.2) 增加一个不依赖于生成器的项, 得到

$$E_{x\sim p_{data}}[\ln D(x)] + E_{x\sim p_g}[\ln(1-D(x))]. \tag{8.3.5}$$

注意到, 最小化式 (8.3.5) 等价于最小化式 (8.3.2). 将最优判别器式 (8.3.4) 代入式 (8.3.5), 再进行变换可以得到

$$E_{x\sim p_{data}}\left[\ln\frac{p_{data}(x)}{\frac{1}{2}(p_{data}(x)+p_g(x))}\right]+E_{x\sim p_g}\left[\ln\frac{p_g(x)}{\frac{1}{2}(p_{data}(x)+p_g(x))}\right]-2\ln 2. \tag{8.3.6}$$

得到等式 (8.3.6) 的目的是为了引入 KL 散度和 JS 散度这两个相似度衡量指标, 于是式 (8.3.6) 就可以继续写成

$$KL\left(p_{data}(x)\|\frac{p_{data}(x)+p_g(x)}{2}\right)+KL\left(p_g(x)\|\frac{p_{data}(x)+p_g(x)}{2}\right)-2\ln 2,$$

进一步有

$$2JS(p_{data}(x)\|p_g(x))-2\ln 2. \tag{8.3.7}$$

在最优判别器的条件下, 原始 GAN 生成器的第一种损失函数等价变换为 p_{data} 与 p_g 之间的 JS 散度. 但是回顾定义 (8.1.1) 和定义 (8.1.2) 的讨论, 当 p_{data} 与 p_g 两个分布完全没有重叠的部分, 或者重叠部分可忽略, 则 JS 散度值为常数 $\ln 2$. 显然, p_{data} 与 p_g 两个分布在训练初期没有重叠的部分, 那么式 (8.3.7) 结果为 0, 无法用梯度下降方法对网络进行训练. 此时在最优判别器的情况下, 生成器无法学习.

于是得到第一种损失函数问题的结论: 在最优判别器下, 如果 p_{data} 和 p_g 两个分布完全没有重叠的部分, 容易导致生成器无法获得有效梯度.

下面来看第二种损失函数式 (8.3.3) 的问题: 在最优判别器的情况下, 由式 (8.3.5) 和式 (8.3.7) 知道

$$E_{x\sim p_{data}}[\ln D^*(x)]+E_{x\sim p_g}[\ln(1-D^*(x))]=2JS(p_{data}\|p_g)-2\ln 2. \tag{8.3.8}$$

再将 $KL(p_g\|p_{data})$ 转化为含有 $D^*(x)$ 的式子, 可得

$$\begin{aligned}KL(p_g\|p_{data})&=E_{x\sim p_g(x)}\left[\ln\frac{p_g(x)}{p_{data}(x)}\right]\\&=E_{x\sim p_g}\left[\ln\frac{p_g(x)/p_g(x)+p_{data}(x)}{p_{data}(x)/p_g(x)+p_{data}(x)}\right]\\&=E_{x\sim p_g}\left[\ln\frac{1-D^*(x)}{D^*(x)}\right]\\&=E_{x\sim p_g}[\ln(1-D^*(x))]-E_{x\sim p_g}[\ln D^*(x)],\end{aligned} \tag{8.3.9}$$

结合式 (8.3.8), (8.3.9), 可以对第二种损失函数做出如下变形:

$$\begin{aligned}E_{x\sim p_g}[-\ln D^*(x)] &= KL(p_g\|p_{data}) - E_{x\sim p_g}[\ln(1-D^*(x))]\\ &= KL(p_g\|p_{data}) - 2JS(p_{data}\|p_g) + 2\ln 2 + E_{x\sim p_{data}}[\ln D^*(x)],\end{aligned}$$

其中, $(2\ln 2 + E_{x\sim p_{data}}[\ln D^*(x)])$ 项不依赖于生成器, 所以可以忽略. 这样得到了第二种损失函数的等价函数:

$$KL(p_g\|p_{data}) - 2JS(p_{data}\|p_g). \tag{8.3.10}$$

但是, 最小化式 (8.3.10) 存在两个问题. 第一, 需要最小化 p_g 与 p_{data} 的 KL 散度, 却又要最大化两者的 JS 散度, 矛盾. 第二, KL 散度自身存在问题. 以 $KL(p_g\|p_{data})$ 为例:

(1) 当 $p_{data}(x)\to 1$ 且 $p_g(x)\to 0$ 时,

$$p_g \ln\frac{p_g}{p_{data}} \to 0, \quad KL(p_g\|p_{data})\to 0; \tag{8.3.11}$$

(2) 当 $p_g(x)\to 1$ 且 $p_{data}(x)\to 0$ 时,

$$p_g \ln\frac{p_g}{p_{data}} \to \infty, \quad KL(p_g\|p_{data})\to \infty. \tag{8.3.12}$$

换言之, 上述两种情况的 $KL(p_g\|p_{data})$ 值是不同的, 因此生成器获得的有效梯度也是不同的. 第一种情况下, 生成器仅获得非常小的有效梯度, 导致更新缓慢, 使得生成器持续生成重复单一的样本, 而不会生成新颖的样本; 第二种情况下, 生成器会获得较大的有效梯度, 更新迅速, 但难以收敛.

总结而来, 在原始生成对抗网络的最优判别器设定下, 采用第一种损失函数会造成梯度消失的问题; 采用第二种损失函数会导致生成样本单一的问题, 或者生成器难以收敛.

8.3.2 稳定训练的策略

接下来介绍训练生成对抗网络的一些技巧策略, 这些技巧策略大多是广大研究人员在大量实验中得到的经验, 可以使生成对抗网络的训练更加稳定.

(1) 输入规范化. 将输入图片的值规范化为 $[-1,1]$, 并用 Tanh 函数作为生成器输出层.

(2) 从高斯分布中采样随机噪声 z.

(3) 构建真实数据小批量和生成数据小批量用于判别器训练, 即每个小批量训练样本只需包含真实数据或生成数据.

(4) 避免使用 ReLU 函数. 在生成器或判别器中使用 Leaky ReLU 函数是更优的选择.

(5) 使用平滑标签. 假设有目标标签有两个结果: 真实数据的标签为 1, 假数据的标签为 0, 可用 0.7 到 1.0 之间的随机数替换真实数据的标签, 用 0 到 0.3 之间的随机数替换假数据的标签.

(6) 网络框架的选择. 卷积框架的生成对抗网络比全连接层框架的生成对抗网络更优.

(7) 经验重放. 设置一个重放缓冲区用于暂存生成的数据, 在后续训练中随机使用这些数据再次进行迭代.

(8) Adam 算法. 判别器使用随机梯度下降算法, 生成器使用 Adam 算法.

(9) 尽早跟踪故障. 观察到判别器的损失值变为 0 时, 意味着实验可能失败了, 应终止实验并寻找算法漏洞.

(10) 为判别器的输入添加一些噪声, 为生成器的每一层添加高斯噪声, 提高生成对抗网络的泛化能力, 或是在判别器中增加 Dropout 层以此来提高网络泛化能力.

算例实验: 利用稳定训练的策略进行手写数字图像生成任务

下面利用算例实验对部分技巧策略和窍门进行分析和对比. 以卷积框架的生成对抗网络作为算例实验的基础模型, 如图 8.3.1 所示. 其中生成器包含了一个全连接层、两个上采样层、三个卷积层, 除最后一个卷积层以外, 其余卷积层后都使用了 Leaky ReLU 激活函数进行非线性激活, 以及使用 BN 层对信号进行归一化处理, 生成器的输出层为 Tanh 函数, 用于限定输出结果的值. 判别器包含了四个卷积层和一个全连接层, 每一个卷积层后都使用了 Leaky ReLU 激活函数, Dropout 层和 BN 层, 判别器的输出层为 Sigmoid 函数. 实验网络结构详细参数如表 8.3.1 所示.

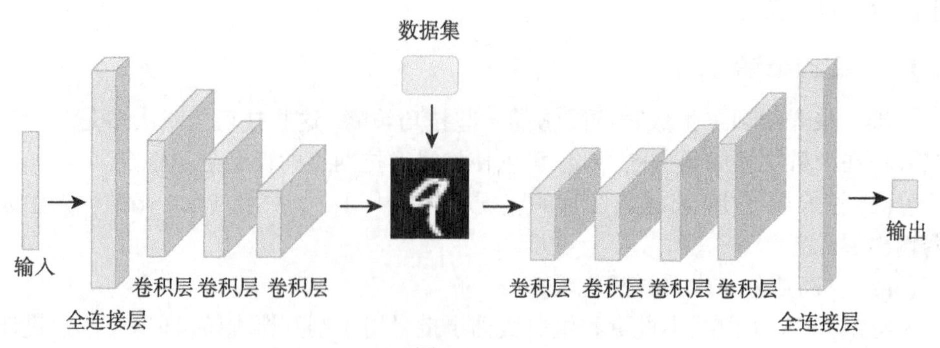

图 8.3.1

表 8.3.1 生成器和判别器的网络结构

	网络层	卷积核尺寸	输出尺寸
生成器	全连接层 +BN	–	8192×1
	上采样层	–	$16 \times 16 \times 128$
	卷积层 +BN+Leaky ReLU	3×3	$16 \times 16 \times 128$
	上采样层	–	$32 \times 32 \times 128$
	卷积层 +BN+Leaky ReLU	3×3	$32 \times 32 \times 64$
	卷积层 +Tanh	3×3	$32 \times 32 \times 1$
判别器	卷积层 +BN+Leaky ReLU+dropout	3×3	$32 \times 32 \times 16$
	卷积层 +BN+Leaky ReLU+dropout	3×3	$32 \times 32 \times 32$
	卷积层 +BN+Leaky ReLU+dropout	3×3	$32 \times 32 \times 64$
	卷积层 +BN+Leaky ReLU+dropout	3×3	$32 \times 32 \times 128$
	全连接层 +Sigmoid	–	1×1

实验所用数据集为 MNIST 手写数据集, 输入噪声采样来自标准正态分布, 使用 Adam 算法对生成器和判别器进行训练, 其中超参数 $\beta_1 = 0.5, \beta_2 = 0.999$, 批量大小为 64, 学习率为 2×10^{-4}, 共训练 100 个周期.

策略 (1) 分析输入规范化对生成对抗网络的影响. 保证网络模型和其他设置一致的情况下, 我们不对实验组的输入样本进行任何操作, 并将生成器的输出层替换成 Sigmoid 函数进行测试. 实验结果如图 8.3.2 所示, 可以看到由对照组生成的手写数字图像基本可以被识别出图像内容, 而实验组生成的图像不易识别出图像内容, 尤其是第三行第二个图像和第四行第五个图像.

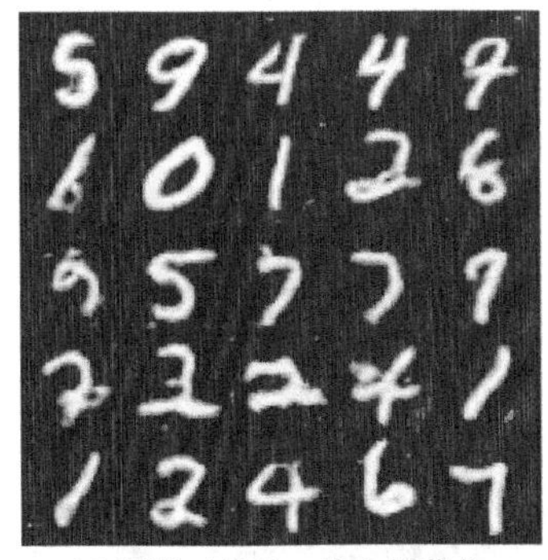
(a) 原始对照组：输入规范化

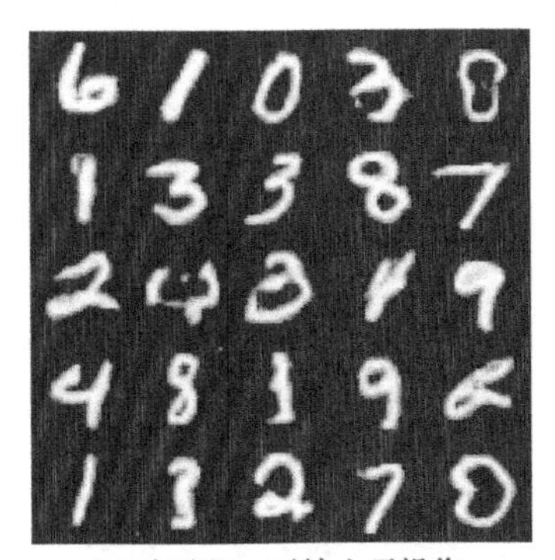
(b) 实验组：对输入无操作

图 8.3.2 策略 (1) 的实验结果

策略 (2) 分析从高斯分布中采样随机噪声与从均匀分布中采样随机噪声对生成对抗网络的影响. 保证网络模型和其他设置一致的情况下, 我们从 $[-1, 1]$ 的均匀分布中采样随机噪声作为实验组模型的输入, 并进行测试. 实验结果如图 8.3.3 所示, 可以看到由对照组生成的手写数字图像基本可以被识别出图像内容,而个别由实验组生成的手写数字图像难以识别, 例如第一行第四个数字. 此外, 实验组生成的手写数字图像还存在一些白点, 而对照组没有这种情况.

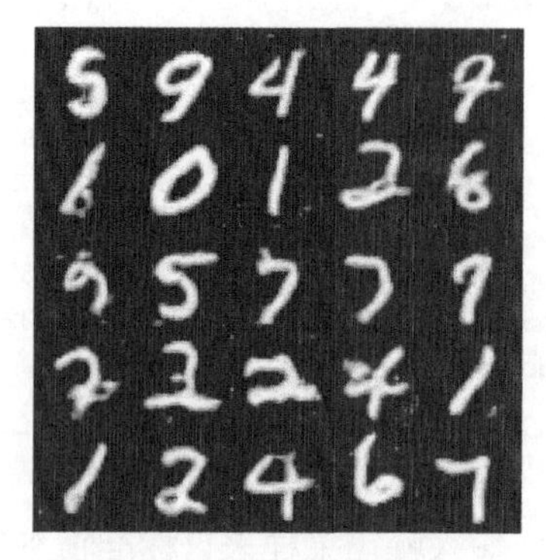
(a) 原始对照组：高斯分布

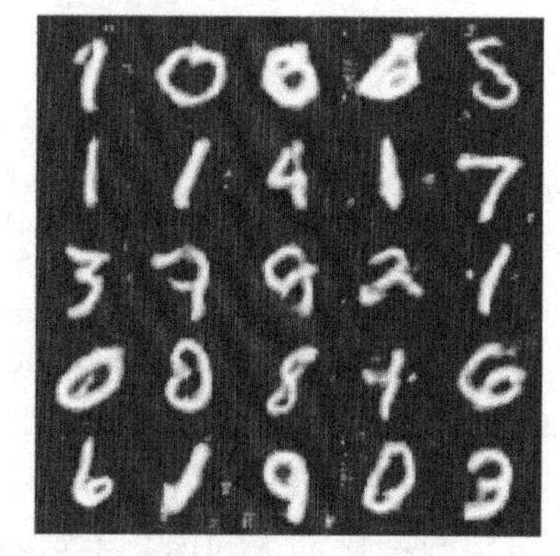
(b) 实验组：均匀分布

图 8.3.3　策略 (2) 的实验结果

策略 (3)　不做算例实验展示.

策略 (4)　分析 ReLU 激活函数对生成对抗网络的影响. 保证网络模型和其他设置一致的情况下, 我们将实验组模型中的 Leaky ReLU 函数替换成 ReLU 函数进行测试. 实验结果如图 8.3.4 所示, 可以看到由对照组生成的手写数字图像基本可以被识别出图像内容, 而一些由实验组生成的手写数字图像并不容易识别, 例如第一行第一个数字, 第三行第四个数字, 第四行第一个数字等. 使用 ReLU 函数可能会使网络中的一些神经元变成静默神经元, 因此生成对抗网络的稳定性会受到影响.

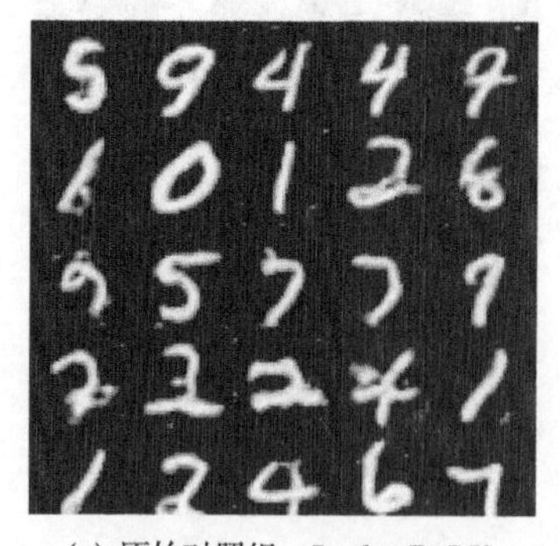
(a) 原始对照组：Leaky ReLU

(b) 实验组：ReLU

图 8.3.4　策略 (4) 的实验结果

策略 (5)　分析软标签对生成对抗网络的影响. 保证网络模型和其他设置一致的情况下, 由 $[0, 0.3]$ 均分分布中采样的随机数作为实验组的假数据标签, 由

$[0.7, 1.0]$ 均分分布中采样的随机数作为实验组的真实数据标签, 并进行测试. 实验结果如图 8.3.5 所示, 可以看到由实验组生成的手写数字图像质量要比对照组生成的手写数字图像更加清晰, 并且生成的图像内容也能清晰地识别.

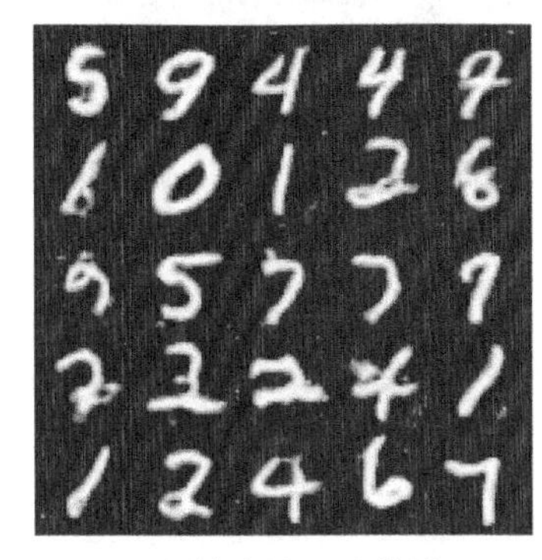

(a) 原始对照组：原标签

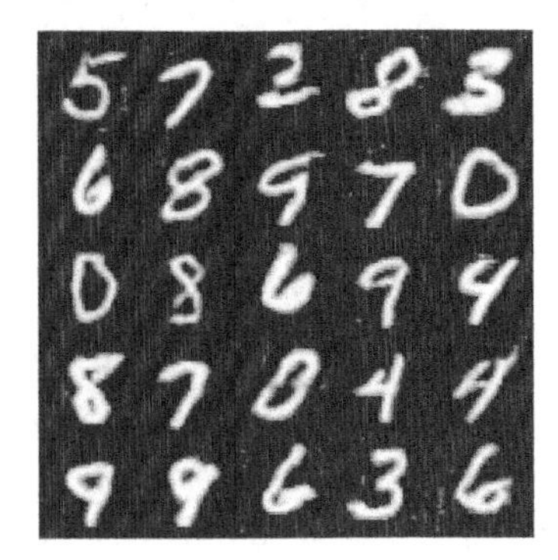

(b) 实验组：软标签

图 8.3.5 策略 (5) 的实验结果

策略 (6) 分析网络框架的选择对生成对抗网络的影响. 保证数据集, 优化算法, 超参数设置一致的情况下, 我们将实验组模型的网络层全部替换成全连接层进行测试, 实验组模型的网络结构与参数如表 8.3.2 所示, 其中生成器中的 Reshape 表示将 1024×1 的输出改变成尺寸为 $32 \times 32 \times 1$ 的输出.

表 8.3.2 实验组模型的生成器和判别器的网络结构

	网络层	网络参数
生成器	全连接层 +BN+Leaky ReLU	$100 \times 1 \rightarrow 128 \times 1$
	全连接层 +BN+Leaky ReLU	$128 \times 1 \rightarrow 256 \times 1$
	全连接层 +BN+Leaky ReLU	$256 \times 1 \rightarrow 512 \times 1$
	全连接层 +BN+Leaky ReLU	$512 \times 1 \rightarrow 1024 \times 1$
	全连接层 +Reshape+Tanh	$1024 \times 1 \rightarrow 32 \times 32 \times 1$
判别器	全连接层 +Leaky ReLU	$1024 \times 1 \rightarrow 512 \times 1$
	全连接层 +Leaky ReLU	$512 \times 1 \rightarrow 256 \times 1$
	全连接层 +Sigmoid	$256 \times 1 \rightarrow 1 \times 1$

实验结果如图 8.3.6 所示, 可以看到由对照组生成的手写数字图像基本可以被识别出图像内容, 而由实验组生成的手写数字图像并不是很理想. 例如实验组生成的图像存在种类单一的问题, 以生成数字 “1” 的图像较多; 此外实验组生成的图像存在许多模糊不清的部分, 较难辨认. 因此在实际实验中, 尽可能地使用卷积框架而不是全连接框架.

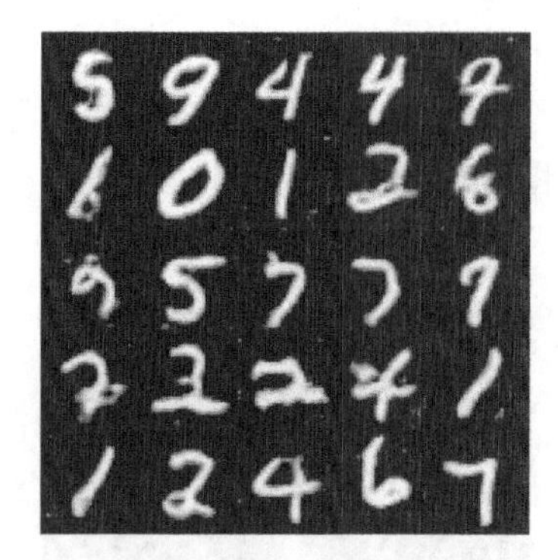
(a) 原始对照组：卷积框架

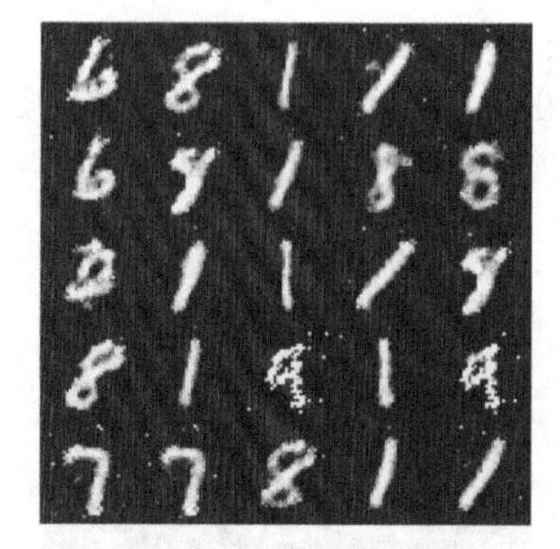
(b) 实验组：全连接层框架

图 8.3.6　策略 (6) 的实验结果

策略 (7)　不做算例实验展示.

策略 (8)　分析优化算法对生成对抗网络的影响. 保证网络模型和其他设置一致的情况下, 我们用随机梯度下降算法对实验组中的判别器进行训练, 用 Adam 算法对实验组中的生成器进行训练. 实验结果如图 8.3.7 所示, 可以看到对照组和实验组生成的手写数字图像基本可以被识别出图像内容, 但仔细观察可以发现实验组生成的数字图像更加简约, 没有弯曲复杂的笔画.

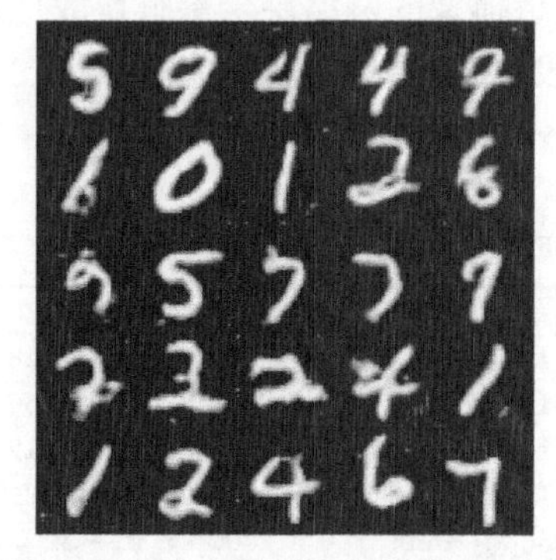
(a) 原始对照组: 生成器和判别器均由Adam训练

(b) 实验组:生成器由Adam训练, 判别器由随机梯度下降算法训练

图 8.3.7　策略 (8) 的实验结果

策略 (9)　不做算例实验展示.

策略 (10)　分析 Dropout 层对生成对抗网络的影响. 保证网络模型和其他设置一致的情况下, 我们将实验组模型中判别器的 Dropout 层全部移除, 并进行实验测试. 实验结果如图 8.3.8 所示, 可以看到对照组生成的手写数字图像基本可以被识别出图像内容, 而实验组生成的部分手写数字图像无法准确辨认. 例如第二行第一个图像, 第四行第四、五个图像, 以及第五行第二个图像等.

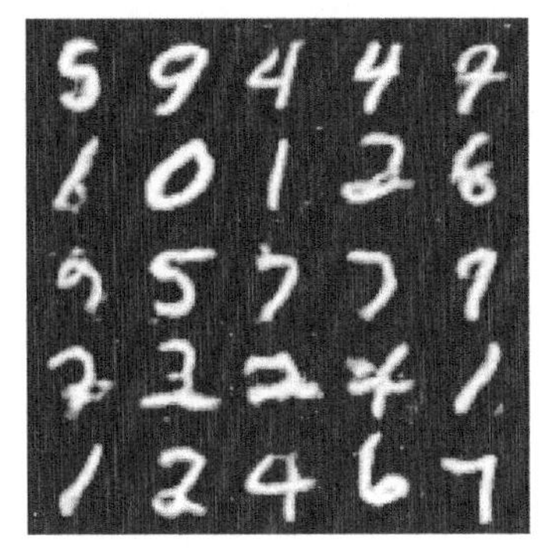

(a) 原始对照组：有Dropout层

(b) 实验组：无Dropout层

图 8.3.8 策略 (10) 的实验结果

■ 8.4 基于 Wasserstein 距离的生成对抗网络

前文讨论的两种生成器损失函数都可能导致生成对抗网络的出现训练问题，本节介绍 Wasserstein 距离是如何避免生成器出现的问题，以及介绍基于 Wasserstein 距离的生成对抗网络.

8.4.1 Wasserstein 距离

Wasserstein 距离又称为 Earth-Mover(EM) 距离，定义如下：

$$W(P,Q)=\inf_{\gamma\sim\Pi(P,Q)}E_{(x,y)\sim\gamma}[\|x-y\|], \tag{8.4.1}$$

其中 P 和 Q 是两个分布，$\Pi(P,Q)$ 是 P 和 Q 组合的所有联合分布函数 γ 的集合. 对于每一个联合分布函数 γ 而言，可以从 $(x,y)\sim\gamma$ 中采样得到一个真实样本 x 和一个生成的样本 y，并能计算这对样本的距离 $\|x-y\|$. $E_{(x,y)\sim\gamma}[\|x-y\|]$ 表示样本距离在联合分布函数 γ 下的期望. 最后将所有求得的期望取下确界，将该下确界定义为 Wasserstein 距离.

从直观上理解，将 $\|x-y\|$ 理解为两个样本 x 和 y 之间的距离，将 $E_{(x,y)\sim\gamma}[\|x-y\|]$ 理解为在联合分布函数 γ 的情况下，两个分布 P 和 Q 之间的距离，而 $W(P,Q)$ 理解为在所有情况下，两个分布 P 和 Q 之间的最小距离. 因此，Wasserstein 距离可以合理地反映两个分布之间的距离，这是 KL 散度和 JS 散度无法做到的事情. 下面给出例子介绍，考虑如下二维空间中的两个分布 P 和 Q，P 是线段 AB 上的均匀分布，Q 是线段 CD 上的均匀分布，通过控制参数 θ 控制着两个分布的距离，如图 8.4.1 所示.

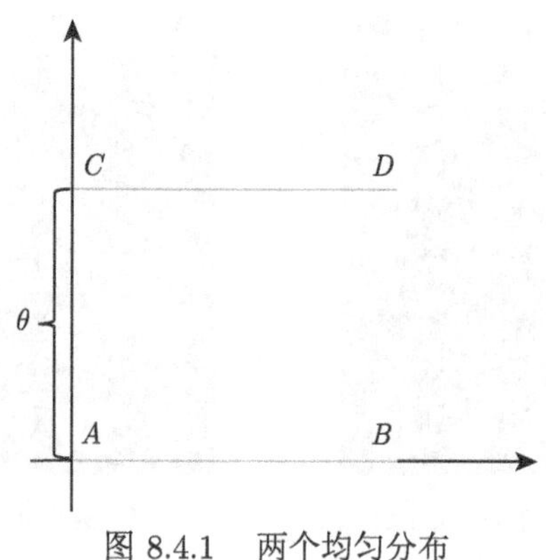

图 8.4.1　两个均匀分布

下面来计算一下这两个分布之间的各种距离. 根据 Wasserstein 距离的定义容易得到

$$W(P,Q) = |\theta|.$$

因为两个分布 P 和 Q 是不重叠的, 所以由定义 8.1.1 和定义 8.1.2 关于 KL 散度和 JS 散度的讨论分析得到

$$JS(P,Q) = \begin{cases} \ln 2, & \theta \neq 0, \\ 0, & \theta = 0; \end{cases}$$

$$KL(P,Q) = \begin{cases} +\infty, & \theta \neq 0, \\ 0, & \theta = 0. \end{cases}$$

看到由 KL 散度和 JS 散度表示的两个分布之间的距离, 知道 KL 散度和 JS 散度是会突变的度量, 相比之下, Wasserstein 距离是平滑的. 如果用基于梯度下降的优化算法来训练参数 θ, 那么 KL 散度和 JS 散度就无法为模型提供有效的梯度, 而 Wasserstein 距离可以提供有效梯度. 类似地, 在生成对抗网络这种高维空间中, 如果生成分布和真实数据分布不重叠, KL 散度和 JS 散度既反映不了两个分布之间的距离, 也无法提供有效的梯度, 但是 Wasserstein 距离就能有效地克服这样的问题.

8.4.2　基于 Wasserstein 距离的 WGAN

首先介绍 Lipschitz 连续: 在一个连续函数 f 上额外施加一个限制, 要求存在一个常数 $K > 0$ 使得定义域内的任意两个元素 x_1 和 x_2 都满足

$$|f(x_1) - f(x_2)| \leqslant K\,|x_1 - x_2|\,.$$

此时称函数 f 的 Lipschitz 常数为 K. 因此, Lipschitz 连续的要求就是函数 f 在

其定义域上的导函数的绝对值不超过 K.

在 Wasserstein 距离的定义式 (8.4.1) 中的 $\inf\limits_{\gamma\sim\Pi(P,Q)}$ 没有直接求解的办法, 无法直接将其定义为损失函数, 因此需要将式 (8.4.1) 等效变化为以下的形式:

$$W(P,Q)=\frac{1}{K}\sup_{\|f\|_L\leqslant K}\left(E_{x\sim P}[f(x)]-E_{x\sim Q}[f(x)]\right), \tag{8.4.2}$$

$\|f\|_L \leqslant K$ 表示所有满足 Lipschitz 常数不超过 K 的函数 f, 式 (8.4.2) 中取 $(E_{x\sim P}[f(x)]-E_{x\sim Q}[f(x)])$ 的上确界, 然后再除以 K. 特别地, 可以用一组参数 w 来定义满足这个条件的函数 $f_w(x)$, 此时求解公式 (8.4.2) 可以近似变成求解如下形式:

$$K\cdot W(P,Q)\approx \max_{w:|f_w|_L\leqslant K}\left(E_{x\sim P}[f_w(x)]-E_{x\sim Q}[f_w(x)]\right), \tag{8.4.3}$$

那么参数化的函数 $f_w(x)$ 就可以由神经网络来表示. 注意到式 (8.4.3) 中 $|f_w|_L \leqslant K$ 这个限制. 目的是为了将梯度的模限定在一个范围内.

到此为止, 可以在生成对抗网络中构造 w 的判别器网络 $f_w(x)$, 使得

$$L=E_{x\sim p_{data}}[f_w(x)]-E_{x\sim p_g}[f_w(x)] \tag{8.4.4}$$

尽可能取到最大值, 此时 L 就是真实分布 p_g 与生成分布 p_{data} 之间的 Wasserstein 距离 (忽略常数 K). 因此可以得到生成器和判别器的两个损失函数. 生成器所需要做的就是最小化 L, 即最小化近似的 Wasserstein 距离, 考虑到 L 中的第一项 $E_{x\sim p_{data}}[f_w(x)]$ 与生成器无关, 于是就得到了 WGAN 中生成器的损失函数:

$$-E_{x\sim p_g}[f_w(x)], \tag{8.4.5}$$

以及判别器的损失函数:

$$E_{x\sim p_g}[f_w(x)]-E_{x\sim p_{data}}[f_w(x)]. \tag{8.4.6}$$

式 (8.4.6) 其实是带负号的式 (8.4.4), 可以用来指示训练进程, 其数值越小, 表示真实分布与生成分布的 Wasserstein 距离越小, 即 GAN 的生成器训练得越好.

算例实验: 基于 WGAN 的人脸图像生成任务

我们进行基于 Wasserstein 距离的生成对抗网络的算例实验分析, 并搭建了基于卷积框架的 WGAN 用于实验测试, 如图 8.4.2 所示. 网络模型中的生成器包含了五个反卷积层, 除最后一个反卷积层以外, 其余卷积层后都增加了 Leaky ReLU 激活函数和 BN 层, 生成器的输出层为 Tanh 函数. 判别器包含了五个卷积

层, 每一个卷积层后都增加了 Leaky ReLU 激活函数和 BN 层. 注意原始 GAN 的判别器的目标是执行二分类任务, 所以输出层是 Sigmoid 函数, 而 WGAN 中的判别器并不是执行二分类任务, 所以不需要 Sigmoid 函数. 实验网络结构详细参数如表 8.4.1 所示.

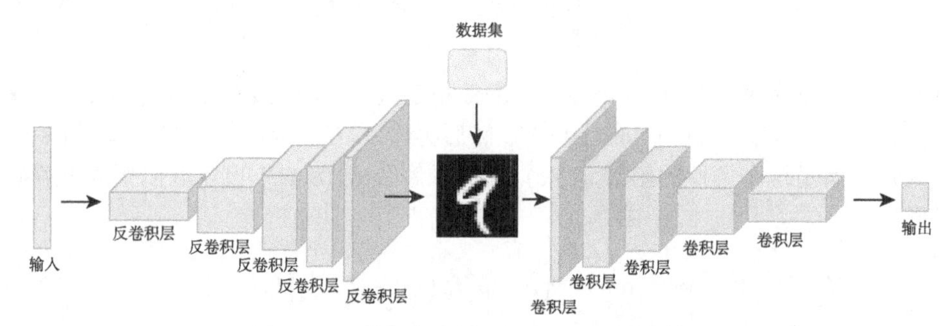

图 8.4.2 基于卷积框架的生成对抗网络模型

表 8.4.1 WGAN 的生成器和判别器的网络结构

	网络层	卷积核尺寸	输出尺寸
生成器	反卷积层 +BN 层 +Leaky ReLU	4×4	$4 \times 4 \times 512$
	反卷积层 +BN 层 +Leaky ReLU	4×4	$8 \times 8 \times 256$
	反卷积层 +BN 层 +Leaky ReLU	4×4	$16 \times 16 \times 128$
	反卷积层 +BN 层 +Leaky ReLU	4×4	$32 \times 32 \times 64$
	反卷积层 +Tanh	4×4	$64 \times 64 \times 3$
判别器	卷积层 +BN 层 +LeakyReLU	4×4	$32 \times 32 \times 64$
	卷积层 +BN 层 +LeakyReLU	4×4	$16 \times 16 \times 128$
	卷积层 +BN 层 +LeakyReLU	4×4	$8 \times 8 \times 256$
	卷积层 +BN 层 +LeakyReLU	4×4	$4 \times 4 \times 512$
	卷积层	4×4	$1 \times 1 \times 1$

实验所用数据集为 CelebFaces Attribute(CelebA) 人脸属性数据集, 根据实验需求将 CelebA 数据集的图像样本裁剪为 64×64 尺寸的彩色图像, 网络模型使用 RMSprop 优化算法训练 200 个周期, 学习率为 5×10^{-5}, 批量大小为 64. 生成器的损失函数为式 (8.4.5), 判别器的损失函数为式 (8.4.6), 并设定当判别器迭代五次后, 生成器迭代一次.

图 8.4.3 展示了在训练过程中 WGAN 生成器的损失曲线, 可以观察到损失曲线随着生成器迭代次数的增加呈现下降的趋势, 这表明真实分布与生成分布的 Wasserstein 距离在减小, 即 GAN 的生成器训练变得更好. 图 8.4.4 展示了由

WGAN 生成的人脸图像和来自数据集的真实图像, 表现了 WGAN 具有较强的图像生成能力. 通过损失曲线来观察 WGAN 模型的训练进程, 判断模型是否正在收敛, 这是其他生成对抗网络模型所不具备的, 这也为研究生成对抗网络提供了指导性的方法.

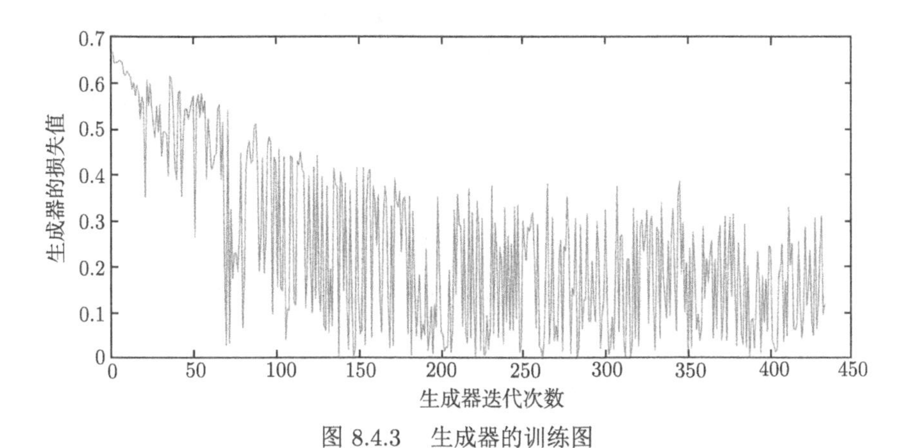

图 8.4.3 生成器的训练图

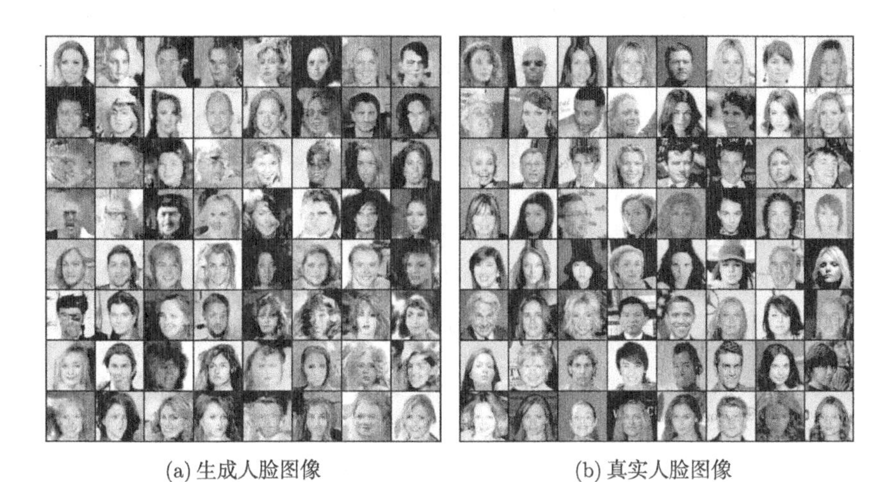

(a) 生成人脸图像 (b) 真实人脸图像

图 8.4.4 WGAN 的实验结果

■ 8.5 数字化资源

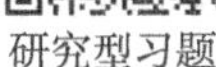

研究型习题

案例代码

第8章彩图

第 9 章

基于卷积神经网络的计算机视觉任务

本章介绍基于卷积神经网络的计算机视觉任务, 包括遥感图像融合和超分辨率任务、目标检测和目标跟踪任务, 以及图像隐写任务.

■ 9.1 遥感图像融合任务

9.1.1 卷积神经网络与遥感图像融合的关系

绝大多数遥感图像融合方法都可以用如下三个步骤来概括: 特征提取、特征融合、图像重构. 以小波变换方法为例, 它们首先基于一组小波基, 获得全色图像和多光谱图像的特征表示, 然后通过选择合适的融合规则实现高低频系数融合, 最后通过小波逆变换将高低频系数还原为目标融合图像. 此处的低频系数实则为反映图像平均信息的图像, 而高频系数为反映图像空间细节、纹理信息的图像. 特征提取、特征融合、图像重构的全过程可以用一个卷积神经网络整体替代实现, 网络可以记作一个高度复杂的非线性函数 f, 则全色锐化任务可以表示为如下式子:

$$HRMS = f(X; \Theta),$$

其中, $X = \{Pan, MS\}$ 指代输入的待融合图像, Θ 表示卷积神经网络所有的权重和偏置参数, $HRMS$ 表示网络输出的高分辨融合图像. 上述过程如图 9.1.1 所示: 与传统融合方法相比, 基于深度学习的融合方法通过设计特定的网络结构来模拟图像特征提取、特征融合和图像重构过程, 融合规则由训练得到的卷积层的权重和偏置确定, 避免了传统融合方法繁重的融合规则设计工作, 同时由于网络的高度非线性性, 深度学习融合方法更容易学习到低分辨率多光谱图像与高分辨率多光谱图像之间的对应关系, 在实践应用中, 表现出更好的融合效果. 其中, 网络提取的特征在浅层网络通常表现为图像背景、轮廓、色差等低级视觉信息, 而在深层网络可能表现为高级语义信息.

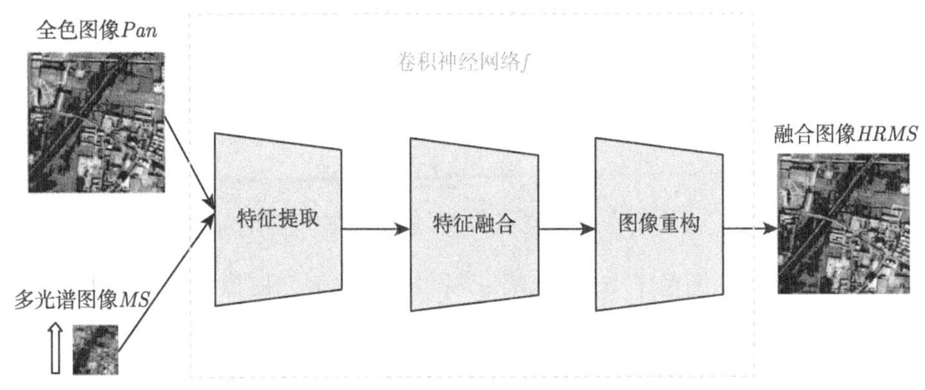

图 9.1.1 卷积神经网络与遥感图像融合的关系

9.1.2 遥感图像融合评价方法与评价指标

在遥感图像融合图像质量评价中, 一般同时采用主观视觉评价和客观指标评价两种方式. 主观评价方法直接通过人眼观察, 判断融合图像的光谱与空间信息与原始图像的相近程度. 主观评价方法高效、直观, 但是通常会受到评价者自身的专业水平和经验丰富程度的影响. 并且当不同方法的融合图像质量相近的时候, 主观评价方法往往无法给出准确的区分和判断. 因此, 在融合图像的质量评价中, 客观评价方式不可或缺. 客观评价方式分为有参考图像评价和无参考图像评价两种.

1. *有参考图像评价*

在基于深度学习的全色锐化方法中, 网络的输出图像应该尽可能逼近一幅高空间分辨率的多光谱图像, 但是这样的理想多光谱图像并不真实存在. 这给网络的训练和融合效果的评价造成了困难. 针对这一问题, 通过 Wald 准则, 可以得到一组包含三幅图像的训练样本. 既解决了训练问题, 又解决了融合效果的评价问题. 图 9.1.2 展示了 Wald 方法的过程.

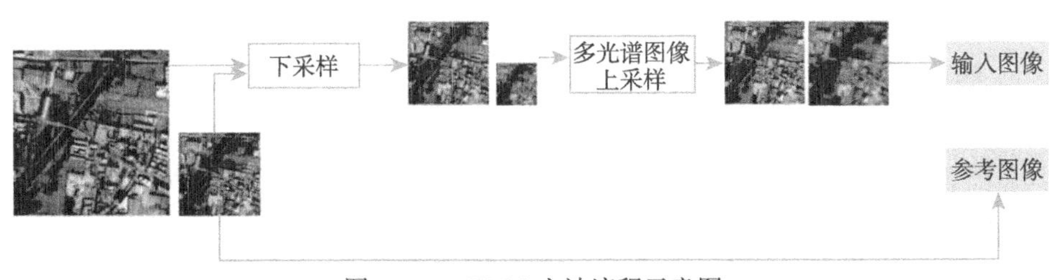

图 9.1.2 Wald 方法流程示意图

在 Wald 准则的处理方式基础上, 针对融合图像的空间、多光谱信息保存度, 下面列举几个常用的具有代表性的客观评价指标.

(1) Q 衡量图像结构相似性, 理想值为 1.

$$\mathrm{Q}(I,J)=\frac{\sigma_{IJ}}{\sigma_I\sigma_J}\frac{2\bar{I}\bar{J}}{(\bar{I})^2+(\bar{J})^2}\frac{2\sigma_I\sigma_J}{(\sigma_I^2+\sigma_J^2)},$$

其中, $\bar{I}$, $\bar{J}$ 分别表示图像 I, J 的均值, σ_I 和 σ_J 分别表示图像 I, J 的标准差, σ_{IJ} 表示图像 I, J 的协方差. Q4 指标是 Q 指标的推广, 理想值为 1.

(2) ERGAS(全局无维光谱误差), 定义如下:

$$\mathrm{ERGAS}=\frac{100}{r}\sqrt{\frac{1}{N}\sum_{i=1}^{N}\frac{\mathrm{RMSE}^2\left(\widehat{MS}_i,MS_i\right)}{\mu_i^2}},$$

其中 r 为全色图像与多光谱图像在空间分辨率上的比值, μ_i 指代参考图像第 i 个波段的均值, N 指波段数. RMSE 为融合图像与参考图像之间的均方根误差, MS 和 $\widehat{MS}$ 分别为参考图像和融合图像.

ERGAS 排除了图像分辨率与尺寸对融合结果指标的影响, 理想值为 0.

(3) SAM(光谱角度映射), 定义如下:

$$\mathrm{SAM}(v,\hat{v})=\arccos\left(\frac{\langle v,\hat{v}\rangle}{\|v\|_2\cdot\|\hat{v}\|_2}\right),$$

其中, $v,\hat{v}$ 代表向量, SAM 的理想值为 0.

2. 无参考图像评价

(1) $\mathrm{D_R}$ 指标用于衡量光谱失真度, 理想值为 0, 定义如下:

$$\mathrm{D_R}=\sqrt[p]{\frac{1}{N(N-1)}\sum_{i=1}^{N}\sum_{j=1,j\neq i}^{N}\left|d_{i,j}(MS,\widehat{MS})\right|^p},$$

其中, $d_{i,j}(\widehat{MS},MS)=\mathrm{Q}\left(\widehat{MS}_i,\widehat{MS}_j\right)-\mathrm{Q}\left(MS_i-MS_j\right)$.

(2) $\mathrm{D_S}$ 指标用于衡量空间失真度, 理想值为 0, 定义如下:

$$\mathrm{D_S}=\sqrt[q]{\frac{1}{N}\sum_{i=1}^{N}\|\mathrm{Q}(MS_i,P)-\mathrm{Q}(\widehat{MS}_i,P_L)\|^q},$$

其中, P_L 是低分辨率的全色图像, q 通常取 1.

(3) QNR 指标由上述 $\mathrm{D_R}$ 和 $\mathrm{D_S}$ 共同组成, 定义如下:

$$\mathrm{QNR} = (1 - \mathrm{D_R})^{\alpha}(1 - \mathrm{D_S})^{\beta}.$$

通常设置 α 和 β 分别为 1, QNR 指标的理想值为 1.

9.1.3 基于卷积神经网络的遥感图像融合方法: PNN

全色锐化任务可以看作是超分辨率任务的一种特殊形式, 利用卷积神经网络的非线性学习和表示能力将低分辨率图像映射到高分辨率图像. 区别只在于超分辨率任务的输入只有一幅低分辨图像, 而全色锐化任务包含全色和多光谱两幅图像.

1. 网络结构

PNN 是深度学习全色锐化方法中的开创性方法. PNN 由 3 层卷积层串接而成, 第一层卷积层的输入由 4 波段的待融合多光谱图像和 1 波段的待融合全色图像通道叠加而成, 其中, 待融合的多光谱图像经过上采样, 尺寸与全色图像保持一致. 第一层卷积层的卷积核尺寸为 9×9, 卷积核个数为 64, 通过对输入图像的卷积操作, 实现特征提取. 第二层卷积层的卷积核尺寸为 5×5, 卷积核个数为 32. 第三层卷积层的卷积核尺寸也是 5×5, 卷积核个数为 4, 恰好是多光谱图像的波段数. 从网络输入和输出图像的通道数可以看出, PNN 实现了端对端网络训练, 网络输入是低空间分辨率高光谱分辨率的多光谱图像和低光谱分辨率高空间分辨率的全色图像, 网络最后一层输出即为高空间分辨率多光谱图像. 在 PNN 基本网络结构中, 第 1 和 2 层卷积层后都使用 ReLU 激活函数, 保证了网络的非线性学习能力.

图 9.1.3 为 PNN 基本网络结构简图, 其中, PAN, MS 和 High-RES MS 分别表示输入全色图像, 多光谱图像和输出高分辨率多光谱图像. Interpolation 表示上采样插值操作, 1st Conv、2nd Conv、3rd Conv 分别表示第 1, 2, 3 层卷积. 表 9.1.1 汇总了 PNN 基本网络结构的主要参数.

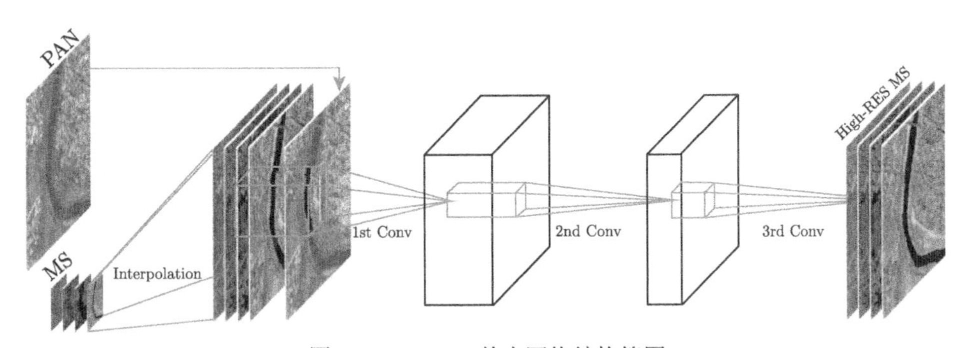

图 9.1.3 PNN 基本网络结构简图

表 9.1.1　PNN 基本网络结构的主要参数

$c_1 = B+1$	$K_1 \times K_1$	c_2	$K_2 \times K_2$	c_3	$K_3 \times K_3$	$c_4 = B$
5	9×9	64	5×5	32	5×5	4

在表 9.1.1中, B 表示待融合多光谱图像的波段数, c_i 表示第 i 层卷积层的输入通道数, c_4 表示第 3 层卷积层的特征图输出通道数, K_i 表示第 i 层卷积层的卷积核尺寸, $i=1,2,3$.

在 PNN 基本网络基础上, 基于遥感图像的领域知识, 对方案进行了进一步优化, 把 $NDVI$ 和 $NDWI$ 两个辐射指数作为单通道的图像与原输入的全色图像和多光谱图像进行通道叠加, 一起作为网络的最终输入. 归一化植被指数 $NDVI$ 可用于衡量植被覆盖情况, 定义如下:

$$NDVI_{\text{IKONOS / GeoEye-1}} = \frac{Nir - Red}{Nir + Red},$$

$$NDVI_{\text{WorldView-2}} = \frac{Nir2 - Red}{Nir2 + Red},$$

其中, $Nir, Red, Nir2$ 表示多光谱图像相应波段图像. $NDVI$ 取负值时, 表示地面覆盖为云、水、雪等, 对可见光高反射; 0 表示有岩土或裸土等; 正值越大, 植被覆盖度越好. 归一化水体指数 $NDWI$, $NDWI$ 的计算公式如下:

$$NDWI_{\text{IKONOS/ GeoEye-1}} = \frac{Green - Nir}{Green + Nir},$$

$$NDWI_{\text{WorldView-2}} = \frac{Coastal - Nir2}{Coastal + Nir2},$$

其中, $Green, Coastal$ 表示多光谱图像相应波段图像.

2. 模型训练

用 x_1 和 x_2 分别指代待融合的全色图像和多光谱图像, 参考图像用变量 y 表示, 因此训练数据集可以表示为 $\left\{x_1^{(i)}, x_2^{(i)}, y^{(i)}\right\}_{i=1}^{N}$, 其中 N 表示样本总数量. 训练的目标即学习函数 $f: \hat{y} = f(x_1, x_2)$, 其中, $\hat{y}$ 表示网络输出预测的融合图像. 损失函数的选择对网络的训练效果有十分重要的意义, PNN 方法使用 L_2 范数作为损失函数来衡量参考图像与预测的融合图像之间的差距:

$$L = \frac{1}{n}\sum_{i=1}^{n}\left|y^{(i)} - f\left(x_1^{(i)}, x_2^{(i)}\right)\right|^2,$$

其中, $y^{(i)}$ 表示参考图像, $y^{(i)}-f\left(x_1^{(i)},x_2^{(i)}\right)$ 表示预测的融合图像, n 表示网络训练批量大小 (即每一次训练从训练集中随机抽取的样本数量), 取 128. 通过随机梯度下降算法和反向传播过程中实现对网络各个卷积层的权重更新, 预测图像与参考图像之间的差距尽可能缩小. 权重更新过程可以用如下式子表达:

$$W_{i+1}=W_i+\Delta W_i=W_i+\mu\cdot\Delta W_{i-1}-\alpha\cdot\nabla L_i,$$

其中, W_i 代表第 i 层卷积层的参数, ΔW_i 表示第 i 层卷积层参数的增量, ∇L_i 表示第 i 层卷积层参数的梯度, α 和 μ 分别指代学习率和动量, 分别取 10^{-4} 和 0.9, PNN 网络采用随机梯度下降法进行参数优化.

3. 模型测试

PNN 网络只有 3 层卷积层, 但取得了十分可观的融合效果. 融合实验在 QuickBird 遥感图像融合数据集上进行, 该数据集的训练集包含 16000 个训练样本, 图像尺寸为 256×256, 测试集包含 32 个测试样本, 图像尺寸为 400×400. 模型测试既包括客观指标评价, 也包括主观视觉评价, 以对融合方法的效果进行全面的检验.

1) 客观指标评价

客观指标评价通过 ERGAS, Q4, SAM 三个常用的客观指标对降低分辨率的融合效果进行评估, 通过 D_R, D_S, QNR 三个客观指标对全分辨率的融合效果进行评估. 其中, ERGAS, SAM, D_R 反映的是融合图像的光谱信息保存效果, D_S 反映的是融合图像的空间信息保存效果, Q4 和 QNR 反映的是图像的光谱、空间信息的综合质量.

从表 9.1.2和表 9.1.3 中可以看出, 无论在降分辨率实验还是在全分辨率实验中, PNN 方法都取得了较好的客观指标效果.

表 9.1.2 QuickBird 数据集: PNN 融合方法降分辨率客观指标评价

融合方法	ERGAS	Q4	SAM
PNN	2.0578	0.9666	1.3678
理想值	0	1	0

表 9.1.3 QuickBird 数据集: PNN 融合方法全分辨率客观指标评价

融合方法	D_R	D_S	QNR
PNN	0.0072	0.0359	0.9672
理想值	0	0	1

2) 主观视觉效果评价

主观视觉效果评价同样在两种实验条件下进行, 一种为降分辨率实验, 测试集中包含理想参考图像, 另一种为全分辨率实验, 测试集中不包含理想参考图像.

图 9.1.4 和图 9.1.5 分别展示了 PNN 网络在降分辨率实验和全分辨率实验下的融合结果, 融合图像来自于 QuickBird 数据集. 可以看出, 融合图像不仅很好地保存了多光谱图像的光谱信息, 空间分辨率也得到了显著提高. 图中的左图为待融合全色图像, 中图为待融合多光谱图像, 右图为融合图像.

图 9.1.4 PNN 降分辨率融合效果图, (左) 待融合全色图像; (中) 待融合多光谱图像; (右) 融合图像

PNN 方法是第一个将深度学习方法引入全色锐化领域并进行端对端训练的方法, 其采用简单的三层卷积神经网络作为基本结构, 在此基础上, 结合遥感图像的领域知识, 将 $NDWI$, $NDVI$ 等和地物类型相关的辐射指数作为单独输入波段, 进行了方法改进. 相比以往各类典型的传统融合方法, PNN 方法都取得了压倒性优势, 成为基于深度学习的全色锐化方法中的奠基性方法.

图 9.1.5 PNN 全分辨率实验融合效果图, (左) 待融合全色图像; (中) 待融合多光谱图像; (右) 融合图像

9.1.4 基于卷积神经网络的遥感图像融合方法: PanNet

作为开创性的深度学习全色锐化方法, PNN 取得了巨大成功, 全面赶超主流的传统全色锐化方法. 但是, PNN 方法把全色锐化问题简单看作一个黑箱的深度

学习问题, 即直接用简单串联的卷积层模拟低分辨率的输入图像与高分辨率融合图像之间的映射关系, 而没有将全色锐化融合过程本身的特点纳入网络设计考虑之中. 实际上, 全色锐化的两个基本目的分别是保存多光谱图像中的光谱信息和全色图像中的空间信息, 因此网络结构应针对这两个目标进行设计. PanNet 方法便是在 PNN 之后全面改进的经典方法之一.

1. 网络结构

图 9.1.6 展示了 PanNet 网络结构简图.

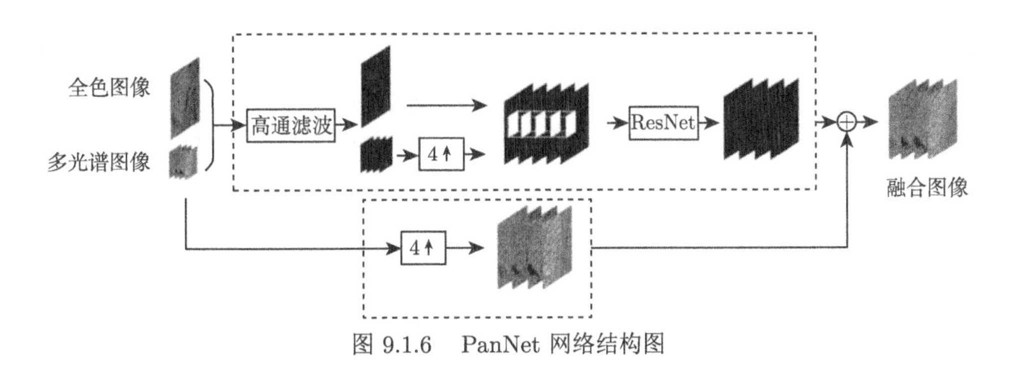

图 9.1.6 PanNet 网络结构图

在经典残差网络 ResNet 中, 残差结构的引入有效解决了网络退化问题, 使得网络深度从二十层一举突破 100 层, 从而真正意义上实现了“深度”学习, 充分发挥出深度神经网络的非线性表达和学习能力. 而 PanNet 正是在网络设计时将残差模块 ResNet 引入全色锐化任务, 有效地提升了融合效果. 针对全色锐化任务的光谱信息保存问题, PanNet 将上采样后的待融合光谱图像通过跳跃连接直接加入主干网络的最后一层输出. 此外, 待融合的多光谱图像中主要包含了几乎所有的光谱信息和一部分低分辨率空间信息, 而在待融合的全色图像中则同时包含了低分辨和高分辨率的空间信息. 因此将待融合多光谱图像跳跃连接至输出卷积层之后, 网络实际需要学习的只是高分辨率空间信息, 而高分辨率空间信息主要集中在全色图像的高频域内. 因此 PanNet 选择提取全色图像 (PAN) 和多光谱图像 (LRMS) 的高频信息作为网络的输入进行训练. 其中, LRMS 的高频信息的加入主要是为了使网络学习如何将 PAN 的高频空间信息与 LRMS 的高频细节信息的匹配问题, 从而减少光谱扭曲现象.

PanNet 的网络结构主要包括高通滤波模块和残差模块. 高通滤波模块用于实现全色图像和多光谱图像的高频信息提取, 提取方式为先使用一个 5×5 的均值滤波器对源图像进行滤波得到模糊图像, 因而源图像与模糊图像的像素差值即为所需高频信息. 残差模块包括 4 组由 2 个卷积层组成的残差块以及 2 个单独的卷积层. 除了最后一层卷积层, 其余各层卷积层后都使用 ReLU 激活函数进行非线性激活. PanNet 的网络结构详细参数如表 9.1.4 所示.

表 9.1.4　PanNet 网络结构详细参数表

网络模块	网络层名称	卷积核尺寸	输出特征图尺寸
输入	全色图像	–	256×256×1
	多光谱图像	–	64×64×4
高通滤波	高通滤波器	–	256×256×1
	高通滤波器	–	64×64×4
残差模块	卷积层	3×3×32	256×256×32
	残差块 1-1	3×3×32	256×256×32
	残差块 1-2	3×3×32	256×256×32
	残差块 2-1	3×3×32	256×256×32
	残差块 2-2	3×3×32	256×256×32
	残差块 3-1	3×3×32	256×256×32
	残差块 3-2	3×3×32	256×256×32
	残差块 4-1	3×3×32	256×256×32
	残差块 4-2	3×3×32	256×256×32
	卷积层	3×3×4	256×256×4

2. 模型训练

PanNet 网络采用主流的 MSE 损失函数, 激活函数采用 ReLU 非线性激活函数, 并用 Kaiming 初始化与之匹配, 优化算法采用随机梯度下降法进行反向传播, 其中, 权重损失设为 10^{-7}, 动量为 0.9. 网络训练批量大小为 16, 学习率为 0.001, 每迭代 10^5 次, 学习率衰减为原来的 1/10, 总迭代次数为 2.5×10^5.

PanNet 的损失函数设计思路的数学表达如下式:

$$L = \|f_{\mathrm{W}}(G(P), \uparrow G(M)) + \uparrow M - X\|_2^2$$

其中, G 表示高通滤波操作, P 和 M 分别表示待融合的全色图像和多光谱图像, X 表示参考图像, f_{W} 表示网络模型, $\uparrow$ 表示上采样操作.

3. 模型测试

融合实验在 QuickBird 遥感图像融合数据集上进行, 该数据集的训练集包含 16000 个训练样本, 图像尺寸为 256×256, 测试集包含 32 个测试样本, 图像尺寸为 400×400. 模型测试既包括客观指标评价, 也包括主观视觉评价, 以对融合方法的效果进行全面的检验.

1) 客观指标效果评价

客观指标评价通过 ERGAS, Q4, SAM 三个常用的客观指标对降低分辨率的融合效果进行评估, 通过 D_R, D_S, QNR 三个客观指标对全分辨率的融合效果进行评估. 其中, ERGAS, SAM, D_R 反映的是融合图像的光谱信息保存效果, D_S 反映的是融合图像的空间信息保存效果, Q4 和 QNR 反映的是图像的光谱、空间信息的综合质量.

从表 9.1.5 和表 9.1.6 中可以看出, 无论在降分辨率实验还是在全分辨率实验中, PanNet 方法在所有客观评价中都取得了相对较好的效果. 这说明 PanNet 的残差结构设计以及高通滤波设计使得网络在高频域内进行训练十分有效.

表 9.1.5 QuickBird 数据集: PanNet 融合方法降分辨率客观指标评价

融合方法	ERGAS	Q4	SAM
PanNet	1.2877	0.9859	1.3098

表 9.1.6 QuickBird 数据集: PanNet 融合方法全分辨率客观指标评价

融合方法	D_R	D_S	QNR
PanNet	0.0035	0.0169	0.9797

2) 主观视觉效果评价

主观视觉评价同样在两种实验条件下进行, 一种为降分辨率实验, 测试集中包含理想参考图像, 另一种为全分辨率实验, 测试集中不包含理想参考图像.

图 9.1.7 和图 9.1.8 分别展示了 PanNet 网络在降分辨率实验和全分辨率实验下的融合结果, 融合图像来自于 QuickBird 数据集. 可以看出, 融合图像拥有清晰的空间细节, 且在光谱信息保存上取得了较好的效果, 这与客观评价指标中所展示的结果是一致的. 图中的左图为待融合全色图像, 中图为待融合多光谱图像, 右图为融合图像.

图 9.1.7 PanNet 融合效果图. (左) 待融合全色图像; (中) 待融合多光谱图像; (右) PanNet 融合图像

(a)　(b)　(c)

图 9.1.8　QuickBird 数据集上, PanNet 方法全分辨率实验融合效果图

9.1.5　基于卷积神经网络的遥感图像融合方法: CLGF

本节我们介绍一种基于持续学习 (Continual Learning) 思想的全色锐化方法 (Continual Learning-guided Framework, CLGF). 基于深度学习的全色锐化方法通常采用监督学习或者无监督学习两种训练方式, 其中监督学习方式能保证网络在降分辨率图像上的融合效果而在全分辨率图像上效果不佳, 而无监督学习方式的效果恰好相反. 对于一个理想的网络, 无论在降分辨率图像还是在全分辨率图像上都应该取得较好的融合效果. 本节介绍的方法采用持续学习的思想, 设计一个两阶段的训练框架, 融合了监督学习和无监督学习两种训练方式, 在有效提升全分辨率融合效果的同时, 依旧保持较好的降分辨率图像融合效果. 该训练框架不受骨干网络的限制, 可以应用于任意基于 CNN 的全色锐化骨干网络. 在本节中, 我们采用前述的 PNN 网络作为骨干网络. 我们将从训练框架、损失函数、网络训练、模型测试四个方面具体介绍基于持续学习思想的全色锐化方法.

1. 训练框架

为方便起见, 使用 P 和 M 分别表示全色图像和多光谱图像, 图像的分辨率级别用角标数字来表示, 数字越小分辨率越高, 其中 0 表示最高分辨率. 该方法的训练框架的概览图如图 9.1.9 所示.

具体地, 训练分为两个阶段, 图 9.1.9(a) 展示的是训练的第一个阶段, 此阶段训练采用监督学习方式, 网络在降分辨率数据集上进行训练, 其中 P_1 和 M_2 作为网络输入, M_1 作为训练标签, 待训练的网络由 Φ 表示, 第一阶段网络训练收敛后得到的网络模型用 Φ_0 表示. 图 9.1.9(b) 展示了网络的第二个训练阶段, 训练在第一阶段已经训练好的模型 Φ_0 的基础上继续进行, 训练改为采用无监督学习方式在全分辨率数据上进行. 将此阶段训练中的网络用 Φ_n 表示, 用 Φ_n 表示收敛后的网络模型. 图 9.1.9(c) 则展示了网络的测试阶段, 测试阶段网络参数固定, 输入全色图像和多光谱图像即可得到提升分辨率后的融合图像.

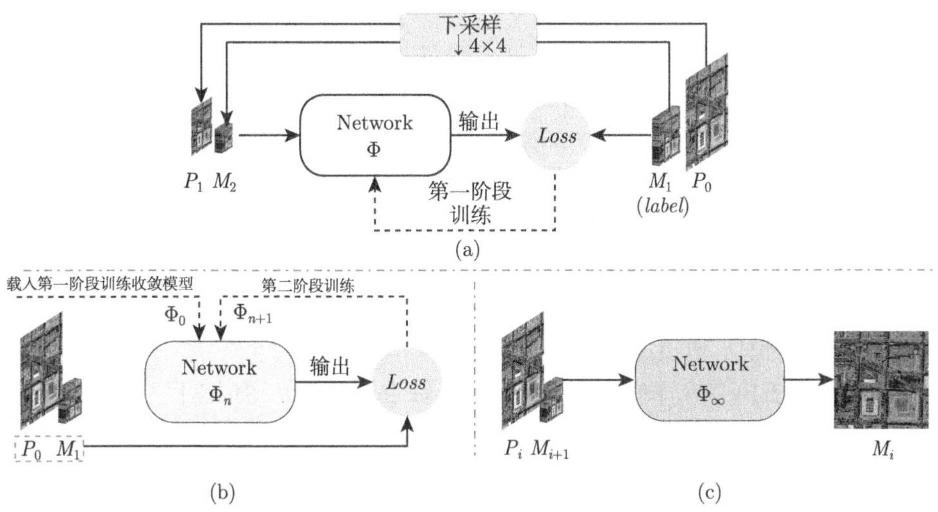

图 9.1.9 CLFG 框架图. (a) 第一阶段训练; (b) 第二阶段训练; (c) 测试阶段

2. 模型训练

第一阶段的网络训练损失函数采用 L_2 损失, 数学表达式如下:

$$L_2 = \| \Phi(P_1, M_2) - M_1 \|_2 . \tag{9.1.1}$$

第二阶段网络训练包含两个损失项, 通过加权和构成整体的损失函数, 数学表达式如下:

$$Loss = \alpha Loss_{new} + \beta Loss_{reg}. \tag{9.1.2}$$

第一个损失项 $Loss_{new}$ 由常用的无参考指标 QNR 变换而成, 可以表示为

$$Loss_{new} = 1 - \mathrm{QNR}(P_0, M_1, \Phi_n(P_0, M_1)). \tag{9.1.3}$$

第二个损失项 $Loss_{reg}$ 可以表示为

$$Loss_{reg} = \| \Phi_0(P_0, M_1) - \Phi_n(P_0, M_1) \|_1 . \tag{9.1.4}$$

第二个损失项起到对第一个损失项的约束作用, 意味着第二阶段的网络不应该和第一阶段网络的收敛模型有较大的偏离. 综合两个损失项来看, 第一个损失项在无监督学习方式下, 专注于提升全分辨率数据上的融合效果, 而第二个损失项作为一种正则项则起到了保证降分辨率数据上的融合效果的效果, 从而实现了持续学习的效果. 网络采用 Adam 优化算法训练 50 个周期, 学习率固定为 10^{-4}, 训练批量大小为 8, 网络初始化方式选择为 Kaiming 初始化, 损失项的权重 α 和 β 分别为 0.07 和 1.

3. 模型测试

融合实验在 QuickBird 遥感图像融合数据集上进行, 该数据集的训练集包含 16000 个训练样本, 图像尺寸为 256×256, 测试集包含 32 个测试样本, 图像尺寸为 400×400. 模型测试既包括客观指标评价, 也包括主观视觉评价, 以对融合方法的效果进行全面的检验.

1) 客观指标效果评价

客观指标评价通过 ERGAS, Q4, SAM 三个常用的客观指标对降低分辨率的融合效果进行评估, 通过 D_R, D_S, QNR 三个客观指标对全分辨率的融合效果进行评估. 其中, ERGAS, SAM, D_R 反映的是融合图像的光谱信息保存效果, D_S 反映的是融合图像的空间信息保存效果, Q4 和 QNR 反映的是图像的光谱、空间信息的综合质量.

从表 9.1.7中可以看出, 和 PNN 和 PanNet 方法比较而言, 在降分辨率实验中, CLGF 方法在 Q4 指标上取得了最佳效果, 在 ERGAS 指标上取得次佳效果, 在全分辨率实验中 CLGF 方法也取得相对最佳效果. 这说明了在持续学习思想指导下的两阶段训练框架的有效性.

表 9.1.7　QuickBird 数据集: CLGF 融合方法降分辨率和全分辨率客观指标评价

融合方法	SAM	ERGAS	Q4	D_R	D_S	QNR
PNN	1.4704	1.5948	0.9275	0.0082	0.0066	0.9852
PanNet	1.3872	1.6525	0.9301	0.0117	0.0091	0.9793
CLGF	1.6227	1.6086	0.9343	0.0059	0.0069	0.9872

2) 主观视觉效果评价

主观视觉评价同样在两种实验条件下进行, 一种为降分辨率实验, 测试集中包含理想参考图像, 另一种为全分辨率实验, 测试集中不包含理想参考图像.

图 9.1.10 和图 9.1.11 分别展示了 CLGF 网络在降分辨率实验和全分辨率实

PNN　　PanNet　　CLGF　　GT

图 9.1.10　QuickBird 数据集: 降分辨率融合效果对比

图 9.1.11 QuickBird 数据集: 全分辨率融合效果对比

验下的融合结果, 融合图像来自于 QuickBird 数据集. 可以看出, CLGF 方法所得的融合图像拥有清晰的空间细节, 且在光谱信息保存上取得了较好的效果, 这与客观评价指标中所展示的结果是一致的.

■ 9.2 遥感图像超分辨率任务

9.2.1 卷积神经网络与遥感图像超分辨率的关系

超分辨率技术 (Super-Resolution, SR) 是指从观测到的低分辨率图像重建出相应的高分辨率图像. 若把低分辨率图像记作 Y, 把真实高分辨率图像记作 X, 那么, 超分辨率技术本质上是提供一个映射 F, 使得 $F(Y)$ 和真实高分辨率图片 X 尽可能相似. 而卷积神经网络正好可以通过网络层的搭建和训练, 提供一个相对优化的映射 F. 这个映射 F 能够被分解成三个步骤.

(1) 块提取和表示: 从 Y 中提取 (有重叠的) 块, 然后将每个块映射成一个高维向量. 这些向量形成一组特征图, 并且特征图的数量等于向量的维度.

(2) 非线性映射: 将每个高维向量非线性地映射到另一个高维向量上. 每个映射后的向量表示一个高分辨率的块. 这些向量构成了另一组特征图.

(3) 图像重建: 将上一步生成的高维向量合成最终的高分辨率图片输出.

下面对上述 3 个步骤具体展开介绍.

(1) 块提取和表示: 这个操作等同于使用带有偏置的卷积核在图像上进行卷积运算, 我们可以写成

$$F_1(Y) = \max(0, W_1 * Y + B_1),$$

其中, W_1, B_1 分别表示为卷积核和偏置, * 表示卷积运算; W_1 对应于 n_1 个大小为 $c \times f_1 \times f_1$ 的卷积核 (c 表示输入图片的通道数).

(2) 非线性映射: 这个操作对应于使用 n_2 个大小为 1×1 的卷积核进行运算, 当然卷积核的大小是可以改变的, 使用更大的卷积核会有更好的泛化效果, 我们可以写成

$$F_2(Y) = \max(0, W_2 * F_1(Y) + B_2),$$

其中, W_2 对应于 n_2 个大小为 $n_1 \times f_2 \times f_2$ 的卷积核, B_2 为偏置. 虽然增加更多的卷积层能增加非线性, 但是会使得模型复杂度增加, 从而需要更多的训练时间.

(3) 图像重建: 这个操作可以看成在特征图上使用预先定义的卷积核进行平均的过程, 这是一个线性过程.

$$F(Y) = W_3 * F_2(Y) + B_3,$$

其中, W_3 对应于 c 个大小为 $n_2 \times f_3 \times f_3$ 的卷积核, B_3 为偏置.

9.2.2 遥感图像超分辨率评价方法与评价指标

一般同时采用主观视觉评价和客观指标评价两种方式. 主观评价方法直接通过人眼观察. 主观评价方法高效、直观, 但是通常会受到评价者自身的专业水平和经验丰富程度的影响. 并且当不同方法的超分辨率图像质量相近的时候, 主观评价方法往往无法给出准确的区分和判断. 因此, 在图像的质量评价中, 客观评价方式不可或缺, PSNR(峰值信噪比) 和 SSIM(结构相似性) 是两种最常用的客观评价指标, 其中 PSNR 是最普遍、最广泛使用的评鉴画质的客观量测法. SSIM 是一种衡量两幅图像相似度的指标, 用均值作为亮度的估计, 标准差作为对比度的估计, 协方差作为结构相似程度的度量. PSNR 常简单地通过均方差 (MSE) 进行定义. 两个 $m \times n$ 单色图像 I 和 K, 如果一个为另外一个的噪声近似, 那么它们的均方差定义为

$$\mathrm{MSE} = \frac{1}{mn} \sum_{i=0}^{m-1} \sum_{j=0}^{n-1} \|I(i,j) - K(i,j)\|^2.$$

峰值信噪比定义为

$$\mathrm{PSNR} = 10 \cdot \lg\left(\frac{\mathrm{MAX}_I^2}{\mathrm{MSE}}\right) = 20 \cdot \lg\left(\frac{\mathrm{MAX}_I}{\sqrt{\mathrm{MSE}}}\right),$$

其中, MAX_I 表示图像点颜色的最大数值, 如果每个采样点用 8 位表示, 那么就是 255.

9.2.3 基于卷积神经网络的超分辨率方法: SRCNN

SRCNN 方法是第一个将深度卷积神经网络引入图像超分辨率领域的工作, 也是超分辨任务中经典方法之一, 开启了超分辨任务的深度学习时代.

1. 网络结构

图 9.2.1 展示了 SRCNN 的网络结构简图.

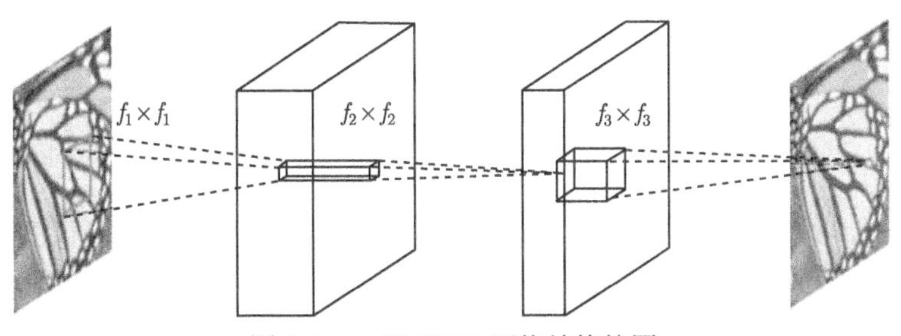

图 9.2.1 SRCNN 网络结构简图

该方法直接学习低/高分辨率图像之间的端到端映射, 输入为低分辨率图像, 映射关系由深度卷积神经网络表示, 输出为高分辨率图像, 大大简化了任务实现过程. 值得一提的是, SRCNN 具有十分轻量级的网络结构, 同时又达到了优异的图像恢复质量, 并且实现了快速的实际在线使用.

SRCNN 采用三层全卷积网络, 没有池化层和全连接层. 不同于图像分类任务, 大多数图像生成任务都会舍弃池化层, 因为池化层会带来图像细节信息的丢失. 相比于带全连接层网络, SRCNN 这一全卷积网络使得网络输入不受固定尺寸大小的限制, 一旦网络训练结束, 在算力允许的情况下, 测试阶段的输入图像尺寸可以为任意大小.

表 9.2.1 中, B 表示待融合多光谱图像的波段数, c_i 表示第 i 层卷积层的输入通道数, c_4 表示第 3 层卷积层的特征图输出通道数, K_i 表示第 i 层卷积层的卷积核尺寸, $i=1,2,3$.

表 9.2.1 SRCNN 基本网络结构的主要参数

$c_1=B$	$K_1\times K_1$	c_2	$K_2\times K_2$	c_3	$K_3\times K_3$	$c_4=B$
4	9×9	64	1×1	32	5×5	4

从表 9.2.1 中可以看出, 网络的输入图像为 4 通道 256×256 彩色图像, 最终输出的也是 4 通道 256×256 大小的彩色图像. 三个卷积层的卷积核大小分别为 9, 1, 5, 卷积核的个数分别为 64, 32, 3. 每一层卷积的特征图输出尺寸都保持不变, 这是根据卷积核大小合理设置相应的填充尺寸和卷积步长达到的效果. 这样就使得最终输出的图像尺寸与输入的图像尺寸保持一致, 而只有分辨率高低的不同. 三个卷积层分别模拟了块提取和表示、非线性映射、图像重建三个步骤, 取得了很好的重建效果.

2. 模型训练

SRCNN 模型的参数有 W_1, W_2, W_3, B_1, B_2, B_3, 给定一组高分辨率图片 X_i

以及对应低分辨率图片 Y_i, 使用 MSE 作为损失函数.

$$L(Q)=\frac{1}{n}\sum_{i=1}^{n}\left\|F\left(Y_i;Q\right)-X_i\right\|^2,$$

其中, n 是训练样本的数量, Q 表示网络参数, F 表示网络模型. 损失函数使用随机梯度下降法进行优化. 每一个卷积层的卷积核权重都由均值为 0、标准差为 0.001 的高斯分布进行初始化, 每层卷积的偏置都初始化为 0, η 是学习率, 学习率为 10^{-4}.

3. 模型测试

超分辨率实验在 QuickBird 遥感图像超分辨率数据集上进行, 该数据集的训练集包含 16000 个训练样本, 图像尺寸为 256×256, 测试集包含 32 个测试样本, 图像尺寸为 400×400. 模型测试既包括客观指标评价, 也包括主观视觉评价, 以对融合方法的效果进行全面的检验.

1) 客观指标效果评价

PSNR 和 SSIM 是超分辨任务中最为常用的两个评价指标, 分别反映峰值信噪比和结构相似性, 下面将通过 PSNR 和 SSIM 两个客观指标对 SRCNN 超分辨率方法进行定量分析评价 (表 9.2.2).

表 9.2.2 QuickBird 数据集: SRCNN 超分辨率方法客观指标评价

融合方法	PSNR	SSIM
SRCNN	35.0260	0.8839

2) 主观视觉效果评价

图 9.2.2 展示了 SRCNN 网络在一幅低分辨率 QuickBird 卫星图像上的超分辨效果.

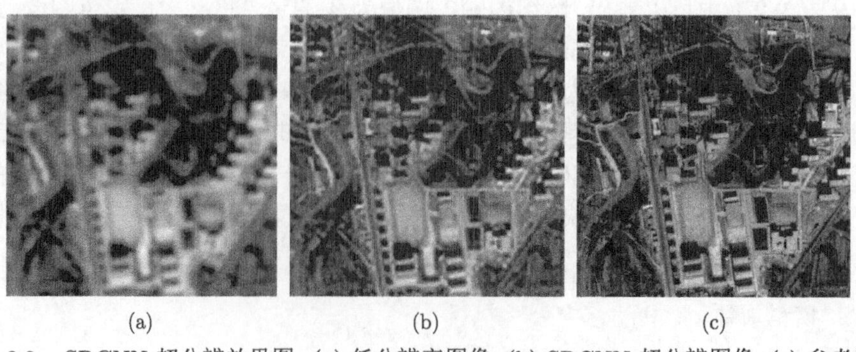

(a) (b) (c)

图 9.2.2 SRCNN 超分辨效果图. (a) 低分辨率图像; (b) SRCNN 超分辨图像; (c) 参考图像

9.2.4 基于卷积神经网络的超分辨率方法: ESRDNN

1. 网络结构

在经典网络 Inception 中, 不同的卷积核尺寸代表着不同的感受野, 因此, 通过不同大小卷积核的组合可以提取不同尺度的特征, 再通过对这些不同尺度特征的通道拼接, 即可实现更加丰富的特征提取. 受启发于此, ESRDNN 方法将这一思想引入遥感超分辨任务. 并联 1×1, 3×3, 5×5 三个不同大小卷积核实现不同层级的特征提取, 从而为后续的特征融合奠定良好基础. ESRDNN 的网络结构示意图如图 9.2.3 所示. 图中, Conv 表示卷积层, 脚标的第一个数字表示卷积核大小, 第二个数字表示卷积核个数, 虚线框内的卷积核个数全部为 64, 红色模块表示 ReLU 激活函数.

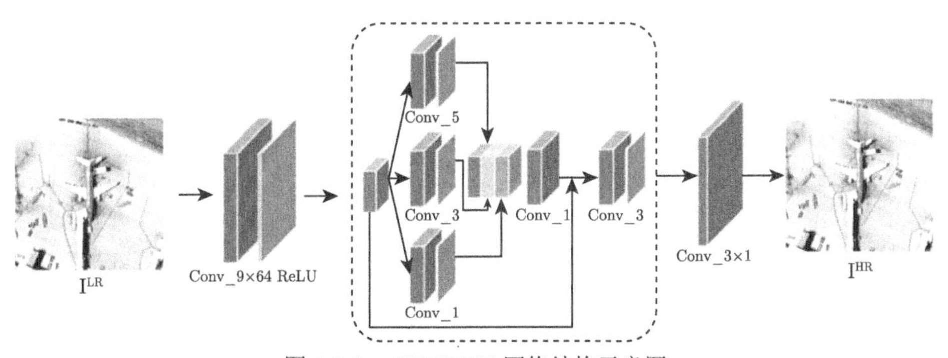

图 9.2.3 ESRDNN 网络结构示意图

网络总体可以划分为 3 个步骤.

(1) 特征提取. 此步骤旨在从输入中提取所有表示, 并表示为一系列特征映射, 每个像素都转换为向量. 在网络中表现为第一层卷积层, 卷积核大小为 9×9, 卷积核个数为 64, 卷积层后伴随 ReLU 激活函数进行非线性化操作.

(2) 非线性映射. 在此操作中, 将上一步骤中的特征映射转换为另一个高维向量, 卷积运算可以从以前的特征映射中提取特征, 在网络中体现为虚线框部分, 并联的三个不同尺寸大小卷积核, 串联的 1×1 大小卷积核以及 3×3 大小卷积核.

(3) 图像重建. 整合所有特征信息, 恢复高分辨率图像. 在网络中体现为最后一层卷积, 卷积核大小为 3×3. 由于是最后一层卷积层, 不添加激活函数.

2. 网络训练

在网络训练过程中, 除了低分辨率图像输入时, 需要进行一个上采样操作, 使得图像大小与理想高分辨率图像尺寸一致之外, 在其他各个网络层中, 特征图尺寸保持不变, 以减少信息丢失. 网络使用均方误差作为损失函数, 使用随机梯度下降法作为优化方法, 初始学习率设置为 0.01, 并设置学习率衰减.

3. 模型测试

超分辨率实验在 QuickBird 遥感图像超分辨率数据集上进行, 该数据集的训练集包含 16000 个训练样本, 图像尺寸为 256×256, 测试集包含 32 个测试样本, 图像尺寸为 400×400. ESRDNN 超分辨方法在相同的训练集上进行训练, 且在相同的测试集上进行测试, 以进行不同方法超分辨效果的合理比较.

1) 客观指标评价

PSNR 和 SSIM 是超分辨任务中最为常用的两个评价指标, 分别反映峰值信噪比和结构相似性, 下面将通过 PSNR 和 SSIM 两个客观指标对 ESRDNN 超分辨率方法进行定量分析评价 (表 9.2.3).

表 9.2.3 QuickBird 数据集: ESRDNN 超分辨率方法客观指标评价

融合方法	PSNR	SSIM
ESRDNN	34.9561	0.8814

从表 9.2.3 中可以看出, ESRDNN 方法取得了较好的超分辨效果, 但与 SRCNN 方法相比, ESRDNN 方法处于劣势. 尽管 ESRDNN 方法在设计中考虑了多种不同尺度特征的提取, 但是在 QuickBird 数据集上却没有表现出较好的泛化能力. 而 SRCNN 方法虽然结构简单, 却依然表现出较为稳定的效果.

2) 主观视觉评价结果与分析

图 9.2.4 展示了 ESRDNN 网络在一幅低分辨率 QuickBird 卫星图像上的超分辨效果.

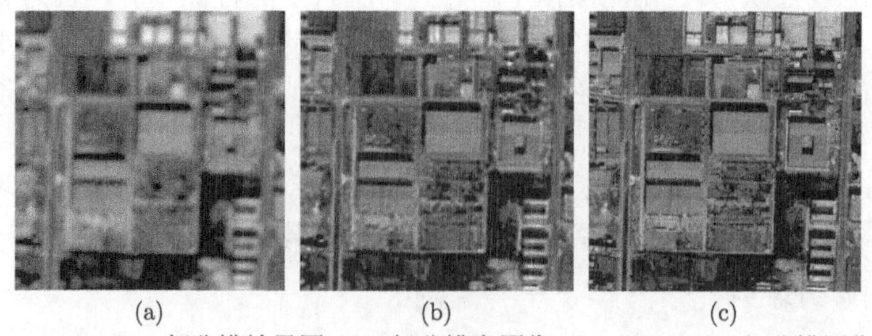

(a) (b) (c)

图 9.2.4 ESRDNN 超分辨效果图. (a) 低分辨率图像; (b) ESRDNN 超分辨图像; (c) 参考图像

如图 9.2.5 展示了 ESRDNN 和 SRCNN 的超分辨率效果对比图, 可以看出, 相比于低分辨率遥感图像, 超分辨率之后的遥感图像的空间分辨率得到显著提升. 但是与参考图像相比, 仍然有一定的差距.

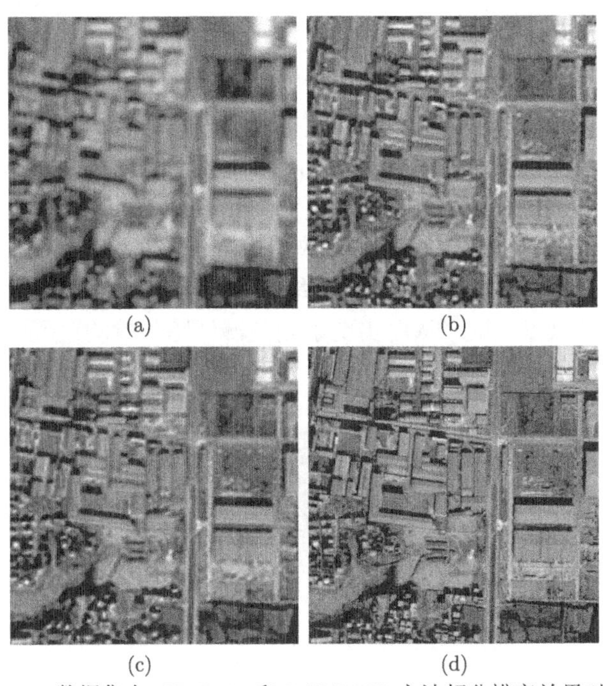

图 9.2.5 QuickBird 数据集上, SRCNN 和 ESRDNN 方法超分辨率效果对比图. (a) 低分辨率图像; (b) SRCNN 超分辨图像; (c) ESRDNN 超分辨图像; (d) 参考图像

■ 9.3 基于卷积神经网络的目标检测任务

近年来, 随着深度学习的迅速发展, 卷积神经网络广泛应用在目标检测领域, 以卷积神经网络为基础的模型取得了重大突破并逐渐在目标检测研究领域里占据主导地位. 基于深度学习的目标检测算法主要分为两种: 一种是基于区域建议的 Two-Stage 目标检测算法, 另一种是基于回归的 One-Stage 目标检测算法. 具体来说, Two-Stage 算法首先在图像上生成候选区域, 然后再对每一个候选区域依次进行分类与边界回归; 而 One-Stage 算法则是直接在整张图像上完成所有目标的定位和分类, 略过了生成候选区域这一步骤. 两种机制各有优势, 通常来说, 前者精度更高, 后者速度更快.

9.3.1 Two-Stage 目标检测算法

Two-stage 指的是检测算法需要分两步完成, 第一步需要获取候选区域, 第二步进行分类和回归, 下面介绍 Two-stage 目标检测算法 Faster R-CNN.

Faster R-CNN

从网络结构、损失函数、网络训练、模型测试四个方面具体介绍 Faster R-CNN 目标检测算法.

1. 网络结构

Faster R-CNN 的网络结构如图 9.3.1 所示, 该模型由两个模块组成, 一个是用来生成推荐区域的区域提议网络 (Region Proposal Network, RPN), 另一个是使用所推荐区域的预测网络, 这两个模块的组合使整个系统变成一个统一的目标检测网络. Faster R-CNN 使用 RPN 网络生成待检测框, 缓解了目标检测任务中选择候选区域效率低的问题, 从而实现了端到端训练和检测速度的大幅度提升.

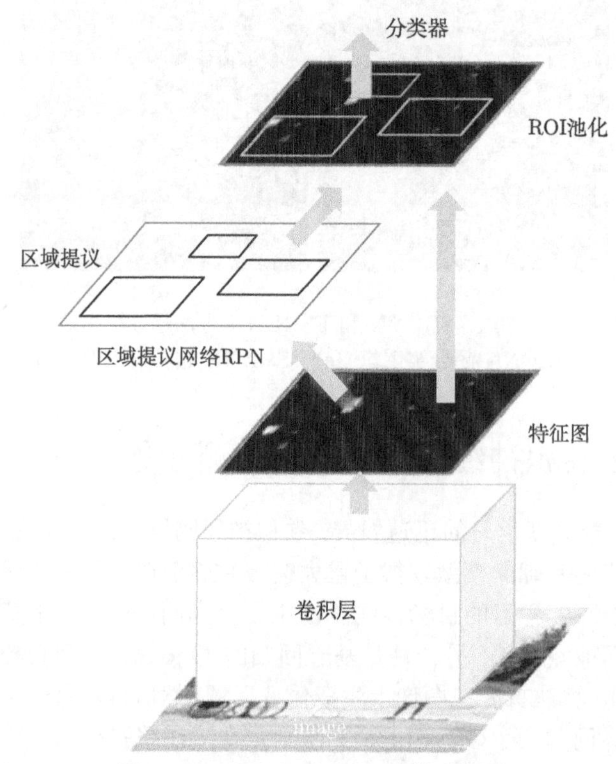

图 9.3.1 Faster R-CNN 结构示意图

RPN 网络是 Faster R-CNN 的重要组成部分, 其提供了一个相当于注意力的功能, 使得网络知道应该对哪些区域进行关注. 该网络的输入是一张任意大小的图像, 输出为一系列矩形候选框的集合, 并且每个候选框有一个目标得分, 之后将候选框集合通过一个全卷积神经网络进行卷积操作.

特征图输入到 RPN 网络后, 先用一个 $n \times n$ 的窗口去遍历整个特征图, 此处使用 $n = 3$, 但特征图大小不发生变化. 同时, 如图 9.3.2 所示, 在遍历过程中对于每个像素点, 同时生成多个候选框, 其中每个位置可能生成候选框的最大数目表示为 k. 此处按照三种面积尺度和三种宽高比 (1:2, 1:1, 2:1), 共生成 3×3=9 个候选框. 于是对于一个大小为 $W \times H$ 的特征图, 一共可生成 $W \times H \times k$ 个候选框. 然后将特征图通过两个并列的 1×1 卷积层, 分别作为分类分支和回归分支. 分类分支用于估计每个候选框是目标或不是目标的概率, 因此其输出通道数为 $2k$, 注意, RPN 网络不关心目标的类别, 只在意它实际上是不是一个目标, 因此该分类任务属于二分类. 回归分支用于预测检测框的中心点对应的坐标 (x, y) 和宽高 w, h, 故其输出通道数为 $4k$. 然后用分类分支的目标概率得分来过滤掉不好的预测, 为第二阶段做准备, 而边框回归分支用于调整候选框以更好地拟合其预测的目标.

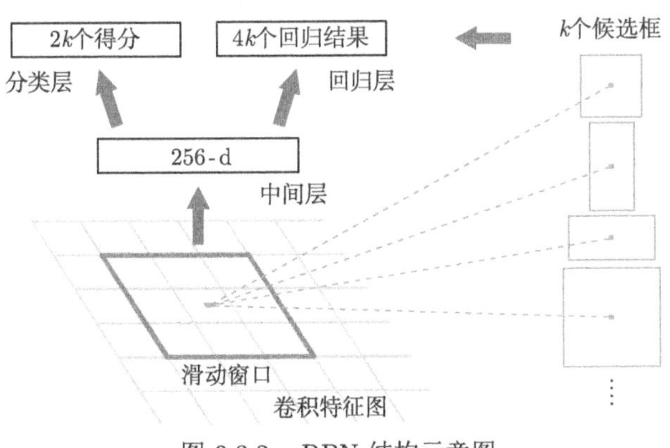

图 9.3.2 RPN 结构示意图

在 RPN 网络步骤之后, 有很多没有分配类别的目标候选区域, 接下来要解决的问题就是如何将这些候选区域分类到想要的类别中. Faster R-CNN 通过 ROI(Region of Interest) 池化层为每个候选区域提取固定大小的特征图. 如图 9.3.3 所示, ROI 池化层的输入为任意尺寸的候选区域特征图, 用 $M \times N$ 的网格将每个候选区域特征均匀分成 $M \times N$ 块, 再对每个块进行最大池化作操作, 最终即可提取出一个 $M \times N \times C$ 维的特征向量, 其中 C 代表通道数. 于是不同大小的候选区域特征就转变为大小统一的特征, 使得特征可送入全连接层, 以实现最终的分类和边框预测任务. 如图 9.3.4 所示, Faster R-CNN 将每个统一大小的候选区域特征图平坦化并使用两个均含有 4096 个神经元且配备 ReLU 激活函数的全连接层. 然后, 对每个候选区域使用两种不同的全连接层: 一个是有 $N+1$ 个单元的全连接层, 其中 N 代表目标类的总数, 另外所加的 1 指代背景类. 另一个是

有 $4N$ 个单元的全连接层, 使其完成回归预测, 对 N 个类别中的每一个可能的类别, 都要产生一个 4 维的偏移量, 分别对应其中心点位置坐标和宽高的偏移.

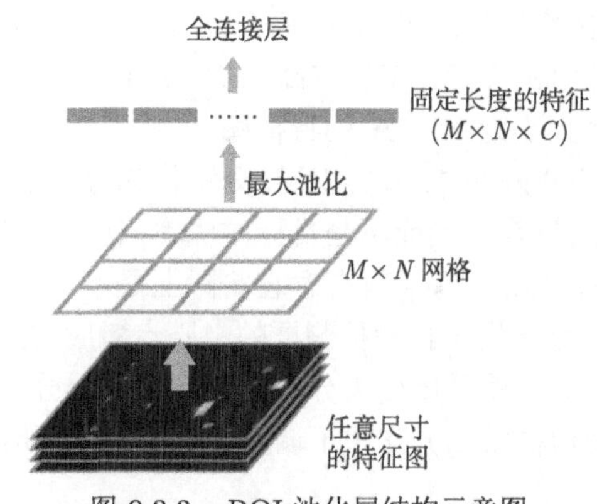

图 9.3.3　ROI 池化层结构示意图

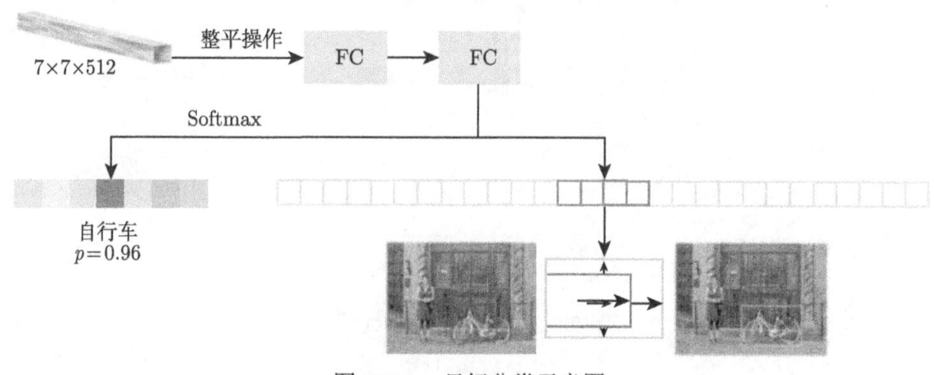

图 9.3.4　目标分类示意图

2. 损失函数

为了训练 RPN 网络, 对每个候选框分配一个标签, 其中属于正标签的候选框有两类, 一类是与某个真实标注框有着最高 IoU 值的候选框, 一类是与任意真实标注框的 IoU 值大于 0.7 的候选框. 将负标签分配给与所有真实标注框的 IoU 值低于 0.3 的候选框. 除了对候选框进行标记外, 另一件事情就是计算候选框与真实标注框之间的偏移量. 给定候选框 $A=(x_a,y_a,w_a,h_a)$, 其中, 各分量分别对应中心点位置坐标和宽高, 同理, 令真实标注框 $GT=(x^*,y^*,w^*,h^*)$, 想要调整候选框使其更接近真实标注框, 则需要寻找一种变换关系 F, 使得 $F(x_a,y_a,w_a,h_a)=(x,y,w,h)$, 其中, (x,y,w,h) 表示预测框, 并且应该近似于真实标注框 $(x^*,y^*,w^*,$

h^*). 实现这种变化比较直观的思路就是平移和缩放, 对于平移, 有以下关系成立:

$$x = w_a * t_x + x_a, \quad y = h_a * t_y + y_a.$$

对缩放有关系成立:

$$w = w_a * \exp(t_w), \quad h = h_a * \exp(t_h).$$

因此, 需要学习 t_x, t_y, t_w, t_h 这四种变换来实现对候选框的微调. 根据平移和缩放关系, 可得候选框与预测框之间的偏移量:

$$t_x = (x - x_a)/w_a, \quad t_y = (y - y_a)/h_a,$$
$$t_w = \ln(w/w_a), \quad t_h = \ln(h/h_a).$$

同理, 对于候选框与真实标注框的偏移量来说, 可得

$$t_x^* = (x^* - x_a)/w_a, \quad t_y^* = (y^* - y_a)/h_a,$$
$$t_w^* = \ln(w^*/w_a), \quad t_h^* = \ln(h^*/h_a).$$

令 $t = (t_x, t_y, t_w, t_h)$, $t^* = (t_x^*, t_y^*, t_w^*, t_h^*)$, 则我们的目标就是让 t 与真实值 t^* 差距最小.

基于以上说明, 可以定义 RPN 网络的损失函数. 对于一张输入图片, 使用多任务损失作为损失函数, 则最小化目标损失函数可定义为如下形式:

$$L(p_i, t_i) = \frac{1}{N_{cls}} \sum_i L_{cls}(p_i, p_i^*) + \lambda \frac{1}{N_{reg}} \sum_i p_i^* L_{reg}(t_i, t_i^*),$$

其中, i 是候选框的索引, p_i 是候选框 i 的预测概率, p_i^* 是真实标注数据, 如果该候选框的标签为正, 则 p_i^* 为 1, 否则为 0. 与前面 t 和 t^* 的定义类似, 此处 t_i 和 t_i^* 分别表示候选框 i 的预测偏移量和真实偏移量. 两项损失分别用 N_{cls}, N_{reg} 和平衡参数 λ 来加权. 其中 N_{cls} 是小批量大小, N_{reg} 是候选框数量. $p_i^* L_{reg}(t_i, t_i^*)$ 表明, 只有正标签的候选框才有损失, 其他情况损失都为 0. 损失函数中 L_{cls} 为分类任务的损失函数, 其形式如下:

$$L_{cls}(p_i, p_i^*) = -p_i^* \ln(p_i) - (1 - p_i^*) \ln(1 - p_i).$$

L_{reg} 表示回归任务的损失函数, 可以表示为如下形式:

$$L_{reg}(t_i, t_i^*) = R(t_i - t_i^*),$$

其中 R 可以表示为

$$R(x) = smooth_{L_1}(x) = \begin{cases} 0.5x^2, & \text{当 } |x| < 1, \\ |x| - 0.5, & \text{其余情况}. \end{cases}$$

RPN 网络之后使用的网络属于预测网络, 对该部分网络损失函数的定义形式如下:

$$L(p, u, t^u, v) = L_{cl}(p, u) + \lambda [u \geqslant 1] L_{loc}(t^u, v),$$

其中, $p = (p_0, \cdots, p_N)$ 表示 $N+1$ 个类别概率; u 代表真实的类别; $t^u = (t_x^u, t_y^u, t_w^u, t_h^u)$ 代表第 u 个类别的候选框偏移量; $v = (v_x, v_y, v_w, v_h)$ 代表真实的偏移量, λ 是两项损失之间的平衡参数. 分类损失为 $L_{cl} = -\ln p_u$, 其表示真实类别 u 的对数损失, 边框回归的损失函数 L_{loc} 如下所示:

$$L_{loc}(t^u, v) = \sum_{i \in \{x, y, w, h\}} smooth_{L_1}(t_i^u - v_i).$$

3. 网络训练

目前已经描述了 Faster R-CNN 的整体框架和原理, 下面介绍如何训练 Faster R-CNN. Faster R-CNN 需要学习 RPN 网络和预测网络之间的共享参数, 由于涉及两个网络, 如果采用简单的独立训练方式, 显然没有办法将网络的参数共享. 使用联合的模型也不只是将两个网络连接起来利用反向传播算法就能够解决参数共享问题, 因为只有简单的连接很难使得两个模型参数同时收敛于一个最优值. 于是, Faster R-CNN 使用交替优化算法训练网络: 第一步, 使用 ImageNet 数据集对 RPN 网络进行预训练初始化, 之后再对其进行端到端精调训练, 目的是训练一个好的 RPN 网络使其能产生有效的候选区域. 第二步, 用上一步产生的候选框训练一个独立的预测网络, 这个网络首先要由 ImageNet 数据集预训练得到. 第三步, 将第二步中训练好的预测网络与第一步中的 RPN 网络连接起来, 固定共享卷积层参数, 对 RPN 网络进行精调, 实现两个网络的参数共享. 第四步, 保持其他层不变, 精调预测网络的全连接层, 使模型能够更好地应用于目标检测任务. 经过这四步之后一个 Faster R-CNN 就训练完成了. 具体训练时, Faster R-CNN 模型采用随机梯度下降, 总共训练了 20 个周期, 其中网络学习率从 1×10^{-3} 逐步降低到 1×10^{-4}.

4. 模型测试

选取 PASCAL VOC2007 数据集和 PASCAL VOC2012 数据集对 Faster R-CNN 进行训练和测试, PASCAL VOC2007 数据集共包含 9963 张图片, 其训练

集、验证集和测试集分别包含图片数量为 2501, 2510 和 4952. PASCAL VOC2012 数据集共包含训练集图片 5717 张, 验证集图片 5823 张. 实验共分为 4 组, 每组均使用 VGG-16 作为骨干网络, 在训练集上训练 20 个周期接着在测试集上评估算法的 mAP, 实验结果如表 9.3.1 所示.

表 9.3.1 PASCAL VOC2007 数据集和 PASCAL VOC2012 数据集的实验结果

序号	骨干网络	训练集	测试集	mAP
①	VGG-16	2007 train + 2007 val	VOC2017 test	69.2
②	VGG-16	2007 train + 2007 val + 2012 test + 2012 val	VOC2017 test	75.7
③	VGG-16	2012 train	VOC2012 val	64.8
④	VGG-16	2007 train + 2007 val + 2012 train	VOC2012 val	69.5

对于实验 ①, 训练集为 VOC2007 train 和 VOC2007 val, 测试集为 VOC2007 test, 因此训练集和测试集各有 5011 和 4952 张图片, 在这种实验设置下算法在测试集上的 mAP 可达 69.2. 对于实验 ②, 训练集为 VOC2007 train、VOC2007 val、VOC2012 train 和 VOC2012 val, 测试集为 VOC2007 test, 因此训练集和测试集各有 16551 和 4952 张图片, 该实验设置下算法在 VOC2007 test 上的 mAP 提高至 75.7. 对于实验③, 训练集为 VOC2012 train, 测试集为 VOC2012 val, 因此训练集和测试集各有 5717 和 5823 张图片, 且算法在 VOC2012 val 上的 mAP 可达 64.8. 对于实验④, 训练集为 VOC2007 train、VOC2007 val 和 VOC2012 train, 测试集为 VOC2012 val, 因此训练集和测试集各有 10728 和 5823 张图片, 该实验设置下算法在 VOC2012 val 上的 mAP 提高至 69.5. 对比实验①和②以及实验③和实验④, 我们可以看出, 增加训练集图片数可以提高检测精度.

9.3.2 One-Stage 目标检测算法

One-Stage 目标检测方法直接从图片中回归出目标物体的位置以及类别, 本节将具体介绍 One-Stage 目标检测方法 YOLOv3.

YOLOv3

从网络结构、损失函数、网络训练、模型测试四个方面具体介绍 YOLOv3 目标检测算法.

1. 网络结构

YOLOv3 的总体网络结构如图 9.3.5 所示. 其中, DBL 是 YOLOv3 的基本组件, 即卷积层 +BN 层 +Leaky ReLU 激活函数. 对于 YOLOv3 来说, 除了最后一层卷积, BN 层、Leaky ReLU 激活函数、卷积层三者已经是不可分离的部分, 共同构成了网络结构中的最小组件. YOLOv3 使用残差结构使网络得到有效的加深, 其中, $resn$ 中的 n 代表数字 n, 有 $res1, res2, \cdots, res8$ 等, 表示这个残差块

(Resblock) 里含有多少个残差单元, 该部分构成了 YOLOv3 的大组件, 可以直观地看到, DBL 同样也是 *resn* 的基本组件. 此外, *concat* 表示张量拼接操作, 即将特征图提取网络中间层的特征和后面的某一层特征的上采样进行拼接. 需要注意的是, 拼接的操作和残差层的求和操作是不一样的, 区别在于拼接会扩充张量的维度, 而求和操作只是直接逐元素求和不会导致张量维度的改变.

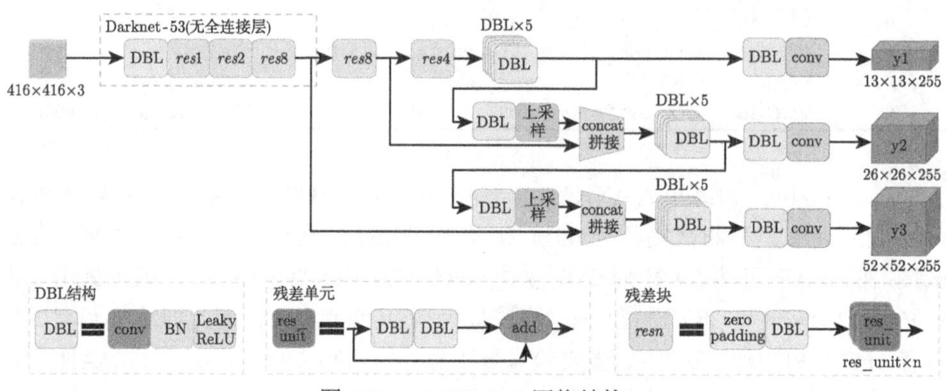

图 9.3.5　YOLOv3 网络结构

具体地, YOLOv3 使用 Darknet-53 网络结构作为骨干网络, 详细的 Darknet-53 网络如表 9.3.2 所示, 不过 YOLOv3 并没有使用最后的全连接层. 此外, Darknet-53 摒弃了池化层, 而是使用步长为 2 的卷积来实现下采样, 因此 YOLOv3 网络是一个全卷积网络. 为了提高算法对小目标的检测精度, YOLOv3 采用特征上采样和融合策略, 通过 3 个全卷积结构的预测分支在多个尺度的特征图上实现了检测任务. 其中, 3 个预测分支的最后一个卷积层均使用 255 个卷积核, 以匹配 COCO 数据集的 80 类, 即 $3\times(80+4+1)=255$, 3 表示一个采样点包含 3 个边界框, 4 表示边界框的 4 个坐标信息, 即中心坐标、长和宽, 1 表示边界框的置信度得分.

当输入为 416×416 时, 3 个预测分支将分别在 13×13, 26×26, 52×52 三个尺度的特征图上预测, 而随着输出的特征图的数量和尺度的变化, 先验框的尺寸也需要相应的调整. YOLOv3 为每种下采样尺度设定 3 种先验框, 总共设置了 9 种尺寸的先验框. 在 COCO 数据集上这 9 个先验框的尺寸分别是 (10×13), (16×30), (33×23), (30×61), (62×45), (59×119), (116×90), (156×198), (373×326). 我们知道越小的特征图具有越大的感受野, 因此每个分支上的先验框分配情况如下. 在最小的 13×13 特征图上应用较大的先验框 (116×90), (156×198), (373×326), 适合检测较大的目标. 在中等的 26×26 特征图上其感受野也相应中等, 则应用中等的先验框 (30×61), (62×45), (59×119), 适合检测中等大小的目标. 对于较大的 52×52 特征图, 其感受野也较小, 因此应用较小的先验框 (10×13), (16×30),

(33×23), 有利于检测较小的目标. 于是, 对于一个 416×416 的输入图像, YOLOv3 在每个尺度的特征图的每个采样位置设置 3 个先验框, 则共有 13×13×3+26×26×3+52×52×3=10647 个预测. 接着, 在边界框的类别预测任务上 YOLOv3 能够支持多标签目标 (比如一个人可以有 Woman 和 Person 两个标签).

表 9.3.2 Darknet-53 网络结构

	类型	输出通道数	卷积核	步长	输出特征图尺寸
	卷积	32	3×3		256×256
	卷积	64	3×3	2	128×128
残差块 ×1	卷积	32	1×1		
	卷积	64	3×3		
	残差				128×128
	卷积	128	3×3	2	64×64
残差块 × 2	卷积	64	1×1		
	卷积	128	3×3		
	残差				64×64
	卷积	256	3×3	2	32×32
残差块 ×8	卷积	128	1×1		
	卷积	256	3×3		
	残差				32×32
	卷积	512	3×3	2	16×16
残差块 ×8	卷积	256	1×1		
	卷积	512	3×3		
	残差				16×16
	卷积	1024	3×3	2	8×8
残差块 ×4	卷积	512	1×1		
	卷积	1024	3×3		
	残差				8×8
	全局平均池化				
	全连接		1000		
	Softmax 层				

2. 损失函数

基于以上说明, YOLOv3 就可以通过图 9.3.5 所示的网络模型预测出目标的位置和类别, 将网络预测值和标签值进行比较, 则可以建立损失函数. YOLOv3 的损失函数共有三项, 一项是预测框的回归损失, 一项是分类损失, 一项是边界框的置信度损失. 其中, 边界框的回归损失使用均方损失, 分类损失和置信度损失均使用二元交叉熵损失 (Binary Cross Entropy Loss, BCE Loss). 于是 YOLOv3 的损失函数定义如下:

$$L = \lambda_{coord} \sum_{i=0}^{S^2} \sum_{j=0}^{B} l_{ij}^{obj} \left[(x_i^j - \hat{x}_i^j)^2 + (y_i^j - \hat{y}_i^j)^2 \right]$$

$$
\begin{aligned}
&+\lambda_{coord}\sum_{i=0}^{S^2}\sum_{j=0}^{B} l_{ij}^{obj}\left[\left(w_i^j-\hat{w}_i^j\right)^2+\left(h_i^j-\hat{h}_i^j\right)^2\right]\\
&+\sum_{i=0}^{S^2}\sum_{j=0}^{B} l_{ij}^{obj}(-1)\left[\hat{C}_i^j\ln(C_i^j)+(1-\hat{C}_i^j)\ln(1-\hat{C}_i^j)\right]\\
&+\lambda_{noobj}\sum_{i=0}^{S^2}\sum_{j=0}^{B} l_{ij}^{noobj}(-1)\left[\hat{C}_i^j\ln(C_i^j)+(1-\hat{C}_i^j)\ln(1-\hat{C}_i^j)\right]\\
&+\sum_{i=0}^{S^2} l_i^{obj}(-1)\sum_{c\in classes}\left[\hat{p}_i(c)\ln(p_i(c))+(1-\hat{p}_i(c))\ln(1-p_i(c))\right],
\end{aligned}
$$

公式的前两行表示了预测框误差, 公式的第 3、4 行为置信度误差, 公式的第 5 行为分类误差, 其中, 一共包括 S^2 个网格, 每个网格上包括 B 个候选框, (x_i^j, y_i^j), (w_i^j, h_i^j), C_i^j, p_i^j 分别表示预测框的中心点、宽高、置信度和类别概率; $(\hat{x}_i^j, \hat{y}_i^j)$, $(\hat{w}_i^j, \hat{h}_i^j)$, $\hat{C}_i$, $\hat{p}_i$ 分别表示真实标注框的中心点、宽高、置信度和类别概率. l_i^{obj} 表示第 i 个网格出现了目标, l_{ij}^{obj} 表示第 i 个网格的第 j 个候选框负责预测目标, 即意味着负责预测的候选框才会计入误差, l_{ij}^{noobj} 表示第 i 个网格的第 j 个候选框不存在目标. $classes$ 表示类别集合, λ_{coord} 和 λ_{noobj} 是超参数, 用来平衡各部分的损失.

3. 模型训练

在 MS COCO2017 数据集上对 YOLOv3 算法进行训练, 该数据集共 80 类目标, 包含训练集共 118287 张图片, 验证集共 5000 张图片, 测试集共 40670 张图片. 网络训练时, 采用随机梯度下降优化器, 共训练 100 个周期, 其中学习率从 0.01 逐步降低到 0.001.

4. 模型测试

在 MS COCO2017 数据集上对该算法进行训练和测试. 在常用的目标检测算法中, 不同的图片长宽各不相同, 因此常需要将原始图片统一缩放到一个标准尺寸, 再送入检测网络. YOLOv3 算法中常用 320×320, 416×416, 608×608 等尺寸, 因此我们一共设置了 3 组实验, 分别测试了不同缩放尺寸图片下的检测性能. 每组实验均使用 Darknet-53 作为骨干网络, 在训练集上训练 100 个周期接着在测试集上评估算法的 mAP. 实验使用的数据集是 COCO2017 数据集, 实验结果如表 9.3.3 所示, YOLOv3 算法在图片尺寸为 320, 416, 608 下的 mAP 精度分别为 29.8, 30.0, 30.1, 这也说明了图片缩放尺寸对检测精度也有一定的影响.

表 9.3.3 COCO2017 数据集的实验结果

序号	图片尺寸	骨干网络	训练集	测试集	mAP
①	320	Darknet-53	COCO2017 train	COCO2017 test	29.8
②	416	Darknet-53	COCO2017 train	COCO2017 test	30.0
③	608	Darknet-53	COCO2017 train	COCO2017 test	30.1

■ 9.4 基于卷积神经网络的目标跟踪任务

随着卷积神经网络的快速发展, 目标跟踪领域的研究越来越集中到基于卷积神经网络的跟踪模型. 深度卷积神经网络较传统方法具有更好的特征提取和表征能力, 将通过分类任务或检测任务训练得到的网络迁移到目标跟踪任务中, 实现了目标跟踪效果的大幅度提升. 下面详细介绍卷积神经网络在目标跟踪任务中的应用.

下面介绍基于孪生网络 (Siamese Networks) 的目标跟踪算法, 孪生网络框架如图 9.4.1 所示. 其中, X_1 和 X_2 表示两个输入图片, 孪生网络要做的就是衡量二者的相似度并输出, 其有两个结构相同且共享权值的子网络, 可以将输入映射到低维度的特征 $G_W(X_1)$ 和 $G_W(X_2)$, 需要学习的就是共享参数 W, 再通过以下公式所示的距离度量方式计算两个特征的距离, 即相似度值.

$$E_W(X_1, X_2) = \|G_W(X_1) - G_W(X_2)\|.$$

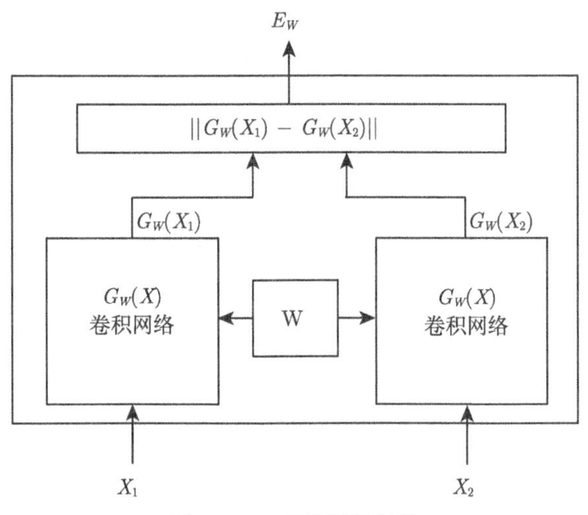

图 9.4.1 孪生网络结构

基于孪生网络的目标跟踪算法通过大量数据来离线训练深度卷积神经网络以得到特征提取网络, 在跟踪过程中, 将离线训练好的网络直接使用, 不进行参数的在线更新, 从而可以提升跟踪的速度.

下面介绍基于多分支的多尺度感知目标跟踪算法 (Multi-branch and Multi-scale Perception Object Tracking Framework, MultiBSP), 该算法以孪生网络为基础, 使用多分支网络实现对目标的多种状态估计, 通过分支间的组合和相互验证提升跟踪的鲁棒性, 此外, 算法使用多尺度感知模块和信息增强模块, 其中多尺度感知模块有助于提升跟踪器对目标尺度的感知能力, 信息增强模块使得跟踪器更关注于对跟踪任务重要的特征且可抑制干扰信息.

下面从网络结构、损失函数、网络训练、模型测试四个方面具体介绍 MultiBSP 目标跟踪算法.

1. 网络结构

MultiBSP 由骨干网络、多尺度感知模块、信息增强模块和多分支子网络四部分组成, 如图 9.4.2 所示, 其中骨干网络用来提取目标特征, 多尺度感知模块起到感知目标尺度的作用, 信息增强模块可抑制噪声并增强与目标相关的信息, 多分支子网络完成最后的预测工作.

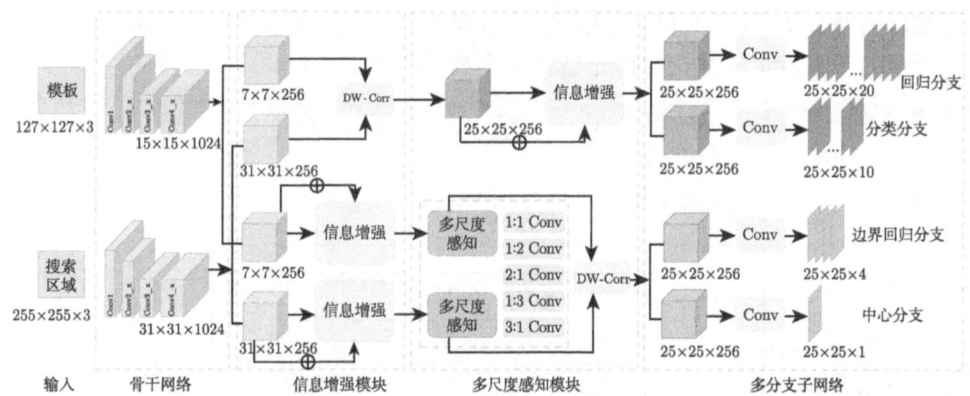

图 9.4.2 MultiBSP 网络结构, 包括骨干网络、多尺度感知模块、信息增强模块和多分支子网络四部分, 其中 DW-Corr 表示深度互相关操作 (Depth-wise Cross Correlation), ⊕ 表示逐元素加法运算

骨干网络 骨干网络作为特征提取器通常是一个保存好的之前已在大规模图像分类任务上训练好的卷积神经网络. 为了更充分地提取特征信息, MultiBSP 采用 ResNet-50 进行特征提取, 此外, MultiBSP 对基础的 ResNet-50 进行了调整, 裁剪掉了 ResNet-50 的最后一个卷积层且没有使用多层特征的融合, 而仅仅使用图 9.4.2 中所示的 Conv4_x 层输出的特征进行后续的运算, 从而有效地减少了计算量. 目标模板的特征提取是将目标模板为中心的搜索区域送入特征提取网络, 然后通过对中心区域进行裁剪得到. 这样既可以采集到目标模板的整体信息, 也可以减少卷积填充操作对边缘带来的影响. 在特征提取过程中, 目标模板和搜索

区域共享网络结构.

多分支子网络 为了使特征更好地适应各个分支的跟踪任务, 在利用共享网络提取特征后, 流向每个分支的目标模板特征和搜索区域特征都会经过一个 3×3 的卷积层进行调节. 然后经过通道卷积 (Depth-Wise Convolution) 融合目标模板和采样点的特征信息, 其中通道卷积是一种轻量的互相关运算, 能高效地实现信息融合. 接着, MultiBSP 在通道卷积之后增加逐点卷积 (Point-Wise Convolution) 以进一步融合不同通道间的特征信息. 以上的特征处理过程如图 9.4.3 所示.

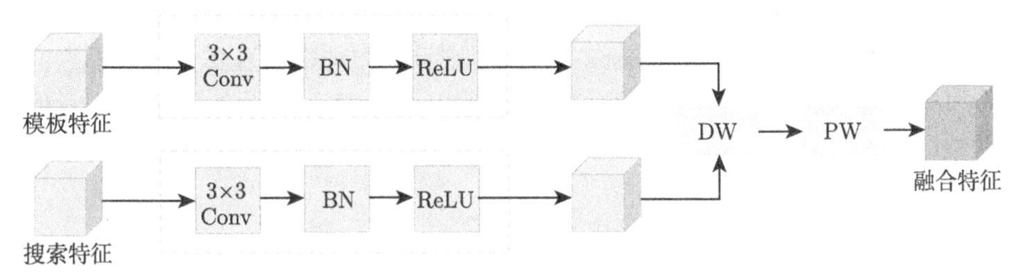

图 9.4.3 特征融合和适应示意图

多分支卷积网络包括四个分支, 一个分类分支、一个回归分支、一个中心分支、一个边界回归分支, 其中分类分支和回归分支依赖于预定义的候选框 (Anchor-based), 而中心分支和边界回归分支应用了无锚框机制 (Anchor-free). 各个分支采用相似的塔式结构以保证预测过程的稳定性. 目标模板特征和搜索区域特征融合后的特征图送入各个分支网络, 融合特征经过四层 3×3 的卷积核, 且每个卷积核后经过 ReLU 层和 BN 层以实现正则化. 最后特征经过面向具体任务的卷积核, 卷积核数量根据任务确定. 通常目标模板会在所跟踪视频序列的第一帧给出, 记为 z, 使用 $x \in \mathbb{R}^{C\times H\times W}$ 表示后续帧中的搜索区域, 则整个多分支网络结构可公式化为以下形式:

$$
\begin{aligned}
f_i(z,x) &= \phi\left(\varphi_i\left(\mathcal{C}\left(\kappa\left(z\right)\right)\right), \psi_i(\kappa(x))\right), \\
\mathcal{R}_i(z,x) &= g_i(f_i(z,x)),
\end{aligned}
\tag{9.4.1}
$$

其中, κ 表示共享网络的特征提取函数, $\mathcal{C}$ 表示裁剪, φ_i 和 ψ_i 分别表示目标模板和搜索区域的特征调整函数, ϕ 表示特征融合, f_i 表示融合后的特征, g_i 表示分支网络, 每个分支网络可以看作是一个关系信息挖掘函数, $\mathcal{R}_i$ 表示每个分支网络的输出.

下面我们对各个分支进行详细介绍.

(1) 分类分支

该分支是 Anchor-based 分支, 其用来估计搜索区域中的各个预定义候选框与真实目标边框的相似关系, 从而实现正负样本的分类. 在每个采样点设置一系列不同长宽比的候选框作为提议区域, 此处长宽比共设置 (1:1, 1:2, 2:1, 3:1, 1:3)

五种, 如果有 K 个候选框, 则网络的输出大小为 $2K$, 其中 2 表示该框的前景背景分类属性. 训练中给定真实的目标边框 (G_x, G_y, G_w, G_h), 分别为目标的中心位置和长宽, 同理第 i 个预定义的候选框表示为 (P_x^i, P_y^i, P_w^i, P_h^i), 则候选框和真实框之间的相似度可用二者的 IoU 值来衡量. 此处使用 0.6 和 0.3 两个 IoU 阈值作为标准来规定正负样本的划分, 当候选框与真实框的 IoU 值大于 0.6, 则认为匹配成功, 该候选框视为正样本, 标签设置为 1; 若其 IoU 值小于 0.3, 则该候选框被划分为负样本, 标签设置为 0.

(2) 回归分支

该分支同样属于 Anchor-based 分支, 用来计算候选框和真实目标边框之间的偏移. 因此, 如果有 K 个候选框, 则网络的输出大小为 $4K$, 此处 4 用来表示偏置信息 (Δx_i, Δy_i, Δw_i, Δh_i), 分别代表中心点位置和长宽的偏置, 该偏置可根据下列公式计算:

$$\begin{aligned} \Delta x_i &= \frac{G_x - P_x^i}{P_w^i}, \quad \Delta y_i = \frac{G_y - P_y^i}{P_h^i}, \\ \Delta w_i &= \ln\left(\frac{G_w}{P_w^i}\right), \quad \Delta h_i = \ln\left(\frac{G_h}{P_h^i}\right), \end{aligned} \tag{9.4.2}$$

其中, (P_x^i, P_y^i, P_w^i, P_h^i) 表示候选框的中心点和长宽, 同理, 真实框用 (G_x, G_y, G_w, G_h) 表示.

(3) 中心分支

该分支属于 Anchor-free 分支, 其不依赖于预定义的候选框. 通过在特征图上逐像素地进行预测, 该分支可输出每个采样点是目标中心的可能性, 因此该分支的输出通道为 1. 在线训练跟踪器时, 采样样本的标签通常通过采样点和搜索区域中的目标中心位置的距离进行设定. 训练中, 计算所有采样点的中心位置和搜索区域中的目标中心的距离, 距离小于给定阈值的采样点为正样本, 标签赋值为 1, 距离大于给定阈值的采样点为负样本, 标签设置为 0.

(4) 边界回归分支

该分支同中心分支一样都属于 Anchor-free 分支, 而该分支所计算的是采样点与真实框的上下左右四个边界的偏置 (l_i, t_i, r_i, b_i), 其中 i 表示第 i 个采样点. 因此, 通过回归过程该分支的网络输出为 4 通道的特征图, 每个通道估计采样点的一个边界距离. 具体来说, 对于特征图上的一个采样点 (x_i, y_i), 其所对应的真实框为 $M = (\hat{x}_1, \hat{y}_1, \hat{x}_2, \hat{y}_2)$, 其中 $(\hat{x}_1, \hat{y}_1)$ 和 $(\hat{x}_2, \hat{y}_2)$ 分别表示真实框的左上角和右下角位置坐标, 则该采样点所对应的偏置可通过如下公式计算:

$$\begin{aligned} l_i &= x_i - \hat{x}_1, \quad t_i = y_i - \hat{y}_1, \\ r_i &= \hat{x}_2 - x_i, \quad b_i = \hat{y}_2 - y_i. \end{aligned} \tag{9.4.3}$$

多分支组合 多分支结构产生了两种不同的预测, 利用分类分支和回归分支可确定一个目标预测框 A, 利用中心分支和边界回归分支可确定一个目标预测框 B, MultiBSP 将二者之间的 IoU 作为更新参数去更新模板. 下面对模板更新策略做详细介绍.

对于预测框 A, 通过分类分支可选出其对应的与目标相似度最高的候选区域坐标 $(p_x^*, p_y^*, p_w^*, p_h^*)$, 由回归分支可得到其相应的偏置信息 $(\Delta\tilde{x}_*, \Delta\tilde{y}_*, \Delta\tilde{w}_*, \Delta\tilde{h}_*)$, 将以上信息代入公式:

$$
\begin{aligned}
&G_x^* = \Delta\tilde{x}_* p_w^* + p_x^*, \quad G_y^* = \Delta\tilde{y}_* p_h^* + p_y^*, \\
&G_w^* = \exp(\Delta\tilde{w}_*) p_w^*, \quad G_h^* = \exp(\Delta\tilde{h}_*) p_h^*,
\end{aligned} \tag{9.4.4}
$$

则 $(G_x^*, G_y^*, G_w^*, G_h^*)$ 可确定预测框 A, 其中各项分别表示 A 的中心点坐标和宽高. 对于预测框 B, 根据中心点分支可以确定目标的目标最佳中心点定位 (x_*, y_*), 由边界回归分支可得到其对应的边界距离 (l_*, t_*, r_*, b_*), 将这些结果代入公式:

$$
\begin{aligned}
&\hat{x}_1^* = x_* - l_*, \quad \hat{y}_1^* = y_* - t_*, \\
&\hat{x}_2^* = x_* + r_*, \quad \hat{y}_2^* = y_* + b_*,
\end{aligned} \tag{9.4.5}
$$

则 $(\hat{x}_1^*, \hat{y}_1^*, \hat{x}_2^*, \hat{y}_2^*)$ 可确定预测框 B, 其中 $(\hat{x}_1^*, \hat{y}_1^*)$ 和 $(\hat{x}_2^*, \hat{y}_2^*)$ 分别表示 B 的左上角和右下角坐标. 因此, 基于以上结果可以计算出 A, B 两区域的 IoU, 记为 α, 其计算公式如下:

$$
\alpha = \frac{|A \cap B|}{|A \cup B|}. \tag{9.4.6}
$$

将初始帧经过裁剪得到的目标模板特征 T_* 作为原始模板, 令 T_k 表示后续各帧采集的目标模板特征, 则用于在跟踪阶段评估搜索区域的特征模板可通过下式更新计算:

$$
\widehat{T}_k = (1 - \gamma\alpha_k)\widehat{T}_{k-1} + \gamma\alpha_k T_k, \tag{9.4.7}
$$

$$
T = \beta T_* + (1 - \beta)\widehat{T}_k, \tag{9.4.8}
$$

其中, β 和 γ 是更新权重, α_k 表示在第 k 帧计算得到的 IoU 值, 且公式满足 $\widehat{T}_1 = 0$, $k \geqslant 2$.

多尺度感知模块 为了平衡 Anchor-free 分支和 Anchor-based 分支对目标形状的感知能力, MultiBSP 对分类分支和回归分支两个 Anchor-based 分支设置了 $(1:1, 1:2, 2:1, 1:3, 3:1)$ 五种长宽比例的预定义候选框, 则它们至少能够感知五种长宽比例的目标. 由于 Anchor-free 分支不使用预定义的候选框, MultiBSP 通

过不同的间隔比 (Dilation Rate) 来调整卷积的尺度以改变感受野, 可通过空洞卷积来实现该功能. 空洞卷积的好处是, 在不进行池化导致信息损失的情况下, 扩大了感受野, 如图 9.4.4 所示.

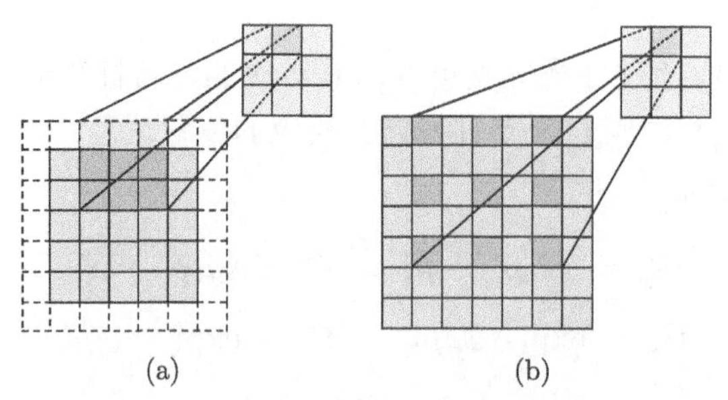

图 9.4.4 标准卷积 (3×3, Padding=1) 和空洞卷积 (3×3, Dilation Rate=2) 对比示意图

通过对空洞卷积设置不同的间隔比, 可以生成具有不同尺度的感受野信息的特征. Multi-BSP 为中心点分支和边界回归分支两个 Anchor-free 分支设置了 5 种空洞卷积的间隔比 (1∶1, 1∶2, 2∶1, 1∶3, 3∶1), 来对应 Anchor-based 分支的五种比例. 因此通过在特征图的每个像素上并行运算 5 种间隔比的空洞卷积, Anchor-free 分支也能感知到目标的 5 种大小和形状. 如图 9.4.5 所示, 在模板特征和搜索区域特征上分别运算 5 种间隔比的空洞卷积, 然后将由相同间隔比空洞卷积计算出的模板特征和搜索区域特征通过互相关操作进行融合. 最后, 将这五种融合特征通过逐项求和的方式进一步合并成多尺度特征, 该过程可公式化为以下形式:

$$F_P = \sum_r (\varphi_r(F_t) * \varphi_r(F_s)), \tag{9.4.9}$$

其中, F_t 和 F_s 分别表示模板特征和搜索区域特征, φ_r 表示空洞卷积运算, 其中 $r \in (1:1, 1:2, 2:1, 1:3, 3:1)$ 表示间隔比, $*$ 表示用来进行特征融合的深度互相关操作, F_P 表示多尺度特征. 最终, 不同间隔比的空洞卷积可以感知到不同尺度的感受野, 从而提升了融合后的特征的尺度多样性.

信息增强模块 为了关注与任务更相关的重要特征且抑制不必要的特征, MultiBSP 采用信息增强模块, 从通道和空间两个主要维度来增强有意义的特征, 即分别应用通道注意力和空间注意力以增强前景信息和通道信息.

如图 9.4.6 所示, MultiBSP 所使用的信息增强模块由两个子模块组成, 分别是前景信息增强子模块和通道信息增强子模块. 首先, 将特征 $F \in R^{C*H*W}$ 输入通道信息增强子模块, 对输入特征使用平均池化和最大池化进行信息压缩, 生成两个空间信息描述符: $F^c_{avg} \in R^{C*1*1}$ 和 $F^c_{max} \in R^{C*1*1}$. 然后, 将这两个压缩特征分别通过一个共享的 MLP, 对 MLP 的两个对应的输出特征通过逐元素相加进行融合, 即可生成通道注意力图 $F^c_{att} \in R^{C*1*1}$. 最后将通道注意力图 F^c_{att} 和初始

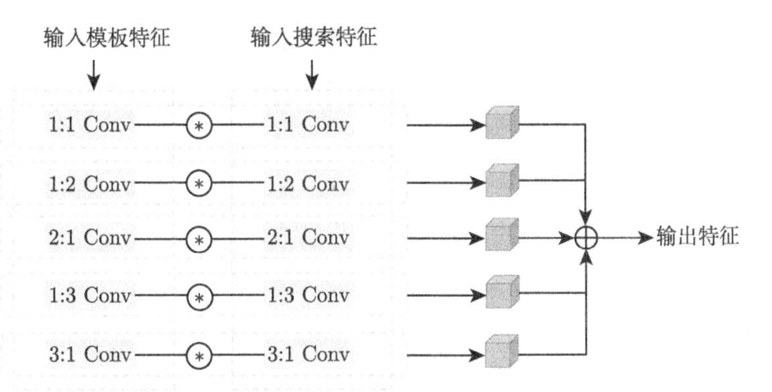

图 9.4.5 多尺度感知模块示意图. 其中, $*$ 表示深度互相关操作, $\oplus$ 表示逐元素相加运算

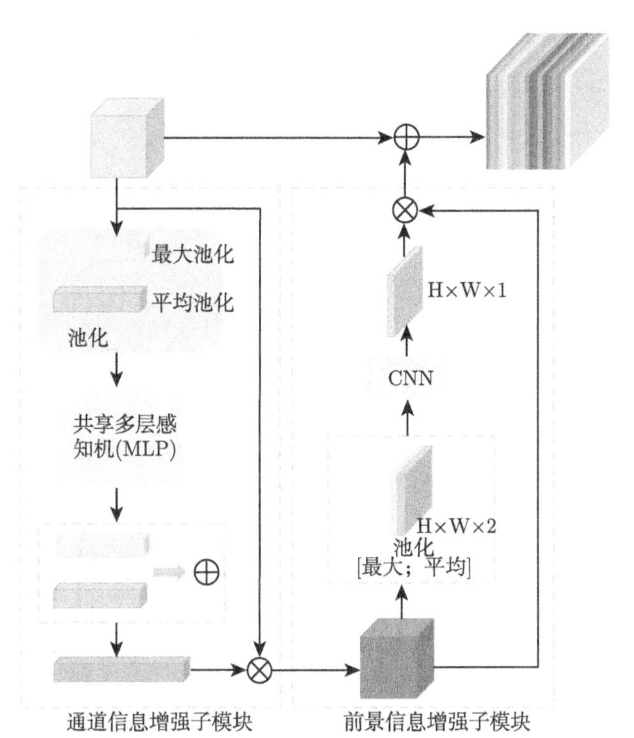

图 9.4.6 信息增强模块示意图, 共包含前景信息增强和通道信息增强两个子模块. 其中, $\otimes$ 和 $\oplus$ 分别表示逐元素相乘和逐元素相加运算

的输入特征 $F\in R^{C*H*W}$ 做逐元素乘法, 即可生成最终的通道信息增强特征 FC. 前景信息增强子模块串连在通道信息增强子模块之后使用, 即将特征 FC 输入前景信息增强子模块, 沿通道维度对特征使用平均池化和最大池化操作进行信息压缩, 生成两个压缩特征 $F_{avg}^{s}\in R^{1*H*W}$ 和 $F_{max}^{s}\in R^{1*H*W}$, 分别表示 FC 的平均池化特征和最大池化特征, 接着将二者拼接起来合为一个特征描述, 则其通道数为

2. 对该特征描述进行一个卷积操作将其通道数降为 1, 即生成一个空间注意力图 $F_{att}^s \in R^{1*H*W}$. 最后, 通过通道信息增强特征 FC 与空间注意力图 F_{att}^s 的逐元素相乘, 即生成最终的前景信息增强特征 FS. 综上所述, 通道注意力图 $F_{att}^c \in R^{C*1*1}$ 和空间注意力图 $F_{att}^s \in R^{1*H*W}$ 的计算可用以下公式表示:

$$F_{att}^c = \sigma(MLP(F_{avg}^c) \oplus MLP(F_{max}^c)), \tag{9.4.10}$$

$$F_{att}^s = \sigma(f(F_{avg}^s; F_{max}^s)), \tag{9.4.11}$$

其中, σ 表示 Sigmoid 函数, f 表示卷积层运算, $\oplus$ 表示逐元素求和运算.

此外, MultiBSP 以 Shortcut 快捷连接的方式将原始特征与前景信息增强子模块的输出相加, 在一定程度上减少了目标细节的丢失, 避免了梯度消失和退化等问题. 最终, 整个信息增强模块可以概括为以下公式:

$$FC = F \otimes F_{att}^c, \quad FS = FC \otimes F_{att}^s, \tag{9.4.12}$$

$$F^{'} = F \oplus FS, \tag{9.4.13}$$

其中, $F^{'}$ 表示信息增强模块最终的输出特征, $\otimes$ 和 $\oplus$ 分别表示逐元素相乘和逐元素相加运算.

2. 损失函数

有了以上网络结构就可以定义多分支框架的损失函数, 并且在训练阶段, 每个分支都有相应的损失函数.

对于分类分支, 训练中的损失函数为交叉信息熵损失函数, 令 $\boldsymbol{x}$ 和 $\boldsymbol{y}$ 分别表示分支预测值和标签, M 表示训练样本数, 则损失函数的计算公式如下:

$$\mathcal{L}_{cls}(\boldsymbol{x}, \boldsymbol{y}) = \frac{1}{M} \sum_{i=1}^{M} \left(-\ln \left(\frac{\exp(\boldsymbol{x}_i[\boldsymbol{y}_i])}{\sum_{j=0}^{1} \exp(\boldsymbol{x}_i[j])} \right) \right). \tag{9.4.14}$$

对于回归分支, 损失函数的定义如下:

$$\begin{gathered} \mathcal{L}_{reg} = \frac{1}{M} \sum_{i=1}^{M} (|\Delta_1 - \Delta_2|), \\ \Delta_1 = (\Delta\tilde{x}_i, \Delta\tilde{y}_i, \Delta\tilde{w}_i, \Delta\tilde{h}_i), \quad \Delta_2 = (\Delta x_i, \Delta y_i, \Delta w_i, \Delta h_i), \end{gathered} \tag{9.4.15}$$

其中, $(\Delta\tilde{x}_i, \Delta\tilde{y}_i, \Delta\tilde{w}_i, \Delta\tilde{h}_i)$ 表示回归分支的输出, 即所预测的偏置信息.

对于中心点分支, 训练中的损失函数为二进制交叉熵损失, 网络输出在所有采样点的预测值记为 $\boldsymbol{x}$, 标签记为 $\boldsymbol{y}$, 则误差计算公式如下:

$$\mathcal{L}_{cent}(\boldsymbol{x},\boldsymbol{y})=-\frac{1}{M}\sum_{i=1}^{M}\{\boldsymbol{y}_i\ln(\mathrm{Sigmoid}(\boldsymbol{x}_i))+(1-\boldsymbol{y}_i)\ln(\mathrm{Sigmoid}(1-\boldsymbol{x}_i))\},\tag{9.4.16}$$

对于边界回归分支, 可以利用预测的偏置重构出预测目标框 A_i, 记真实标注框为 B, 则可以计算出二者的 IoU. 边界回归分支的损失函数为 IoU 损失, 其计算公式如下:

$$\mathcal{L}_{border}=\frac{1}{M}\sum_{i=1}^{M}\left(-\ln\left(\frac{A_i\cap B}{A_i\cup B}\right)\right).\tag{9.4.17}$$

最终各个分支联合训练, 网络的总体损失函数是各分支损失的加权和, 其计算公式如下:

$$\mathcal{L}=\lambda_1\mathcal{L}_{cls}+\lambda_2\mathcal{L}_{reg}+\lambda_3\mathcal{L}_{cent}+\lambda_4\mathcal{L}_{border},\tag{9.4.18}$$

其中, λ_1, λ_2, λ_3 和 λ_4 是超参数, 用来平衡各个损失项.

3. 网络训练

MultiSPB 算法使用 VID、COCO、DET、YouTub-BB 和 GOT-10k 五个训练集来训练网络. 在训练和测试中, 模板的大小是 127 × 127 像素, 搜索区域的大小是 255 × 255 像素. MultiBSP 跟踪器训练时采用随机梯度下降, 共训练 20 个周期, 其中网络学习率从 1×10^{-3} 逐步降低到 5×10^{-4}. MultiBSP 使用 ImageNet 数据集上预训练的权重初始化骨干网络, 并且在训练过程中只更新骨干网络最后两层的参数, 而将其余层的参数固定. 此外, 为了训练的稳定性, 骨干网络在前 10 个周期不参与更新, 只在其余的周期中更新参数. 整个训练过程中四个分支采用联合训练策略, 网络的总体损失为每个分支计算的损失的加权和.

4. 模型测试

下面对 MultiBSP 算法在 VOT2018, OTB100, UAV123 和 LaSOT 四个代表性的基准数据集上进行跟踪性能评估. 此外, 为了说明各模块的有效性, 对 MultiBSP 进行了消融实验研究.

MultiBSP 算法在 OTB100、UAV123 和 LaSOT 上的测试结果如图 9.4.7 所示, 其中 SiamCAR、SiamRPN++、SiamBAN, DiMP、Ocean_online、Ocean_offline、ATOM、DaSiamRPN、SiamRPN、CLNet、ECO、ECO_HC、SDRCF、MEEM、DSST、MDNet、VITAL、SiamFC、StructSiam、DSiam 为代表性的目标跟踪算法. OTB100 是目标跟踪任务的经典目标跟踪基准之一, 其提供了 100 个视频序列用于性能评估. 在 OTB100 数据集上 MultiBSP 的成功率和精确度分别为 0.709 和 0.930. UAV123 由低空无人机拍摄的视频组成, 共包含 123 个视

频序列. 由于 UAV123 是从空中视角拍摄, 跟踪的目标通常较小. 在该数据集上, MultiBSP 的跟踪成功率为 0.631, 精确度为 0.837. 与 OTB100 和 UAV123 相比, LaSOT 具有更长的视频长度, 共包含 1400 个视频序列, 其序列的平均长度为 2500 帧. MultiBSP 在该数据集上的成功率为 0.510, 精确度得分为 0.524.

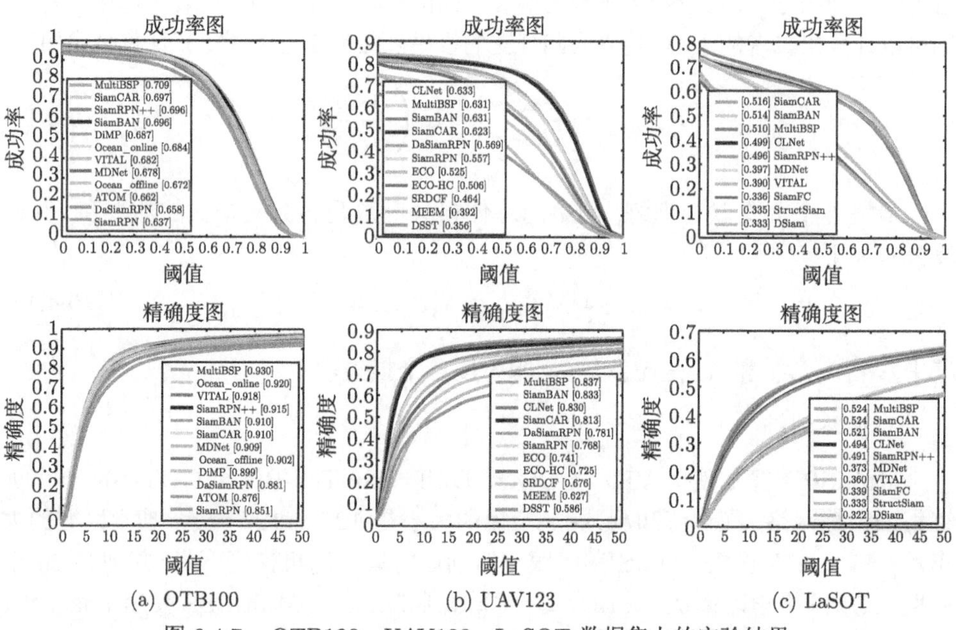

(a) OTB100 (b) UAV123 (c) LaSOT

图 9.4.7 OTB100、UAV123、LaSOT 数据集上的实验结果

在整体评估性能的基础上, 为了彻底评估 MultiBSP 在不同挑战性因素下的跟踪性能, 以 OTB100 数据集为例, 进行基于场景属性的对比实验. 图 9.4.8 显示了 MultiBSP 在形变、光照变化、遮挡、面外旋转、面内旋转、尺度变化、背景杂波、低分辨率 8 个挑战场景下的跟踪结果.

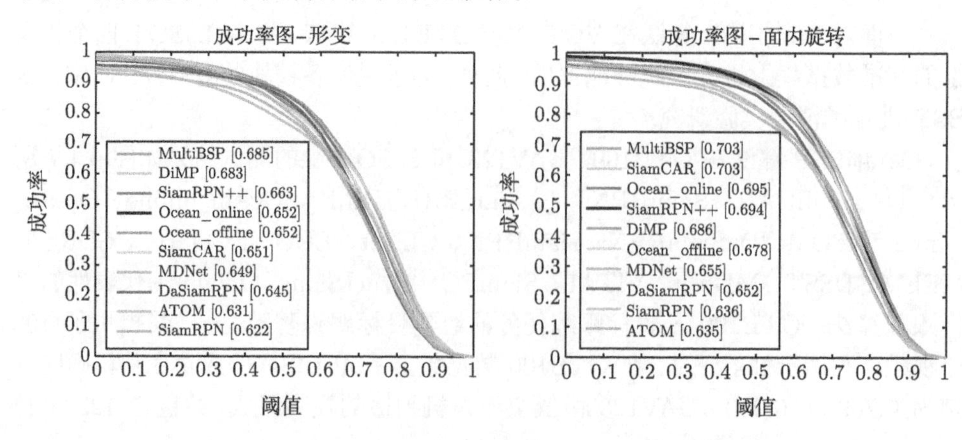

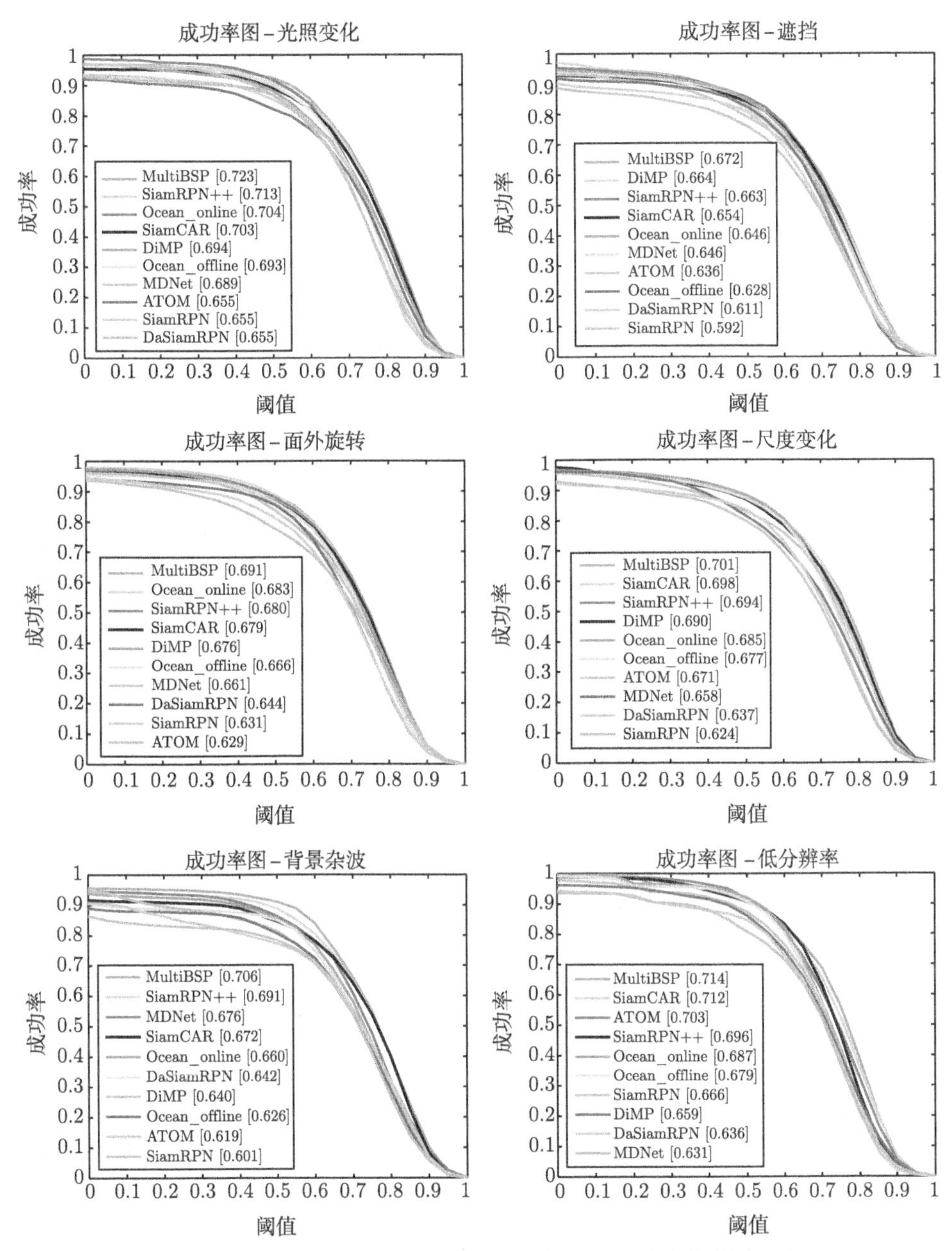

图 9.4.8 在 OTB100 数据集上不同场景的成功率曲线图对比

消融实验 接下来为了评估每个模块在跟踪中的有效性, 以 VOT2018 数据集下的跟踪性能为例, 通过逐个增加模块设置了消融实验, 对各个模型进行性能对比. 为了比较的公平性, 所有模型都在相同的数据集上训练, 训练集包括 VID、COCO、DET、YouTube-BB 和 GOT-10k. 如表 9.4.1所示, 各指标前 3 名的结果分别用红色、绿色和蓝色表示.

表 9.4.1 消融实验

序号	模型	EAO↑	A↑	R↓
①	Anchor-based 模型	0.374	0.601	0.253
②	Anchor-free 模型	0.386	0.583	0.262
③	多分支结构	0.416	0.597	0.169
④	③+ 多尺度感知模块	0.447	0.603	0.164
⑤	④+ 信息增强模块	0.453	0.591	0.159

表 9.4.1的模型①是分类分支和回归分支的组合, 实现 Anchor-based 的目标跟踪, 模型②是中心点分支和边界回归分支的组合, 实现基于 Anchor-free 机制的跟踪任务. 在 EAO 表现上, Anchor-free 模型比 Anchor-based 模型的结果高 0.012, 但整体上各指标的结果均处于同一水平. 为了分析 MultiBSP 框架中各个模块对跟踪性能的影响, 将它们逐个添加到模型中来测试跟踪性能. 模型③采用多分支结构, 可以看出其 EAO 和 R 的得分都有显著提高. 其中, 模型③的 EAO 达到 0.416, 相对于前两个模型分别增加了 11.2% 和 7.8%. 值得注意的是, 模型③ 在鲁棒性方面的提升也十分明显, 与前两个模型相比, 其鲁棒性分别提升了 33.2% 和 35.5%. 以上结果均验证了通过更新模板和分支组合, 多分支结构有助于提升目标跟踪的性能. 在模型③ 的基础上加入多尺度感知模块可建立模型④, 相比模型③其跟踪性能得到了较大的提升, 其中 EAO 增益为 7.5%. 模型④表明, 多尺度感知模块提高了跟踪器对目标尺度的感知能力, 显著提高了跟踪性能. 最后, 在模型④中增加了信息增强模块构建出模型⑤, 即最终的 MultiBSP 跟踪器. 我们可以看到, 模型⑤的 EAO 性能最好, 结果达到 0.453, 模型⑤表明, 信息增强模块可以进一步提高跟踪的整体性能.

■ 9.5 基于卷积神经网络的图像隐写任务

图像隐写 (Image Steganography) 是一种通过图像隐藏信息的技术, 广泛用于信息隐藏和版权证书领域, 如图 9.5.1 所示. 随着人工智能的快速发展, 深度学习在面向图像的隐写应用中展现了巨大潜力.

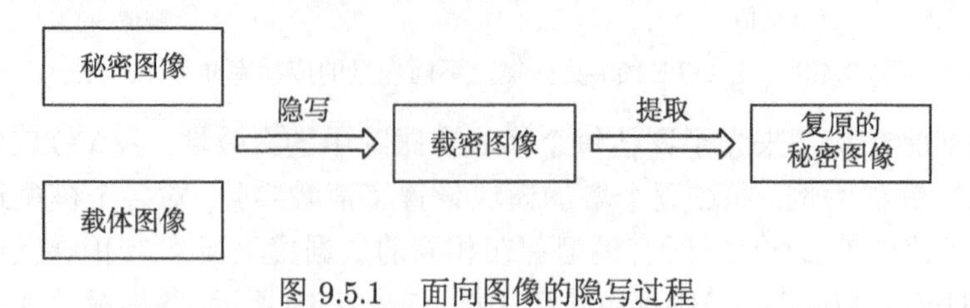

图 9.5.1 面向图像的隐写过程

考虑到隐藏一张图像会破坏载密图像的边缘和轮廓, 对载密图像造成模糊, 因此容易被人眼察觉. 提出框架域隐写策略, 利用框架域完成隐写任务是一个新颖的出发点. 首先, 对载体图像进行小波框架变换, 获得低频图像 (低频子带系数) 和高频图像 (高频子带系数). 然后, 在低频图像中隐藏秘密图像, 通过高频图像预先保留载体图像的高频特征. 最后, 完成隐写之后再对隐写图像进行小波框架逆变换, 恢复载体图像的高频特征. 同时, 提出一种基于知识蒸馏策略的双分支并行隐写网络 (DBPSNet), 该网络引入知识蒸馏方法, 包含教师分支和学生分支, 双分支具有相同的网络结构, 仅在输入层有差异. 教师分支输入低频图像并且继续输出低频图像, 学生分支以低频图像和秘密图像作为输入, 输出低频载密图像. 双分支的网络模型同时训练. 教师分支的网络模型输出多尺度特征图, 指导学生分支生成优质的载密图像, 提高载密图像的图像质量.

1. 框架域隐写策略

一般来说, 由深度学习训练的图像生成模型可以创建真实丰富的图像, 然而这些方法可能会造成图像轮廓信息的模糊. 为了提高载密图像的外观质量和安全性, 研究在小波框架域研究隐写任务. 小波框架变换比小波变换具有更强的提取空间信息的能力, 可以对具有丰富纹理的图像进行稀疏表示. 更重要的是, 它既有快速分解和完美重建的特点, 又有平移不变性的优点, 有助于生成更优的载密图像.

利用 B 样条框架, 通过酉扩展原理 (UEP) 得到小波框架变换的低通滤波器

$$h_0 = \frac{1}{4}(1\ 2\ 1) \tag{9.5.1}$$

和两个高通滤波器

$$h_1 = -\frac{1}{4}(1\ \ -2\ 1), \quad h_2 = \frac{\sqrt{2}}{4}(-1\ 0\ 1). \tag{9.5.2}$$

根据上述滤波器, 利用分解算法对载体图像进行非下采样的多尺度小波框架变换. 本章中, 利用小波框架变换分解灰度图像, 得到一个低频图像和八个高频图像, 如图 9.5.2 所示. 低频图像和秘密图像按通道叠加作为网络的输入图像, 通过隐写网络以获得低频载密图像. 最后, 由重构算法结合高频图像, 将低频载密图像还原成载密图像.

低频图像包含了大部分的光谱信息, 具有丰富的内容信息和像素值, 因此将低频图像作为隐藏秘密图像的载体是合理且有效的. 此外, 通过在载体图像的低频图像中隐藏秘密图像, 降低被检测的风险, 从而增强秘密图像的安全性. 因此,

提出框架域隐写架构, 将隐写网络模型从空间域迁移至框架域, 以寻求高质量的隐写任务.

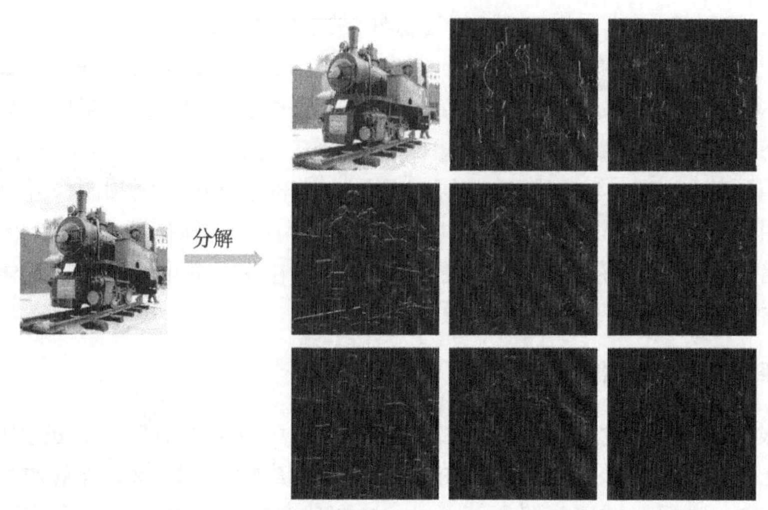

图 9.5.2 灰度图像的小波框架变换分解示例

2. 双分支并行隐写网络

提出双分支并行隐写网络 (DBPSNet), 包含隐写网络、多尺度蒸馏和重构网络, 最后提出损失函数和算法流程. DBPSNet 整体框架如图 9.5.3 所示.

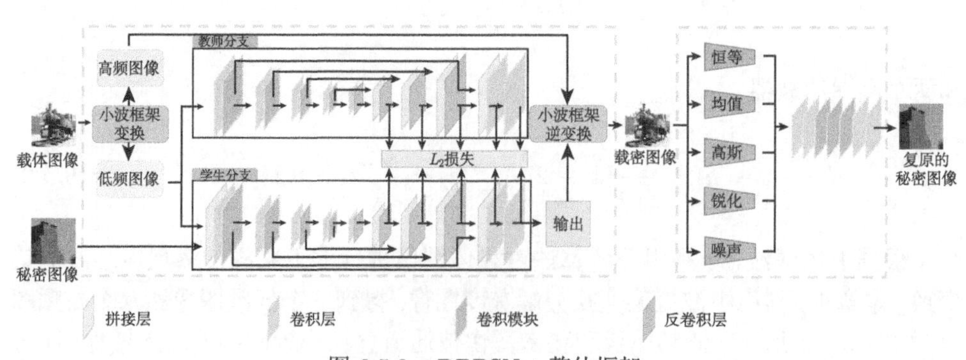

图 9.5.3 DBPSNet 整体框架

3. 隐写网络

学生分支和教师分支是构成隐写网络的两个平行分支, 二者除输出层以外具有相同的网络结构, 如图 9.5.3 所示. 完整的隐写过程由学生分支完成, 输入低频载体图像和秘密图像, 生成低频载密图像, 教师分支在后续做解释. 学生分支由 U 型网络结构组成, 可以拼接来自下采样阶段的四个不同尺度的特征图和来自上采样阶段的四个同尺度特征图. 通过这种方式, 可以将浅层的空间特征和深层的语义特征结合, 使隐写网络能够生成优秀的载密图像.

图 9.5.4 展示了由卷积和密集连接方式构成的卷积模块结构. 密集连接方式确保信息可以在网络的中间层之间最大程度地传输. 卷积模块中的前两个卷积层是深度可分离卷积层, 在不降低网络性能的情况下大幅度减少参数量. 学生分支的网络参数如表 9.5.1 所示, 输入图像和输出图像的尺寸均为 $160 \times 160 \times 1$. 除了输出层为 Sigmoid 函数之外, 每个卷积层后面都连接批量归一化层和 PSGU 函数.

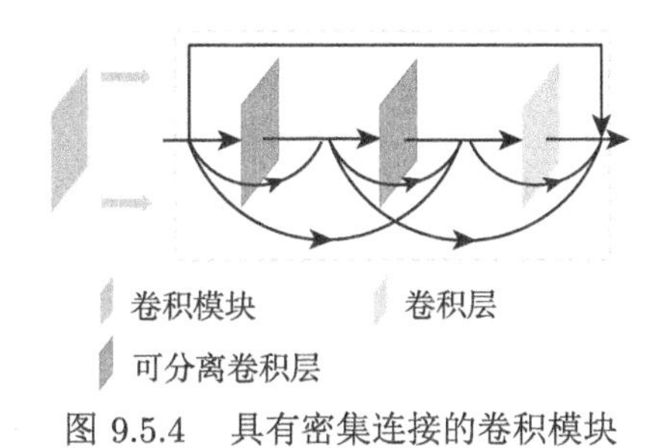

图 9.5.4 具有密集连接的卷积模块

表 9.5.1 学生分支的网络参数

网络模块/层	卷积核尺寸	输出尺寸
卷积层[1]	3×3	$160 \times 160 \times 32$
卷积模块[2]	3×3	$160 \times 160 \times 64$
卷积层[3]	3×3	$80 \times 80 \times 64$
卷积模块[4]	3×3	$80 \times 80 \times 128$
卷积层[5]	3×3	$40 \times 40 \times 128$
卷积模块[6]	3×3	$40 \times 40 \times 256$
卷积层[7]	3×3	$20 \times 20 \times 256$
卷积模块[8]	3×3	$20 \times 20 \times 512$
卷积层[9]	3×3	$10 \times 10 \times 512$
反卷积层[10]	4×4	$20 \times 20 \times 512$
反卷积层[11]	4×4	$40 \times 40 \times 256$
反卷积层[12]	4×4	$80 \times 80 \times 128$
反卷积层[13]	4×4	$160 \times 160 \times 64$
卷积层[14]	3×3	$160 \times 160 \times 32$
卷积层[15]	3×3	$160 \times 160 \times 1$

4. 多尺度蒸馏

这里提出一种多尺度蒸馏策略来提高学生分支的性能, 促进生成更优的载密图像. 首先, 建立与学生分支相同结构的教师分支, 该教师分支的任务是能接收低频图像并输出相同的低频图像. 相比学生分支, 教师分支的训练任务更容易实现. 因此在网络结构相同的情况下, 教师分支会因为训练难度降低, 其网络收敛性会优于学生分支, 因此教师分支符合知识蒸馏的条件可以与学生分支同步训练并传授教师分支蕴含的知识.

为了精确提炼教师分支深层网络层所学习的高级特征, 将从教师分支上采样网络层中提取不同尺度的特征图, 引导学生分支对应的网络层来学习教师分支网络层的潜在知识. 除了输入层以外, 教师分支的网络结构与学生分支相同, 因此网络参数如表 9.5.1 所示. 结合图 9.5.3 可知, 教师分支上采样阶段中的反卷积层^{11}, 反卷积层^{12}, 反卷积层^{13}, 卷积层^{14} 和卷积层^{15} 分别输出 $40 \times 40 \times 256$, $80 \times 80 \times 128$, $160 \times 160 \times 64$, $160 \times 160 \times 32$, $160 \times 160 \times 1$ 五个不同尺度的特征图, 实现多尺度指导. 学生分支通过来自教师分支的多尺度特征图研究学习更高效的隐写任务. 多尺度蒸馏的实现过程可见损失函数部分.

5. 重构网络

重构网络以载密图像作为输入, 从中提取秘密图像. 网络参数如表 9.5.2所示, 使用了三个卷积模块和四个卷积层来提高重构网络的训练效率. 除了最后的卷积层以外, 每个卷积层后面都连接批量归一化层和 PSGU 函数.

表 9.5.2　重构网络的网络参数

网络模块/层	卷积核尺寸	输出尺寸
卷积层^{16}	3×3	$160 \times 160 \times 32$
卷积层^{17}	3×3	$160 \times 160 \times 64$
卷积模块^{18}	3×3	$160 \times 160 \times 128$
卷积模块^{19}	3×3	$160 \times 160 \times 128$
卷积模块^{20}	3×3	$160 \times 160 \times 64$
卷积层^{21}	3×3	$160 \times 160 \times 32$
卷积层^{22}	3×3	$160 \times 160 \times 1$

此外, 重构网络被要求在各种图像失真的情况下, 也能较好地提取秘密图像. 因此, 通过为输入层设置噪声层来提高重构网络的鲁棒性, 其中噪声层包括恒等变换、均值滤波、高斯滤波、锐化处理和高斯噪声. 恒等变换表示不对图像做任何变换; 均值滤波和高斯滤波采用了 5×5 的滤波器; 锐化处理采用拉普拉斯锐化

方法; 高斯噪声采自均值为 0, 方差为 0.01 的高斯分布. 具体来说, 受到随机噪声的影响, 载密图像变成带噪载密图像, 而重构网络试图从带噪载密图像中提取秘密图像, 这考验了重构网络的鲁棒性.

6. 损失函数

图像隐写任务中, 均方误差是载体图像和载密图像之间的基本度量, 基于此, 设计了基于多尺度蒸馏的损失函数.

首先, 将载体图像记为 I_{co}, 其低频图像和高频图像分别记为 I_{col} 和 I_{coh}. 载密图像记为 I_{en}, 低频载密图像为 I_{enl}. 秘密图像记为 I_{se}, 复原的秘密图像为 I_{re}. 为了指导作为隐写网络的学生分支训练, 需要最小化低频图像 I_{col} 和低频载密图像 I_{enl} 之间的误差, 因此学生分支的损失函数定义为

$$\mathcal{L}_{stduent} = (1-\alpha)\mathrm{MSE}(I_{col}, I_{enl}) + \alpha(1-\mathrm{SSIM}(I_{col}, I_{enl})), \tag{9.5.3}$$

其中 α 设置为 0.5, MSE 是均方误差函数, SSIM 是结构相似性. 同样, 教师分支的损失函数应与学生分支一致:

$$\mathcal{L}_{teacher} = (1-\alpha)\mathrm{MSE}(I_{col}, I_{15}^t) + \alpha(1-\mathrm{SSIM}(I_{col}, I_{15}^t)), \tag{9.5.4}$$

其中 I_{15}^t 表示教师分支的输出, 即卷积层^{15} 的输出.

其次, 提出基于多尺度蒸馏的损失函数:

$$\begin{aligned}\mathcal{L}_{KD} =& \mathrm{MSE}(I_{11}, I_{11}^t) + \mathrm{MSE}(I_{12}, I_{12}^t) \\ &+ \mathrm{MSE}(I_{13}, I_{13}^t) + \mathrm{MSE}(I_{14}, I_{14}^t) + \mathrm{MSE}(I_{enl}, I_{15}^t),\end{aligned} \tag{9.5.5}$$

其中 I_{11}, I_{12}, I_{13} 和 I_{14} 分别表示学生分支的反卷积层^{11}, 反卷积层^{12}, 反卷积层^{13} 和卷积层^{14} 的输出, I_{11}^t, I_{12}^t, I_{13}^t 和 I_{14}^t 表示教师分支相对应的输出. 基于多尺度蒸馏的损失函数目的是最小化两个分支的五个对应网络层输出之间的误差.

那么隐写阶段的损失函数为

$$\mathcal{L}_{steganography} = \mathcal{L}_{student} + \mathcal{L}_{teacher} + \beta \cdot \mathcal{L}_{KD}. \tag{9.5.6}$$

其中 β 是动态权重, 用于动态地调整蒸馏强度. 因为无法保证训练初期的教师分支性能优于学生分支, 故 β 在训练初始设置为零. 在训练中期, β 设置为 0.3, 教师分支通过训练提高网络性能之后, 可以将教师分支所学的知识传递给学生分支, 使得学生网络更容易快速生成优质的低频载密图像, 加快训练效率. 在

训练后期逐步降低多尺度蒸馏损失部分的权重, 由标签图像主要负责指导学生分支.

最后, 重构网络旨在从载密图像中提取秘密图像, 因此最小化秘密图像 I_{se} 和复原的秘密图像 I_{re} 之间的误差, 那么重构阶段的损失函数定义为

$$\mathcal{L}_{reconstruction} = (1-\alpha)\text{MSE}(I_{se}, I_{re}) + \alpha(1-\text{SSIM}(I_{se}, I_{re})) \tag{9.5.7}$$

其中 α 设置为 0.5. 结合公式 (9.5.6) 和公式 (9.5.7), 总体损失函数如下所示:

$$\mathcal{L}_{total} = \mathcal{L}_{steganography} + \gamma \cdot \mathcal{L}_{reconstruction}. \tag{9.5.8}$$

其中 γ 旨在平衡载密图像和复原的秘密图像的图像质量. 通过实验初步测试, γ 设置为 1.5.

实验结果与分析

实验设置

实验部分所用的数据集为 BOSSBase 数据集, 随机选择 9000 张图像作为训练图像, 剩余 1000 张图像作为测试图像, 所有灰度图像被中心裁剪为 160 × 160 尺寸. 载体图像和秘密图像由训练图像随机配对. 训练 160 个周期, 批量大小为 64, 学习率从 0.001 并逐步降低至 0.00001. 为了比较 DBPSNet 与其他方法的性能, 选择计算机视觉领域常用的五种评估指标: 均方误差 (MSE)、峰值信噪比 (PSNR)、结构相似度 (SSIM)、多尺度结构相似度 (MS-SSIM) 和空间相关系数 (SCC).

消融研究

通过消融研究分析小波框架变换和多尺度蒸馏对 DBPSNet 的影响. 为了简洁地表示各版本的 DBPSNet 网络模型, 将去除多尺度蒸馏的 DBPSNet 记为 DBPSNet-D, 将去除多尺度蒸馏和小波框架变换的 DBPSNet 记为 DBPSNet-FD.

图 9.5.5(b) 和 (c), (f) 和 (g) 分别显示了小波框架变换对 DBPSNet 性能影响的一对可视化示例. 尽管从图像的外观很难区分图 9.5.5(b) 和 (c), (f) 和 (g) 的差异, 但可获取载密图像和载体图像、秘密图像和复原的秘密图像之间的残差图像, 通过残差图像中各点的像素值来绘制像素值与频率之间的关系, 即图 9.5.5(i) 和 (j), (l) 和 (m) 所示的频率直方图.

横坐标表示像素值, 范围从 0 到 40, 几乎包含了残差图像所有的像素值, 纵坐标表示每个像素值的频率. 低像素值的频率越高, 表明载密图像和载体图像、秘密图像和复原的秘密图像越相似. 可以发现, 在 DBPSNet-FD 中, 载密图像和载体图像之间的残差图像的平均像素值为 11.9680, 秘密图像和复原的秘密图像之间

的残差图像的平均像素值为 3.2704. 而 DBPSNet-D 的平均像素值分别为 6.9130 和 1.7690, 这说明了引入小波框架变换可以有效降低生成的图像与标签图像之间的误差.

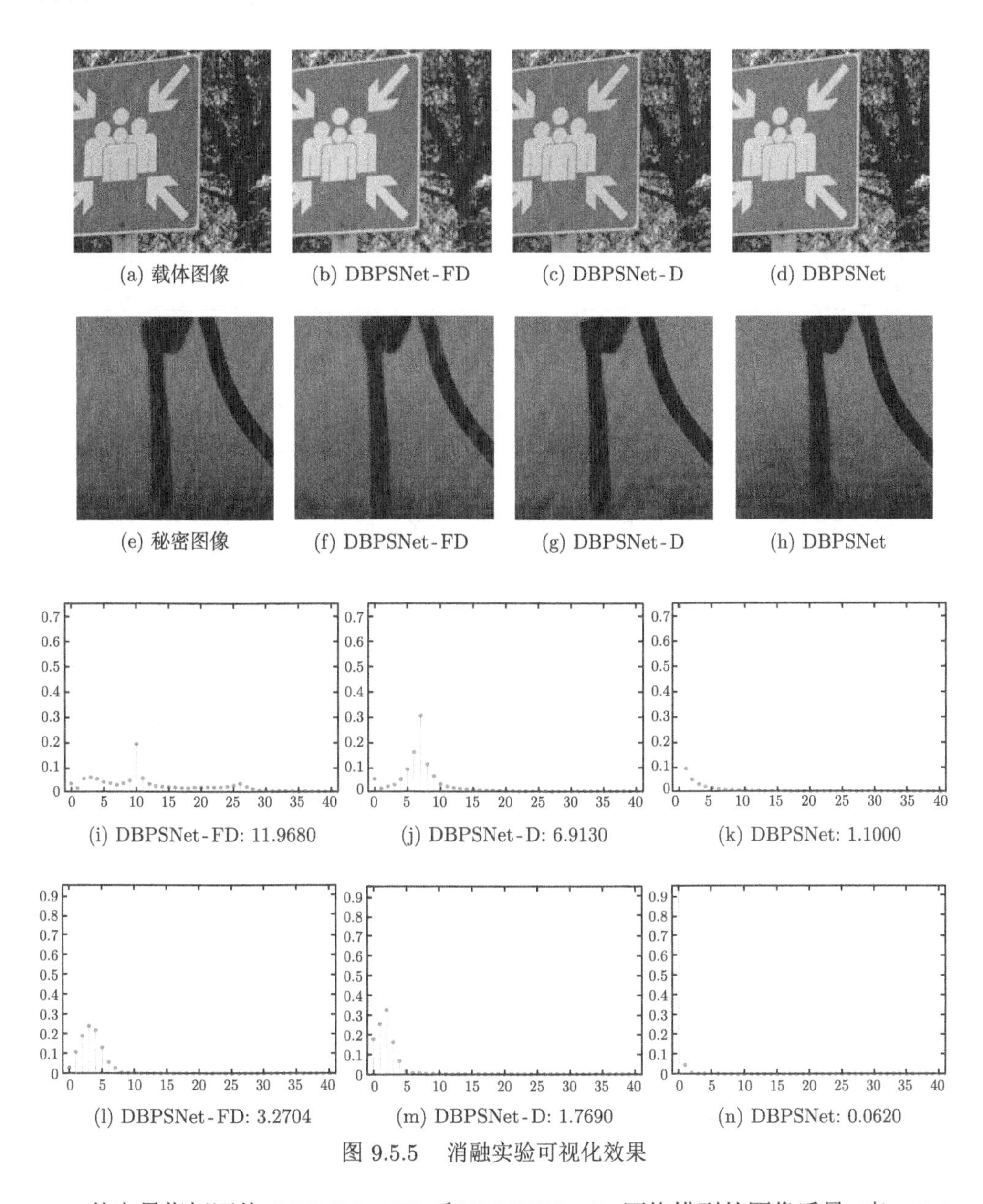

(a) 载体图像 (b) DBPSNet-FD (c) DBPSNet-D (d) DBPSNet

(e) 秘密图像 (f) DBPSNet-FD (g) DBPSNet-D (h) DBPSNet

(i) DBPSNet-FD: 11.9680 (j) DBPSNet-D: 6.9130 (k) DBPSNet: 1.1000

(l) DBPSNet-FD: 3.2704 (m) DBPSNet-D: 1.7690 (n) DBPSNet: 0.0620

图 9.5.5 消融实验可视化效果

从定量指标评估 DBPSNet-FD 和 DBPSNet-D 网络模型的图像质量. 表 9.5.3 显示隐写阶段和重构阶段的模型实验结果. 观察到隐写阶段的 DBPSNet-D 在

MSE、PSNR、SSIM 和 MS-SSIM 上分别比 DBPSNet-FD 好 0.00038, 0.25(dB), 0.0053 和 0.0125, 仅在 SCC 上比 DBPSNet-FD 稍弱 0.0031. 而重构阶段的 DBPSNet-D 全面优于 DBPSNet-FD. 通过评价指标表明框架域隐写策略可以有效保留原始图像的细节特征, 有效提高生成图像质量.

表 9.5.3 消融研究的实验结果

模型	隐写				
	MSE	PSNR(dB)	SSIM	MS-SSIM	SCC
DBPSNet-FD	0.00147	30.03	0.9751	0.9772	0.9879
DBPSNet-D	0.00109	30.28	0.9804	0.9897	0.9848
DBPSNet	0.00025	34.26	0.9922	0.9921	0.9811
	重构				
DBPSNet-FD	0.00100	29.55	0.9774	0.9894	0.9890
DBPSNet-D	0.00065	30.39	0.9823	0.9914	0.9925
DBPSNet	0.00023	36.31	0.9902	0.9966	0.9957

图 9.5.5(c) 和 (d), (g) 和 (h) 分别显示了多尺度蒸馏对 DBPSNet 性能影响的一对可视化示例. 类似地, 从图 9.5.5(j) 和 (k), (m) 和 (n) 中的频率直方图中分析残差图像的平均像素值, 其中 DBPSNet 的两幅残差图像的平均像素值分别为 1.1000 和 0.0620, 显著优于 DBPSNet-D. 在多尺度蒸馏框架中, DBPSNet 的定量指标进一步提升, 隐写阶段的 DBPSNet 在 MSE(0.00025), PSNR(34.26(dB)), SSIM(0.9922) 和 MS-SSIM(0.9921) 相比 DBPSNet-D 有了显著提升, 两个模型的 SCC 指标保持相近水平. 重构阶段的定量指标结果表明 DBPSNet 全面优于 DBPSNet-D.

综上, 根据定量指标结果和实验过程表明多尺度蒸馏对提高隐写网络 (学生分支) 的性能有着显著积极的作用, 并且确实有效地验证了教师分支符合知识蒸馏条件, 合理地进行多尺度指导.

隐写效果对比

将 DBPSNet 与基于深度学习的隐写方法进行对比实验. 参与实验的方法包括 Encoder-Decoder、Baluja 模型、SimultaneousCNN、ISGAN、SteganoCNN、StegNet、U-Net Structure、Huang 模型、Improved Xception、HCRGAN、Liu 模型和 StegGAN. 实验结果由图 9.5.6、图 9.5.7 和表 9.5.4 给出.

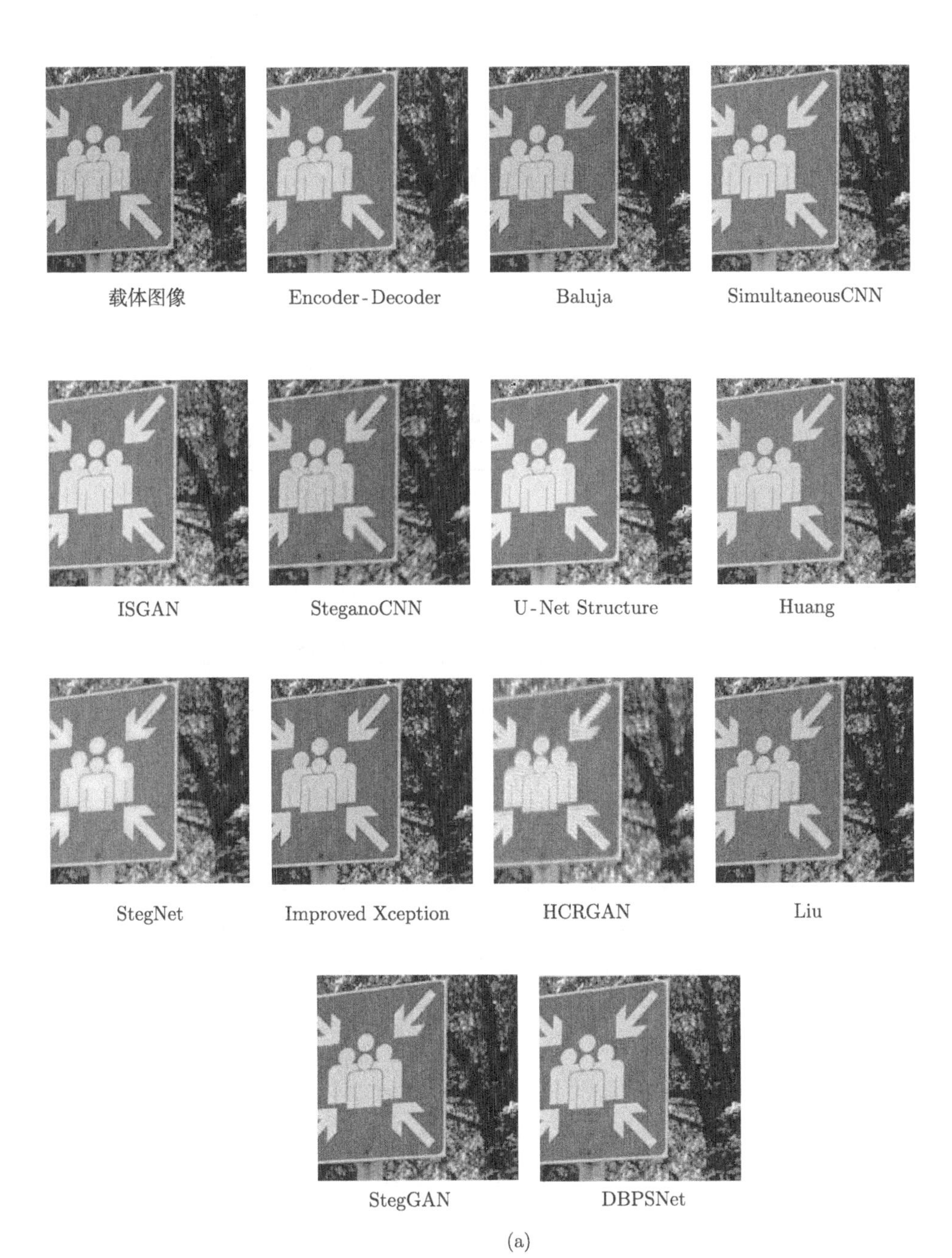

载体图像 Encoder - Decoder Baluja SimultaneousCNN

ISGAN SteganoCNN U - Net Structure Huang

StegNet Improved Xception HCRGAN Liu

StegGAN DBPSNet

(a)

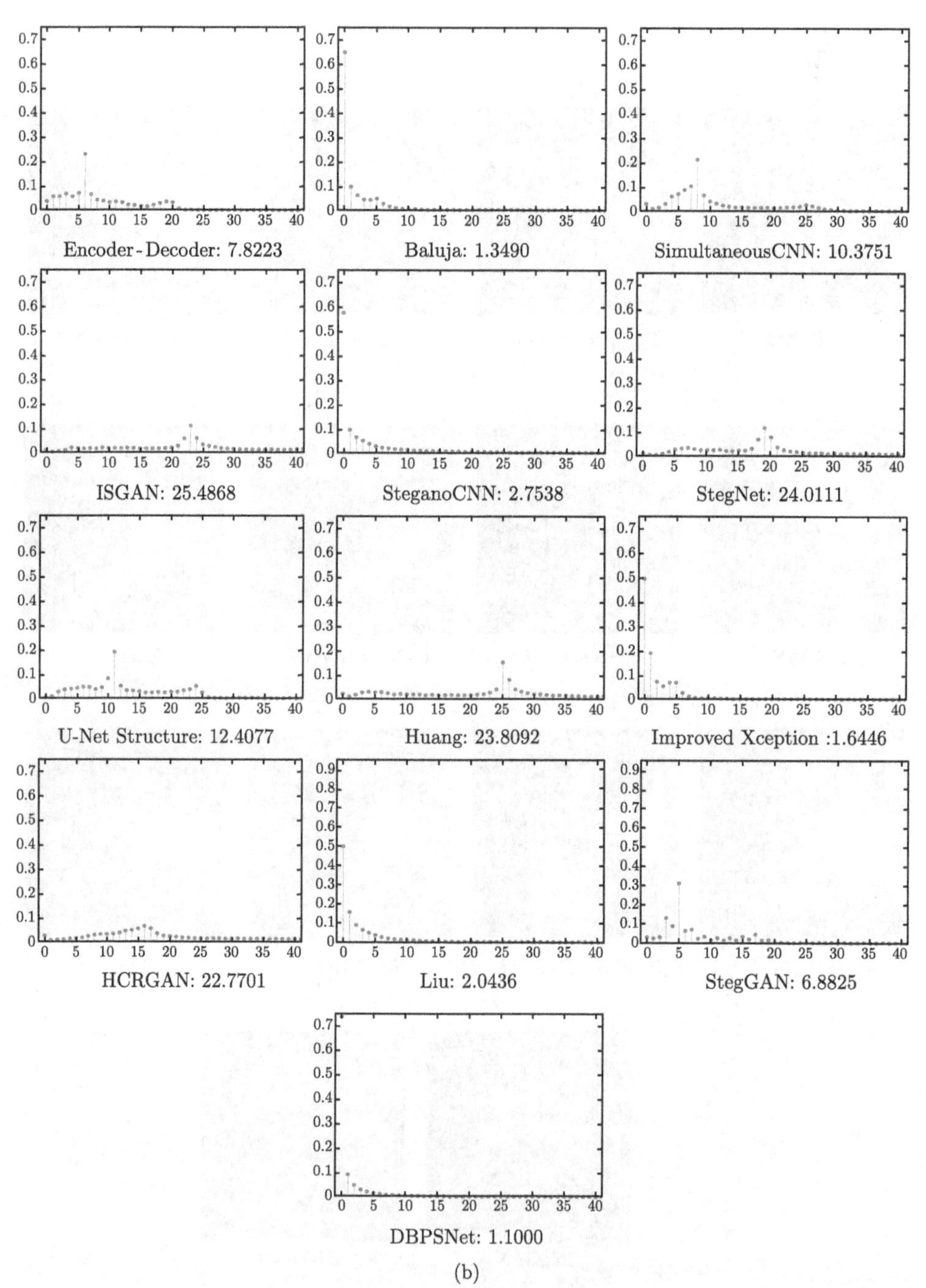

(b)

图 9.5.6　各方法的隐写可视化效果. (a) 各方法的载密图像; (b) 各方法的残差图像

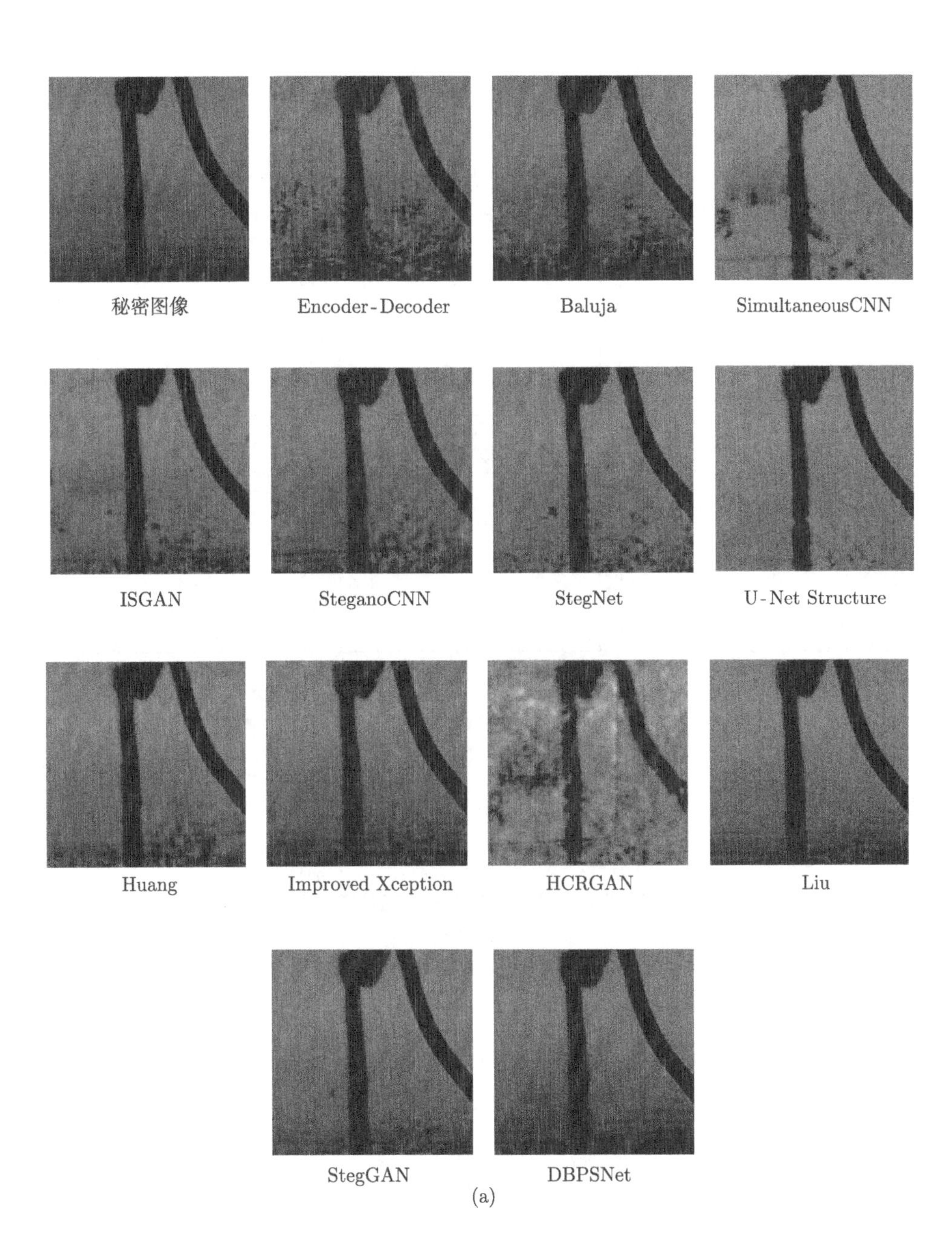
秘密图像
Encoder-Decoder
Baluja
SimultaneousCNN
ISGAN
SteganoCNN
StegNet
U-Net Structure
Huang
Improved Xception
HCRGAN
Liu
StegGAN
DBPSNet

(a)

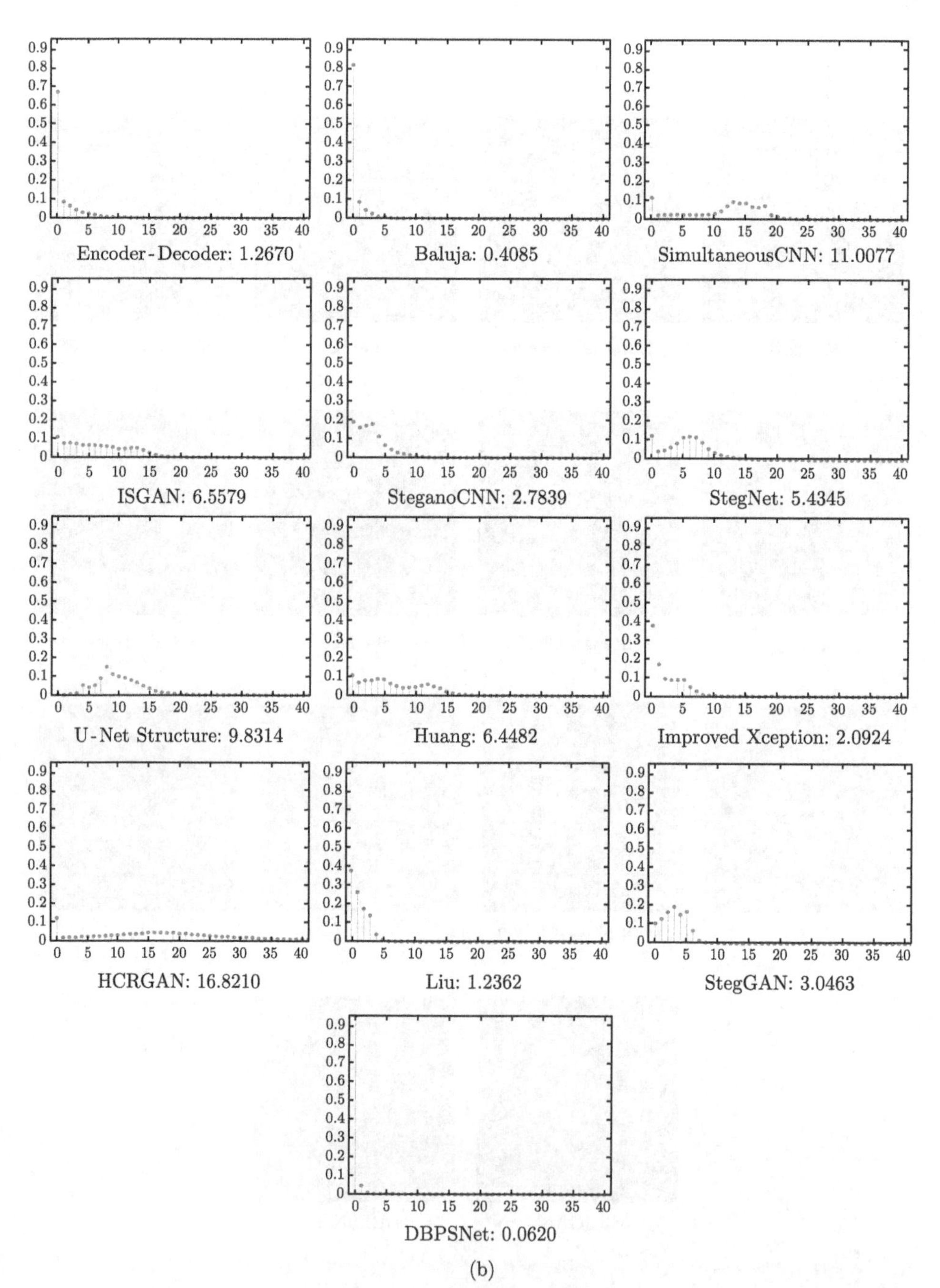

(b)

图 9.5.7　各方法的重构可视化效果. (a) 各方法复原的秘密图像; (b) 各方法的残差图像

表 9.5.4 隐写和重构阶段的实验结果

方法	隐写				
	MSE	PSNR(dB)	SSIM	MS-SSIM	SCC
Encoder-Decoder	0.00051	31.38	0.9099	0.9891	0.8565
Baluja	0.00035	33.26	0.9338	0.9923	0.9024
SimultaneousCNN	0.00215	25.63	0.9420	0.9774	0.9790
ISGAN	0.01120	18.95	0.8863	0.9036	0.9637
SteganoCNN	0.00032	33.47	0.9568	0.9922	0.9126
StegNet	0.00412	22.38	0.9069	0.9554	0.9082
U-Net Structure	0.00121	27.76	0.9430	0.9805	0.9795
Huang	0.00974	19.97	0.9023	0.9142	0.9528
Improved Xception	0.00020	35.86	0.9651	0.9959	0.9482
HCRGAN	0.00995	18.29	0.7754	0.8961	0.7470
Liu	0.00030	33.89	0.9731	0.9916	0.9534
StegGAN	0.00041	33.19	0.9574	0.9834	0.9154
DBPSNet	0.00025	34.26	0.9922	0.9921	0.9811
方法	重构				
	MSE	PSNR(dB)	SSIM	MS-SSIM	SCC
Encoder-Decoder	0.00092	28.70	0.8972	0.9747	0.9207
Baluja	0.00037	31.38	0.9310	0.9798	0.9577
SimultaneousCNN	0.00200	25.33	0.9034	0.9492	0.9632
ISGAN	0.00621	21.09	0.8887	0.9353	0.9316
SteganoCNN	0.00067	30.88	0.9651	0.9878	0.9804
StegNet	0.00293	24.21	0.9134	0.9599	0.8756
U-Net Structure	0.00139	26.69	0.9276	0.9707	0.9699
Huang	0.00526	21.86	0.9052	0.9391	0.9533
Improved Xception	0.00158	26.42	0.9502	0.9788	0.9828
HCRGAN	0.01033	16.14	0.6933	0.8448	0.7097
Liu	0.00032	32.64	0.9398	0.9847	0.9726
StegGAN	0.00043	31.54	0.9293	0.9485	0.9667
DBPSNet	0.00023	36.31	0.9902	0.9966	0.9957

随机选择一对载体图像和秘密图像作为可视化示例, 根据不同的隐写方法生成载密图像和复原的秘密图像. 从图 9.5.6(a) 中可以看出, DBPSNet 生成的载密图像与载体图像在外观上几乎相同, 很难区分是否存在图像隐藏的痕迹. 通过仔细观察, 由 Huang 和 HCRGAN 生成的载密图像存在模糊. 此外, 大多数隐写方法的载密图像在视觉上与载体图像难以区分. 因此进一步获得载密图像和载体图像的残差图像, 得到如图 9.5.6(b) 所示的频率直方图, 可以看到 DBPSNet 的频率直方图中的 0 像素值的频率超过了 0.7, 并且残差图像的平均像素值为 1.1000, 均

优于其他隐写方法.

类似地从图 9.5.7(a) 中可以观察到, DBPSNet 在重构阶段可以从载密图像中稳定地提取秘密图像, 几乎没有出现图像失真问题. 而 HCRGAN 和 SimultaneousCNN 复原的秘密图像会出现明显的图像失真, Encoder-Decoder、ISGAN、U-Net Structure 和 Huang 复原的秘密图像存在一些模糊部分. 再根据图 9.5.7(b) 所示, DBPSNet 的频率直方图中的 0 像素值的频率达到了 0.94, 并且残差图像的平均像素值为 0.0620, 表明重构效果远优于其他隐写方法. 总的来说, DBPSNet 在所有隐写方法的对比实验中达到了更优质的可视化效果.

使用客观评价指标来比较 DBPSNet 与其他隐写方法的性能差异. 表 9.5.4 显示各方法的在隐写和重构阶段的五个定量指标结果. 最优结果由红色表示, 次优结果由蓝色表示. 在隐写阶段中, DBPSNet 在 SSIM(0.9922) 指标和 SCC (0.9811) 指标取得最优结果, 优于其他隐写方法. 此外, Improved Xception 在 MSE、PSNR 和 MS-SSIM 指标中取得最佳结果, DBPSNet 同样在这三个指标中表现出色, 在 MSE(0.00025) 和 PSNR(34.26(dB)) 指标中取得次优结果, MS-SSIM(0.9921) 指标也稍弱于次优结果 (0.9923). 在重构阶段中, DBPSNet 在所有评价指标中均排名第一. 特别是在 PSNR 和 SSIM 指标中分别以 3.67(dB) 和 0.0251 较大的优势领先于次优结果, 这表明 DBPSNet 具有强大的图像复原能力, 可以从载密图像中准确地提取秘密图像. 综上所述, DBPSNet 在隐写和重构阶段的可视化效果评估和客观评价指标分析中均表现出了较好的综合隐写效果和重构效果.

安全性对比

安全性是评价图像隐写算法性能的重要部分, 为此引入了传统的隐写分析方法 SRM, CSR 和基于 CNN 的隐写分析模型 XuNet 来评估 DBPSNet 与其他隐写方法的安全性性能. 传统分析方法利用线性和非线性高通滤波器处理图像以获得量化的图像噪声残差, 这些残差用于训练集合分类器, 最后可获得隐写分析器. XuNet 则是利用高通滤波器对输入图像进行预处理, 之后通过多层卷积层进行特征提取, 最后给出二分类判断. 由于 XuNet 是 CNN 模型, 需要在 BOSSBase 数据集上进行预训练, 通过 S-UNIWARD 隐写算法以 0.4bpp 的有效载荷生成载密图像作为训练样本.

首先, 由隐写分析模型 XuNet 对所有的隐写方法进行安全性评估, 结果如表 9.5.5 所示, 最优结果由红色表示, 次优结果由蓝色表示. DBPSNet 生成的载密图像使 XuNet 的判断错误率达到最高的 34%, 此外, DBPSNet 的两个版本网络模型: DBPSNet-FD 和 DBPSNet-D 也分别达到 26%和 28%. 相比之下, SimultaneousCNN 和 U-Net Structure 的实验结果均达到了 23%, Liu 的实验结果为 20%, 而其他方法的实验结果均低于 20%.

表 9.5.5 安全性评估的实验结果 (隐写分析方法的错误率)

方法	SRM/%	CSR/%	XuNet/%
Encoder-Decoder	5.26	8.39	14
Baluja	9.06	11.27	17
SimultaneousCNN	10.52	14.42	23
ISGAN	2.08	3.97	11
SteganoCNN	15.22	16.24	14
StegNet	12.10	14.39	19
U-Net Structure	12.90	15.03	23
Huang	4.08	6.49	12
Improved Xception	16.40	17.85	16
HCRGAN	2.18	3.69	4
Liu	17.36	18.73	20
StegGAN	15.97	18.60	16
DBPSNet-FD	8.44	13.28	26
DBPSNet-D	17.32	20.57	28
DBPSNet	22.56	27.51	34

其次, 用传统的隐写分析方法 SRM 和 CSR 来评估隐写方法的安全性. 表 9.5.5 展示 SRM 的实验结果, DBPSNet 取得了 22.56%错误率的最优结果, Liu 取得了 17.36%错误率的次优结果. 此外, DBPSNet-D、Improved Xception、StegGAN 和 SteganoCNN 的错误率分别达到 17.32%, 16.40%, 15.97%和 15.22%, 而其余隐写方法的安全性结果都不太理想. CSR 的实验结果中, DBPSNet 和 DBPSNet-D 分别取得最优结果 (27.51%) 和次优结果 (20.57%).

总的来说, 通过传统的隐写分析方法和 CNN 隐写分析模型对隐写方法的安全性评估, 发现 DBPSNet 的安全性结果均取得了最优结果, 这证实了 DBPSNet 具备迷惑隐写分析方法正确判断的能力. 特别是通过比较 DBPSNet-D 和 DBPSNet-FD 的 SRM 和 CSR 安全性结果, 可知框架域隐写策略帮助 DBPSNet-D 取得了平均次优的结果, 仅次于 DBPSNet. 这证实了框架域隐写策略有助于隐藏秘密图像, 并有效躲避传统分析算法的检测. 此外, 在多尺度蒸馏的框架下, DBPSNet 在安全性方面相较 DBPSNet-D 有了很大的提高 (5.24%, 6.94%和 6%), 这是由于 DBPSNet 的载密图像质量优于 DBPSNet-D, 图像外观和纹理特征与载体图像无异, 使隐写分析算法无法识别出异常.

鲁棒性对比

隐写阶段关注的是载密图像的安全性和不可见性, 重构阶段优先考虑提取秘密图像过程时的鲁棒性. 在实际应用中, 载密图像可能受到噪声或污染影响, 导致重构网络无法提取完整的秘密图像. 因此, 利用噪声影响生成的载密图像, 并让重构网络学习尝试从带噪载密图像中提取秘密图像. 鲁棒性实验以均方误差 (MSE)、峰值信噪比 (PSNR) 和结构相似度 (SSIM) 作为评价指标.

鲁棒性实验结果如表 9.5.6 所示. DBPSNet 以及两个版本的网络模型表现良好. 特别是当载密图像分别受到均值滤波、高斯滤波、锐化处理和高斯噪声的干扰时, DBPSNet 可以较好地提取完整的秘密图像, 所有客观评价指标均远超其他隐写方法. 这源于 DBPSNet 设置的随机噪声层, 可以很好地模拟图像失真问题, 而其他隐写方法没有考虑模型鲁棒性的问题.

表 9.5.6　鲁棒性评估的实验结果

方法	均值滤波			高斯滤波		
	MSE	PSNR(dB)	SSIM	MSE	PSNR(dB)	SSIM
Encoder-Decoder	0.07654	6.67	0.1190	0.06529	5.11	0.2060
Baluja	0.06280	7.47	0.2420	0.05799	11.25	0.3019
SimultaneousCNN	0.01510	16.74	0.4503	0.04566	13.71	0.3073
ISGAN	0.02876	13.65	0.2099	0.02969	12.25	0.3391
SteganoCNN	0.01667	18.22	0.4638	0.03976	14.19	0.3861
StegNet	0.02109	17.20	0.2474	0.02308	17.68	0.4810
U-Net Structure	0.01494	16.56	0.4490	0.04898	13.10	0.3267
Huang	0.02462	16.03	0.2432	0.03928	14.76	0.3605
Improved Xception	0.01721	18.13	0.4153	0.01963	18.75	0.5387
HCRGAN	0.02707	12.07	0.3507	0.02195	13.01	0.4799
Liu	0.01621	16.29	0.4466	0.03897	14.69	0.3469
StegNet	0.1437	18.38	0.4874	0.03415	15.46	0.4956
DBPSNet-FD	0.000172	28.36	0.9484	0.00112	30.38	0.9768
DBPSNet-D	0.000103	29.85	0.9536	0.00062	31.28	0.9828
DBPSNet	0.00068	31.30	0.9611	0.00023	36.09	0.9916
方法	锐化处理			高斯噪声		
	MSE	PSNR(dB)	SSIM	MSE	PSNR(dB)	SSIM
Encoder-Decoder	0.79431	14.07	0.1600	0.01756	17.15	0.3316
Baluja	0.60221	2.32	0.2266	0.04124	13.44	0.2256
SimultaneousCNN	0.01904	16.89	0.6210	0.00772	20.44	0.5404
ISGAN	0.00857	19.26	0.8437	0.05360	11.81	0.1260
SteganoCNN	0.00214	26.29	0.8764	0.04870	12.41	0.1522
StegNet	0.01700	18.35	0.6220	0.03161	13.66	0.1994
U-Net Structure	0.01602	17.80	0.6714	0.03453	14.29	0.1944
Huang	0.00711	20.60	0.8529	0.04625	12.94	0.1374
Improved Xception	0.03998	15.02	0.5305	0.03532	14.45	0.1836
HCRGAN	0.01295	15.03	0.6092	0.03230	10.98	0.1866
Liu	0.00945	17.55	0.7869	0.00813	18.69	0.4536
StegNet	0.00792	19.27	0.8004	0.00778	19.27	0.4818
DBPSNet-FD	0.00119	29.85	0.9751	0.00123	29.96	0.9734
DBPSNet-D	0.00070	31.05	0.9794	0.00069	31.01	0.9768
DBPSNet	0.00026	35.86	0.9905	0.00027	34.76	0.9870

图 9.5.8(a)、(b)、(c) 和 (d) 展示了鲁棒性实验的可视化效果. 其中每个子图的第一行是带噪载密图像, 第二行是提取的秘密图像, 最右边的列为对照组, 分别是带噪载体图像和原始的秘密图像. DBPSNet 提取的秘密图像在可视化效果方

面与对照组基本保持一致, 而其他隐写方法难以提出清晰的秘密图像. 在均值滤波和锐化处理的噪声实验中, 可以从 SimultanceCNN、StegNet、U-Net Structure、Liu 和 StegGAN 提取的秘密图像中仅可以观察到带噪载密图像的轮廓, 并且存在非常明显的模糊部分. 在高斯滤波的噪声实验中, 已经无法从 SimultaneousCNN、StegNet 和 U-Net Structure 提取的秘密图像中识别出任何有效信息. 在高斯噪声的噪声实验中, StegNet 和 U-Net Structure 几乎已经失败. 综上结果表明, 相比其他隐写方法, 尽管 DBPSNet 在应对各类噪声污染时提取的秘密图像存在微小的视觉失真问题, 但它依然具备稳定可靠的鲁棒性性能.

此外, 本章尝试将各种噪声两两配对组合, 以评估 DBPSNet 在克服组合噪声时的鲁棒性性能. 将高斯滤波、高斯噪声、均值滤波和锐化处理配对创建出六种组合噪声来测试 DBPSNet. 图 9.5.8(e) 展示了组合噪声鲁棒性实验的可视化效

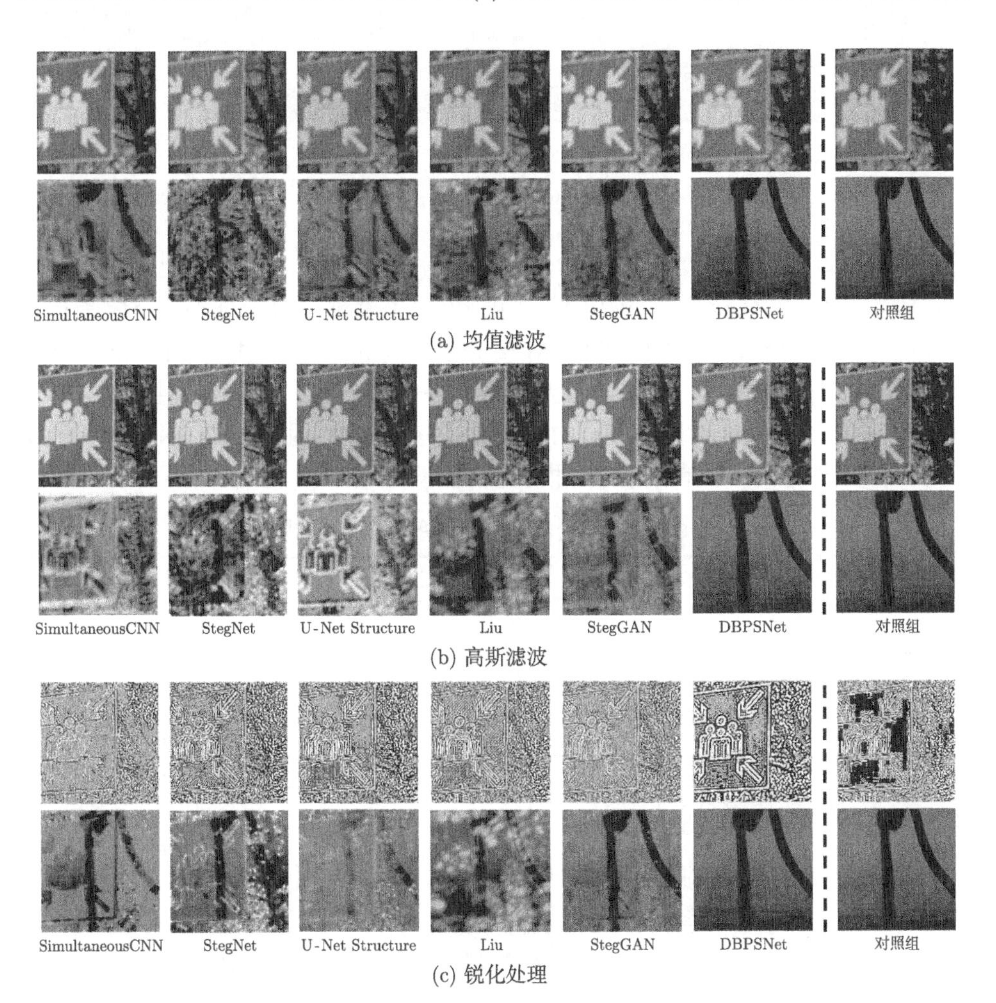

(a) 均值滤波

(b) 高斯滤波

(c) 锐化处理

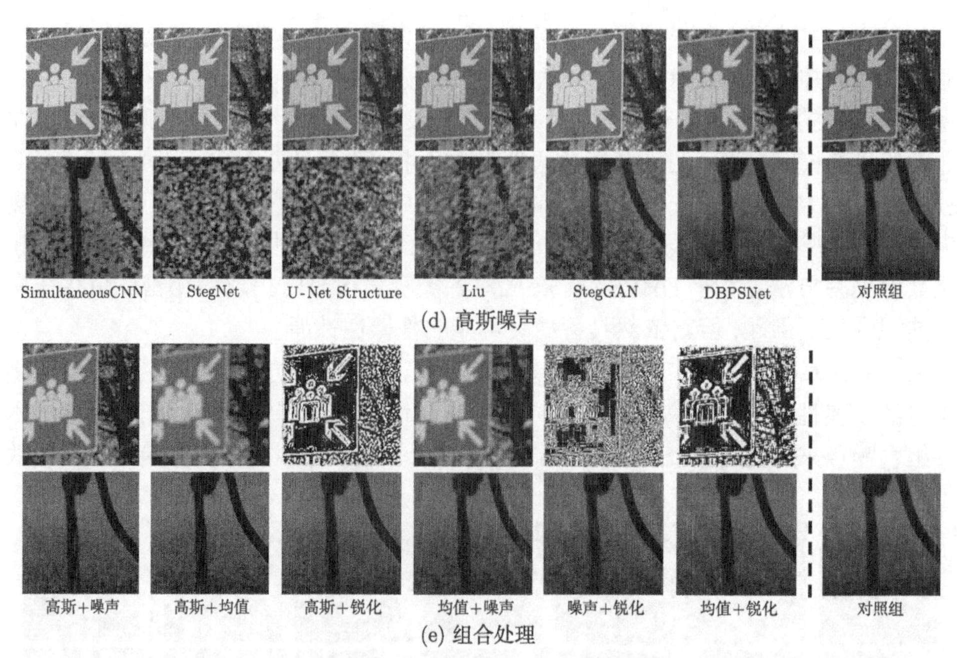

图 9.5.8 鲁棒性实验的可视化效果

果, DBPSNet 在应对六种组合噪声均提出了较清晰的秘密图像. 表 9.5.7 展示了组合噪声实验的定量结果, DBPSNet 在应对高斯滤波和锐化处理组合时表现出最佳性能, 其中 MSE、PSNR 和 SSIM 值分别达到 0.00058、31.16(dB) 和 0.9812. 然而, 处理均值滤波和高斯噪声的组合噪声时, DBPSNet 的鲁棒性性能较弱. 可以发现, 由于组合噪声对隐写模型的挑战更具有困难性, 因此 DBPSNet 对组合噪声的鲁棒性性能比应对单个噪声时稍弱.

表 9.5.7 组合噪声鲁棒性评估的实验结果

组合	MSE	PSNR(dB)	SSIM
高斯滤波 + 高斯噪声	0.00064	31.04	0.9736
高斯滤波 + 均值滤波	0.00078	30.45	0.9684
高斯滤波 + 锐化处理	0.00058	31.16	0.9812
均值滤波 + 高斯噪声	0.00145	28.37	0.9499
高斯噪声 + 锐化处理	0.00084	29.44	0.9611
均值滤波 + 锐化处理	0.00112	29.21	0.9524

9.6 数字化资源

研究型习题

案例代码

第9章彩图

第10章 生成对抗网络的应用

本章介绍了生成对抗网络在深度学习中的应用任务, 包括基于生成对抗网络的信息安全任务和基于生成对抗网络的计算机视觉任务.

10.1 基于生成对抗网络的信息安全任务

正如生成对抗网络章节中所讨论的, 生成对抗网络是一个具备强大生成能力的模型. 生成对抗网络在不需要知道真实数据分布的情况下, 通过对抗训练, 可以根据随机向量生成真实样本. 这些优势使生成对抗网络得到广泛应用. 在本节中, 将讨论生成对抗网络在信息安全领域中的两个应用.

10.1.1 基于生成对抗网络的图像隐写方法: HiDDeN

1. 生成对抗网络与图像隐写的关系

图像隐写是一种将秘密信息隐藏在图像中的技术. 作为信息传递的重要方式之一, 图像隐写将秘密信息变换成普通信息, 并嵌入到图像中, 从而达到隐蔽和传递消息的目的. 目前, 传统的图像隐写方法大多利用某种修改策略将秘密信息嵌入图像中, 这是因为图像本身具有高度的复杂性和信息冗余性, 而细微的修改操作能够维持图像的自然程度, 可以使得人眼忽略由修改操作对原始自然载体带来的异常. 除此之外, 隐写技术还可通过载体合成的方法实现. 但这类方法难以构造足够真实或自然的携密载体来完成消息隐藏任务.

对图像隐写技术而言, 生成对抗网络中的博弈对抗策略, 为图像隐写方法提供了一种对抗隐写分析的研究思路. 最重要的是, 生成对抗网络的提出满足了基于载体合成的隐写方法对生成模型的需求, 生成对抗网络构造自然图像载体的能力为实现载体合成的图像隐写方法提供了强大的技术基础. 总之, 生成对抗网络的出现将传统的基于人工设计隐写方法的研究, 推进到由计算机进行自动化设计隐写方法的研究思路上来, 为图像隐写方法的研究注入新的发展动力.

传统的隐写方法忽略了估计图像分布的可行性以及描述自然图像分布的准确性这两个关键问题. 生成对抗网络的出现能够较好地解决上述问题, 即生成对抗网络通过博弈对抗策略来估计数据集分布, 同时在理论上保证这个分布能够有效地描述某一类自然图像数据集的特性, 使生成样本的分布逼近真实数据分布, 即 $p_g = p_{data}$. 更关键的是, 在生成对抗网络中可以用神经网络表示某种分布的样本的生成过程, 而不需要给出这个分布的具体形式, 从而避免了对真实图像数据建立明确分布模型的难题. 另外, 传统的图像隐写方法大多是基于人工设计的方法, 而生成对抗网络则推动隐写方法设计的自动化.

基于生成对抗网络的图像隐写模型一般包含三个组件: 将秘密信息隐藏到图像的编码器; 将秘密信息复原出来的解码器; 判断输入的图像是否包含秘密信息的判别器. 此外, 还要给出图像隐写中的一些概念: 需要隐藏的信息称为秘密信息; 还未隐藏秘密信息的图像称为载体图像; 携带了秘密信息的图像称为载密图像, 还有从载密图像中复原出来的解码信息.

2. 图像隐写任务数据集和评价标准

图像隐写任务有两个常用数据集. BOSSBase 数据集, 专门为处理隐写问题而创建, 来源于 Break Our Steganographic System (BOSS) 竞赛. BOSS 竞赛是第一个将图像隐写技术从研究主题转化为实际应用的科学挑战竞赛. 该数据集包含了 10000 张尺寸为 512×512 的灰度图像, 图像内容包含了大量的风景、动物、建筑、人物等灰度图像. BOSSBase 数据集主要用于面向灰度图像的隐写任务.

ImageNet 数据集, 因为包含了上千万张彩色图像, 因此可以根据隐写任务需求, 从广泛的可用范围中选择图像的数量、所属的类别以及图像大小. ImageNet 数据集主要用于面向彩色图像的隐写任务

图像隐写任务的评估指标用于衡量所提出隐写方法的不可见性、安全性、稳健性和容量. 下面描述了最常用的指标及其测量的方式.

(1) 峰值信噪比 (PSNR) 和均方误差, 可用来评估图像的质量. 通常经过图像隐写之后, 载密图像与载体图像在一定程度上有不同之处. 为了衡量经过隐写后的载密图像质量, 通常会参考 PSNR 值和 MSE 值来作为评价指标. 一般来说 PSNR 越高, 而 MSE 值越低, 则表明图像质量越好. 下面给出计算 MSE 和 PSNR 的公式:

$$\mathrm{MSE}(I_1, I_2) = \frac{\sum_{m=1}^{M}\sum_{n=1}^{N}\sum_{c=1}^{C}[I_1(m,n,c) - I_2(m,n,c)]^2}{M \times N \times C},$$

$$\mathrm{PSNR}(I_1, I_2) = 10 \times \ln\left(\frac{R^2}{\mathrm{MSE}(I_1, I_2)}\right),$$

其中 I_1, I_2 表示两幅图像, 为载密图像与载体图像, M 和 N 分别表示图像的长和

宽, C 表示图像通道数. R 为图像最大像素值, 灰度图像的 R 值为 255.

(2) 结构相似性 (SSIM), 衡量两幅图像相似度的重要指标. 自然图像是高度结构化的, 即相邻像素之间存在很强的相关性. 因此, 在评估载密图像质量时需要更多地关注结构畸变问题. SSIM 值越高表示载体图像和载密图像的结构越相似. 下面给出计算 SSIM 的公式:

$$\mathrm{SSIM}(I_1, I_2) = l(I_1, I_2) \cdot c(I_1, I_2) \cdot s(I_1, I_2),$$

其中 $l(\cdot)$, $c(\cdot)$, $s(\cdot)$ 分别是亮度, 对比度和结构的测量公式, 具体为

$$l(I_1, I_2) = \frac{2\mu_{I_1}\mu_{I_2} + c_1}{\mu_{I_1}^2 + \mu_{I_2}^2 + c_1}, \quad c(I_1, I_2) = \frac{2\sigma_{I_1}\sigma_{I_2} + c_2}{\sigma_{I_1}^2 + \sigma_{I_2}^2 + c_2}, \quad s(I_1, I_2) = \frac{\sigma_{I_1 I_2} + c_3}{\sigma_{I_1}\sigma_{I_2} + c_3},$$

这里 μ_{I_1} 和 $\sigma_{I_1}^2$ 分别为 I_1 的均值和方差, μ_{I_2} 和 $\sigma_{I_2}^2$ 分别为 I_2 的均值和方差, $\sigma_{I_1 I_2}$ 为 I_1 和 I_2 的协方差. c_1 和 c_2 为两个常数, 避免分母为 0, 一般取 $c_3 = c_2/2$.

(3) 检测率是衡量隐写方法安全性和稳健性的常用指标. 检测率是通过基于人工特征方法或深度学习方法的隐写分析算法对图像进行判断, 分析该图像是否携带秘密信息. 测试中, 一般准备数量相同的载密图像和对应的载体图像输入到隐写分析算法中进行判断, 分析算法作出“携带信息”或者“不携带信息”的判断. 检测率越低载密图像越难被分析出来, 则图像隐写方法越安全稳定.

(4) BPP 隐写算法的隐藏容量是由每像素位数 (Bits Per Pixel, BPP) 衡量的. BPP 表示载密图像的每个像素中隐藏秘密信息的位数. BPP 的值越高表示载密图像隐藏的信息量越多. 下面给出 BPP 的公式:

$$\mathrm{BPP} = \frac{L}{M \times N \times C},$$

其中 L 表示秘密信息的长度, M 和 N 分别表示图像的长和宽, C 表示图像通道数. BPP 一般取 0.1, 0.2, 0.3, 0.4, 0.5.

面向隐藏图像的隐写方法大多使用 PSNR、MSE、SSIM 和检测率作为衡量标准; 而面向隐藏文本的隐写方法会使用检测率和 BPP 作为评价指标.

3. 基于输入嵌入的图像隐写网络: HiDDeN

HiDDeN 是一个端到端训练的数据隐藏框架, 它可以应用于面向隐藏文本的图像隐写任务. HiDDeN 由三个卷积神经网络组成基本框架. 编码器网络接收载体图像和秘密消息, 并输出载密图像; 解码器网络接收载密图像并试图重建解码消息; 判别器网络预测给定的图像是否包含秘密信息. 编码器网络和判别器网络形成了对抗训练, 以此提高载密图像的安全性. HiDDeN 通过训练要实现三个目

标: (1) 最小化载体图像和载密图像之间的图像差异, (2) 最小化秘密信息和解码消息之间的差异, (3) 最小化判别器检测载密图像的能力来实现安全的数据隐藏任务.

下面介绍 HiDDeN 模型结构, 如图 10.1.1 所示. 给出 HiDDeN 的四个主要部分的作用和具体的结构: 编码器 E_θ, 无参数的噪声层 N, 解码器 D_ϕ 和对抗判别器 A_γ. θ, ϕ 和 γ 是可训练参数. 编码器 E_θ 接收形状为 $C \times H \times W$ 的载体图像 I_{co} 和长度为 L 的二进制秘密消息 $M_{in} \in \{0,1\}^L$, 并产生与 I_{co} 形状相同的载密图像 I_{en}. 噪声层 N 接收 I_{co} 和 I_{en} 作为输入, 并使载密图像 I_{en} 失真, 以产生噪声图像 I_{no}. 解码器 D_ϕ 从 I_{no} 恢复出消息 M_{out}. 同时, 向判别器 A_γ 输入图像 $\widetilde{I} \in \{I_{no}, I_{en}\}$, 即要么是载体图像, 要么是载密图像, 判别器给出结果 $A(\widetilde{I}) \in [0,1]$, 即预测 $\widetilde{I}$ 是载密图像的概率.

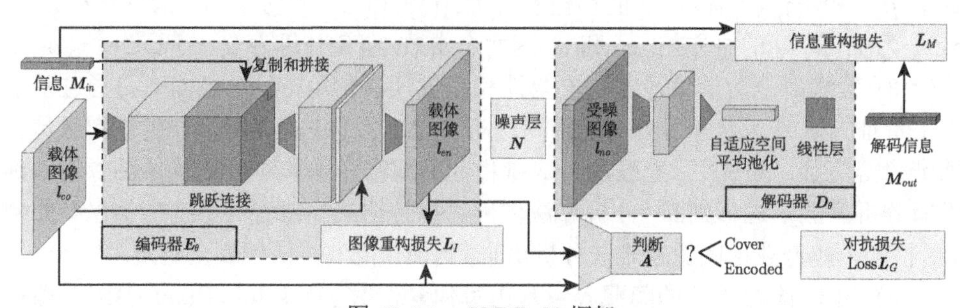

图 10.1.1 HiDDeN 框架

首先将卷积层 (Conv), 批量归一化 (BN) 和 ReLU 函数组合, 表示为 Conv-BN-ReLU 模块, 其中具有 3×3 的卷积核, 步长为 1, 空白填充为 1, 如图 10.1.2 所示.

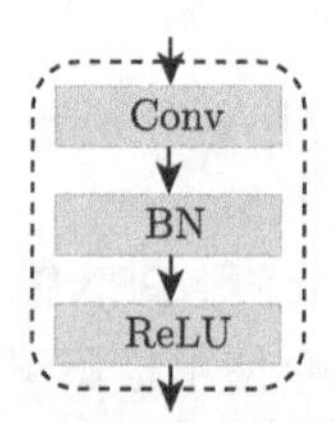

图 10.1.2 Conv-BN-ReLU 模块

给定形状为 $C \times H \times W$ 的输入 I_{co}, 编码器首先将四个 64 通道的 Conv-BN-ReLU 模块应用于输入 I_{co}, 从而产生尺寸为 $64 \times H \times W$ 的特征图表示. 接下来, 长度为 L 的秘密信息 M_{in} 复制 $H \times W$ 次, 再拼接成 $L \times H \times W$ 的形式 (图 10.1.1 中蓝色大立方体). 之后将特征图表示, 复制后的秘密信息以及原始的载体图像按通道连接进行组合形成 $(64 + L + C) \times H \times W$ 的信息量. 然后编码器将一个 64 通道的 Conv-BN-ReLU 模块应用于这个 $(64+L+C)\times H\times W$ 的信息量. 最后通过一个具有 1×1 的卷积核, 步长为 1, 无空白填充的卷积层输出了尺寸为 $C\times H\times W$ 的载密图像 I_{en}.

解码器包含了七个 64 通道的 Conv-BN-ReLU 模块以及一个 L 通道的 Conv-BN-ReLU 模块, 输入解码器的图像通过这一系列卷积操作后, 会得到 L 个通道的特征表示, 应用全局空间池化得到 $L\times 1\times 1$ 的特征表示, 最后通过线性层得到长度为 L 的解码信息 M_{out}. 在测试阶段可以将 M_{out} 中的每个元素进行取整, 即 0 或 1, 然后再与秘密信息 M_{in} 进行比较.

对抗判别器具有与解码器相似的结构, 但卷积层的数量少. 对抗判别器包含三个 64 通道的 Conv-BN-ReLU 模块、一个全局空间池化和线性层. 线性层具有两个输出单元, 输出二进制分类结果, 用来判断图像的真伪. 网络参数如表 10.1.1所示.

表 10.1.1 HiDDeN 中编码器、解码器和对抗判别器的网络结构

	网络层	卷积核尺寸	输出尺寸
编码器	卷积层 +BN+ReLU	3×3	$H\times W\times 64$
	卷积层 +BN+ReLU	3×3	$H\times W\times 64$
	卷积层 +BN+ReLU	3×3	$H\times W\times 64$
	卷积层 +BN+ReLU	3×3	$H\times W\times 64$
	拼接层	–	$H\times W\times(64+L+C)$
	卷积层	1×1	$H\times W\times C$
解码器	卷积层 +BN+ReLU	3×3	$H\times W\times 64$
	卷积层 +BN+ReLU	3×3	$H\times W\times 64$
	卷积层 +BN+ReLU	3×3	$H\times W\times 64$
	卷积层 +BN+ReLU	3×3	$H\times W\times 64$
	卷积层 +BN+ReLU	3×3	$H\times W\times 64$
	卷积层 +BN+ReLU	3×3	$H\times W\times 64$
	卷积层 +BN+ReLU	3×3	$H\times W\times 64$
	卷积层 +BN+ReLU	3×3	$H\times W\times L$
	池化层	–	$1\times 1\times L$
对抗判别器	卷积层 +BN+ReLU	3×3	$H\times W\times 64$
	卷积层 +BN+ReLU	3×3	$H\times W\times 64$
	卷积层 +BN+ReLU	3×3	$H\times W\times 64$
	池化层	–	$1\times 1\times 64$
	全连接层	–	1×2

HiDDeN 为了应对各种图像失真环境, 考虑了五种不同类型的噪声层.

(1) 恒等层: 保持载密图像 I_{en} 不变.

(2) 裁剪层: 将载密图像随机裁剪成 $H'\times W'$, 其中裁剪比例应为 $p=\dfrac{H'\times W'}{H\times W}\in(0,1)$.

(3) Dropout 层: 通过组合载体图像 I_{co} 和载密图像 I_{en} 中的像素来产生噪声图像 I_{no}. 按一定的比例对载密图像 I_{en} 中每个像素进行选择. 像素选择完毕之后, 剩余位置的像素由载体图像 I_{co} 来补充.

(4) Cropout 层: 与 Dropout 层类似, 通过组合载体图像 I_{co} 和载密图像 I_{en} 中的像素来产生噪声图像 I_{no}. 按一定的比例对载密图像 I_{en} 进行方形裁剪, 像素选择完毕之后, 剩余位置的像素由载体图像 I_{co} 来补充.

(5) 高斯层: 用尺寸为 $\sigma \times \sigma$ 的高斯核来模糊载密图像 I_{en}.

接下来介绍 HiDDeN 的优化目标, 按照图像隐写的要求, 载密图像在视觉上应该与载体图像尽量一致. 使用图像失真损失来衡量载密和载体图像的相似性, 即 I_{co} 和 I_{en} 之间的 L_2 距离:

$$\mathcal{L}_I(I_{co}, I_{en}) = \|I_{co} - I_{en}\|_2^2/(CHW).$$

通过对抗损失函数来提升编码器的隐写能力:

$$\mathcal{L}_G(I_{en}) = \ln(1 - A(I_{en})).$$

判别器也需要同步训练提高分辨载体图像和载密图像的能力:

$$\mathcal{L}_A(I_{co}, I_{en}) = \ln(1 - A(I_{co})) + \ln(A(I_{en})).$$

解码器复原出来的解码信息应该与秘密信息相同, 所以用 L_2 距离来衡量解码信息和秘密信息:

$$\mathcal{L}_M(M_{in}, M_{out}) = \|M_{in} - M_{out}\|_2^2/L.$$

综上, 训练编码器和解码器时, 需要最小化以下损失:

$$\mathbb{E}\left[\mathcal{L}_M(M_{in}, M_{out}) + \lambda_I \mathcal{L}_I(I_{co}, I_{en}) + \lambda_G \mathcal{L}_G(I_{en})\right],$$

λ_I 和 λ_G 分别为 $\mathcal{L}_I$ 和 $\mathcal{L}_G$ 损失项的权重. 同时训练判别器时, 也需要最小化以下损失:

$$\mathbb{E}\left[\mathcal{L}_A(I_{co}, I_{en})\right].$$

4. 实验结果

图像隐写实验在 BOSSBase 数据集上进行, 模型使用 Adam 算法训练 200 个周期, 学习率为 0.001, 批量大小为 12. HUGO 方法是一种常用的传统图像隐写方法, 可用于与基于深度学习的隐写方法进行比较, 下文的客观指标评价和主观视觉评价中, 都进行了 HUGO 方法与 HiDDeN 方法的比较.

5. 客观指标评价结果与分析

下面将通过检测率和 BPP 两个客观指标对隐写方法进行比较分析 (表 10.1.2).

表 10.1.2 BOSSBase 数据集: 不同隐写方法客观指标评价

方法	BPP	检测率/%
HUGO	0.200	70
HiDDeN(权重已知)	0.203	98
HiDDeN(权重未知)	0.203	50

从表 10.1.2 中可以看出, 在检测率和 BPP 两个客观指标评价中, HiDDeN 模型在 BPP 指标上与 HUGO 方法基本保持一致; HiDDeN(权重已知) 指的是用于隐写分析的训练集和测试集均由同一个 HiDDeN 模型生成, 在此情况下, HiDDeN(权重已知) 被隐写分析算法识别出来的概率为 98%; 而 HiDDeN(权重未知) 指的是用于隐写分析的训练集由一个 HiDDeN 模型生成, 测试集均由另一个 HiDDeN 模型生成, 在此情况下, HiDDeN(权重未知) 被隐写分析算法识别出来的概率仅为 50%, 这相比 HUGO 方法的 70%检测率具有明显的优势, 说明了 HiDDeN(权重未知) 模型具有较高的安全性.

6. 主观视觉评价结果与分析

图 10.1.3 展示了 HiDDeN 方法与 HUGO 方法的隐写效果. 两种方法生成的载密图像与原始载体图像在外观上比较一致, 肉眼几乎无法分辨出图像的细节差异. 图 10.1.4 展示了 HiDDeN 方法在不同 BPP 的隐写效果. 可以明显观察到 0.2BPP 的载密图像相较 0.1BPP 的载密图像模糊, 反映了隐藏过多的信息会使得生成的载密图像质量变差.

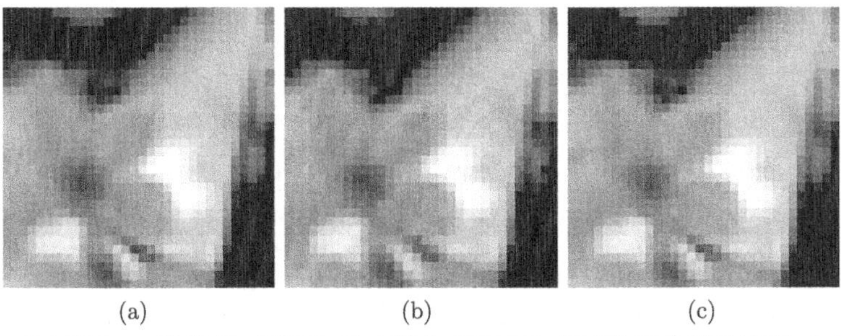

图 10.1.3 BOSSBase 数据集: HiDDeN 方法与 HUGO 方法隐写效果对比图. (a) 原始载体图像; (b) HiDDeN; (c) HUGO

图 10.1.4 不同 BPP 的隐写效果对比图. (a) 原始载体图像; (b) 0.1BPP; (c) 0.2BPP

10.1.2 基于生成对抗网络的信息加密方法: ANES

1. 生成对抗网络与信息加密的关系

信息加密技术通过加密算法将信息转化为难以理解的内容. 随着电子信息和互联网技术不断发展, 信息传播方式也取得了很大的进步, 但是由于电子信息极易于复制和传播, 会给个人或集体的隐私和利益方面带来了诸多的安全威胁. 同时为了满足不断增长的行业需求以及网络和信息技术的不断进步, 保证重要的信息数据在网络或不安全信道中的安全传输成为急需解决的问题. 信息加密技术是保证信息安全的关键技术之一. 在密码学领域, 人们通常研究发送和接收双方之间安全传输消息的方式, 还要考虑到一旦攻击者能够从信道窃取到通信信息, 如何保证它不能恢复出明文信息.

抗攻击的信息加密技术是伴随着信道攻击技术而产生的, 其主要关注的是如何设计可以抵抗各种攻击者的信道攻击的安全加密方案, 用于消除秘密信息泄露对信息安全性的影响. 传统的信息加密和解密技术有很安全的加密手段, 但这些系统的应用成本很高, 需要更多的时间进行计算和使用. 生成对抗网络中的神经网络能够根据任意输入与输出的关系建立对应的映射关系, 将已知的结果推广到未来预测的情况. 并且在运行阶段中, 神经网络具有快速响应、并行结构以及较高的可靠性和效率等特性. 此外, 生成对抗网络中的对抗训练机制极其符合加密算法和攻击算法之间的博弈过程, 由于这些原因, 生成对抗网络在信息加密领域上的应用研究是一个很有前景的研究领域.

目前, 利用生成对抗网络进行安全通信取得了一定进展, 这种加密通信模型由两个互相通信的神经网络 Alice 与 Bob, 以及一个窃听者神经网络 Eve 组成. 当 Alice 与 Bob 进行加密通信时, 会尽量限制 Eve 从窃听 Alice 和 Bob 之间的通信中获得信息. 在训练过程中, Alice 与 Bob 在保证明文加密解密准确无误的情况下尽力提高加密解密复杂度, 而 Eve 则尽量使自己的解密结果与明文相近, 提高解密的准确性. 通过对抗训练, 可得到一个能够保证正常通信并抵抗窃听的加密通信模型.

2. 信息加密任务评价标准

信息加密任务不需要特定的训练集, 因为随机生成的二进制信息也可作为训练的明文和密钥. 合格的信息加密算法应该保证安全, 如果破解一种加密算法所需的计算复杂度非常大, 那么这个加密算法可以被认为是安全的. 神经网络也能实现信息加密, 取代了繁琐过程的传统加密算法, 那么具有加密能力的网络需要满足密码学的两个要求: 首先, 信息经过加密后可以完全恢复; 其次, 信息在危险环境中也能保证安全的. 下面描述常用的指标及其测量的方式.

(1) **成功解码率** 成功解码率是指有多少密文可以成功地复原明文. 在生成对抗网络中使用的密文和明文均为二进制向量, 其各位置上的元素为 0 或 1. 解密网络输出的复原明文的值会限定在某些范围之内, 例如 $[-1,1]$, 此时可以令大于等于 0 的元素为 1, 小于 0 的元素为 0, 从而可以与原始明文进行比对. 注意, 加密网络的输出不做取整要求. 对于合格的加密和解密算法, 要求成功解码率需要达到 100%, 但要求攻击者的成功解码率为 50%, 因为若攻击者全部解密错误, 只需要将其解密的结果取反 $(0 \to 1, 1 \to 0)$, 即可获得 100%的结果.

$$\text{成功解码率} = \frac{\text{复原的明文数}}{\text{总明文数}} \cdot 100\%,$$

其中如果复原明文只要有一个元素与原始明文不一致, 也被认定是复原失败.

(2) **过半精确率** 过半精确率 (Over Half Accuracy, OHA) 是评估明文携带的信息量被复原超过一半的情况. 当我们想要加密传输一段文字字符时, 需要通过 8 位 ASCII 码将字符和二进制表示进行来回转化, 输入网络前, 字符转化为二进制表示, 网络输出后, 二进制表示转化为字符. 在实际应用中, 攻击者通常不需要破译所有字符来获取真实信息, 因为可以通过分析一些语义信息来猜测整个内容. 例如明文 "neural" 被恢复成 "ahzral", 那么可能较难分析, 但如果 "neural" 被恢复成 "NaurAl", 显然是可以被破解的. 针对上述问题, 引入过半精确率来评估攻击者破译明文的情况, 具体判断过程如算法 10.1.1所示.

算法 10.1.1 过半精确率

输入: 长度为 $8L$ 的原始明文 P(由长度为 L 的文字字符通过 8 位 ASCII 码转化而成), 对应的恢复明文 P'.

输出: 成功或失败.

1 $k=0$

2 **for** $i=1:L$ **do**

3   **if** $P(8i-7:8i)=P'(8i-7:8i)$ **then**

4         $k \leftarrow k+1$

5   **if** $k \geqslant \frac{L}{2}$ **then**

6   **return** 成功

7 **return** 失败

于是可以得到

$$\text{过半精确率} = \frac{\text{返回成功数}}{\text{总明文数}} \cdot 100\%,$$

过半精确率的值越低表示明文复原的效果越差, 即攻击者的破译效果越差, 加密算法的安全性越高.

算法 10.1.2 一次性密钥标准

输入: 明文 P, 密钥 K_1 和 K_2, 明文总数 N

输出: 成功或失败.

1 **for** $i=1:N$ **do**

2     $C=N_S(P,K_1)$

3     $C_{round} \leftarrow C$取整

4   **if** $N_R(C_{round},K_1)=P$ **and** $N_R(C_{round},K_2)\neq P$ **then**

5   **return** 成功

6   **return** 失败

(3) **OTP 率** 一次性密钥标准 (One Time Password, OTP) 是指只能使用一次的密码, 在加密算法中尤指一次性的密钥, 即经过加密和解密后密钥失效. 给定明文 P, 任意的密钥 K_1 和 K_2, 加密网络 N_S, 解密网络 N_R, 设密文 C, 复原

明文 P_R, 使用密钥 K_1 对明文加密, 得到的密文结果取整, 能被密钥 K_1 成功解密, 但不能被密钥 K_2 解密, 则满足一次性密钥标准. 具体判断过程如算法 10.1.2 所示.

于是可以得到

$$\text{OTP 率} = \frac{\text{返回成功数}}{\text{总明文数}} \cdot 100\%,$$

OTP 率的值越高表示加密算法越符合一次性密钥标准. 由于密钥只能使用一次, 可预测性低, 所以一次性密钥标准的安全性非常高, 也意味着加密算法的更加安全.

3. 基于多方通信的信息加密系统: ANES

对抗网络加密系统 (Adversarial Network Encryption System, ANES) 是一个完整的加密算法, 在多种危险攻击干扰下仍能保证信息能够完整安全地传输. ANES 包含了三类组件: 发送者、接收者和攻击者, 其中发送者和接收者负责实现信息安全的传输和接收, 而攻击者负责攻击信道, 并尝试破解信息. ANES 的模型结构如图 10.1.5 所示, 下面介绍 ANES 的三种主要组件: 发送者 S, 接收者 R, 攻击者 I, 攻击者 II, 攻击者 III. 记明文, 密钥, 密文分别为 P, K, C, 这三者的长度均为 l. 记接收者, 攻击者 I, 攻击者 II 三者的输出分别为 P_R, P_{AI}, P_{AII}. 显然, 与通常的对抗网络相比, ANES 中的网络不是一对一, 而是一对多. 发送者 S 发起会话, 接收者 R 收到会话, 三个攻击者会监听公共信道, 但不能发起会话, 也不能在传输过程中修改信息. 发送者 S 将明文 P 和密钥 K 加密后得到密文 C, 然后将密文 C 发送到公共信道. 接收者 R 从公共通道收到密文 C, 尝试恢复并获得解密的明文 P_R. 这是发送者和接收者完成的一次信息加密传输.

下面介绍 ANES 中三个攻击者的作用. 攻击者 I 同时拦截密文 C 和密钥 K 并尝试恢复并获得解密的明文 P_{AI}, 其中系统假定密钥 K 已被窃取. 攻击者 II 成功拦截密文 C 并尝试通过直接攻击将其恢复成明文 P_{AII}. 而攻击者 III 模拟了选择密文攻击方式, 这是不同于其他攻击者的方法. 攻击者 III 将学习判断明文 P 是对应于密文 C 还是密文 C'. 在发送者 S 和接收者 R 训练信息加密通信的同时, 三个攻击者也在学习破解信息. 因此, 发送者 S 和接收者 R 需要防止明文 P 被攻击者成功解密, 并时刻更新加密方法.

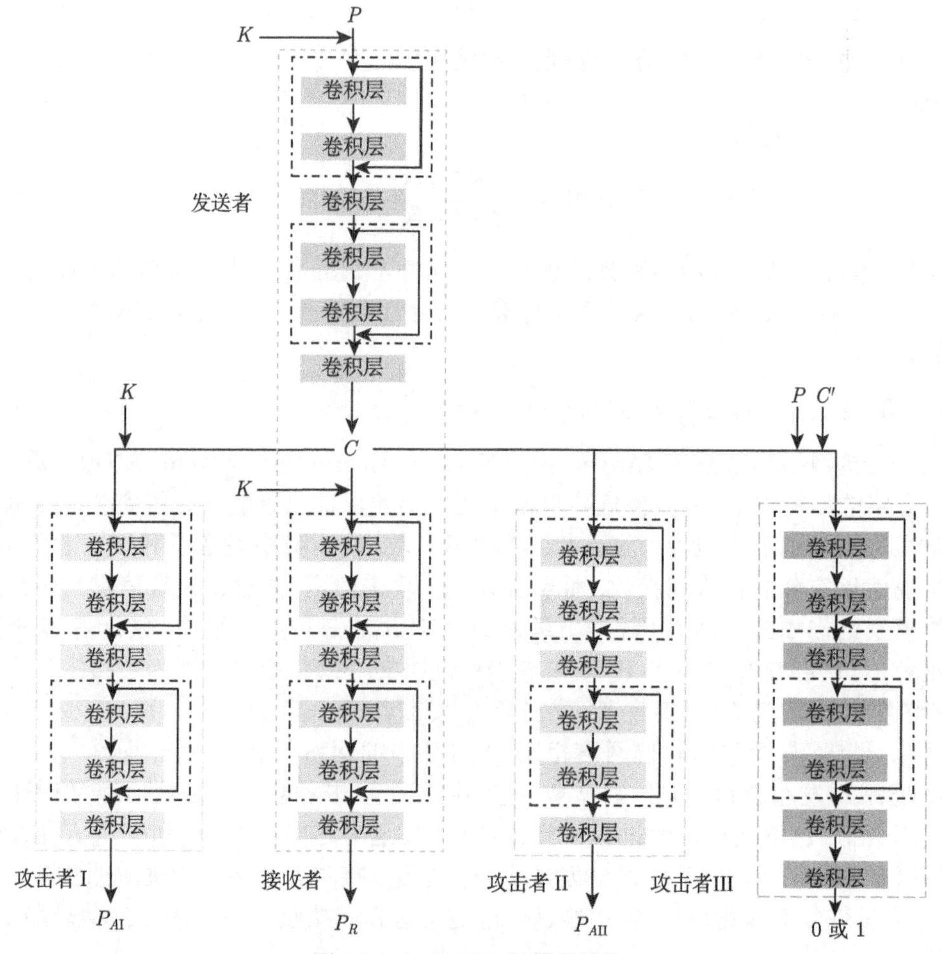

图 10.1.5　ANES 的模型结构

为了保证系统中的每个组件不会因为网络模型的弱势导致训练不平衡, 所有组件的网络层被设计成相同的结构. 因此, 这里只详细介绍了发送者网络的具体细节, 如图 10.1.6 所示. 发送者网络依次由残差模块, 卷积层, 残差模块, 卷积层串联而成. 每个残差模块由两个相同的卷积层连接, 模块的最终输出由 “输入 +0.2× 输出” 组成, 见图 10.1.6 中右侧虚线框. 虽然一些简单的网络模型可以处理少量信息, 来实现加密通信. 但是, 当信息量增加时, 网络规模将不足以支持完整的通信任务. 因此发送者网络中总共设计了六个卷积层来提高神经网络的拟合能力. ANES 中有五个网络模型, 所以需要同时训练三十个卷积层, 但是网络层数过多可能会导致网络退化问题, 因此引入了 Shortcut 连接方式缓解网络退化问题.

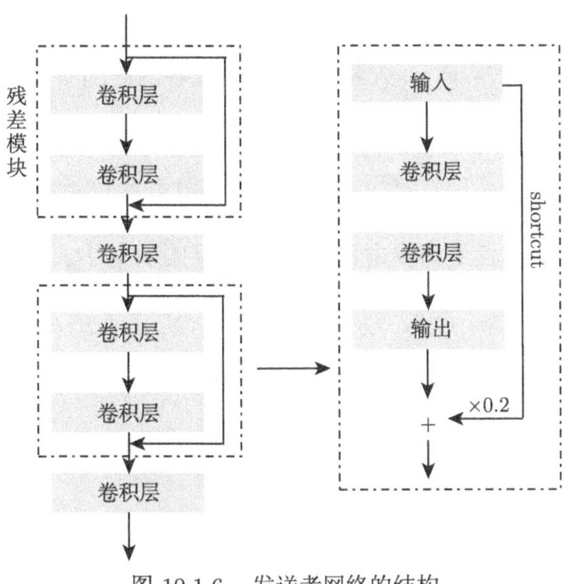

图 10.1.6 发送者网络的结构

再以发送者网络为例介绍网络模型的参数, 见表 10.1.3. 与专门处理图像的网络相比, ANES 的卷积层只设置了少量的通道来满足加密的需求. 四个模块的通道数分别为 2, 4, 4, 1, 卷积核大小依次设置为 2, 4, 4, 1. 每个卷积层中没有使用大尺寸卷积核, 从而减少了参数数量并加快了网络收敛速度. 第一个卷积层的步长设置为 2 的目的是减半特征表示的长度 ($2l \to l$), 注意该参数在攻击者 II 网络中为 1. 由于明文 P, 密钥 K, 密文 C 都是二进制数据, 所以使用 Sigmoid 函数来约束每个卷积层的输出范围, 防止数据发散. 最后, Tanh 函数作为输出层, 把网络的输出结果控制在 $[-1,1]$ 范围内. 注意的是, 攻击者 III 网络的输出层是全连接层, 输出 0 或 1. 因为攻击者 III 网络会拦截到两个密文 C 和 C' 以及与 C 明文 P, 之后, 攻击者 III 网络随机选择一个密文, 以及明文作为输入. 但是, 攻击者 III 不需要解密密文 C 和 C', 只需要对输入的密文和明文进行判断是否匹配, 若它认为明文 P 与所选密文匹配, 则只输出 1, 如果认为明文 P 与所选密文无关, 则输出 0.

表 10.1.3 发送者网络参数

网络模块	通道数	卷积核大小	步长	激活函数
残差模块	2	2	1	Sigmoid
卷积层	4	4	2	Sigmoid
残差模块	4	4	1	Sigmoid
卷积层	1	1	1	Tanh

下面介绍五个网络的训练目标. 为了评估明文和解密的文本之间的相似性,

将 L_1 距离定义为 l 维向量之间的目标函数. 分别记发送者网络, 接收者网络和三个攻击者网络为 N_S, N_R, N_{AI}, N_{AII}, N_{AIII}, 以及各网络的参数为 θ 与对应的下标那么密文 C 可以写成

$$C = N_S(P, K, \theta_{N_S}),$$

那么接收者网络, 攻击者 I 和攻击者 II 网络恢复的明文 P_R, P_{AI}, P_{AII} 就表示为

$$\begin{aligned} &P_R = N_R(C, K, \theta_{N_R}), \qquad P_{\mathrm{AI}} = N_{\mathrm{AI}}(C, K, \theta_{N_{\mathrm{AI}}}), \\ &P_{\mathrm{AII}} = N_{\mathrm{AII}}(C, K, \theta_{N_{\mathrm{AII}}}). \end{aligned}$$

接收者 R 需要重新复原明文 P, 所以 N_R 最小化 P_R 和 P 之间的重构误差. 接收者网络 N_R 的目标函数 L_{N_R} 定义为

$$\begin{aligned} L_{N_R} &= d(P, P_R) = d(P, N_R(C, K, \theta_{N_R})) \\ &= d(P, N_R(N_S(P, K, \theta_{N_S}), K, \theta_{N_R})), \end{aligned}$$

同理攻击者 I 网络 N_{AI} 和攻击者 II 网络 N_{AII} 的目标函数为

$$\begin{aligned} L_{N_{\mathrm{AI}}} &= d(P, P_{\mathrm{AI}}) = d(P, N_{\mathrm{AI}}(C, K, \theta_{N_{\mathrm{AI}}})) \\ &= d(P, N_{\mathrm{AI}}(N_S(P, K, \theta_{N_S}), K, \theta_{N_{\mathrm{AI}}})), \\ L_{N_{\mathrm{AII}}} &= d(P, P_{\mathrm{AII}}) = d(P, N_{\mathrm{AII}}(C, K, \theta_{N_{\mathrm{AII}}})) \\ &= d(P, N_{\mathrm{AII}}(N_S(P, K, \theta_{N_S}), K, \theta_{N_{\mathrm{AII}}})). \end{aligned}$$

而对于攻击者 III 网络 N_{AIII}, 它的目标是一个分类任务, 所以如果网络选择的密文和明文是配对的, 则输出 1, 否则输出 0. 根据这个要求将 N_{AIII} 的目标函数 $L_{N_{\mathrm{AIII}}}$ 定义为交叉熵函数:

$$L_{N_{\mathrm{AIII}}} = \sum_{j=0}^{1} -\widehat{y}_j \ln y_j,$$

其中 $\widehat{y}_j = 1$ 表示明文 P 与选定的密文匹配了, 否则 $\widehat{y}_j = 0$. y_j 表示网络的预测. 最后介绍的是发送者网络 N_S 的目标函数, 出于安全的考虑, 发送者要防止密文 C 被其他三个攻击者成功破译, 所以 N_S 的目标函数 L_{N_S} 定义为

$$L_{N_S} = (1 - L_{N_{\mathrm{AI}}})^2 + (1 - L_{N_{\mathrm{AII}}})^2 + (1 - L_{N_{\mathrm{AIII}}})^2 .$$

4. 实验结果

信息加密实验的训练样本和测试样本均为随机生成的二进制数据, 模型使用 Adam 算法迭代 3 万次, 学习率为 0.0008, 进行了五次实验. 首先展示 ANES 模型中各个部分在训练期间的解码效果图, 图 10.1.7(a) 展示了接收者、攻击者 I 和攻击者 II 的解码数量曲线, 图 10.1.7(b) 展示了攻击者 III 的分类判断结果. 由图可知, 发送者和接收者可以很快地恢复大部分编码信息, 但由于攻击者 III 的存在对发送者和接收者的通信造成了一些障碍. 攻击者 I 和攻击者 II 的曲线在达到峰值后迅速下降, 这是因为发送者和接收者逐渐学习到安全的加密方法, 可抵抗攻击者的攻击. 此外, 攻击者 III 的分类拟合曲线也呈先上升后下降的走势, 因此这三个攻击者的曲线趋势基本相同.

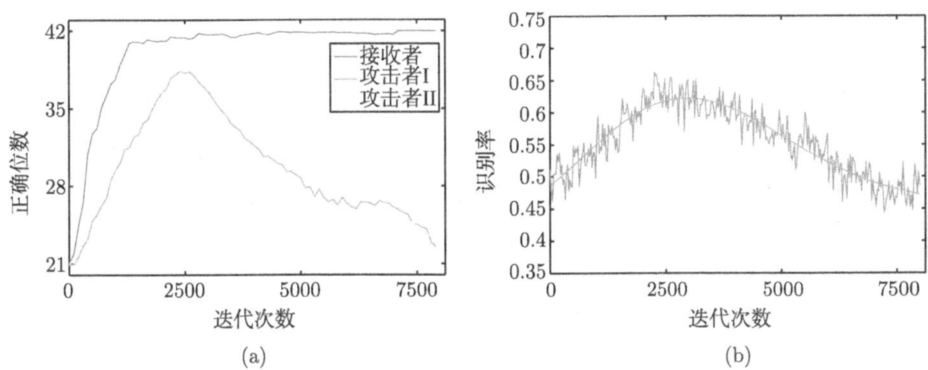

图 10.1.7 训练图. (a) 接收者, 攻击者 I 和攻击者 II 的解码曲线; (b) 攻击者 III 的分类率曲线

每次实验只有接收者的成功解码率达到 100%时, 才执行算法 10.1.2. ANES 的实验结果如表 10.1.4 所示, ANES 以高于 98.9%的概率成功地学习 OTP. 如前面所述, 只有当对抗训练的对手具有足够的威胁时, ANES 能在恶劣的通信条件下学习安全可靠的加密方案.

表 10.1.4 ANES 的实验结果: OTP 率平均为 (99.4±0.6)%

实验序号	成功解码率/%	OTP 率/%
1	100	98.9
2	100	99.4
3	100	100
4	100	99.8
5	100	99.1

根据表 10.1.5分析了三个攻击网络的实验结果. 在训练过程中, 攻击者 I 和攻击者 II 的过半精确率峰值分别不高于 74.18%和 47.89%, 并且在训练后期均迅速降低, 这说明攻击者无法对加密通讯模式造成威胁. 同样地, 虽然攻击者 III 只需要完成简单的任务, 即分类判断输入的密文和明文是否匹配, 但发送者和接收者也学习了更有效的加密算法, 所以也无法对加密通信模式造成威胁. 在训练中, 攻击者 III 的最高分类准确率仅为 66.23%, 并且经过完整的训练后, 该值下降到约为 50%.

表 10.1.5　攻击者的破译效果

实验序号	过半精确率/% (峰值) 攻击者 I	过半精确率/% (峰值) 攻击者 II	分类结果/% (峰值) 攻击者 III	分类结果/% (最后结果) 攻击者 III
1	73.58	46.42	66.23	48.49
2	72.60	47.89	65.74	47.76
3	74.18	46.63	64.98	47.84
4	73.19	47.38	66.06	48.31
5	73.65	47.68	65.55	48.15

■ 10.2　基于生成对抗网络的计算机视觉任务

10.2.1　基于生成对抗网络的超分辨率方法: SRGAN

CNN 在传统的单帧超分辨率重建上取得了非常好的效果, 可以取得较高的峰值信噪比 (PSNR). 这些方法大多以 MSE 函数为最小化的目标函数, 这样虽然可以取得较高的峰值信噪比, 但是当图像下采样倍数较高时, 重建得到的图像会过于平滑, 丢失大量细节. SRGAN 是利用生成对抗模式来进行超分辨率重建的方法, 可以生成具有高感知质量的自然图像.

1. 网络结构

图 10.2.1 展示了 SRGAN 网络的生成器和判别器, 图中, K 表示卷积核尺寸大小, n 表示卷积核个数, s 表示卷积操作步长, Conv 表示卷积层, BN 表示批量归一化层, PixelShuffer 表示亚像素卷积层, Dense 表示全连接层.

如图 10.2.1 所示, 低分辨率图像作为输入首先经过一层卷积核大小为 9, 卷积核个数为 64 的卷积层, 随后通过 PReLU 激活函数提升非线性表达能力. 网络的主体部分为连续级联的 5 个残差模块, 它们的结构完全相同, 每个残差模块包含 2 组卷积层-BN 层-PReLU 激活函数, 这一设计极大增强了网络的学习表示能力. 在残差卷积模块之后, 生成器还配备有数个卷积层和上采样层, 以最终生成理想的高分辨图像. 生成的图像输入判别网络中, 由判别器判断是生成的高分辨率图像还是真实的高分辨率图像, 判别器的设计相对简单, 由堆叠的卷积层, 激活函数, BN 层, 全连接层, Sigmoid 层构成, 卷积层全部采用 3×3 大小的卷积核.

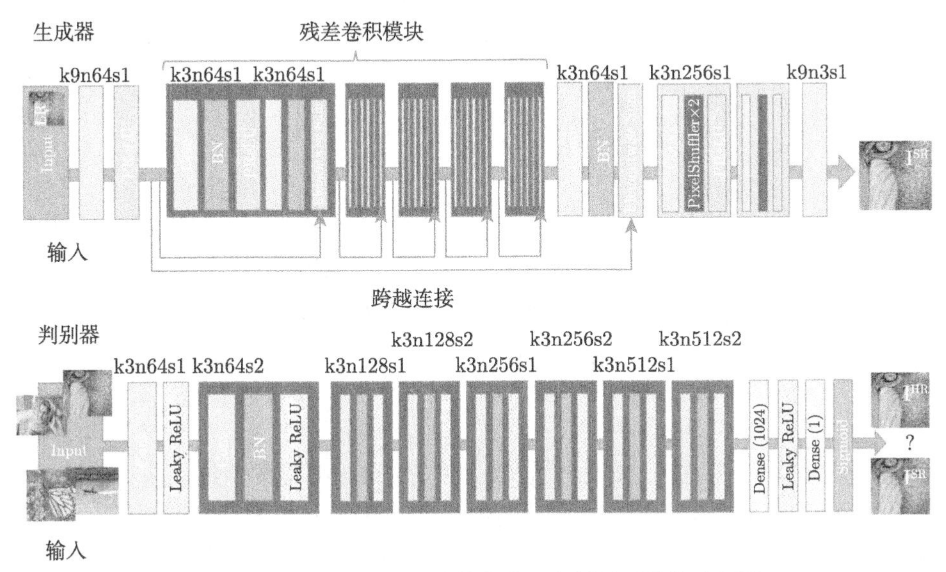

图 10.2.1 SRGAN 网络的生成器和判别器结构示意图

2. 模型训练

SRGAN 网络最具创新性的内容在于损失函数的设计, 尤其是将基于 MSE 的内容损失替换为基于 VGG 网络特征图计算的损失, 该特征图对像素空间的变化的鲁棒性更好, 使得网络训练朝着更加逼真的超分辨率图像进行. SRGAN 的损失函数由两部分构成, 第一部分是感知损失, 另一部分是正则化损失. 而感知损失又由内容损失和对抗损失两部分构成. 设定 SR 代表超分辨率, LR 代表低分辨率, HR 代表高分辨率. 基于 VGG 的 ReLU 激活函数定义了内容损失函数: VGG Loss Function. $\phi_{i,j}$ 表示从 VGG 网络的第 j 层卷积 (激活后) 的第 i 个最大池化层之前获取的特征图, 然后将 VGG 损失定义为重构图像的特征表示 $G_{\theta_G}\left(I^{LR}\right)$ 与参考图像 I^{HR} 之间的欧氏距离:

$$l_{\mathrm{VGG}/i.j}^{SR}=\frac{1}{W_{i,j}H_{i,j}}\sum_{x=1}^{W_{i,j}}\sum_{y=1}^{H_{i,j}}\left(\phi_{i,j}\left(I^{HR}\right)_{x,y}-\phi_{i,j}\left(G_{\theta_G}\left(I^{LR}\right)\right)_{x,y}\right)^2,$$

其中, $W_{i,j}, H_{i,j}$ 表示 VGG 网络输出特征图的维度, θ_G 表示生成器的网络参数. 对抗损失函数表达为下式:

$$l_{Gen}^{SR} = \sum_{n=1}^{N} -\ln D_{\theta_D}\left(G_{\theta_G}\left(I^{LR}\right)\right),$$

其中, $D_{\theta_D}\left(G_{\theta_G}\left(I^{LR}\right)\right)$ 表示超分辨图像是真实图像的概率, θ_G 表示判别器的网络参数, N 表示训练样本数. 正则化损失是一种基于全变分范数的正则化损失函数.

$$l_{TV}^{SR} = \frac{1}{r^2WH}\sum_{x=1}^{rW}\sum_{y=1}^{rH}\left\|\nabla G_{\theta_G}\left(I^{LR}\right)_{x,y}\right\|,$$

其中，W 和 H 分别表示源图像的宽和高，r 表示超分辨放大系数.

这种正则化损失倾向于保存图像的光滑性, 防止超分辨图像变得过于像素化. 在上述损失函数设计基础上, 网络采用 Adam 优化方法进行训练, 学习率设置为 10^{-4}, 待损失值趋于稳定后衰减至 10^{-5}.

3. 模型测试

超分辨率实验在 CIFAR-10 数据集上进行, 该数据集的训练集包含 5 万个训练样本, 图像尺寸为 32×32×3, 测试集中包含 1 万个测试样本. 通过将数据集中的图像进行 2 倍下采样处理从而得到降分辨率输入图像, 而原始图像则可作为训练的标签, 通过这种方式即可获得基于 CIFAR-10 的超分辨率数据集. Bicubic 方法是一种插值方法, 常用于与超分辨率方法进行比较, 下文的客观指标评价和主观视觉评价中, 都进行了 Bicubic 方法与 SRGAN 方法的比较.

1) 客观指标评价结果与分析

下面将通过 PSNR 和 SSIM 两个客观指标对超分辨率方法进行比较分析 (表 10.2.1).

表 10.2.1 CIFAR-10 数据集: 不同超分辨率方法客观指标评价

融合方法	PSNR	SSIM
Bicubic	25.0079	0.8203
SRGAN	26.9665	0.8908

从表 10.2.1中可以看出, 在 PSNR 和 SSIM 两个客观指标评价中, SRGAN 方法都取得了明显的优势, 充分说明了 SRGAN 方法优越的超分辨性能.

2) 主观视觉评价结果与分析

图 10.2.2 展示了 SRGAN 方法与 Bicubic 方法的超分辨率效果. 不难看出, 相比于原始低分辨率图像, Bicubic 方法的分辨率得到一定提升, 但是整体仍然比十分模糊. 相比之下, SRGAN 方法的图像清晰度得到明显提升. 从而说明了采用

生成对抗网络模型的 SRGAN 在超分辨任务上的有效性, 这与客观评价指标中所展示的结果是一致的.

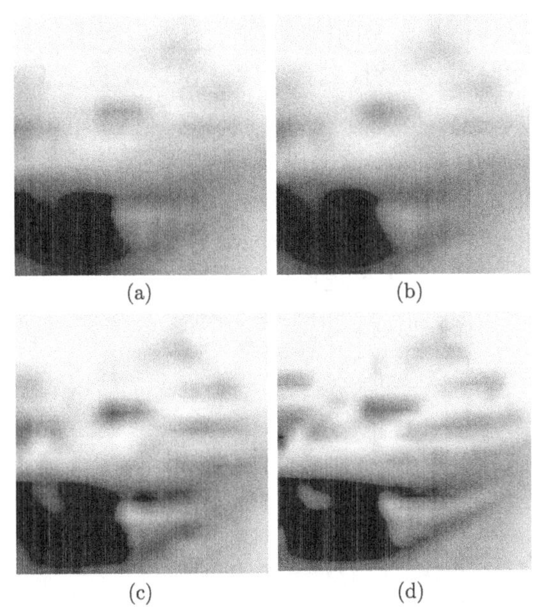

图 10.2.2 CIFAR-10 数据集上, Bicubic 和 SRGAN 方法超分辨率效果对比图. (a) 低分辨率图像; (b)Bicubic; (c)SRGAN; (d) 参考图像

10.2.2 基于生成对抗网络的遥感图像融合方法: PSGAN

尽管基于 CNN 的全色锐化方法已经取得了较大的成功, 但是在实现更高空间分辨率和光谱保真度的融合效果上仍然存在较大的提升空间. 与以往具有统一体系结构的 CNN 网络不同, GAN 有两个单独的组件: 一个经过训练生成与真实图像无法区分的图像的生成器, 以及一个试图区分生成的图像是真是假的判别器. GAN 这种生成对抗模型十分适合于图像生成任务, 可以使得生成的图像更加真实.

1. 网络结构

PSGAN 是基于 GAN 的代表性全色锐化方法, 能够在输入全色图像 (PAN) 和低分辨率多光谱图像 (LRMS) 的条件下生成高质量的融合图像. PSGAN 设计了一个双流 CNN 结构作为生成器来产生高质量的融合图像, 并使用一个全卷积判别器来对生成器生成的融合图像进行真假判别, 以提高融合图像的质量, 使得生成图像更加真实. 图 10.2.3 展示了 PSGAN 的生成器和判别器的结构示意图.

如图 10.2.3(a) 所示, 生成器由特征提取、特征融合和图像重建三个部分组成. 在特征提取部分, 不同于一般做法, 全色图像和多光谱图像并非直接通过通道拼接然后输入网络, 而是采取双流结构, 全色图像和多光谱图像分别输入各自分支, 两个分支的卷积核大小、卷积核个数等结构完全相同, 只是在训练过程中产生的权重和偏置不同, 从而分别进行全色图像和多光谱图像的特征提取. 这一操作使得融合在特征域进行而不是在原图像域进行, 有效缓解了全色图像和多光谱图像在图像域的特征匹配问题. 在特征融合阶段, PSGAN 借鉴 UNet 思想, 图像特征图先减小后复原, 且在相同尺寸特征图之间进行跨越连接, 使得低层语义特征和高层语义特征同时得到保留. 特征图尺寸的缩放都是通过卷积层完成, 而不使用池化层或简单的插值函数. 在图像重建阶段, PSGAN 将特征融合阶段所得到的特征重建为高分辨率多光谱图像. 生成器中除最后一层卷积外, 都使用 Leaky ReLU 激活函数, 并使用 BN 层使训练过程更加稳定.

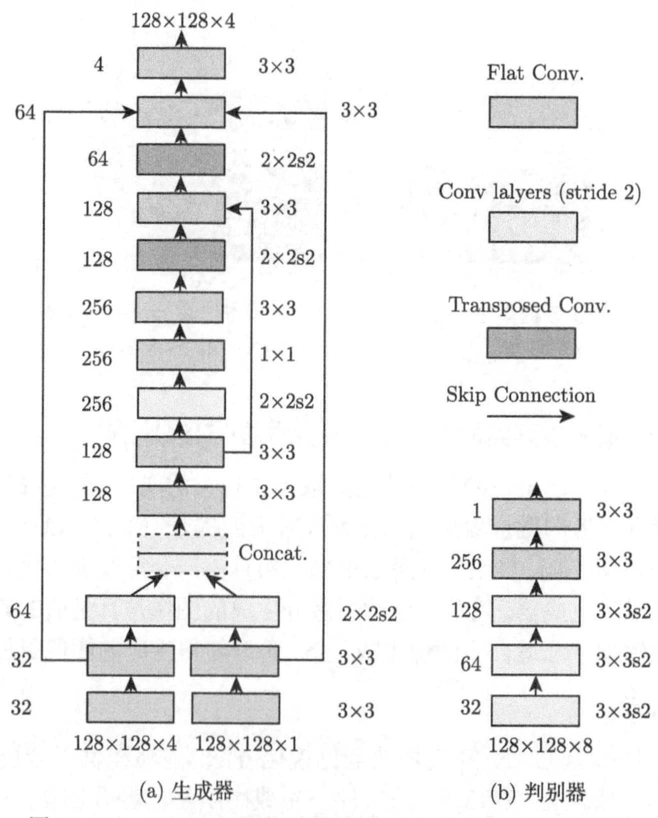

图 10.2.3 PSGAN 网络结构模型. (a) 生成器; (b) 判别器

如图 10.2.3(b) 所示判别器采用 CGAN 架构, 上采样多光谱图像与参考图像的通道拼接或者是上采样图像与生成器预测图像通道拼接作为判别器的输入, 判别器的训练目标在于辨识输入的图像是否真实. 从而与生成器构成对抗训练关系, 提升融合图像质量.

2. 模型训练

生成器的损失函数可以表示为

$$\mathcal{L}(G)=\sum_{n=1}^{N}\left[-\alpha\ln D_{\Theta_D}\left(\boldsymbol{X},G_{\Theta_G}(\boldsymbol{X},\boldsymbol{Y})\right)+\beta\left\|\boldsymbol{P}-G_{\Theta_G}(\boldsymbol{X},\boldsymbol{Y})\right\|_1\right],$$

其中, $\boldsymbol{X}$ 和 $\boldsymbol{Y}$ 分别表示待融合多光谱图像和全色图像, $\boldsymbol{P}$ 表示生成器输出的融合图像. G 表示生成器, D 表示判别器, Θ_G 和 Θ_D 分别表示生成器和判别器的网络参数, α 和 β 为超参数权重.

判别器的损失函数可以表示为

$$\mathcal{L}(D)=\sum_{n=1}^{N}\left[1-\ln D_{\Theta_D}\left(\boldsymbol{X},G_{\Theta_G}(\boldsymbol{X},\boldsymbol{Y})\right)+\ln D_{\Theta_D}(\boldsymbol{X},\boldsymbol{P})\right].$$

网络采用 Adam 优化器进行训练, 学习率设置为 2×10^{-4}, 批量大小设置为 32, 训练周期为 50.

3. 模型测试

融合实验在高分二号卫星遥感图像融合数据集上进行, 该数据集的训练集包含 24000 个训练样本, 图像尺寸为 256×256, 测试集包含 286 个测试样本, 图像尺寸为 400×400. 实验共包含两种类型, 一种为降分辨率实验, 测试集中包含理想参考图像, 另一种为全分辨率实验, 测试集中不包含理想参考图像.

1) 客观指标评价结果与分析

下面将通过 ERGAS, Q4, SAM 三个客观指标对降低分辨率的融合效果进行比较分析 (表 10.2.2), 通过 $\mathrm{D_R}$, $\mathrm{D_S}$, QNR 三个客观指标对全分辨率的融合效果进行比较分析 (表 10.2.3).

表 10.2.2 高分 2 号遥感图像融合数据集: PSGAN 方法降分辨率客观指标评价

融合方法	ERGAS	Q4	SAM
PSGAN	1.1774	0.9856	1.3037
理想值	0	1	0

表 10.2.3 高分 2 号遥感图像融合数据集: PSGAN 方法全分辨率客观指标评价

融合方法	$\mathrm{D_R}$	$\mathrm{D_S}$	QNR
PSGAN	0.0109	0.0438	0.9457
理想值	0	0	1

2) 主观视觉评价结果与分析

如图 10.2.4 和图 10.2.5 分别展示了 PSGAN 方法在降分辨率实验和全分辨率实验下的融合效果图. 不难看出, PSGAN 方法在保存光谱分辨率的同时, 在空间分辨率上取得了明显的提升, 获得了大量锐利的空间细节, 极大促进了图像质量的改善.

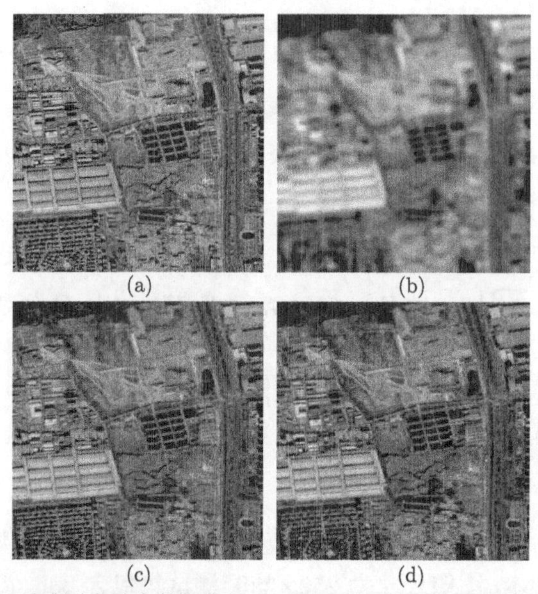

图 10.2.4 高分二号遥感图像融合数据集上, PSGAN 方法降分辨率实验融合效果图. (a) 全色图像; (b) 多光谱图像; (c) PSGAN; (d) 参考图像

图 10.2.5 高分二号遥感图像融合数据集上, PSGAN 方法全分辨率实验融合效果图. (a) 全色图像; (b) 多光谱图像; (c) PSGAN

■ 10.3 数字化资源

研究型习题

案例代码

第10章彩图

参 考 文 献

郭雷, 李晖晖, 鲍永生. 2008. 图像融合 [M]. 北京: 电子工业出版社.

敬忠良, 肖刚, 李振华. 2007. 图像融合: 理论与应用 [M]. 北京: 高等教育出版社.

梅安新, 等. 2001. 遥感导论 [M]. 北京: 高等教育出版社.

伊恩・左德费洛, 约书亚・本吉奥, 亚伦・库维尔. 2017. 深度学习 [M]. 赵申剑, 等译. 北京: 人民邮电出版社.

涌井良幸，涌井贞美. 2019. 深度学习的数学 [M]. 杨瑞龙, 译. 北京: 人民邮电出版社.

张宪超. 2019. 深度学习 (上、下册)[M]. 北京: 科学出版社.

周志华. 2016. 机器学习 [M]. 北京: 清华大学出版社.

Agostinelli F, Hoffman M, Sadowski P, et al. 2015. Learning activation functions to improve deep neural networks[C]. International Conference on Learning Representations.

Apicella A, Donnarumma F, Isgrò F, et al. 2021. A survey on modern trainable activation functions[J]. Neural Networks, 138: 14-32.

Arjovsky M, Bottou L. 2017. Towards principled methods for training generative adversarial networks[J]. arXiv preprint arXiv: 1701.04862.

Arjovsky M, Chintala S, Bottou L. 2017. Wasserstein gan[C]. Proceedings of the 34th International Conference on Machine Learning: 214-223.

Bashir S M A, Wang Y, Khan M, et al. 2021. A comprehensive review of deep learning-based single image super-resolution[J]. PeerJ Computer Science, 7: e621.

Bengio Y, Simard P, Frasconi P. 1994. Learning long-term dependencies with gradient descent is difficult[J]. IEEE Transactions on Neural Networks, 5(2): 157-166.

Bodla N, Singh B, Chellappa R, et al. 2017. Soft-NMS-improving object detection with one line of code[C]. IEEE International Conference on Computer Vision: 5562-5570.

Carper W J. 1990. The use of intensity-hue-saturation transformations for merging SPOT panchromatic and multispectral image data[J]. Photogrammetric Engineering and Remote Sensing, 56: 457-467.

Chavez P S J, Kwarteng A Y. 1989. Extracting spectral contrast in landsat thematic mapper image data using selective principal component analysis[J]. Photogrammetric Engineering and Remote Sensing, 55: 339-348.

Chopra S, Hadsell R, Lecun Y. 2005. Learning a similarity metric discriminatively, with application to face verification[C]. IEEE Computer Society Conference on Computer Vision and Pattern Recognition, 1: 539-546.

Clevert D-A, Unterthiner T, Hochreiter S. 2016. Fast and accurate deep network learning by exponential linear units (elus)[C]. Proceedings of the International Conference on Learning Representations.

Creswell A, White T, Dumoulin V, et al. 2018. Generative adversarial networks: An overview[J]. IEEE Signal Processing Magazine, 35(1): 53-65.

Dan J C, Yang X Y, Shi Y, et al, 2014. Random error modeling and analysis of airborne lidar systems[C]. IEEE Transactions on Geoscience and Remote Sensing, 52(7): 3885-3894.

Denton E, Chintala S, Szlam A, et al. 2015. Deep generative image models using a laplacian pyramid of adversarial networks[C]. Advances in Neural Information Processing Systems: 28.

Dong C, Loy C C, He K, et al. 2016. Srcnn: Image super-resolution using deep convolutional networks[J]. IEEE Transactions on Pattern Analysis and Machine Intelligence, 38(2): 295-307.

Duchi J, Hazan E, Singer Y. 2011. Adaptive subgradient methods for online learning and stochastic optimization[J]. Journal of Machine Learning Research, 12: 2121-2159.

Everingham M, Gool L V, Williams C K I, et al. 2010. The pascal visual object classes (voc) challenge[J]. International Journal of Computer Vision, 88: 303-308.

Fan H, Lin L, Yang F, et al. 2019. LaSOT: A high-quality benchmark for large-scale single object tracking[C]. IEEE Conference on Computer Vision and Pattern Recognition: 5369-5378.

Ferraris V, Dobigeon N, Wei Q, et al. 2017. Robust fusion of multiband images with different spatial and spectral resolutions for change detection[J]. IEEE Transactions on Computational Imaging, 3(2): 175-186.

Gilbertson J K, Kemp J, Van Niekerk A. 2017. Effect of pan-sharpening multi-temporal Landsat 8 imagery for crop type differentiation using different classification techniques[J]. Computers and Electronics in Agriculture, 134: 151-159.

Girshick R. 2015. Fast R-CNN[C]. IEEE International Conference on Computer Vision: 1440-1448.

Glorot X, Bengio Y. 2010. Understanding the difficulty of training deep feedforward neural networks[C]. Proceedings of the thirteenth international conference on artificial intelligence and statistics. JMLR Workshop and Conference Proceedings: 249-256.

Glorot X, Bordes A, Bengio Y. 2011. Deep sparse rectifier neural networks[C]. Proceedings of the 14th International Conference on Artificial Intelligence and Statistics: 315-323.

Gomez A N, Huang S, Zhang I, et al. 2018. Unsupervised cipher cracking using discrete gans[C]. International Conference on Learning Representations.

Goodfellow I J, Pouget-Abadie J, Mirza M, et al. 2014. Generative adversarialnets[C]. Proceedings of the 27th International Conference on Neural Information Processing Systems, 2: 2672-2680.

Goodfellow I J, Warde-Farley D, Mirza M, et al. 2013. Maxout networks[C]. Proceedings of the 30th International Conference on International Conference on Machine Learning, 28: 1319-1327.

Gou J, Yu B, Maybank S J, et al. 2021. Knowledge distillation: A survey[J]. International Journal of Computer Vision, 129: 1789-1819.

Gulrajani I, Ahmed F, Arjovsky M, et al. 2017. Improved training of wasserstein gans[C]. Advances in Neural Information Processing Systems.

He K, Zhang X, Ren S, et al. 2015. Delving deep into rectifiers: Surpassing human-level performance on ImageNet classification[C]. Proceedings of the IEEE International Conference on Computer Vision: 1026-1034.

He K, Zhang X, Ren S, et al. 2016. Deep residual learning for image recognition[C]. IEEE Conference on Computer Vision and Pattern Recognition: 770-778.

Hendrycks D, Gimpel K. 2020. Gaussian error linear units (gelus)[J]. arXiv preprint arXiv: 1606.08415.

Hinton G, Vinyals O, Dean J. 2015. Distilling the knowledge in a neural network[C]. arXiv preprint arXiv: 1503.02531.

Hu J, Shen L, Sun G. 2018. Squeeze-and-excitation networks[C]. IEEE Conference on Computer Vision and Pattern Recognition: 7132-7141.

Huang L, Zhao X, Huang K. 2021. GOT-10k: A large high-diversity benchmark for generic object tracking in the wild[J]. IEEE Transactions on Pattern Analysis and Machine Intelligence, 43(5): 1562-1577.

Huk M. 2020. Stochastic optimization of contextual neural networks with rmsprop[C]. Intelligent Information and Database Systems, 12034: 343-352.

Ioffe S, Szegedy C. 2015. Batch normalization: Accelerating deep network training by reducing internal covariate shift[C]. International Conference on Machine Learning, 37: 448-456.

Isola P, Zhu J Y, Zhou T, et al. 2017. Image-to-image translation with conditional adversarial networks[C]. IEEE Conference on Computer Vision and Pattern Recognition: 5967-5976.

Jaderberg M, Simonyan K, Zisserman A, et al. 2015. Spatial transformer networks[C]. Advances in Neural Information Processing Systems: 28.

Jiang F Z, Yang X Y, Ren H W, et al, 2023. DuaFace: data uncertainty in angular based loss for face recognition[J]. Pattern Recognition Letters, 167: 25-29.

Jiang J, Yang X, Li Z, et al. 2022. Multibsp: Multi-branch and multi-scale perception object tracking framework based on siamese cnn[J]. Neural Computing and Applications, 34: 18787-18803.

Jin X, Xu C, Feng J, et al. 2016. Deep learning with S-shaped rectified linear activation units[C]. Thirtieth Aaai Conference on Artificial Intelligence: 1737-1743.

Juncheng Dan, Xiaoyuan Yang, Random error modeling and analysis of airborne LIDAR systems,IEEE Transactions on Geoscience and Remote Sensing[J]. 52(7): 3885-3894, 2014.

Karras T, Aila T, Laine S, et al. 2018. Progressive growing of GANs for improved quality, stability, and variation[J]. arXiv preprint arXiv: 1710.10196.

Kingma D P, Ba L J, 2015. Amsterdam Machine Learning lab. Adam: A method for stochastic optimization[C]. International Conference on Learning Representations.

Klambauer G, Unterthiner T, Mayr A, et al. 2017. Self-normalizing neural networks[C]. Advances in Neural Information Processing Systems.

Kristan M, Leonardis A, Matas J, et al. 2019. The sixth visual object tracking VOT2018 challenge results[C]. European Conference on Computer Vision Workshops, 3-53.

Kristan M, Matas J, Leonardis A, et al. 2019. The seventh visual object tracking VOT 2019 challenge results[C]. IEEE International Conference on Computer Vision Workshop, 2206-2241.

Krizhevsky A, Sutskever I, Hinton G E. 2017. ImageNet classification with deep convolutional neural networks[J]. Communications of the ACM, 60(6): 84-90.

LeCun Y, others. 2015. Lenet-5, convolutional neural networks[J]. URL: http://yann.lecun.com/exdb/lenet, 20(5): 14.

Ledig C, Theis L, Huszar F, et al. 2017. Photo-realistic single image super-resolution using a generative adversarial network[C]. 2017 IEEE Conference on Computer Vision and Pattern Recognition (CVPR): 105-114.

Li K, Yang S, Dong R, et al. 2020. Survey of single image super-resolution reconstruction[J]. IET Image processing, 14(11): 2273-2290.

Li Y, Fan C, Li Y, et al. 2018. Improving deep neural network with multiple parametric exponential linear units[J]. Neurocomputing, 301: 11-24.

Li Z, Yang X, Shen K, et al. 2020. Information encryption communication system based on the adversarial networks foundation[J]. Neurocomputing, 415: 347-357.

Li Z, Yang X, Shen K, et al. 2021. Psgu: Parametric self-circulation gating unit for deep neural networks[J]. Journal of Visual Communication and Image Representation, 80: 103294.

Li Z, Yang X, Shen K, et al. 2022. Dual branch parallel steganographic framework based on multi-scale distillation in framelet domain[J]. Neurocomputing, 514: 182-194.

Li Z Z, Yang X Y, Shen K Q, et al, 2023. Adversarial feature hybrid framework for steganography with shifted window local loss[J]. Neural NetworksNeural, 165: 358-369.

Lin T Y, Maire M, Belongie S, et al. 2014. Microsoft COCO: Common objects in context[C]. European Conference on Computer Vision: 740-755.

Liu L, Ouyang W, Wang X, et al. 2020. Deep learning for generic object detection: A survey[J]. International Journal of Computer Vision, 128: 261-318.

Liu Q, Zhou H, Xu Q, et al. 2021. PSGAN: A generative adversarial network for remote sensing image pan-sharpening[J]. IEEE Transactions on Geoscience and Remote Sensing, 59(12): 10227-10242.

Liu X, Wang Y, Liu Q. 2018. PSGAN: A generative adversarial network for remote sensing image pan-sharpening[C]. 2018 25th IEEE International Conference on Image Processing (ICIP): 873-877.

Ma J, Zhou H, Zhao J, et al. 2015. Robust feature matching for remote sensing image registration via locally linear transforming[J]. IEEE Transactions on Geoscience and Remote Sensing, 53(12): 6469-6481.

Ma N, Zhang X, Sun J. 2020. Funnel activation for visual recognition[C]. European Conference on Computer Vision: 351-368.

Maas A L, Hannun A Y, Ng A Y. 2013. Rectifier nonlinearities improve neural network acoustic models[C]. Proceedings of the International Conference on Machine Learning.

Makhzani A, Shlens J, Jaitly N, et al. 2016. Adversarial autoencoders[J]. arXiv preprint arXiv: 1511.05644.

Masi G, Cozzolino D, Verdoliva L, et al. 2016. Pansharpening by convolutional neural networks[J]. Remote Sensing, 8(7): 594.

Meng X, Shen H, Li H, et al. 2019. Review of the pansharpening methods for remote sensing images based on the idea of meta-analysis: Practical discussion and challenges[J]. Information Fusion, 46: 102-113.

Mirza M, Osindero S. 2014. Conditional generative adversarial nets[J]. arXiv preprint arXiv: 1411.1784.

Misra D. 2020. Mish: A self regularized non-monotonic activation function[C]. The 31st British Machine Vision (Virtual) Conference.

Moradi R, Berangi R, Minaei B. 2020. A survey of regularization strategies for deep models[J]. Artificial Intelligence Review, 53: 3947-3986.

Mueller M, Smith N, Ghanem B. 2016. A benchmark and simulator for UAV tracking[C]. European Conference on Computer Vision: 445-461.

Mulla D J. 2013. Twenty five years of remote sensing in precision agriculture: Key advances and remaining knowledge gaps[J]. Biosystems engineering, 114(4): 358-371.

Nair V, Hinton G E. 2010. Rectified linear units improve restricted boltzmann machines[C]. Proceedings of the 27th International Conference on Machine Learning: 807-814.

Narkhede M, Bartakke P, Sutaone M. 2022. A review on weight initialization strategies for neural networks[J]. Artificial Intelligence Review, 55(1): 291-322.

Oksuz K, Cam B C, Kalkan S, et al. 2021. Imbalance problems in object detection: A review[J]. IEEE Transactions on Pattern Analysis and Machine Intelligence, 43(10): 3388-3415.

Pradhan P S, King R L, Younan N H, et al. 2006. Estimation of the number of decomposition levels for a wavelet-based multiresolution multisensor image fusion[J]. IEEE Transactions on Geoscience and Remote Sensing, 44(12): 3674-3686.

Qi G J. 2020. Loss-sensitive generative adversarial networks on lipschitz densities[J]. International Journal of Computer Vision, 128(5): 1118-1140.

Qian S, Liu H, Liu C, et al. 2018. Adaptive activation functions in convolutional neural networks[J]. Neurocomputing, 272: 204-212.

Radford A, Metz L, Chintala S. 2016. Unsupervised representation learning with deep convolutional generative adversarial networks[C]. International Conference on Learning Representations.

Ramachandran P, Zoph B, Le Q V. 2018. Searching for activation functions[C]. International Conference on Learning Representations.

Ran Q, Xu X, Zhao S, et al. 2020. Remote sensing images super-resolution with deep convolution networks[J]. Multimedia Tools and Applications, 79(13-14): 8985-9001.

Real E, Shlens J, Mazzocchi S, et al. 2017. Youtube-boundingboxes: A large high-precision human-annotated data set for object detection in video[C]. IEEE Conference on Computer Vision and Pattern Recognition: 7464-7473.

Redmon J, Farhadi A. 2017. Yolo9000: Better, faster, stronger[C]. IEEE Conference on Computer Vision and Pattern Recognition: 6517-6525.

Redmon J, Farhadi A. 2018. Yolov3: An incremental improvement[J]. arXiv preprint arXiv: 1804.02767.

Ren S, He K, Girshick R, et al. 2017. Faster R-CNN: Towards real-time object detection with region proposal networks[J]. IEEE Transactions on Pattern Analysis and Machine Intelligence, 39(6): 1137-1149.

Restaino R, Dalla mura M, Vivone G, et al. 2002. Context-adaptive pansharpening based on image segmentation[J]. IEEE Transactions on Geoscience and Remote Sensing, 55(2): 753-766.

Ruder S. 2017. An overview of gradient descent optimization algorithms[J]. arXiv preprint arXiv: 1609.04747.

Shalaby A, Tateishi R. 2007. Remote sensing and GIS for mapping and monitoring land cover and land-use changes in the northwestern coastal zone of egypt[J]. Applied geography, 27(1): 28-41.

Shao Z, Cai J, Fu P, et al. 2019. Deep learning-based fusion of landsat-8 and sentinel-2 images for a harmonized surface reflectance product[J]. Remote Sensing of Environment, 235: 111425.

Shen K, Yang X, Li Z, et al. 2022. DOCSNet: A dual-output and cross-scale strategy for pan sharpening[J]. International Journal of Remote Sensing, 43(5): 1609-1629.

Shen K, Yang X, Lolli S, et al. 2023. A continual learning-guided training framework for pan sharpening[J]. ISPRS Journal of Photogrammetry and Remote Sensing, 196: 45-57.

Shi Y, Yang X Y, Cheng T, 2014. Pansharpening of multispectral images using the nonseparable framelet lifting transform with high vanishing moments[J]. Information Fusion, 20: 213-224.

Shi Y, Yang X Y, 2011. The lifting factorization and construction of wavelet bi-frames with arbitrary generators and scaling[C]. IEEE Transactions on Image Processing , 20(9): 2439-2449.

Shi Y, Yang X Y, 2011. The lifting factorization of wavelet bi-frames with arbitrary generators[J]. Mathematics and Computers in Simulation, 82(4): 570-589.

Shi Y, Yang X Y, Guo Y H, 2014. Translation invariant directional framelet transform combined with Gabor filters for image denoising[C]. IEEE Transactions on Image Processing, 23(1): 44-55.

Simonyan K, Zisserman A. 2014. Very deep convolutional networks for large-scale image recognition[J]. arXiv preprint arXiv: 1409.1556.

Smith L N. 2017. Cyclical learning rates for training neural networks[C]. IEEE Winter Conference on Applications of Computer Vision: 464-472.

Szegedy C, Liu W, Jia Y, et al. 2015. Going deeper with convolutions[C]. 2015 IEEE Conference on Computer Vision and Pattern Recognition (CVPR): 1-9.

Tan T, Yin S, Liu K, et al. 2019. On the convergence speed of AMSGRAD and beyond[C]. IEEE International Conference on Tools with Artificial Intelligence: 464-470.

Trottier L, Giguere P, Chaib-draa B. 2017. Parametric exponential linear unit for deep convolutional neural networks[C]. IEEE International Conference on Machine Learning and Applications, 207-214.

Tsagkatakis G, Aidini A, Fotiadou K, et al. 2019. Survey of deep-learning approaches for remote sensing observation enhancement[J]. Sensors, 19(18): 3929.

Tu T M, Su S C, Shyu H C, et al. 2001. A new look at IHS-like image fusion methods[J]. Information Fusion, 2(3): 177-186.

Vivone G, Alparone L, Chanussot J, et al. 2014. A critical comparison among pansharpening algorithms[C]. IEEE Transactions on Geoscience and Remote Sensing, 53(5): 2565-2586.

Vivone G, Mura M D, Garzelli A, et al. 2020. A new benchmark based on recent advances in multispectral pansharpening: Revisiting pansharpening with classical and emerging pansharpening methods[C]. IEEE Geoscience and Remote Sensing Magazine, 9(1): 53-81.

Wang N, Shi J, Yeung D-Y, et al. 2015. Understanding and diagnosing visual tracking systems[C]. IEEE International Conference on Computer Vision: 3101-3109.

Wang J K, Yang X Y, Zhu R D, 2019. Random walks for pansharpening in complex tight framelet domain[C]. IEEE Transactions on Geoscience and Remote Sensing, 57(7): 5121-5134.

Wang Z, Chen J, Hoi S C H. 2021. Deep learning for image super-resolution: A survey[J]. IEEE Transactions on Patter Analysis and Machine Intelligence, 43(10): 3365-3387.

Wilson A C, Roelofs R, Stern M, et al. 2017. The marginal value of adaptive gradient methods in machine learning[C]. Advances in Neural Information Processing Systems.

Woo S, Park J, Lee J-Y, et al. 2018. Cbam: Convolutional block attention module[C]. European Conference on Computer Vision: 3-19.

Wu Y, Lim J, Yang M-H. 2015. Object tracking benchmark[J]. IEEE Transactions on Pattern Analysis and Machine Intelligence, 37(9): 1834-1848.

Yang J, Fu X, Hu Y, et al. 2017. Pannet: A deep network architecture for pan-sharpening[C]. 2017 IEEE International Conference on Computer Vision (ICCV): 1753-1761.

Yang X Y, Shi Y, Chen L H, et al, 2010. The lifting scheme for wavelet bi-frames: theory, structure, and algorithm[C]. IEEE Transactions on Image Processing, 19(3): 612-624.

Yang X Y, Shi Y, Zhou W L, 2011. Construction of parameterizations of masks for tight wavelet frames with two symmetric/antisymmetric generators and applications in image compression and denoising[J]. Journal of Computational and Applied Mathematics, 235(8): 2112-2136.

You S, Zhu H, Li M, et al. 2019. A review of visual trackers and analysis of its application to mobile robot[J]. arXiv preprint arXiv: 1910.09761.

Yang X Y, Zhu R D, Wang J K, et al, 2019. Real-time object tracking via least squares transformation in spatial and Fourier domains for unmanned aerial vehicles[J]. Chinese Journal of Aeronautics, 32(7): 1716-1726.

Yang X Y, Wang J K, Zhu R D, 2018. Random walks for synthetic aperture radar image fusion in framelet domain[C]. IEEE Transactions on Image Processing, 27(2): 851-865.

Zeiler M D. 2012. Adadelta: An adaptive learning rate method[J]. arXiv preprint arXiv: 1212.5701.

Zhang A, Lipton Z C, Li M, et al. 2021. Dive into deep learning[J]. arXiv preprint arXiv: 2106.11342.

Zhang H, Dauphin Y N, Ma T. 2019. Fixup initialization: Residual learning without normalization[C]. Proceedings of the International Conference on Learning Representations.

Zheng B, Wang Z. 2020. Pats: A new neural network activation function with parameter[C]. International Conference on Computer and Communication Systems: 125-129.

Zhu J, Kaplan R, Johnson J, et al. 2018. HiDDeN: Hiding data with deep networks[C]. European Conference on Computer Vision: 682-697.

Zhu R D, Yang X Y, Wang J K, et al, 2020. Real-time least-squares ensemble visual tracking[C]. IET Image Processing, 14(1): 53-61.